AutoCAD 2012 绘制建筑图

（含上机指导）

编　著　张效伟　邵景玲
　　　　王振玉　宋代敏　张召香　滕绍光
主　审　杨月英

中国建材工业出版社

图书在版编目（CIP）数据

AutoCAD 2012 绘制建筑图：含上机指导／张效伟，邵景玲编著．—北京：中国建材工业出版社，2012.2

（计算机辅助设计系列丛书）（2017.7 重印）

ISBN 978-7-5160-0098-4

Ⅰ.①A… Ⅱ.①张… ②邵… Ⅲ.①建筑制图－计算机辅助设计－应用软件，AutoCAD 2012 Ⅳ.①TU204

中国版本图书馆 CIP 数据核字（2012）第 008213 号

内 容 简 介

本书的内容编写由易到难、循序渐进，同时注重面板命令的操作技巧与上机指导练习，使读者在逐渐熟悉操作命令的同时，绘制出与土木工程图相关的常用图形（楼梯图、房屋图、三维立体图）。为提高大学生的综合素质，与市场需求接轨，本书特收录了全国 CAD 技能一级（计算机绘图师）考试试题，以方便读者检验自己的学习效果。

本书适合高等院校本科、高职及成人教育的土木、建筑、艺术设计等工程类专业的教学及培训使用。

AutoCAD 2012 绘制建筑图（含上机指导）

张效伟　邵景玲等编著

出版发行：中国建材工业出版社
地　　址：北京市海淀区三里河路 1 号
邮　　编：100044
经　　销：全国各地新华书店
印　　刷：北京雁林吉兆印刷有限公司
开　　本：787mm×1092mm　1/16
印　　张：15.75
字　　数：386 千字
版　　次：2012 年 2 月第 1 版
印　　次：2017 年 7 月第 6 次
定　　价：38.00 元

本社网址：www.jccbs.com.cn　　公众微信号：zgjcgycbs

本书如出现印装质量问题，由我社网络直销部负责调换。联系电话：（010）88386906

前　言

AutoCAD 2012 是由美国 Autodesk 公司推出的最新版本的计算机辅助设计与绘图软件，它功能强大、命令简捷、操作方便、适用面广。因此，在世界上得到广泛的应用，是每个从事土木建筑、机械电子、航空航天、石油化工等相关行业的工程技术人员必须掌握的基本能力。

本书主要包括 AutoCAD 2012 的基本知识、基本操作、常用绘图及编辑命令、注写文字、尺寸标注、图块参照、图形输出及三维实体造型等内容。

本着简明实用、实例指导的原则，本书在介绍 AutoCAD 基本概念和基本操作的同时，特别强调操作能力的训练，每章节后面都配有与教学内容相结合的、精心设计的上机指导及操作练习。练习图由平面图形、楼梯平面图、楼梯剖面图、房屋平面图、房屋立面图到房屋剖面图和房屋三维图。由易到难，循序渐进，可以帮助读者快速掌握 AutoCAD 绘图的知识，领悟到图形绘制的特点及应用技巧。

为提高大学生的综合素质，增强大学生与社会工作接轨，提高学生就业能力，人力资源与社会保障部和中国工程图学会共同开展全国 CAD 技能等级考试及培训工作。本书附录中附有 1 ~6 期全国 CAD 技能一级（计算机绘图师）考试试题，可作为报考全国 CAD 技能等级考试的参考资料或上机练习。

本书可作为本科院校、职业技术院校以及成人教育土木建筑类、艺术设计类、等工程类专业计算机绘图的教材，也可用做计算机培训班教材，还可作为各类相关技术人员和自学者的学习和参考用书。

本书由青岛理工大学张效伟和邵景玲、滨州市沾化县公路管理局王振玉、青岛威立雅水务营运有限公司宋代敏、青岛市机械技术学校荆思蒙、青岛科技大学张召香、青岛理工大学滕绍光编著，本书由杨月英教授主审。参加本书编写的还有林静、於辉、张琳、莫正波、宋琦、高丽燕等。

在本书的编写过程中吸纳了许多同行的宝贵意见和建议，在此表示感谢。

书中如有不妥之处，恳请读者不吝指教。

编者

2011 年 12 月

目 录

第 1 章 AutoCAD 2012 基础知识 …… 1

1.1 AutoCAD 2012 的增强和新增功能 …… 1

1.2 AutoCAD 2012 的安装和启动 … 2

1.3 AutoCAD 2012 工作界面 …… 4

1.4 AutoCAD 2012 辅助绘图工具 … 9

1.5 AutoCAD 2012 图形文件管理 … 18

1.6 上机指导（图形文件管理） … 22

1.7 操作练习 …… 24

第 2 章 AutoCAD 2012 基本操作 …… 25

2.1 AutoCAD 2012 基本操作 …… 25

2.2 AutoCAD 坐标系 …… 28

2.3 基本绘图环境设置 …… 30

2.4 图层的创建与设置 …… 35

2.5 上机指导（绘制图标和标题栏）… 41

2.6 操作练习 …… 43

第 3 章 常用绘图命令 …… 45

3.1 绘制二维图形的方法 …… 45

3.2 点、直线、射线、构造线、多段线和多线 …… 46

3.3 矩形和正多边形 …… 55

3.4 绘制圆、圆弧、椭圆和椭圆弧 …… 58

3.5 样条曲线、图案填充和面域 … 62

3.6 上机指导（绘制平面图形） … 68

3.7 操作练习 …… 71

第 4 章 常用编辑命令 …… 75

4.1 删除与恢复 …… 76

4.2 复制、移动和旋转 …… 77

4.3 镜像、阵列和偏移 …… 80

4.4 缩放、拉伸和拉长 …… 87

4.5 延伸和修剪 …… 90

4.6 打断、合并和分解 …… 92

4.7 倒角及倒圆角 …… 95

4.8 光顺曲线 …… 98

4.9 编辑对象特性 …… 98

4.10 夹点编辑 …… 99

4.11 上机指导（绘制房屋平、立剖） …… 100

4.12 操作练习 …… 109

第 5 章 文字与表格 …… 114

5.1 创建文字样式 …… 114

5.2 修改文字样式 …… 116

5.3 注写文字 …… 117

5.4 编辑文字 …… 121

5.5 绘制表格 …… 122

5.6 上机指导（多层文字说明） … 124

5.7 操作练习 …… 125

第 6 章 尺寸标注与编辑 …… 131

6.1 创建尺寸标注样式 …… 132

6.2 常用的标注样式 …… 139

6.3 尺寸标注 …… 147

6.4 编辑尺寸标注 …… 154

6.5 应用示例 …… 155

6.6 上机指导（标注平面图形尺寸） …… 156

6.7 操作练习 …… 163

第 7 章 图块与参照 …… 169

7.1 图块的用途和性质 …… 169

7.2 创建图块和调用图块 …… 170

7.3 插入图块 …… 172

7.4 修改图块 …… 174

7.5 定义带有属性的图块 …… 175

7.6 参照 …… 178

7.7 上机指导（绘制房屋剖面和给排水图） …… 181

7.8 操作练习 …………………… 187
第 8 章 布局与打印 …………………… 191
8.1 模型空间和图纸空间 ………… 191
8.2 模型空间打印 ………………… 191
8.3 布局空间打印 ………………… 194
8.4 上机指导（打印出图） …… 196
8.5 操作练习 ……………………… 197
第 9 章 三维建模 ……………………… 201
9.1 三维建模界面与用户坐标 …… 201
9.2 建模 …………………………… 203
9.3 实体编辑 ……………………… 210
9.4 三维实体的修改 ……………… 213
9.5 三维观察 ……………………… 214
9.6 上机指导（绘制三维房屋图） ……………………………… 216
9.7 操作练习 ……………………… 218
附录 全国 CAD 技能等级考试试题 … 226
参考文献 ………………………………… 244

第 1 章　AutoCAD 2012 基础知识

教学目标

通过对本章的学习，读者应了解中文版 AutoCAD 2012 的基本功能与新增功能，熟悉软件的界面和各组成部分的功能以及对图形文件进行管理的基本方法，掌握辅助绘图工具。

教学重点与难点

- AutoCAD 2012 的基本功能
- AutoCAD 2012 的新增功能
- AutoCAD 2012 的安装与启动
- AutoCAD 2012 的工作界面
- AutoCAD 2012 的辅助绘图工具
- AutoCAD 2012 图形文件管理

CAD 是 Computer Aided Design 的缩写，指计算机辅助设计，美国 Autodesk 公司的 AutoCAD 是目前应用非常广泛的 CAD 软件。Autodesk 于 20 世纪 80 年代初为微机上应用 CAD 技术而开发了绘图程序软件包 AutoCAD，经过不断的完善，现已经成为国际上广为流行的绘图工具。AutoCAD 具有完善的图形绘制功能、强大的图形编辑功能，可采用多种方式进行二次开发或用户定制，可进行多种图形格式的转换，具有较强的数据交换能力，同时支持多种硬件设备和操作平台。AutoCAD 可以绘制任意二维和三维图形，同其他的绘图软件相比，用 AutoCAD 绘图速度更快、精度更高，而且便于个性化处理，它已经在土木建筑、航空航天、造船、机械、电子、设备、材料、化工、轻纺等很多领域得到了广泛应用，并取得了丰硕的成果和巨大的经济效益。

1.1　AutoCAD 2012 的增强和新增功能

AutoCAD 2012 出现了一个类似于 Office 的宏录制器的功能，可以把你的操作过程和步骤录制下来。Autodesk AutoCAD 2012 版本将更有成效地帮助用户实现更具竞争力的设计创意，其在用户界面上也有了重大改进。AutoCAD 2012 软件整合了制图和可视化，加快了任务的执行，能够满足个人用户的需求和偏好，能够更快地执行常见的 CAD 任务，更容易找到那些不常见的命令。新版本也能通过让用户在不需要软件编程的情况下自动操作制图，从而进一步简化了制图任务，极大地提高了工作效率。

部分新增或增强功能如下：

（1）模型文档：从不同的三维模型创建图形。可以从 AutoCAD 和 Autodesk Inventor 三维模型在布局中创建关联图形；也可以从其他三维 CAD 模型创建图形，输入 IGES、CATIA、Pro/Engineer、Step、Solidworks、JT、NX、Parasolid 和 Rhinoceros（Rhino）文件并从中生成图形。

（2）关联阵列：创建以阵列模式排列的对象的副本。关联性可允许您通过维护项目之间的关系快速在整个阵列中传递更改。

（3）多功能夹点：可以使用不同类型的夹点和夹点模式以其他方式重新塑造、移动或操纵对象。

（4）AutoCAD WS：AutoCAD WS 是与 AutoCAD 直接交互的应用程序。对本地 AutoCAD 图形的更改会与已存储在 AutoCAD WS 服务器上的联机副本同步。AutoCAD WS 编辑器允许您使用 Web 浏览器从任何计算机访问和编辑联机副本。多个用户可实时地联机处理相同的图形文件。

（5）绘图视窗：AutoCAD 2012 绘图视窗界面更新，显示为深灰色背景模型空间。传统的网格点已被替换为横向和纵向网格线，更密切代表工程图文件。

（6）三维导航工具：在模型中快速、直观地漫游或飞行。

（7）隔离物件功能：物件隔离，即隐藏所有物件（所选的物件除外）。

（8）物件隐藏：关闭所选的物件。

（9）绘制功能：建立相同物件，即将所选物件的性质套用并建立相同的物件。

（10）选择功能：选择相似物件，即将所选物件的性质或物件类型，根据该条件来建立类似的选集。

（11）视觉样式：提供了五个新的预定义的视觉样式，包括：阴影、阴影的边缘、灯罩灰色、草图和 X 射线。

（12）参数化绘图：推断几何约束，可通过在绘制或编辑几何图形期间进行参数化管理。

（13）透明度：AutoCAD 2012 包括一个新的透明度属性，可以申请对象的透明度和层以同样的方式应用的颜色、线型和线宽。图层特性管理器也可以设定透明度。预设透明度值为 0，可以设置它高达 90。

（14）剖面线：建立剖面线时可以即时预览样式、比例等，并且可以动态观看变更后的状态。也可以适用于透明度的运用。另外还增加了 MIRRHATCH 系统变数，可以让您镜像时剖面线不会被翻转。

（15）三维增强功能：AutoCAD 2012 引入了增强的曲面建模功能，并新增了创建 NURBS 曲面的功能。在网格建模中增强了修改面和删除面及修复间隙功能。在实体建模中增加了新命令为三维实体的边生成倒角和圆角。

（16）命令行：命令行新增了自动附加功能，可以将相似命令显示出来，减少命令输入出错率。

1.2 AutoCAD 2012 的安装和启动

1.2.1 AutoCAD 2012 的安装

AutoCAD 2012 是 AutoCAD 系列软件的最新版本，为了发挥其强大的功能，同样也需要计算机软硬件的支持。

1. 软件环境

（1）操作系统：WindowsXP/Windows 7/Windows Vista 等版本。

（2）浏览器：IE7.0 及更高版本或其他同等浏览器。

2. 硬件环境

（1）处理器：建议 Pentium 4 或 AMD Athlon^{TM}双核以上处理器，1.6GHz 或更高。

（2）内存：建议 2GB 以上内存。

（3）显示器：1024×768 真彩色。建议安装独立显卡。

（4）硬盘：典型安装需要 2GB 可用磁盘空间。

特别提示：

AutoCAD 2012 软件有 32 位和 64 位两种，根据电脑操作系统选择安装版本。

3. 安装步骤

（1）安装：根据电脑系统选择 32 位或 64 位 AuotCAD 安装程序，放入光盘，点击安装程序，电脑运行初始化设置，自动打开安装向导，单击图 1-1 所示“安装”。按照提示输入序列号和产品密钥，指定安装路径点击安装，系统自动完成安装。

图 1-1　CAD 2012 安装向导

（2）激活：安装成功后，双击桌面 AutoCAD 2012 快捷方式图标或点击“开始”/“所有程序”/“Autodesk”/“AutoCAD 2012-Simplified Chinese”/“AutoCAD 2012”，运行 AutoCAD 2012，在“Autodesk 许可”界面点击“激活”按钮，见图 1-2。然后选择“立即连接并激活”或“我具有 Autodesk 提供的激活码”。如果选择“我具有 Autodesk 提供的激活码”则运行注册机 xf-adesk2012x32.exe（注册机 32 位或 64 位与安装的 CAD 对应），从激活界面复制申请号粘贴到注册机的“Request”栏中，点击注册机上的“Mem Patch”按钮（非常重要）再点击“Generate”按钮生成激活码，见图 1-3。复制激活码粘贴到软件激活界面的输入格中，点下一步完成注册。安装完成。

图 1-2　激活产品

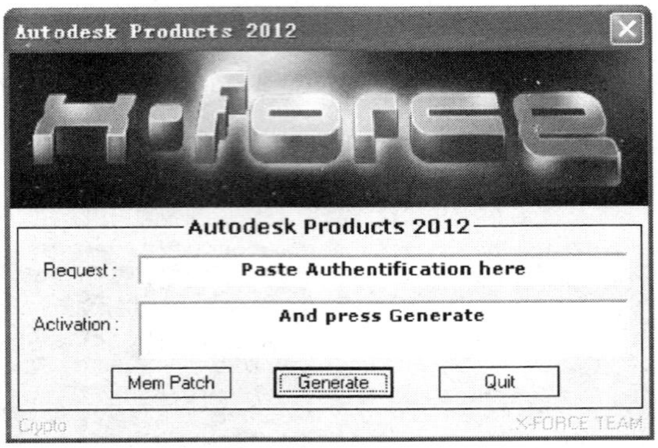

图 1-3　获取激活码

1.2.2　AutoCAD 2012 的启动

启动 AutoCAD 2012 的几种常用方法：

（1）双击桌面快捷方式图标。

（2）点击“开始”／“所有程序”／“Autodesk”／“AutoCAD 2012-Simplified Chinese”／“AutoCAD 2012”。

（3）双击计算机中已存在的任意一个 CAD 图形文件。

1.3　AutoCAD 2012 工作界面

启动 AutoCAD 2012 后，如图 1-4 所示，有四种工作空间界面，分别是“草图与注释”、“三维基础”、“三维建模”和“AutoCAD 经典”。这四种工作界面可以方便地进行切换，单击下拉菜单“工具”／“工作空间”，更简便的切换方式是点击界面左上角或右下角的按钮选择，见图 1-5。工作界面的选择根据个人喜好习惯及绘图对象决定，传统的 AutoCAD 界面是“AutoCAD 经典”。也可以将老版本 CAD 的设置移植到 AutoCAD 2012 中。

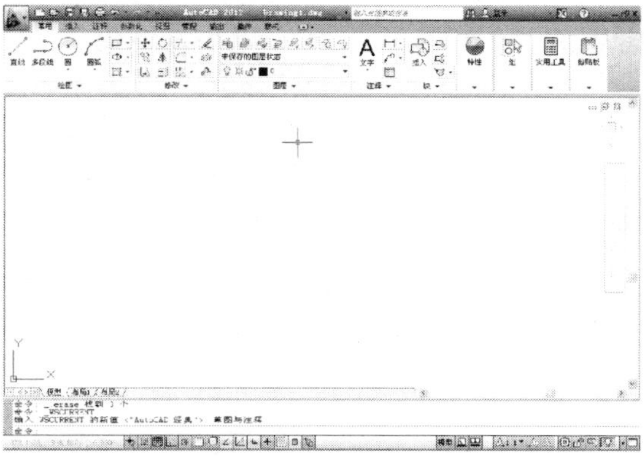

（a）草图与注释工作界面

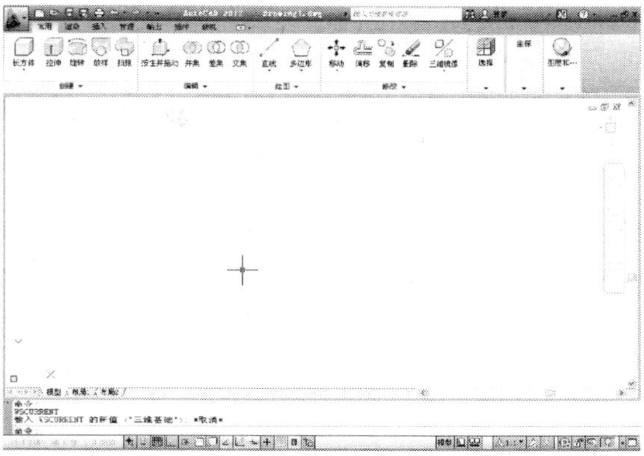

（b）三维基础

（c）三维建模

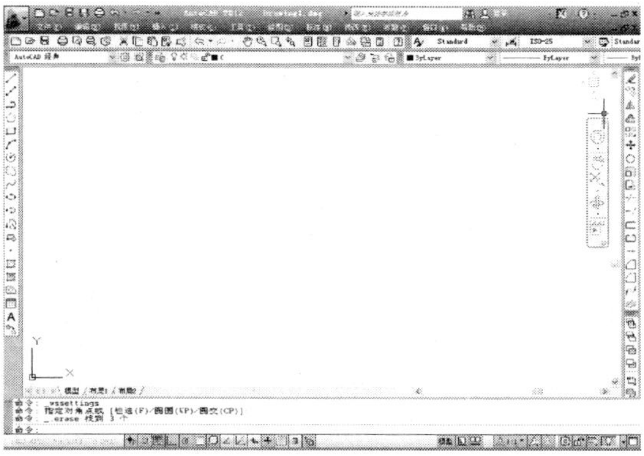

（d）AutoCAD经典

图 1-4　工作空间

图 1-5　工作空间切换

AutoCAD 2012 的经典工作界面主要由标题栏、菜单栏、工具栏、绘图区、文本窗口与命令行、状态栏等部分组成，如图 1-6 所示。

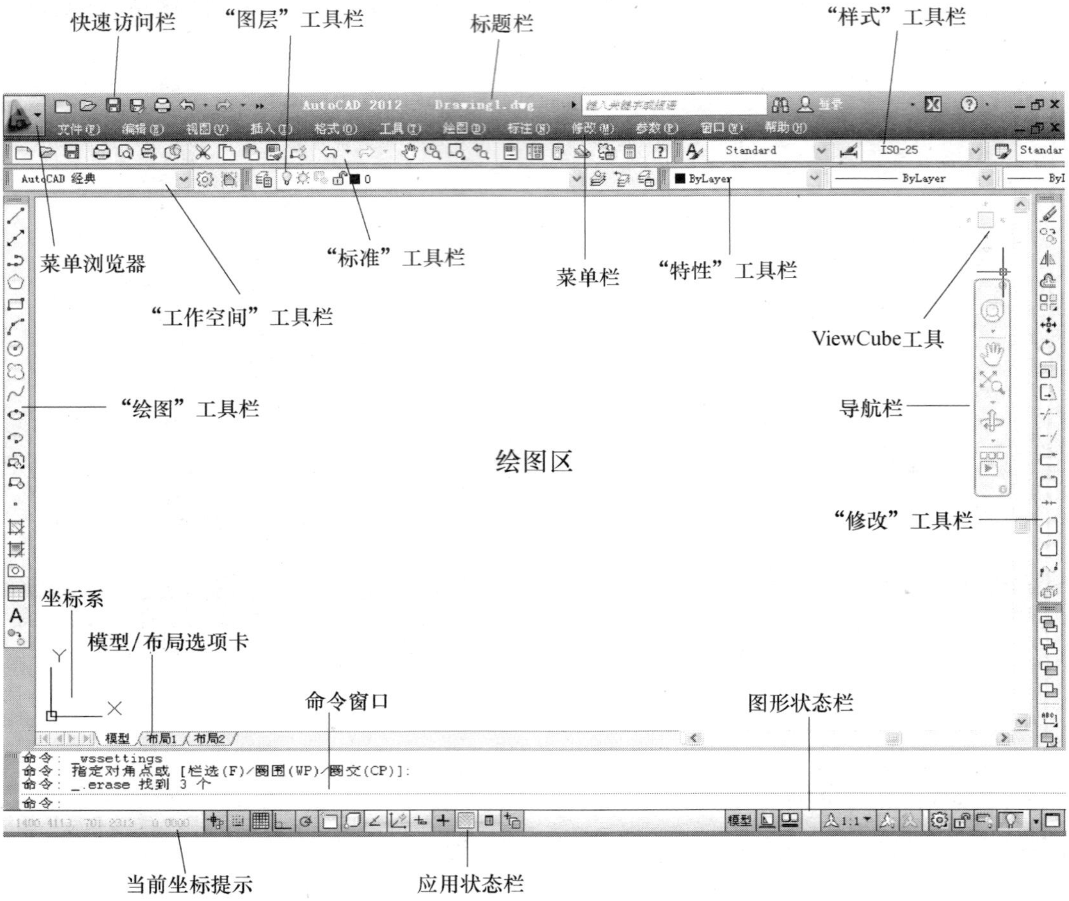

图 1-6 “AutoCAD 经典”工作界面

AutoCAD 2012 的 AutoCAD 经典工作界面各部分说明如下：

1. 标题栏与菜单浏览器和快速访问栏

标题栏位于整个界面的最顶部，它主要用来显示程序名称、文件名称和路径。点击菜单浏览器，出现一个下拉菜单，可以代替部分“文件”下列菜单的作用。快速访问栏是部分“标准”工具栏的控件按钮。

2. 下拉菜单栏与快捷菜单

菜单栏包括“文件”、“编辑”、“视图”、“插入”、“格式”、“工具”、“绘图”、“标注”、“修改”、“参数”、“窗口”、“帮助”共 12 个选项。单击其中任意一个选项，都会出现一个下拉菜单。图 1-7 为“绘图”下拉菜单。使用菜单栏应注意以下几个方面：

（1）命令后有“▶”符号，表示还有下一级菜单。

（2）命令后有“…”符号，表示选择该命令可打开一个对话框。

（3）命令后有组合键，表示直接按组合键即可执行该菜单命令，如“Ctrl + C”为复制命令。

（4）命令后有快捷键，表示点击该下拉菜单后按快捷键即可执行该命令。如直线的快

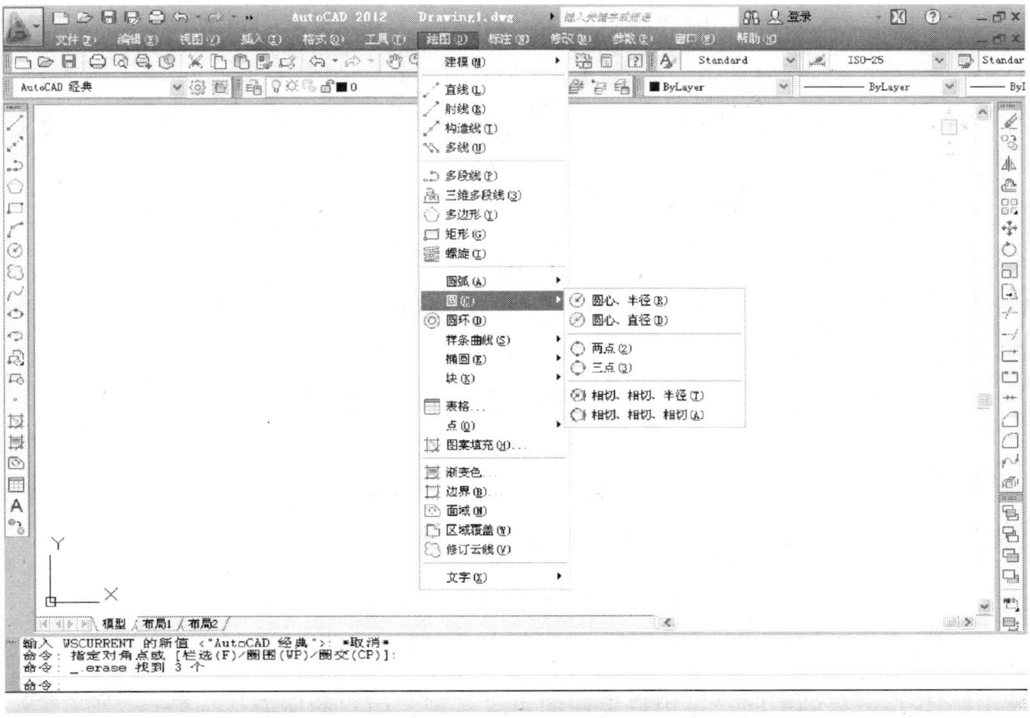

图 1-7　AutoCAD 2012 的“绘图”菜单

捷键“L”，点击“绘图”菜单，按“L”即执行“直线”命令。

（5）命令呈现灰色，表示该命令在当前状态下不可使用。

特别提示：

（1）下拉菜单几乎包含了所有 AutoCAD 命令及功能，但因操作繁琐，所以常用工具条来代替，如工作界面左侧的绘图工具条就可以代替“绘图”下拉菜单的部分功能。需要注意的是工具条只是列出了最常用的命令，所以其内容没有下拉菜单全。

（2）快捷菜单又称为上下文相关菜单。在绘图区域、工具栏、状态栏、模型与布局选项卡以及一些对话框上单击鼠标右键将弹出快捷菜单。该菜单中的命令与 AutoCAD 的当前状态相关。使用它们可以在不必启动菜单栏的情况下快速、高效地完成某些操作。

3. 常用的工具栏

工具栏是应用程序调用命令的另一种方式，它包含许多由图标表示的命令按钮。在 AutoCAD 中，系统共提供了三十多个已命名的工具栏。默认情况下，“标准”、“特性”、“图层”、“样式”、“绘图”和“修改”等工具栏处于打开状态，各工具条如图 1-8 所示。

（1）在 AutoCAD 窗口中，工具栏可以浮动方式放置，用户可以用鼠标按住工具栏前边位置，在窗口中任意拖动放置工具栏。

（2）如果要显示当前隐藏的工具栏，可在任意工具栏上单击鼠标右键，此时将弹出一个快捷菜单，如图 1-9 所示，选择或去除对应命令即可显示或隐藏对应的工具栏。

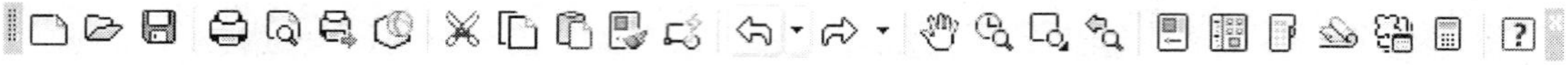

（a）标准工具栏

（b）样式工具栏

（c）图层工具栏

（d）特性工具栏

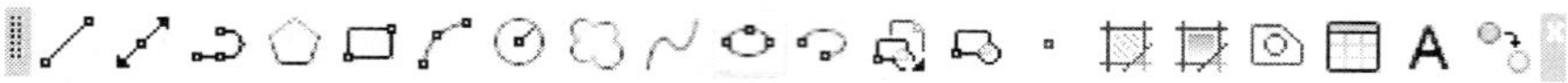

（e）绘图工具栏

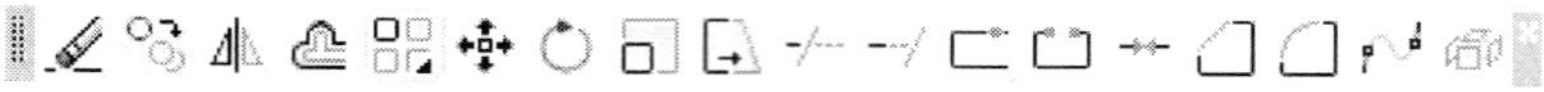

（f）修改工具栏

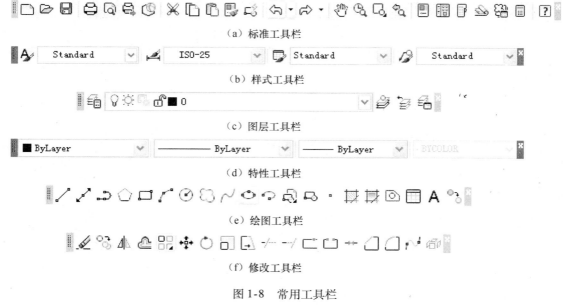

图 1-8　常用工具栏

4. 绘图区

绘图区域在屏幕的中间，是用户工作的主要区域，用户的所有工作效果都反映在这个区域，相当于手工绘图的图纸。绘图区域的右侧和下侧有垂直方向和水平方向的滚动条，拖动滚动条可以垂直或水平移动视图。选项卡控制栏位于绘图区的下边缘，单击 模型 / 布局1 / 布局2 选项，可以在模型空间和图纸空间之间进行切换。

5. 命令行

执行一个 AutoCAD 命令有多种方法，除了下拉菜单、单击绘图工具栏的按钮外，执行 AutoCAD 命令最常用的第三种方式就是在命令行直接输入命令。命令行主要用来输入 AutoCAD 绘图命令、显示命令提示及其他相关信息，如图 1-10 所示。在使用 AutoCAD 进行绘图时，不管用什么方式，每执行一个命令，用户都可以在命令行获得命令执行的相关提示及信息，它是进行人机对话的重要区域。特别对于初学者来说，一定要养成随时观察命令行提示的好习惯，它是指导用户正确执行 AutoCAD 命令的有利工具。

通常命令行只有三行左右，我们可以将光标移动到命令行提示窗口的上边缘，当光标变成÷时，按住鼠标左键上下拖动来改变命令行的大小。

想看到更多的命令，可以查看 AutoCAD 文本窗口。AutoCAD 文本窗口是记录 AutoCAD 命令的窗口，是放大的命令行窗口，它记录了已执行的命令，也可以用来输入新命令。在 AutoCAD 2012 中，可

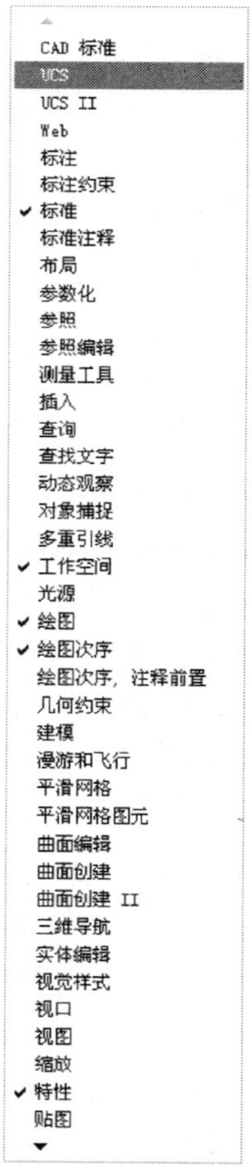

图 1-9　工具栏菜单

以通过“视图”/“显示”/“文本窗口”、执行 TEXTSCR 命令或按 F2 键来打开文本窗口，查看所有操作。

图 1-10　命令行

> **特别提示：**
>
> (1) 在命令行输入命令后，有的需按空格键或 Enter 键来执行或结束命令。输入的命令可以是命令的全称，也可以为相关的快捷命令，如“直线”命令，可以输入“LINE”，也可输入“直线”命令的快捷命令“L”，输入的字母不分大小写。在逐渐熟悉 AutoCAD 的绘图命令后，使用快捷命令比单击工具栏绘图按钮速度快得多，可以大大提供工作效率。
>
> (2) 命令栏还有下一步操作提示，所以需要随时留意命令栏的提示，并按照其要求操作。

6. 状态栏

图 1-11 所示状态栏位于工作界面的最底部。当光标在绘图区域移动时，状态栏的左边区域可以实时显示当前光标的 X、Y、Z 三维坐标值。状态栏中间是“推断约束”、“捕捉模式”、“栅格显示”、“正交模式”、“极轴追踪”、“对象捕捉”、“三维对象捕捉”、“对象捕捉追踪”、“动态 UCS”、“动态输入”、“线宽”、“透明度”、“快捷特性”、“选择循环”14 个开关按钮。用鼠标单击它们可以打开或关闭相应的辅助绘图功能，也可使用相应的快捷键打开。状态栏的右边添加了缩放注释等工具。

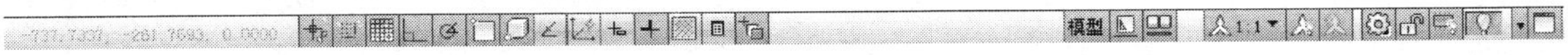

图 1-11　状态栏工具栏

1.4　AutoCAD 2012 辅助绘图工具

为了提高绘图的精确性和绘图效率，AutoCAD 为用户提供了一系列准确定位的辅助绘图工具，使用系统提供的对象捕捉、对象追踪、极轴捕捉等功能，快速准确定位；使用正交、栅格等功能，有助于对齐图形中的对象。

1.4.1　“草图设置”对话框

图 1-12 所示“草图设置”对话框内有七个标签，它们分别是“捕捉和栅格”、“极轴追踪”、“对象捕捉”、“三维对象捕捉”、“动态输入”、“快捷特性”和“选择循环”。

运行“草图设置”对话框的方法有两种：

(1) 执行“工具”/“绘图设置”命令，弹出一个“草图设置”对话框，如图 1-12 所示。

(2) 状态栏提供了辅助绘图按钮包括推断约束、捕捉模式、栅格显示、正交模式、极轴追踪、对象捕捉、对象捕捉追踪、显示线宽等，将光标移动到相应按钮上，右击鼠标，在弹出的快捷菜单中选择“设置”命令也可弹出图 1-12“草图设置”对话框。

1.4.2 推断约束

一般绘制的图形对象间没有约束关系，比如绘制两条平行线，改变其中一条的角度，另一条的角度是不改变的。推断约束命令可以使两个或多个对象间产生约束关系。

1. 推断约束设置

启动“推断约束”的按钮是状态工具栏的 。在此按钮上右击选“设置”，出现对话框如图 1-13 所示，从中可以选择需要的约束类型。

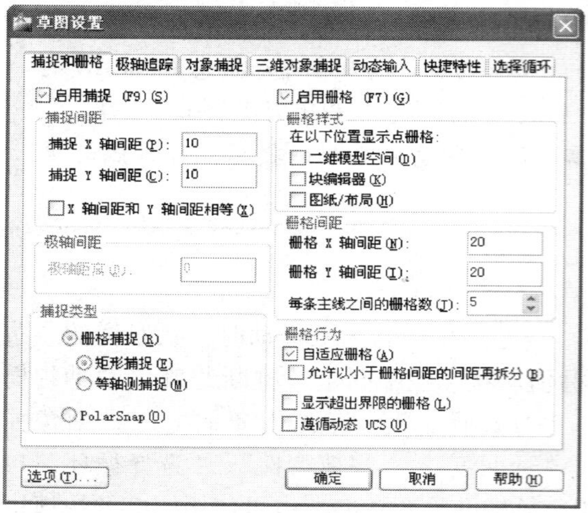

图 1-12 “草图设置”对话框

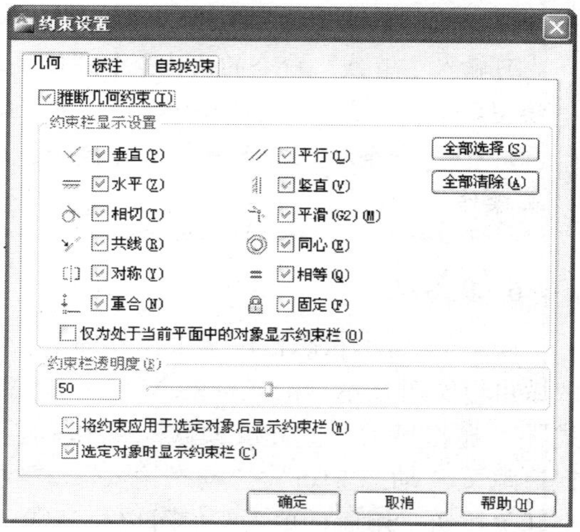

图 1-13 约束设置

2. 应用示例

用推断约束绘制图 1-14 中的（a）图形，并将图改变成（c）图形。

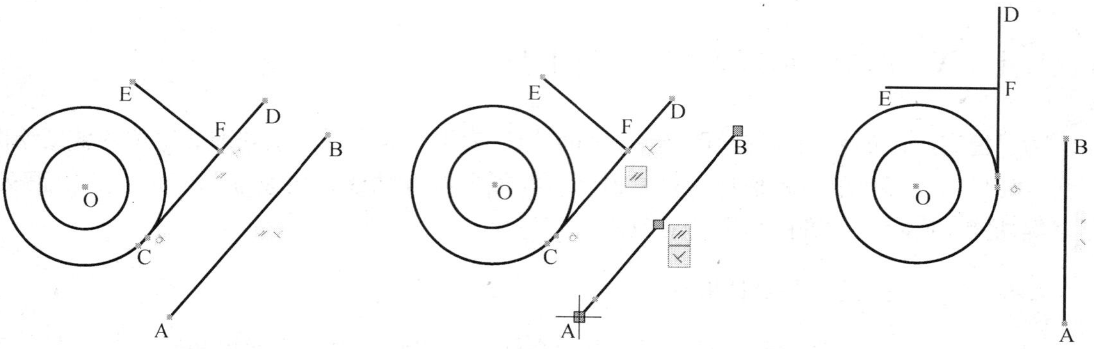

（a）原图开启推断约束 （b）选中图中AB直线并旋转 （c）结果

图 1-14 用推断约束绘图

【操作步骤】

（1）开启推断约束和对象捕捉绘制（a）图形，其中的约束关系是直线 AB 和 CD 平行，直线 CD 与大圆相切，两个圆是同心圆，直线 EF 与 CD 垂直。产生约束关系后会出现约束图标，如平行约束为 ，改变其中一条平行线的方向，有平行约束的另一条平行线也相应改变。删除约束的方法是在约束图标 上右键单击选删除，或将鼠标放置在约束图标上按 Delete 删除键。

（2）利用夹点操作法将图形转换成图 1-14（c）图形。夹点分为冷夹点和热夹点，如在图 1-14（b）中点击选择直线 AB，直线上有三个蓝色的夹点，称为冷夹点。将鼠标放在某个夹点上，夹点变绿，点击后夹点变红，红色的夹点称为热夹点，鼠标移动热夹点也跟着移动。直线上两端两个夹点可以用来旋转或伸缩直线，中间的夹点可以用来平移直线。也可在热夹点上右击出现快捷菜单，可以选择旋转、移动等命令。

（3）从图 1-14（c）图形可以看出，直线 AB 角度发生变化，与之有平行约束关系的 CD 做了相应变化仍保持平行，与 CD 有垂直约束的直线 EF 也跟着变化，与 CD 有相切约束的大圆也跟着变化，与大圆有同心约束的小圆也跟着变化。

1.4.3　栅格显示

栅格是按照设置的间距显示在图形区域中的线，它能提供直观的距离和位置的参照，类似于坐标纸中的方格的作用。如果取消选择图 1-12 所示对话框中“显示超出界限的栅格”，则栅格只在用“LIMITS”命令设定的图纸界限内显示，如图 1-15 所示。

1. 打开/关闭栅格

打开/关闭栅格显示的方法有以下四种：

（1）在“草图设置”对话框的“捕捉和栅格”标签内选择“启用栅格”选项，如图 1-12 所示。启用后如图 1-15 所示。

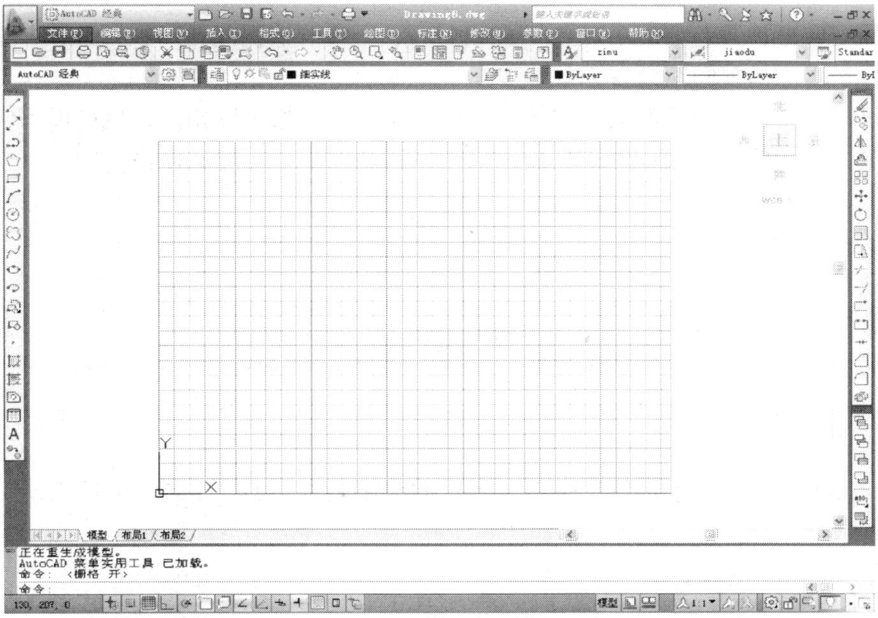

图 1-15　栅格

（2）状态栏“栅格”按钮。

（3）按 F7 键。

（4）命令：GRID。

2. 设置栅格间距

在“捕捉和栅格”标签内，用户可以设置 X、Y 轴的栅格间距。栅格间距缺省均为 10。如果绘图范围较大，而栅格默认的间距为 10，可能会出现因栅格线阵太密而无法显示栅格的情况。可以通过“草图设置”对话框来调整栅格间距。栅格显示的区域默认状态下是横放的 3 号图大小。

1.4.4 捕捉模式

捕捉是将光标控制在栅格线或栅格点上移动。捕捉和栅格一般需要同时启用。捕捉使光标只能停留在图形中指定的栅格点或线上，这样就可以很方便地将图形放置在特殊点上，便于以后的编辑工作。一般来说，栅格与捕捉的间距和角度都设置为相同的数值，打开捕捉功能后，光标只能定位在图形中的栅格点上跳跃式移动。

1. 打开/关闭捕捉

打开/关闭捕捉有以下四种方法：

（1）在“草图设置”对话框的“捕捉和栅格”标签内选择“启用捕捉”选项。

（2）状态栏“捕捉模式”按钮。

（3）按 F9 键。

（4）命令：SNAP。

2. 设置捕捉间距

在“捕捉和栅格”标签内，用户可以设置 X、Y 轴的捕捉间距。捕捉间距缺省均为 10，当其设置为 0 时，捕捉间距设置无效。

捕捉间距与栅格间距是性质不同的两个概念。二者的值可以相同，也可以不同。如果捕捉间距设置为 5，而栅格间距设置为 10，则光标移动两步，才能从栅格中的一个点移到下一个点。

特别提示：

栅格显示和捕捉模式在精确绘图时一般不开启。

1.4.5 正交模式

打开正交模式后，系统提供了类似丁字尺的绘图辅助工具“正交”，是快速绘制水平线和铅垂线的最好工具。

1. 打开/关闭正交模式

打开或关闭正交模式，可执行下列操作之一：

（1）状态栏“正交”按钮。

（2）按 F8 键。

（3）在绘图过程中可以按住“Shift”键临时启用或关闭正交模式。

特别提示：

如果知道水平线或铅垂线的长度，在正交模式下将光标放在合适的位置和方向，直接输入直线长度是非常快捷的绘图方法。

2. 应用示例

用正交模式绘制图 1-16 所示的图形。

分析：图中所有的线都是水平线和铅垂线，可以采用坐标法绘图，但更简单的是用正交模式绘图。

【操作步骤】

（1）命令：_line 指定第一点：启动“直线”命令，鼠标在屏幕上任意位置单击指定 A 点作为图形左下角点。

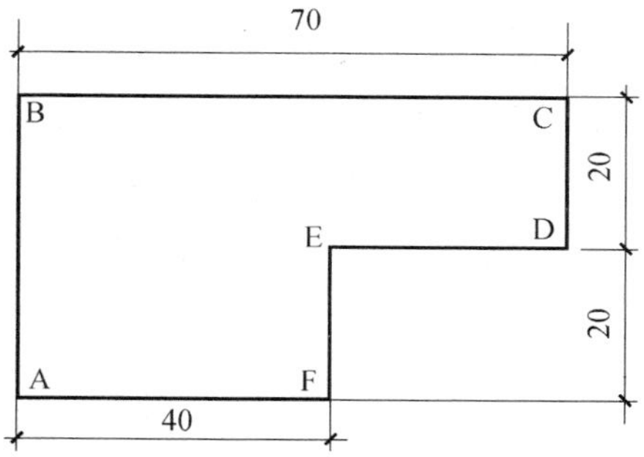

图 1-16　利用正交模式绘制图形

（2）指定下一点或［放弃（U）］：打开“正交”模式，然后光标移动到 A 点上方输入 AB 长度 40，回车确定 B 点。

（3）指定下一点或［放弃（U）］：光标移动到 B 点右方输入 70，回车得到 C 点。

（4）指定下一点或［闭合（C）/放弃（U）］：然后光标移动到 C 点下方输入 20，回车得到 D 点。

（5）指定下一点或［闭合（C）/放弃（U）］：光标移动到 D 点左方输入 30 回车确定 E 点。

（6）指定下一点或［闭合（C）/放弃（U）］：光标移动到 E 点下方输入 20 回车确定 F 点。

（7）指定下一点或［闭合（C）/放弃（U）］：输入 C，回车形成闭合图形。

1.4.6　对象捕捉

在绘图的过程中，经常要指定一些点，而这些点是已有对象上的点，例如端点、圆心、两个对象的交点等，如果只是凭用户的观察来拾取它们，无论怎样小心，都不可能非常准确地找到这些点。AutoCAD 提供了对象捕捉，可以帮助用户快速、准确地捕捉到某些特殊点，从而能够精确快速地绘制图形。

对象捕捉分对象捕捉和三维对象捕捉两种，对象捕捉主要用在平面绘图中，三维对象捕捉用在三维绘图中。本节主要介绍二维对象捕捉。

执行对象捕捉有两种方式，一是利用“草图设置”对话框设置隐含对象捕捉（也称自动对象捕捉模式）；二是利用“对象捕捉”工具栏，执行单点优先方式的对象捕捉（也称临时对象捕捉模式）。

1. 自动对象捕捉模式

执行“工具”/“草图设置”命令，或在状态栏右击选“设置”，弹出一个“草图设置”对话框，选择“对象捕捉”标签，如图 1-17 所示。在对话框中选择一个或多个捕捉模式，点“确定”按钮，即可执行相应的对象捕捉，这种捕捉方式即为自动对象捕捉方式。

特别提示：

对象捕捉只有在执行命令而且要求指定点的时候才进入捕捉状态。

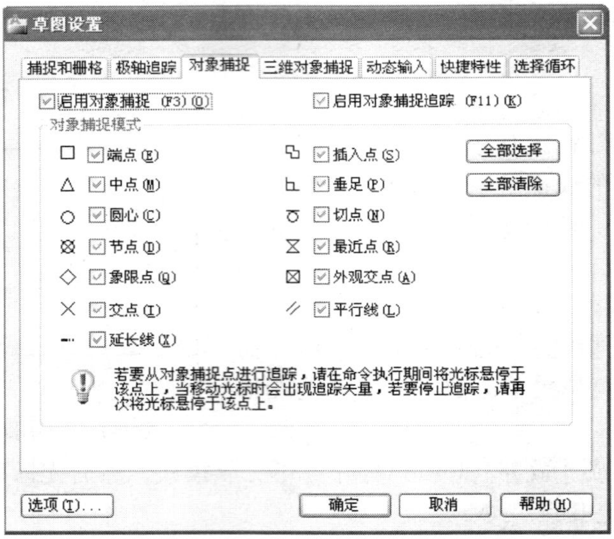

图 1-17　“草图设置”对话框

2. 临时对象捕捉模式

临时对象捕捉可以采用以下两种方式：

（1）在 AutoCAD 提示指定一个点时，按住“Shift”键不放，在屏幕绘图区按下鼠标右键，则弹出一个如图 1-18 所示的快捷菜单，在菜单中选择了捕捉点后，菜单消失，再回到绘图区去捕捉相应的点。将鼠标移到要捕捉的点附近，会出现相应的捕捉点标记，光标下方还有对这个捕捉点类型的文字说明，这时单击鼠标左键，就会精确捕捉到这个点。

（2）在任意工具栏位置单击鼠标右键，弹出快捷菜单，从快捷菜单中选择“对象捕捉”，即可显示出“对象捕捉”工具栏，如图 1-19 所示。在绘图和编辑过程中，系统提示输入一个点时，用户可直接点取“对象捕捉”工具栏内的相应捕捉按钮，再移动鼠标捕捉目标。这种执行对象捕捉的方式只影响当前要捕捉的点，操作一次后自动退出对象捕捉状态。

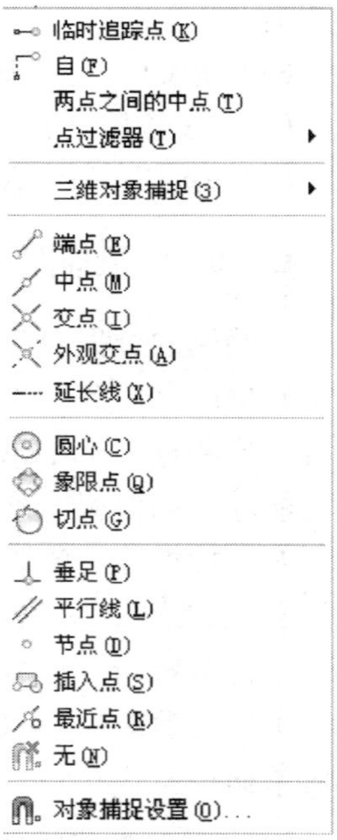

图 1-18　快捷菜单

3. 应用示例

绘制图 1-20（a）所示图形，其中 O 为圆心，直线 AO 为铅垂线，直线 AB 与圆相切，直线 OC 与 AB 平行。

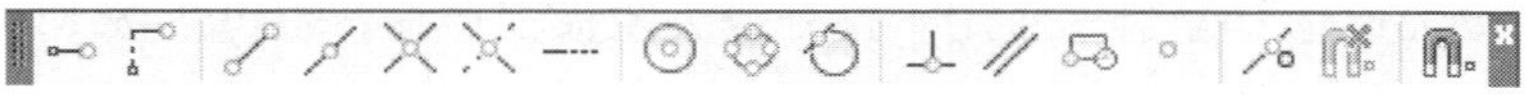

图 1-19　“对象捕捉”工具栏

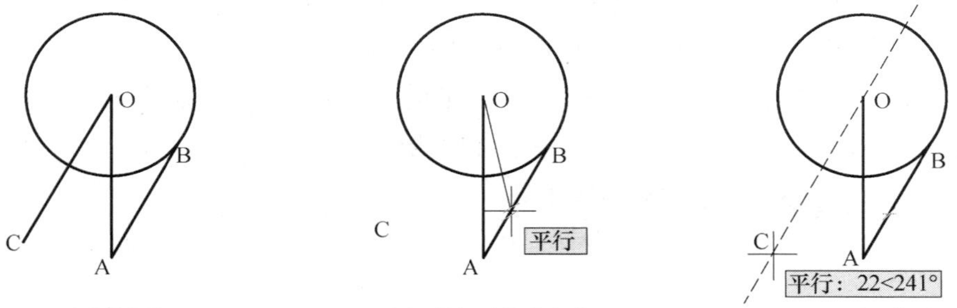

（a）图形　　（b）绘铅垂线和切线　　（c）绘平行线

图 1-20　利用对象捕捉绘图

【操作步骤】

（1）用绘图工具栏 命令绘制一圆

（2）打开正交模式，调用 命令，打开对象捕捉，捕捉到圆心 O，绘制铅垂线 AO

（3）关闭正交模式，将鼠标放到圆上，出现 时即捕捉到切点，点击即绘制圆的切线 AB

（4）调用 命令，捕捉到圆心 O 点，关闭对象捕捉，点击图 1-19 捕捉工具栏的平行线捕捉或按住 Shift 点右键，选捕捉平行线。将鼠标放到直线 AB 上（不要点击），出现图 1-20（b）捕捉平行标志时，移动鼠标到大约是 C 点的位置，出现橡皮线如图 1-20（c）所示，此时点击鼠标左键，OC 平行于 AB。

4. 三维对象捕捉

控制三维对象的执行对象捕捉设置。可捕捉三维对象的顶点、边中点、面中心、节点、垂足、最靠近面等。

1.4.7　自动追踪

自动追踪是光标跟随参照线确定点位置的方法，它有两种工作方式：极轴追踪和对象捕捉追踪。极轴追踪是光标沿设定的角度增量显示参照线，在参照线上确定所需的点。利用对象捕捉追踪可获得对象上关键的点位，这些点即为追踪点，它们是参照线的出发点。

1. 极轴追踪

极轴追踪是指按事先给定的角度增量来追踪特征点。极轴追踪功能可以在系统要求指定一个点时，按预先设置的角度增量显示一条无限延伸的辅助线，这时用户就可以沿辅助线追踪得到光标点。

用户可利用“草图设置”对话框中的“极轴追踪”选项卡对极轴追踪的参数进行设置，如图 1-21 所示。

“极轴追踪”选项卡中各选项的功能和含义如下：

（1）“启用极轴追踪”复选框：用于打开或关闭极轴追踪，也可以按 F10 键来打开或关闭极轴追踪。

（2）“极轴角设置”选项区域：用于设置极轴角度。在“增量角”下拉列表框中可以选择系统预设的角度，如果该下拉列表框中的角度不能满足需要，可选择“附加角”复选框，然后单击“新建”按钮，在“附加角”列表中增加新角度。

如图 1-22 所示，如果开启极轴追踪，设定增量角为 45°，调用直线命令，任点一点，然后绕该点移动鼠标，每隔 45°显示一条参照线。

图 1-21　设置极轴追踪

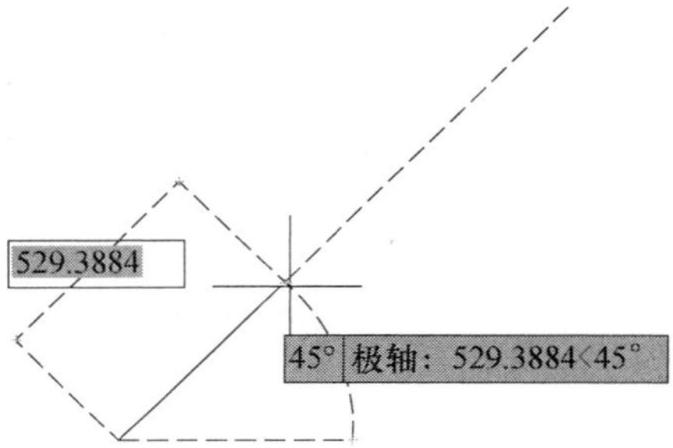

图 1-22　极轴追踪

2. 对象捕捉追踪

对象捕捉追踪是指按与对象的某种特定关系来追踪，这种特定关系确定了一个事先并不知道的角度。也就是说，如果事先不知道具体的追踪方向（角度），但知道与其他对象的某种关系（如相交），则使用对象捕捉追踪。如果事先知道要追踪的方向（角度），则使用极轴追踪。对象捕捉追踪和极轴追踪可以同时使用。

3. 应用示例

绘制图 1-23（a）标高符号。

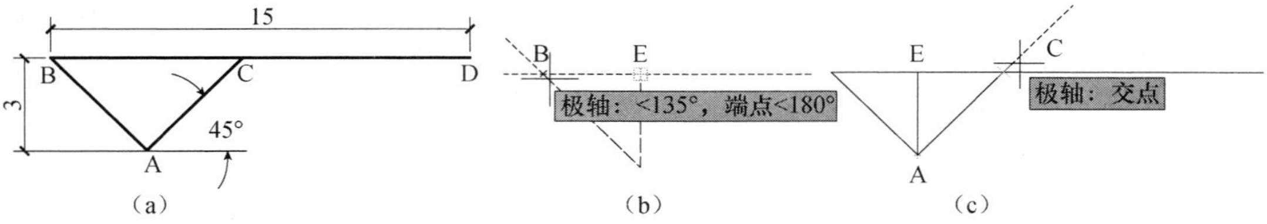

图 1-23　标高符号的绘制

【操作步骤】

（1）打开对象捕捉，打开极轴追踪，并将追踪角增量设置为 45°，打开对象捕捉追踪。首先绘制一条高度辅助线 EA，然后再绘图

（2）命令：_line 指定第一点：启动直线命令，并在绘图区任意指定一点作为 E 点

（3）指定下一点或［放弃（U）］：打开正交，将光标移动到 E 点下方，输入长度 3 确定 A 点

（4）指定下一点或［放弃（U）］：关掉正交，将光标移动到 A 点左上方，接近 45°时，出现一条极轴追踪的虚线（参照线）；然后再将光标移动到 E 点处，出现捕捉框时左移，出现对象捕捉追踪虚线；当光标移动到合适位置时，两条虚线出现交点，此时单击鼠标，确定图 1-23（b）中的 B 点

（5）指定下一点或［放弃（U）］：打开正交，将光标移动到 B 点右方，输入 BD 长度 15

（6）指定下一点或［放弃（U）］：回车结束画线

（7）命令：_line 指定第一点：再次回车重复直线命令，捕捉 A 点作为起点

（8）指定下一点或［放弃（U）］：将光标移动到 A 点右上方，接近 45°时，出现一条极轴追踪的虚线，然后再将光标移动到 C 点附近时，出现交点捕捉的叉号，此时单击鼠标，确定图 1-23（c）中的 C 点。回车结束命令。

1.4.8　动态输入

动态输入主要由指针输入、标注输入、动态提示三部分组成，如图 1-24 所示。是一种全新的直观显示法，一般情况绘图时都开启动态输入。

特别提示：

在 按钮上单击鼠标右键，出现快捷菜单，选择“设置”选项，打开“草图设置”对话框的“动态输入”选项卡，点击指针输入的“设置”如图 1-25 所示，可以对动态输入进行设置。在后边讲到的坐标输入法，有时系统默认是相对坐标，则需要改成绝对坐标。

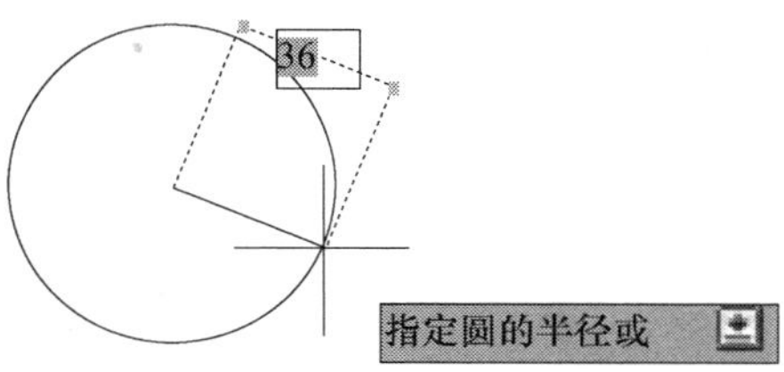

图 1-24　动态输入

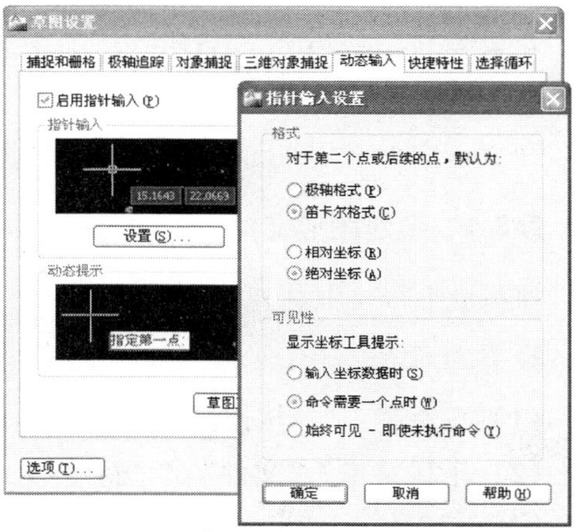

图 1-25　动态输入设置

1.4.9　显示线宽

为了提高系统运行速度和成图效率，CAD 系统将所有的线都以细线显示，如果要显示线宽，点击状态工具栏线宽 按钮。

1.4.10 快捷特性

快捷特性可以显示选定元素的特性信息。如图 1-26 所示，选定直线，则出现直线、颜色、图层、线型、长度等特性窗口。

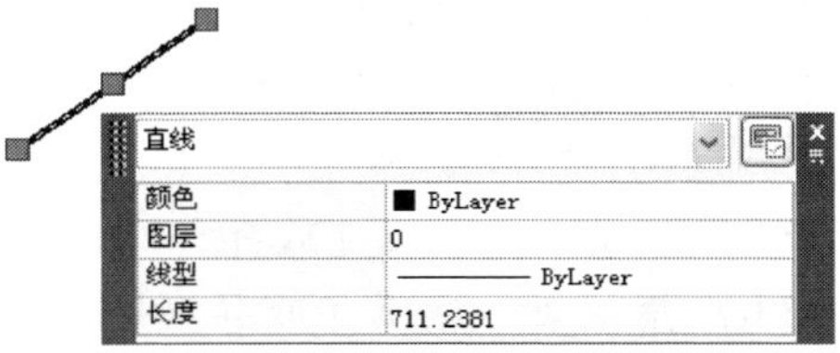

图 1-26 快捷特性

1.4.11 选择循环

“选择循环”允许用户选择重叠的对象。可以配置图 1-12 草图设置中的“选择循环”列表框的显示设置。

1.4.12 显示透明度

用户可以使用“透明度”工具控制对象和图层的透明度级别。设定选定的对象或图层的透明度级别，可以提升图形品质或降低仅用于参照的区域的可见性。出于性能原因的考虑，打印透明对象在默认情况下被禁用。若要打印透明对象，请在“打印”对话框或“页面设置”对话框中选中“使用透明度打印”选项。

1.4.13 允许 UCS（用户直角坐标系）

坐标系确定了坐标原点，三个方向的坐标轴 X、Y、Z。据根不同的需要，用户会自己设置创建一个临时的用户坐标系。

用户坐标系（UCS）与世界坐标（WCS）的性质一样，都是由坐标原点与坐标轴组成。不同点在于，世界坐标系的原点与坐标轴始终不变，而用户坐标系可以根据需要随时都可以改变。

一般，只有在画三维图时才会用到 UCS 命令。

1.5 AutoCAD 2012 图形文件管理

在 AutoCAD 中，图形文件管理操作命令包括新建和打开及保存图形文件。

1.5.1 新建图形文件

执行此命令可以新建一图形文件。

1. 执行途径

（1）工具栏：□按钮。

（2）下拉菜单：“文件”/“新建”。

（3）命令行：NEW。

（4）快捷键：Ctrl + N。

2. 操作说明

执行新建图形文件命令后，屏幕出现如图 1-27 所示的“选择样板”对话框。用户可以选择其中一个样本文件，单击打开按钮即可。但这些样板文件通常不符合我国的制图标准，建议用户不要使用，用户可使用“acadiso. dwt”等空白文件。

特别提示：

除了系统给定的这些可供选择的样板文件（样板文件扩展名为 . dwt），用户还可以自己创建所需的样板文件（保存文件类型为 . dwt），避免重复劳动。如将设置好图层线宽、设置好文字样式、尺寸标注样式、多线样式、图块、绘制好图框标题栏的图形保存为 . dwt 样板文件。

1.5.2　打开图形文件

打开一个已存在的图形文件。

1. 执行途径

（1）工具栏：按钮。

（2）下拉菜单：“文件”／“打开”。

（3）命令行：OPEN。

（4）快捷键：Ctrl + O。

2. 操作说明

单击在“标准”工具栏中“打开”按钮，此时将打开“选择文件”对话框，如图 1-28 所示。

图 1-27　“选择样板”对话框

图 1-28　“选择文件”对话框

（1）在“选择文件”对话框的文件列表框中，选择需要打开的图形文件，在右侧的“预览”框中将显示该图形的预览图像。

（2）用户可以“打开”、“以只读方式打开”、“局部打开”、“以只读方式局部打开”4 种方式打开图形文件，每种方式都对图形文件进行了不同的限制。如果以“打开”和“局部打开”方式打开图形时，可以对图形文件进行编辑。如果以“以只读方式打开”和“以只读方式局部打开”方式打开图形时，则无法对图形文件进行编辑。

1.5.3　保存图形文件

为了防止因突然断电、死机等情况的发生而对已绘图样的影响，用户应养成随时保存所绘图样的良好习惯。可以用以下几种方法快速保存 AutoCAD 文件：

第一种方式：保存文件

1. 执行途径

（1）工具栏：按钮。

（2）下拉菜单："文件"／"保存"。

（3）命令行：QSAVE。

（4）快捷键：Ctrl + S。

2. 操作说明

执行该命令后，对当前已命名的图形文件直接存盘保存；如该文件尚未命名，则屏幕上弹出"图形另存为"对话框，如图 1-29 所示。可从中选择路径并输入文件名，确认后进行保存。在保存对话框中点击文件类型的下箭头可保存成不同版本的不同类型的文件。

第二种方式：另存文件

1. 执行途径

（1）下拉菜单："文件"／"另存为"。

（2）命令行：SAVEAS。

（3）快捷键：Ctrl + Shift + S。

2. 操作说明

AutoCAD 还向用户提供了更为安全有效的文件保存设置，即用户可以为自己的设计文件添加密码，作为打开该文件的图形口令，只有知道口令的人员才能将文件打开使用。

添加密码方法为：在图形另存为对话框右上角单击"工具"／"安全选项"则出现如图 1-30 所示对话框，在对话框中输入密码。

特别提示：

在没有使用 AutoCAD 2012 新功能的前提下，建议最后将文件另存为版本较低的文件，这样在其他安装低版本 CAD 的电脑上也能打开该文件。

图 1-29 "图形另存为"对话框

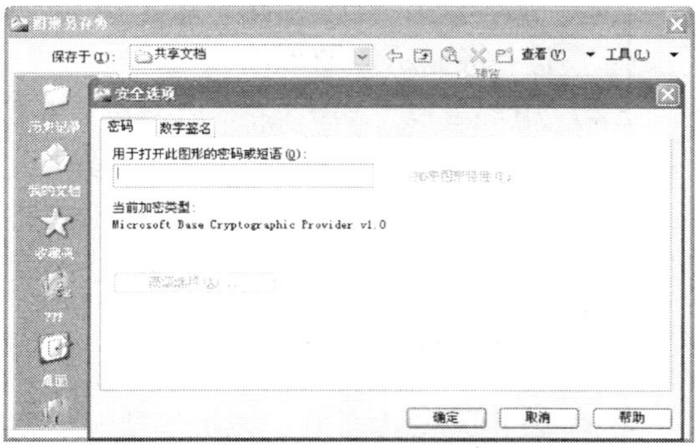

图 1-30 文件密码设置

第三种方式：自动保存文件

AutoCAD 系统有自动保存功能，自动保存路径查询或修改方法为，点击“工具”/“选项”出现如图 1-31（a）所示对话框，选择“文件”选项卡，点击自动保存位置，可查询或点击修改保存位置。选择“打开和保存”选项卡，如图 1-31（b）所示，可设置自动保存间隔时间。

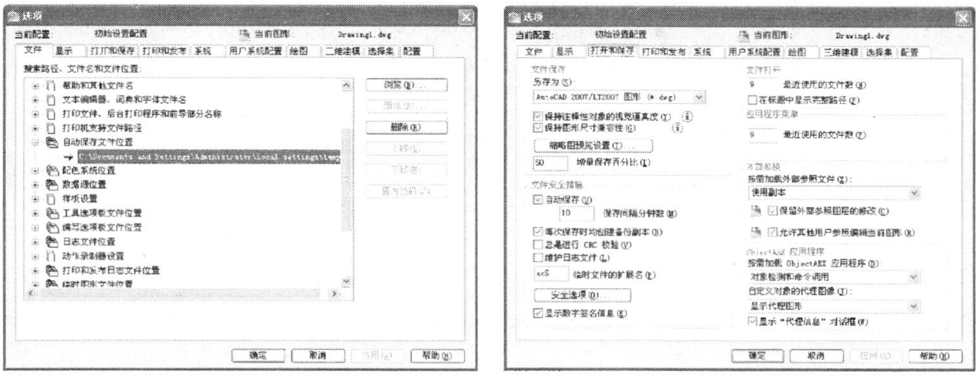

（a）　　　　（b）

图 1-31　自动保存

1.5.4　关闭文件

1. 关闭当前打开的文件而不退出 AutoCAD 系统

可以使用下列方法：

（1）下拉菜单：“文件”/“关闭”。

（2）命令行：CLOSE。

（3）快捷键：Ctrl + F4。

（4）按钮：下拉菜单最右侧的。

2. 关闭文件退出 AutoCAD 系统

可以使用下列方法：

（1）命令行：QUIT 或 EXIT。

（2）快捷键：Ctrl + Q。

（3）按钮：屏幕最右上角的。

1.5.5　建立模板文件

经常绘图的用户，每次打开空白的新建文档绘图，是件很麻烦的事情。我们可以做一个符合我们国家标准要求的文档即模板放在模板文件夹，每次新建文档时调出使用，非常方便。

1. 执行途径

（1）下拉菜单：“文件”/“另存为”。

（2）命令行：SAVEAS。

（3）快捷键：Ctrl + Shift + S。

2. 操作说明

制作的方法是新建一个 CAD 文档，把图层、文字样式、标注样式等都设置好后另存为文件类型——“AutoCAD 图形样板（*.dwt）”格式，即 CAD 的模板文件见图 1-32（a）。

（a）“图形另存为”对话框

（b）“选择样板”对话框

图 1-32 模板文件

点击保存，即可把刚才创建的文件放进 dwt 模板文件夹里，以后使用时，新建文档提示选择时选择该绘图模板文件即可。

或者，把那个文件取名为 acad.dwt（CAD 默认模板），替换默认模板，以后只要打开就可以了。

1.6 上机指导（图形文件管理）

创建一个 AutoCAD 文件，使用“矩形”和“直线”命令绘制如图 1-33 所示的窗户，将其保存在 D 盘的“AutoCAD 2012”文件夹中，文件名为“练习”。文件夹中再保存一个版本为 AutoCAD 2004 的备份，文件名为“练习备份”，保存完成后退出 AutoCAD 系统。

【操作步骤】

（1）双击桌面 AutoCAD 2012 图标，启动 AutoCAD 2012 系统。

（2）选择工具栏，弹出“选择样板”对话框，在名称列表中选择“acad.dwt”样板，如图 1-34 所示，创建一个 AutoCAD 新文件。

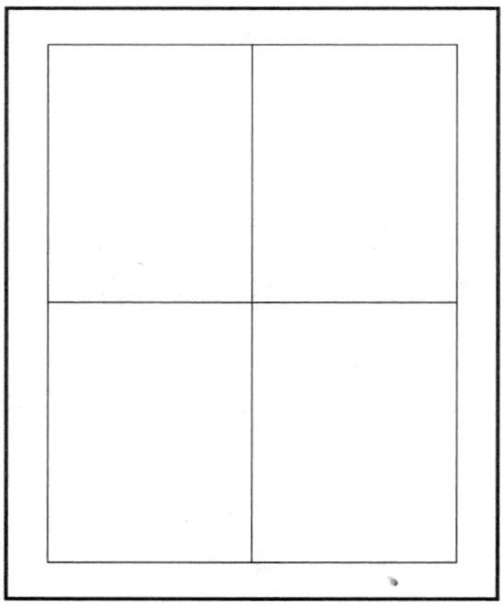

图 1-33 窗户

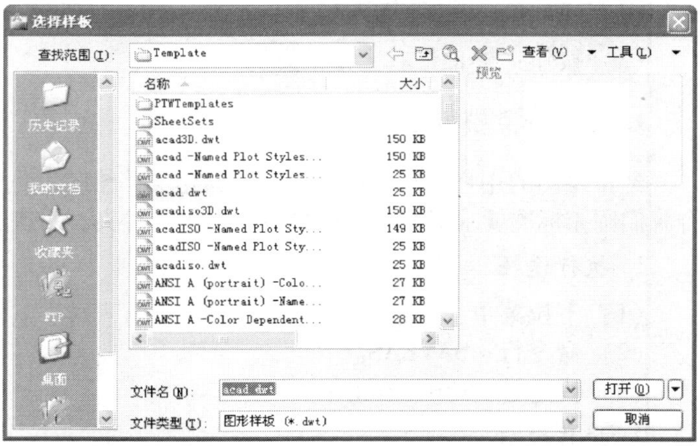

图 1-34 “选择样板”对话框

（3）在“绘图”工具栏中单击“矩形”按钮，在屏幕上左下方任选一点，将光标放在右上方再次任选一点，相同的方法再画一个小矩形，得到图 1-35（a）。

（4）打开正交模式，在“绘图”工具栏中单击“直线”按钮，打开对象捕捉选取中点，将鼠标移至竖直线的中点附近，系统捕捉到中点，屏幕显示图 1-35（b）所示。

（5）同样的方法，将鼠标移至水平线的中点附近，系统捕捉到中点，屏幕显示如图 1-35（c）所示。

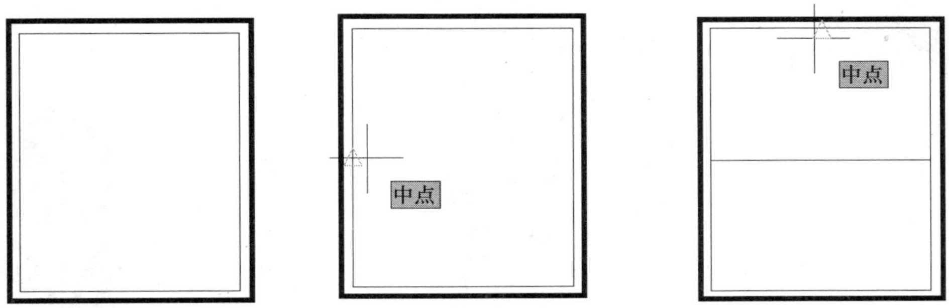

（a）（b）（c）

图 1-35 绘图过程

（6）绘制完毕后，选择“标准”工具栏按钮，弹出“图形另存为”对话框。在“保存于”下拉列表框中选择路径“D：/AutoCAD 2012 文件”，在“文件名”文字框中输入“练习”，如图 1-36 所示，单击“保存”按钮，保存图形文件。

（7）点击下拉菜单“文件”/“另存为”命令，弹出“图形另存为”对话框。在“保存于”下拉列表框中选择路径“D：/AutoCAD 2012 文件”，在文件名文字框中输入“练习备份”，在文件类型框选择 AutoCAD 2004 图形，如图 1-37 所示，单击“保存”按钮，保存图形文件。

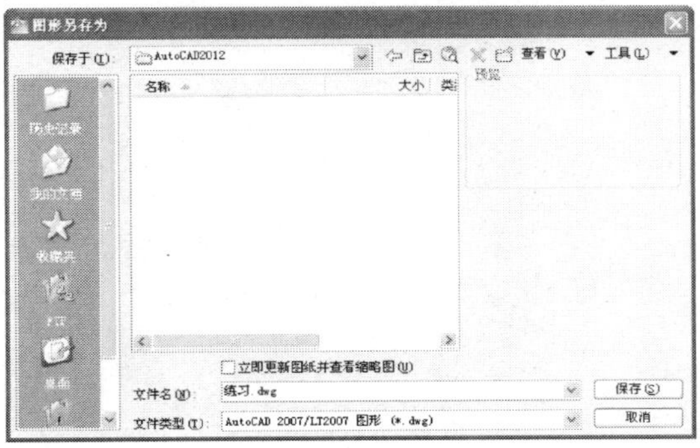

图 1-36 “图形另存为”对话框

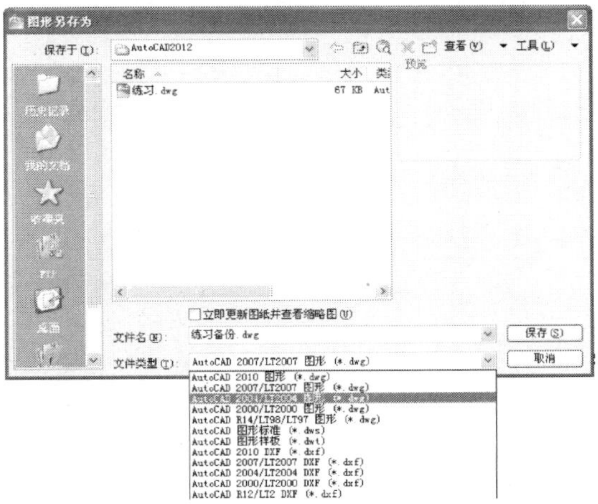

图 1-37 “图形另存为”对话框

（8）点击关闭按钮，关闭本文件或退出 CAD 系统。

1.7　操作练习

新建绘图文件，绘制下列图形，尺寸自定，并保存。

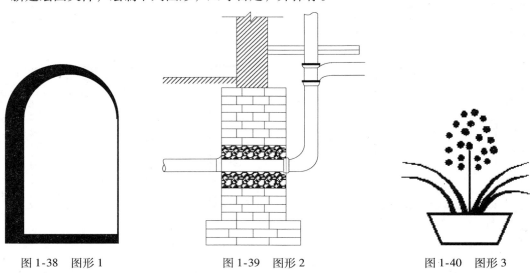

图 1-38　图形 1

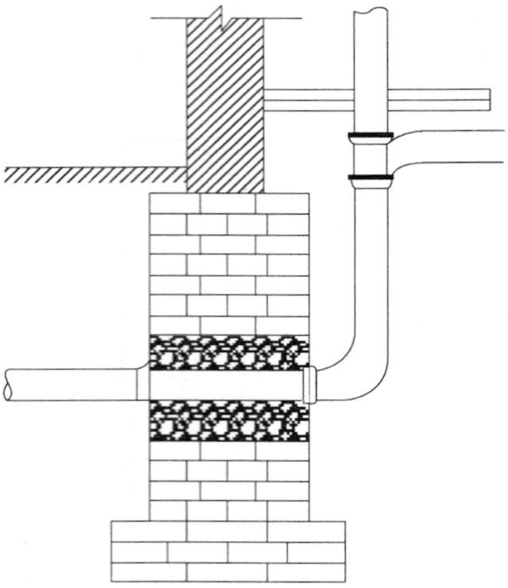

图 1-39　图形 2

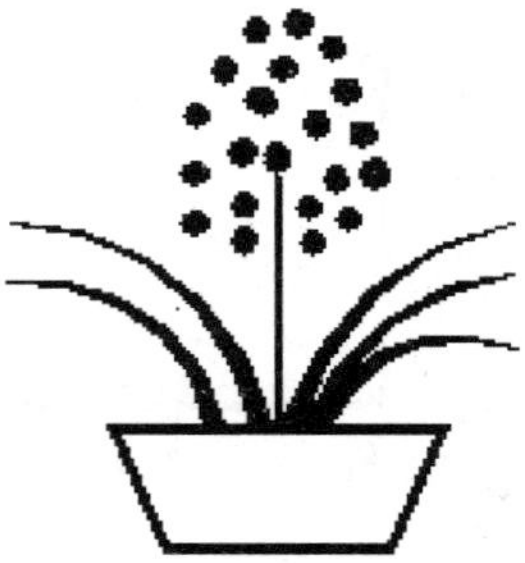

图 1-40　图形 3

第 2 章　AutoCAD 2012 基本操作

教学目标

通过对本章的学习，读者应掌握 AutoCAD 2012 基本操作、绘图环境的设置、坐标系的使用、图层的创建方法，并能够使用图层绘制图形。

教学重点与难点

- AutoCAD 2012 的基本操作
- 设置绘图环境
- 使用坐标系
- 设置图层的颜色、线型、线宽
- 设置图层的特性
- 控制图层的状态
- 使用图层绘制图形

2.1　AutoCAD 2012 基本操作

2.1.1　命令的输入与终止

在 AutoCAD 中，最基本的操作是命令的输入与终止。

1. 输入设备

AutoCAD 中输入命令的设备有键盘、鼠标及数字化仪等，通常是键盘和鼠标。鼠标用于控制 AutoCAD 的光标和屏幕指针。当鼠标处于绘图窗口内，AutoCAD 的光标为十字线形式；当光标移至菜单选项、工具栏或对话框内，它会变成一个箭头。

通常使用鼠标左键单击菜单项、工具栏按钮或屏幕菜单来执行命令。

2. 输入命令

AutoCAD 输入命令的途径有四种。

（1）命令行输入：所谓命令行输入，即由键盘输入 AutoCAD 命令，而且键盘是输入文本对象、数值参数（包括坐标）或进行参数选择的唯一方法。如在命令行输入“LINE”或快捷“L”回车确认后即执行绘制直线命令。

（2）下拉菜单输入：通过选中下拉菜单选项，执行 AutoCAD 命令，此时命令行显示的命令与从键盘输入的命令一样。

（3）工具栏输入：通过点击工具栏按钮执行 AutoCAD 命令，此时命令行显示该命令。

（4）鼠标右键输入：在不同的区域单击右键，会弹出相应的菜单，从菜单中选择执行命令。

3. 确认命令/结束命令

确认命令和结束命令是键盘“Enter”。一般情况下空格键可以起到“Enter”键的作用。例如绘制直线，输入直线命令，按“Enter”键或空格键表示确认，命令行提示“指定第一点”，命令行输入第一点坐标后按“Enter”键或空格键表示确认，命令行再提示“指定下一点”，采用相同的操作步骤。要结束命令按“Enter”键或空格键或点鼠标右键选“确定”。

特别提示：

假如绘制直线结束命令后，如果接下来仍绘制直线，可以直接按“Enter”键或空格键重复执行上一次的命令，即执行直线命令。其他的命令也是一样的。

4. 终止命令

在命令执行过程中，用户可以随时按键盘“Esc”键终止执行任何命令。

2.1.2 命令的复制、撤消与重做

在 AutoCAD 中，用户可以方便地重复执行同一条命令，或撤消前面执行的一条或多条命令。此外，撤消前面执行的命令后，还可通过重做来恢复前面执行的命令。

1. 重复命令

在 AutoCAD 中，用户可以使用多种方法来重复执行 AutoCAD 命令。例如，要重复执行上一个命令，可以按“Enter”或空格键，或在绘图区域中单击鼠标右键，从弹出的快捷菜单中选择“重复”命令；要重复执行最近使用的 6 个命令中的某一个命令，可以在命令窗口或文本窗口中单击右键，从弹出的快捷菜单中选择“近期使用的命令”命令下最近使用过的 6 个命令之一即可；要多次重复执行同一个命令，可以在命令行提示下输入 MULTIPLE 命令，然后在“输入要重复的命令名:”提示下输入需要重复执行的命令，AutoCAD 将重复执行该命令，直到用户按“Esc”键为止。

2. 撤消前面所进行的命令

有多种方法可以放弃最近一个或多个操作，最简单的就是使用按钮或使用 UNDO 命令（快捷命令 U）或 Ctrl + Z 来放弃单个操作。用户也可以一次撤消前面进行的多步操作。这时可在命令提示下输入 UNDO 命令，然后在命令行中输入要放弃的操作数目。

3. 重做

如果要重做使用 UNDO 命令放弃的最后一个操作，可以使用键或 REDO 命令或 Ctrl + Y，或重新选择“编辑”/“重做”命令。

2.1.3 常用透明命令

所谓透明命令是指在其他命令执行的同时可以执行的命令。透明命令一般用于环境的设置或辅助绘图。常用透明命令包括“实时缩放”、“实时平移”等。透明命令执行完后，可以继续执行原命令。

1. 实时缩放

点击标准工具栏执行该命令后，屏幕上的光标变成一放大镜的标记。按住鼠标左键向上移动则将图形放大，向下移动则将图形缩小。按“Esc”键或“Enter”键退出。

特别提示：

最常用实时缩放的方法是直接用鼠标滚轮，以光标所在点为基准点上滚放大，下滚缩小。需要提示的是，实时缩放只是显示的缩放，图形尺寸没有改变。

2. 实时平移

点击标准工具栏 执行该命令后，屏幕上的光标呈一小手的标记。按住鼠标左键上下左右移动则将图形跟着上下左右移动。按“Esc”键或“Enter”键退出。

特别提示：

最常用的实时平移是直接按住鼠标滚轮移动鼠标。需要提示的是，实时平移是视口的平移，图形在图纸上的位置没有改变。

3. 窗口缩放

点击标准工具栏 执行该命令后，将由两角点定义的“窗口”内的图形尽可能大地显示到屏幕上。

4. 全部缩放

“视图”下拉菜单中“缩放”的下级菜单选 全部(A)，将绘制的所有图形最大化显示在屏幕上。

特别提示：

最常用全部缩放方法是，在命令行中输入“ZOOM”命令（快捷命令 Z）回车后输入 A 回车，将绘制的所有图形最大化显示在屏幕上。如果所绘制的某个图形在屏幕中找不到了就用此法。

2.1.4　图形的选取模式

当执行编辑命令后，命令行提示：“选择对象”。此时，十字光标将变成一个拾取框□，移动拾取框来选择一个或多个对象。AutoCAD 提供多种选择方法：

1. 点取方式

这是一种默认方式。当光标变为拾取框后，用鼠标移动拾取框，使其覆盖在被选对象上，然后单击鼠标，对象变为虚线，表示已被选中。这种方法适合选择少量或分散对象。

2. 窗口方式

该方式是通过对角线的两个端点来定义一个矩形窗口，凡完全落在该矩形窗口内的图形对象均被选中。但指定两端点的顺序必须自左向右指定。如图 2-1 所示。

3. 窗交方式

该方式也是通过对角线的两个端点来定义一个矩形窗口，凡完全落在该矩形窗口内及与窗口相交的图形对象均被选中。但指定两端点的顺序必须自右向左指定。如图 2-2 所示。

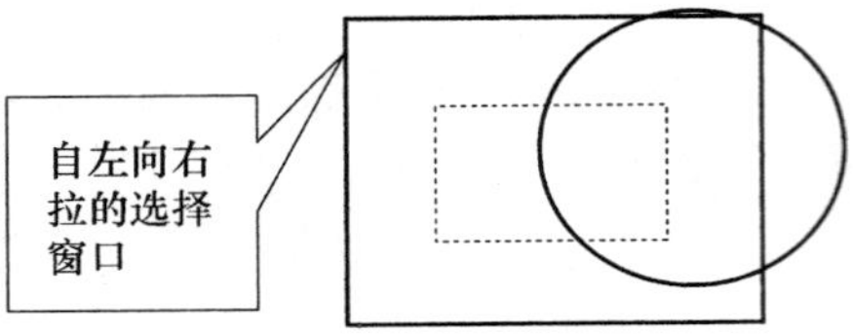

图 2-1 窗口式选择

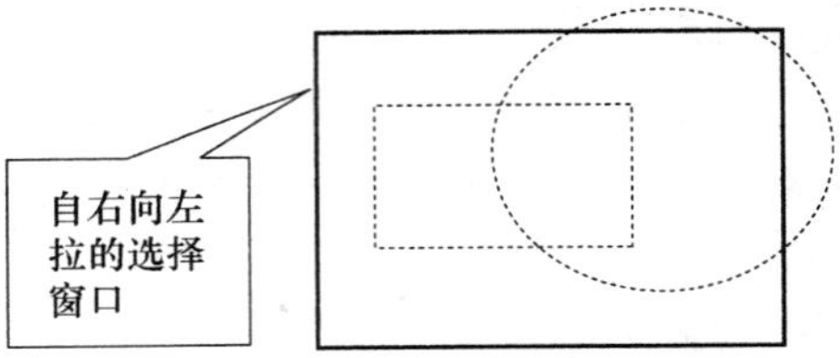

图 2-2 窗交式选择

4. 全选方式

当命令行提示选择对象时：在选择状态下键盘输入 ALL，或在空命令下是 Ctrl + A，全部选择。

特别提示：

（1）按住 Shift 键再次点选曾选中的对象，可将其取消选中。

（2）在空命令下也可执行选取对象，只是光标不是拾取框□，而仍是十字光标，如选取某个图形，按“Delete”键删除该图形。

2.2 AutoCAD 坐标系

2.2.1 世界坐标系（WCS）和用户坐标系（UCS）

在绘图过程中，要精确定位某个对象，必须以某个坐标系作为参照，以便精确拾取点的位置。AutoCAD 坐标系包括世界坐标系（WCS）和用户坐标系（UCS）。通过 AutoCAD 的坐标系可以按照非常高的精度设计并绘制图形。

1. 世界坐标系（WCS）（图 2-3）

世界坐标系包括 X 轴和 Y 轴（如果在 3D 空间工作，还有 Z 轴），其坐标轴的交汇处显示一“口”形标记，如果坐标系图标位于图形窗口的左下角，此时坐标零点并不一定在坐标轴的交汇点。

2. 用户坐标系统（UCS）（图 2-4）

世界坐标系是固定的，不能改变，用户在绘图时有时会感到不便。为此 AutoCAD 为用户提供了可以在 WCS 中任意定义的坐标系，称为用户坐标系（UCS）。UCS 的原点可以在任意位置上，其坐标轴可任意旋转和倾斜。另外，用户坐标系的坐标轴交汇处没有“口”形标记。

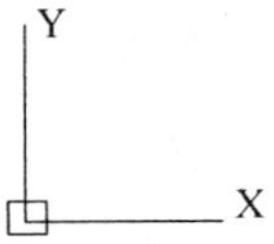

图 2-3 世界坐标系（WCS）

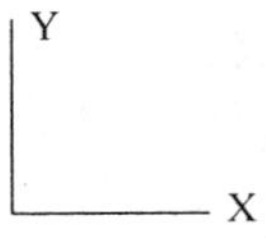

图 2-4 用户坐标系（UCS）

特别提示：

最常用的创建 UCS 的方法是执行“工具”菜单中“新建 UCS”下的“原点”命令，可以将坐标系的原点放到需要的位置。在三维绘图时常用到“工具”菜单中“新建 UCS”下的“三点”命令，即用指定原点及 X、Y 轴上的点来定 UCS。

2.2.2　点坐标的表示方法及其输入

在 AutoCAD 中，表示点坐标的方法有绝对直角坐标、绝对极坐标、相对直角坐标和相对极坐标 4 种。

1. 绝对坐标

绝对坐标是指相对于当前坐标系原点的坐标。用户以绝对坐标的形式输入点时，可以采用直角坐标或极坐标。

（1）绝对直角坐标

绝对直角坐标，是相对坐标系原点（0，0）或（0，0，0），表示点的 X、Y、Z 坐标值。当使用键盘键入点的坐标时，X、Y、Z 坐标值之间用英文状态下的逗号“,”隔开，不能加括号，坐标值可以为负。二维绘图时不需要输入 Z 的坐标值 0。

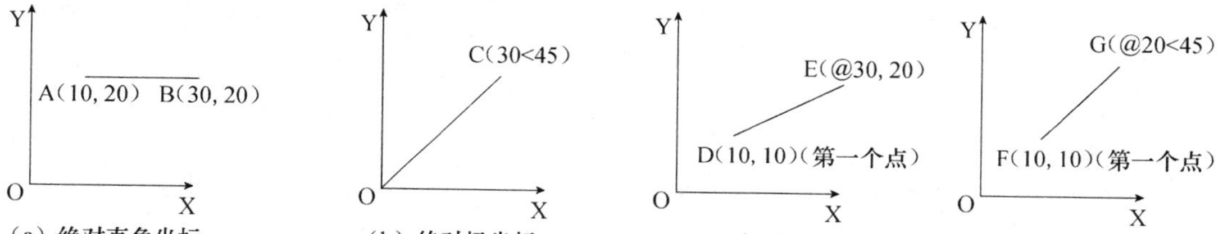

（a）绝对直角坐标　（b）绝对极坐标　（c）相对直角坐标　（d）相对极坐标

图 2-5　绝对坐标和相对坐标

例如：如图 2-5（a）所示，当绘制直线 AB 时，执行直线命令，指定第一点只需输入 A 点的坐标“10，20”坐标，命令栏提示指定下一点，只需输入 B 点坐标“30，20”，两次回车后即可完成 AB 直线的绘制。

特别提示：

坐标值之间一定要用英文状态下的逗号“,”隔开，不能用汉语状态下的逗号。输入坐标值时不能加括号。

（2）绝对极坐标

绝对极坐标：也是相对坐标系原点（0，0）或（0，0，0），但它给定的是距离和角度，其中距离和角度用“ < ”分开，且规定“角度”方向以逆时针为正，即 X 轴正向为 0°，Y 轴正向为 90°。

例如：如图 2-5（b）所示绘制直线 OC，执行直线命令，指定第一点只需输入 O 点坐标“0，0”回车，提示指定下一点，输入 C 点极坐标“30 <45”，两次回车后即可完成 OC 直线的绘制。

特别提示：

在极坐标输入中度数“°”不需要输入。

2. 相对坐标

相对直角坐标和相对极坐标是指相对于某一点的 X 轴和 Y 轴位移，或距离和角度。它的表示方法是在绝对坐标表达方式前加上“@”。其中，相对极坐标中的角度是新点和上一点连线与 X 轴的夹角。

例如：如图 2-5（c）所示绘制直线 DE，已知前一个 D 点（即基准点）的坐标为“10，10”，E 点相对 D 点的坐标是（30，20）。执行直线命令，输入 D 点绝对坐标“10，10”，在指定下一点提示下输入 E 点相对直角坐标“@30，20”（该点的绝对坐标为“40，30”）则绘制完成直线 DE。

例如：如图 2-5（d）所示绘制直线 FG，已知前一个 F 点（即基准点）的坐标为“10，10”，G 点相对 F 点的极坐标是（20＜45）。执行直线命令，输入 F 点的绝对坐标“10，10”，在指定下一点提示下输入 G 点相对极坐标“@20＜45”，则新点 G 与前一点 F 的连线距离为 20，连线与 X 轴正向夹角为 45°，完成直线 FG 的绘制。

特别提示：

绘制水平线铅垂线一般不使用坐标输入，而是在正交模式下指定第一点后，将鼠标放在第一点左右或上下位置，直接输入直线的长度值。

3. 应用示例

用坐标输入法绘制图 2-6 所示的五角星。

【操作步骤】

（1）命令：_line 指定第一点：执行直线命令，输入 A 点的绝对直角坐标值或用鼠标任定一点。

（2）指定下一点或［放弃（U）］：打开正交模式，鼠标放在 A 点右侧，输入 AB 水平线的长度 100。

（3）指定下一点或［放弃（U）］：输入 C 点相对 B 点的极坐标值@ －100＜36。

（4）指定下一点或［闭合（C）/放弃（U）］：输入 D 点相对 C 点的极坐标值@100＜72。

（5）指定下一点或［闭合（C）/放弃（U）］：输入 E 点相对 D 的极坐标值@ －100＜108。

（6）指定下一点或［闭合（C）/放弃（U）］：闭合到 A 点。

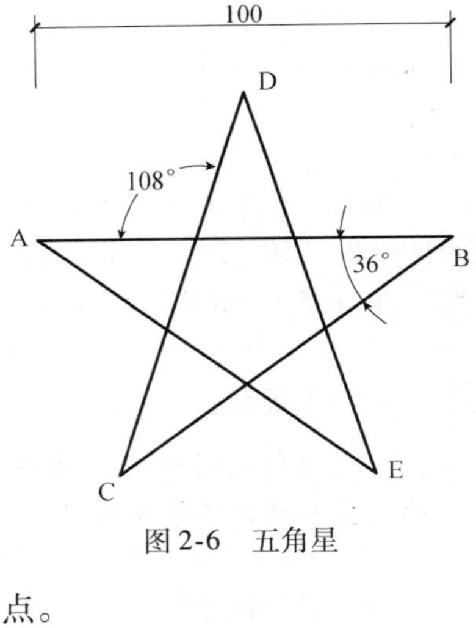

图 2-6　五角星

2.3　基本绘图环境设置

在用户使用 AutoCAD 绘图之前，首先要对绘图单位，以及绘图区域进行设置，以便能够确定绘制的图纸与实际尺寸的关系，便于用户绘图。

2.3.1　设置绘图界限

一般来说，如果用户不作任何设置，AutoCAD 系统对作图范围没有限制。可以将绘图区看作是一幅无穷大的图纸，但所绘图形的大小是有限的，因此为了更好地绘图，需要设定作图的有效区域。在 AutoCAD 中，使用“LIMITS”命令可以在模型空间中设置一个想象的矩形绘图区域，也称为图限。

设置绘图界限的步骤如下：

（1）选择“格式”/“图形界限”命令，或在命令行中输入 LIMITS，命令行提示如下：

指定左下角点或［开（ON）/关（OFF）］ <0.0000，0.0000>：回车默认（0，0）点。

指定右上角点 <420.0000，297.0000>：如果输入坐标 297，210 那就是 A4 纸横放。

如图 2-7 栅格所示的区域就是设定的图限（需要将图 1-12 草图设置中“显示超出界限的栅格”关掉）。

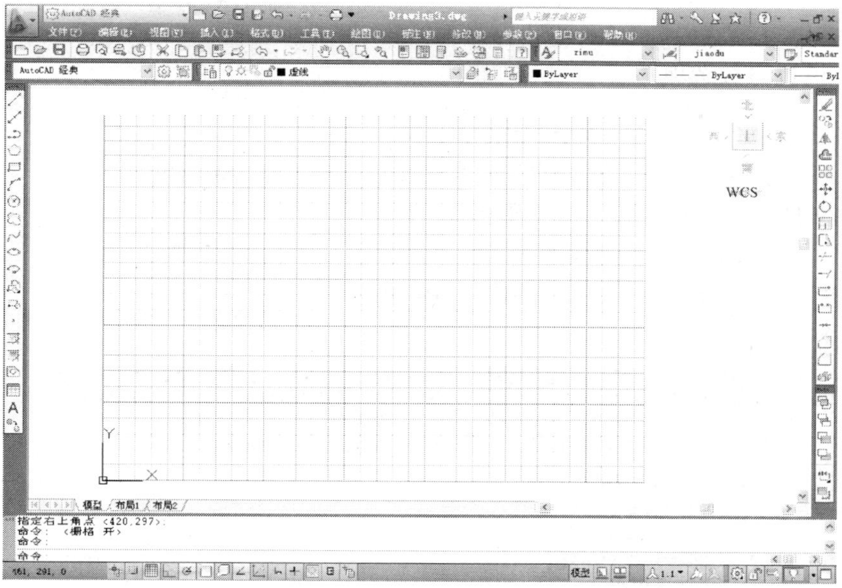

图 2-7　图限

（2）在执行 LIMITS 命令的过程中，将出现 4 个选项，分别为“开”、“关”、“指定左下角点”和“指定右上角点”。

1）“开”选项：表示打开绘图界限检查，如果所绘图形超出了图限，则系统不绘制出此图形并给出提示信息，从而保证了绘图的正确性。

2）“关”选项：表示关闭绘图界限检查。

3）“指定左下角点”选项：表示设置绘图界限左下角坐标。

4）“指定右上角点”选项：表示设置绘图界限右上角坐标。

2.3.2　设置绘图单位和精度

在 AutoCAD 中，用户可以采用 1:1 的比例因子绘图，因此，所有的直线、圆和其他对象都可以真实大小来绘制。用户可以使用各种标准单位进行绘图，对于中国用户来讲，通常使用毫米、厘米、米和千米等作为单位，毫米是最常用的一种绘图单位。不管采用何种单位，在绘图时只能以图形单位计算绘图尺寸，在需要打印出图时，再将图形按图纸大小进行缩放。

置绘图单位和精度的步骤如下：

（1）执行“格式”/“单位…”命令，弹出一个“图形单位”对话框，如图 2-8 所示。

（2）在“长度”区内选择单位类型和精度，工程绘图中一般使用“小数”和精度“0.00”。

（3）在“角度”区内选择角度类型和精度，工程绘图中一般使用“十进制小数”和精度“0”。

（4）在“插入时的缩放单位”中一般选择为“毫米”。

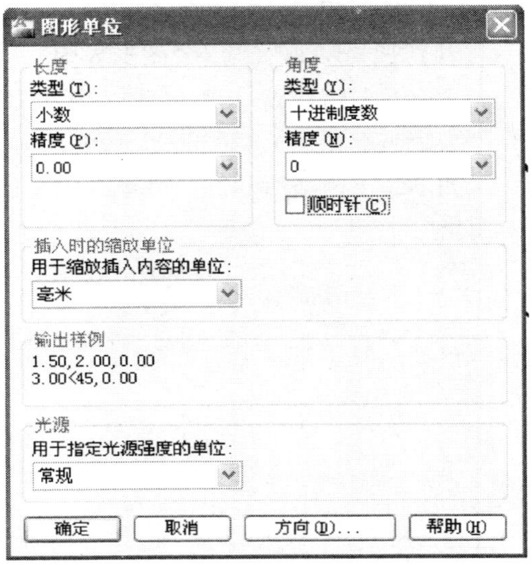

图 2-8 “图形单位”对话框

2.3.3 设置参数选项

选择“工具”/“选项”命令，或执行 OPTIONS 命令，可打开“选项”对话框。在该对话框中包含“文件”、“显示”、“打开和保存”、“打印和发布”、“系统”、“用户系统设置”、“绘图”、“三维建模”、“选择集”和“配置”10 个选项卡，如图2-9所示。

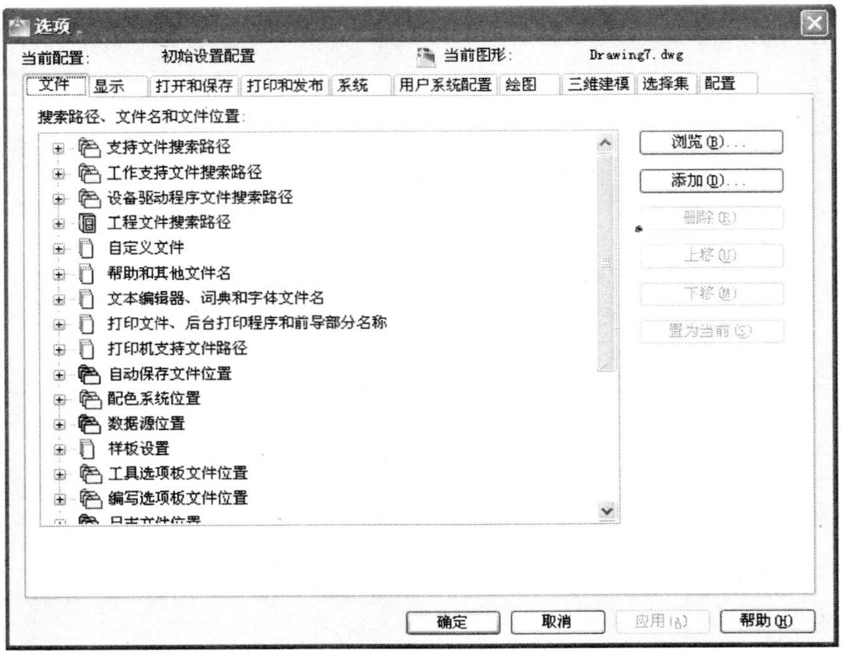

图 2-9 “选项”对话框

1. 各选项卡含义

（1）“文件”选项卡

用于确定 AutoCAD 搜索支持文件、驱动程序文件、菜单文件和其他文件时的路径以及用户定义的一些设置。

（2）“显示”选项卡

用于设置窗口元素、布局元素、显示精度、显示性能、十字光标大小和参照编辑的褪色度等显示属性。如果圆、圆弧或直线显示不光滑，可以调整显示精度。当然精度越高，图形生成速度越慢。点击“颜色”可设置屏幕绘图区背景色。

（3）“打开和保存”选项卡

用于设置是否自动保存文件，以及自动保存文件时的时间间隔，是否维护日志，以及是否按需加载外部参照文件等。

（4）“打印和发布”选项卡

用于设置 AutoCAD 的输出设备。默认情况下，输出设备为 Windows 打印机。但在很多情况下，为了输出较大幅面的图形，用户也可能需要使用专门的绘图仪。

（5）“系统”选项卡

用于设置当前三维图形的显示特性，设置定点设备、是否显示 OLE 特性对话框、是否显示所有警告信息、是否检查网络连接、是否显示启动对话框、是否允许长符号名等。

（6）“用户系统配置”选项卡

用于设置是否使用快捷菜单和对象的排序方式。

（7）“绘图”选项卡

用于设置自动捕捉、自动追踪、自动捕捉标记框颜色和大小、靶框大小。

（8）“三维建模”选项卡

用于设置三维十字光标，三维对象显示等。

（9）“选择集”选项卡

选择集模式、拾取框大小以及夹点大小等。

（10）“配置”选项卡

用于实现新建系统配置文件、重命名系统配置文件以及删除系统配置文件等操作。

2. 应用示例

设置绘图窗口的背景颜色为白色。

【操作步骤】

（1）选择“工具”/“选项”命令，打开图 2-9 所示“选项”对话框。

（2）选择“显示”选项卡，如图 2-10 所示。在“窗口元素”选项区域中单击“颜色”按钮，打开图 2-11“图形窗口颜色”对话框。

（3）在“背景”窗口（即第一个窗口）中选择“二维模型空间”选项。

（4）在“界面元素”窗口中选择“统一背景”选项。

（5）在“颜色”窗口中选择“白色”选项，这时二维模型空间背景颜色将设置为白色，单击“应用并关闭”按钮完成设置。

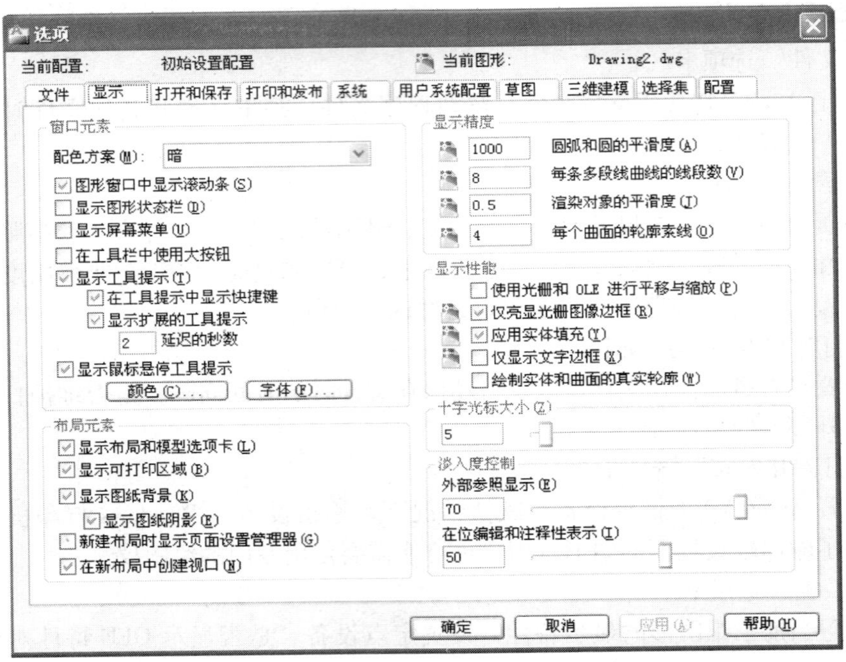

图 2-10　“显示”选项卡

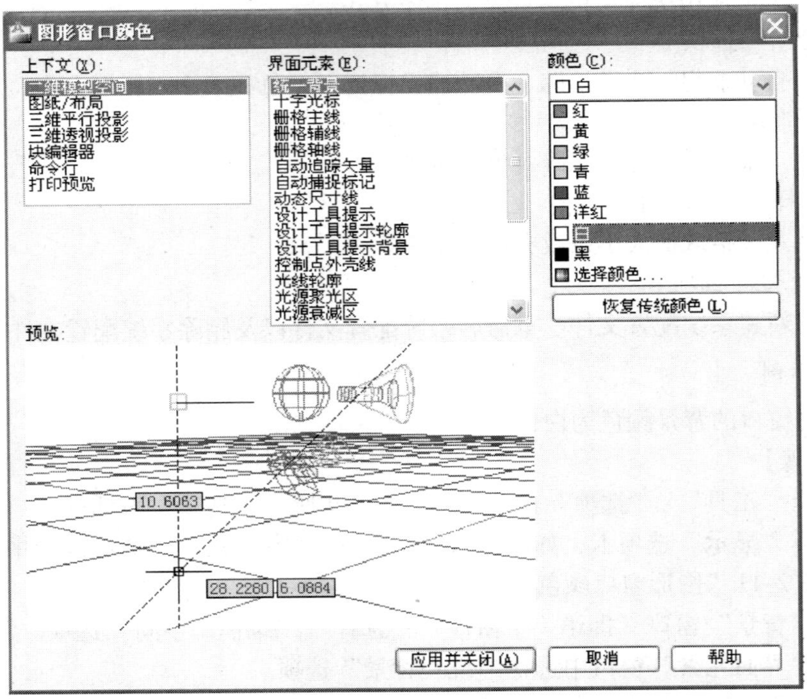

图 2-11　“图形窗口颜色”对话框

2.4　图层的创建与设置

图层相当于多层“透明纸”重叠而成，在每一层上都可绘图。在 AutoCAD 中，用户可以根据需要创建很多图层，然后将相关的图形对象放在同一层上，以此来管理图形对象。例如相同的线型放在同一个图层中。

每个图层都有自己的属性和状态，包括：图层名、开关状态、冻结状态、锁定状态、颜色、线型、线宽、透明度、打印样式和是否打印等。当然用户可以对位于不同图层上的对象同时进行编辑操作。

2.4.1　图层的创建

1. 执行途径

（1）工具栏：点击图层工具栏的按钮，如图 2-12 所示最左侧按钮。

图 2-12　“图层”工具栏

（2）下拉菜单：“格式”/“图层”。

（3）命令：LAYER（快捷命令 LA）。

2. 操作说明

执行上述命令，会弹出“图层特性管理器”对话框，如图 2-13 所示，用户可以在此对话框中进行图层的创建、基本操作和管理。

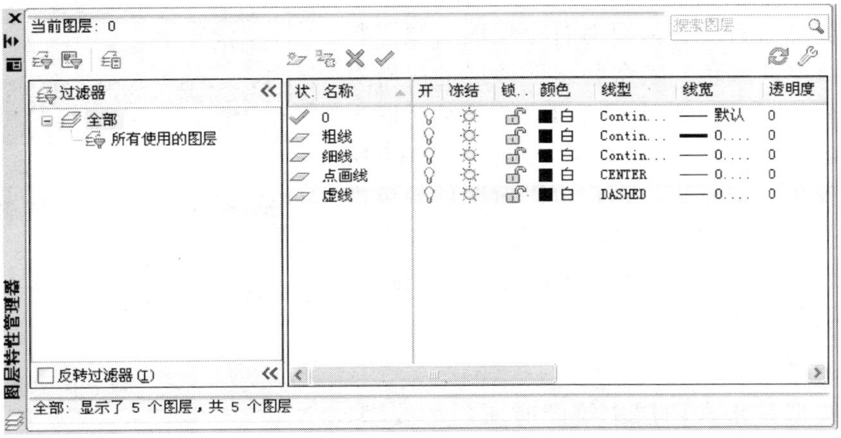

图 2-13　“图层特性管理器”对话框

2.4.2　图层基本操作

在“图层特性管理器”对话框中，用户可以通过对话框上的一系列按钮对图层进行基本操作。

（1）新建图层

单击按钮，列表中将显示新创建的图层。第一次新建，列表中将显示名为“图层 1”的图层，随层名称依次为“图层 2”、“图层 3”……该名称处于选中状态，用户可以直接输入一个新图层名。对于已经创建的图层，如果需要修改图层的名称，可以点右键选重命名或直接按 F2 键重命名。

（2）删除图层

单击按钮，可以删除用户选定的图层，但 0 图层不能被删除。

（3）置为当前

单击按钮，将选定图层设置为当前图层。用户都是在当前图层中绘图。

特别提示：

0 图层是系统默认的图层，不能对其重新命名。

2.4.3 图层管理

在“图层特性管理器”对话框中，用户可以对图层的特性和状态进行管理。特性管理包括名称、颜色、线型、线宽、透明度、打印样式等。

1. 颜色设置

每个图层都可设一定的颜色。所谓图层的颜色，是指该图层上面的实体颜色。

（1）在建立图层的时候，图层的颜色承接上一个图层的颜色，对于图层 0 系统默认的是 7 号颜色，该颜色相对于黑色的背景显示白色，相对于白色的背景显示黑色（仅该色例外，其他色不论背景为何种颜色，颜色不变）。

（2）在绘图过程中，需要对各个层的对象进行区分，改变该层的颜色，默认状态下该层的所有对象的颜色将随之改变。单击图 2-13 所示对话框中“颜色”列表下的颜色特性图标，弹出如图 2-14 所示的“选择颜色”对话框，用户可以对图层颜色进行设置。在“颜色”输入窗中可以直接输入索引颜色值：1 为红、2 为黄、3 为绿、4 为青、5 为蓝、6 为洋红、7 为黑/白。

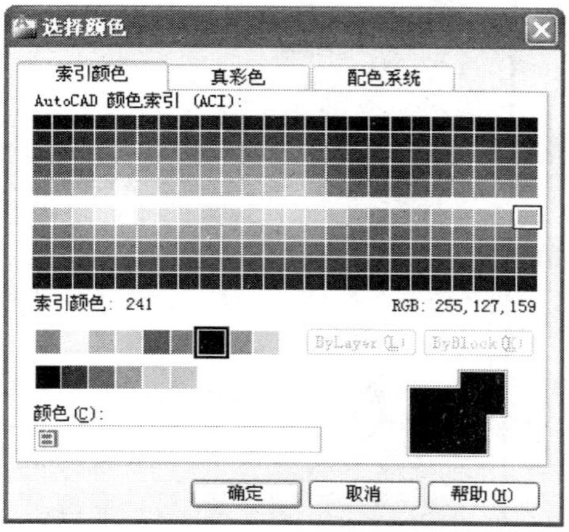

图 2-14　“索引颜色”设置颜色

2. 线型设置

图层的线型是指在图层中绘图时所用的线型，每一层都应有一个相应线型。

（1）加载线型

AutoCAD 提供了标准的线型库，该库文件为 ACADISO. LIN，可以从中选择线型，也可以定义自己专用的线型。

在 AutoCAD 中，系统默认的线型是 Continuous，线宽默认值是 0 单位，该线型是连续的。在绘图过程中，如果用户希望绘制点画线、虚线等其他种类的线，就需要设置图层的线型和线宽。

1）单击图 2-13 对话框中“线型”列表下的线型特性图标 Continuous，弹出如图 2-15 所示的“选择线型”对话框。默认状态下，“选择线型”对话框中只有 Continuous 一种线型。

2）单击“加载”按钮，弹出如图 2-16 所示的“加载或重载线型”对话框，用户可以在“可用线型”列表框中选择所需要的线型。

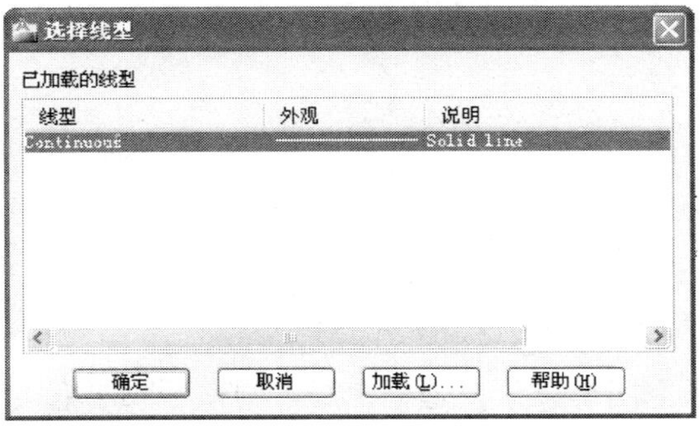

图 2-15　“选择线型”对话框

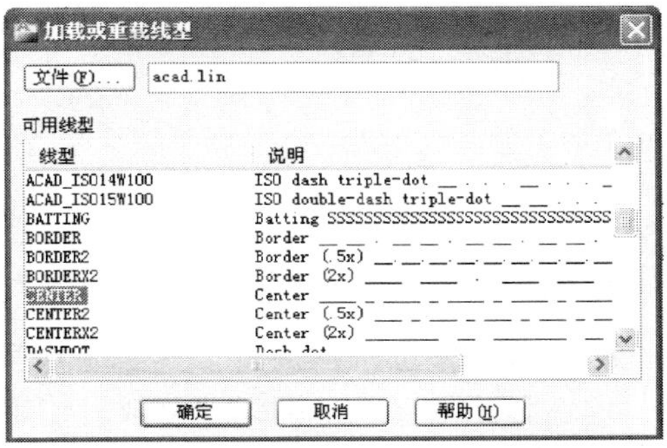

图 2-16　“加载或重载线型”对话框

3）选择线型单击“确定”按钮返回“选择线型”对话框，刚刚加载选定的线型出现在窗口中，选定后单击“确定”图层线型设置完成。

（2）调整线型比例

在 AutoCAD 定义的各种线型中，除了 Continuous 线型外，每种线型都是由线段、空格、点或文本所构成的序列。用户设置的绘图界限与默认的绘图界限差别较大时，在屏幕上显示或绘图仪输出的线型会不符合工程制图的要求，如虚线或点画线显示为实线，此时需要调整线型比例。

调整线型比例的命令是 LTSCALE，或点击“特性”工具栏线型窗口最下方的“其他…”如图 2-17 所示。出现图 2-18 所示线型管理器对话框。点击对话框中“显示细节”，则在对话框下方出现详细信息。

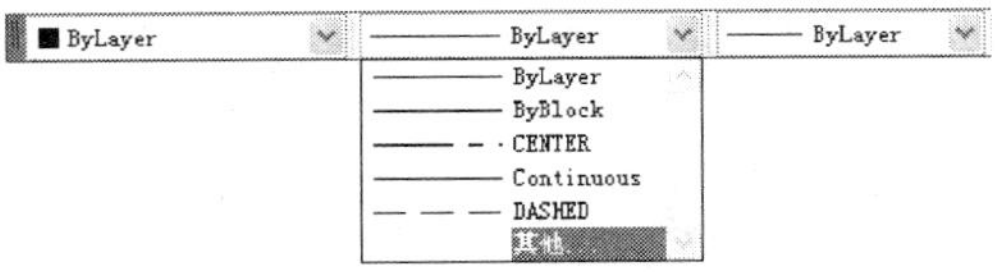

图 2-17　特性工具栏

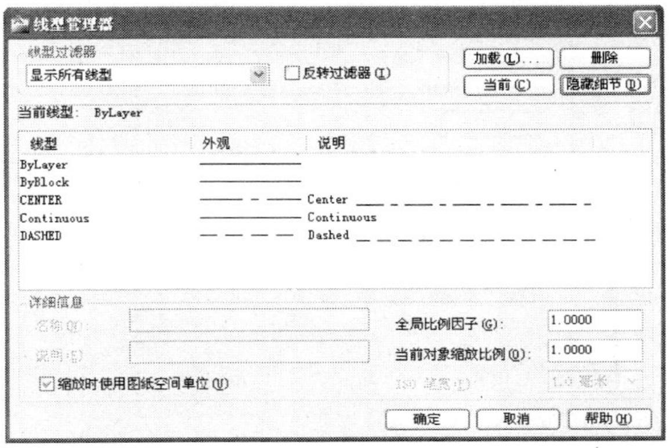

图 2-18　“线型管理器”对话框

在图 2-18 线型管理器的“详细信息”栏内有两个调整线型比例的编辑框：“全局比例因子”和“当前对象缩放比例”。

1）“全局比例因子”将调整已有对象和将要绘制对象的线型比例。

2）“当前对象缩放比例”调整将要绘制对象的线型比例。

线型比例值越大，线型中的要素也越大。图 2-19（a）、（b）、（c）显示出线型比例因子分别为 1、2、0.5 的结果。

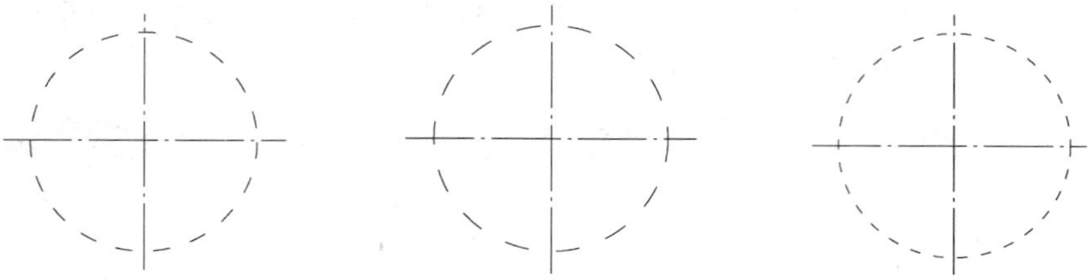

（a）比例为1　　（b）比例为2　　（c）比例为0.5

图 2-19　线型比例的作用

3）“详细信息”栏内有一个“ISO 笔宽”列表框，它只对 ISO 线型有效。

4）“详细信息”栏内的“缩放时使用图纸空间单位”复选框，用于调整不同图纸空间视图中线型的缩放比例。

3. 线宽设置

建筑图对粗细线要求严格，所以需要设置线宽。单击图 2-13 对话框中“线宽”列表下的线宽特性图标，弹出如图 2-20 所示的“线宽”对话框，在“线宽”列表框中选择需要的线宽，单击“确定”按钮完成设置线宽操作。

4. 透明度设置

AutoCAD 2012 新增了透明度。点击“透明度”列表下透明度值显示图 2-21 所示“图层透明度”对话框。透明度可以设置 0～90，0 表示不透明，90 则完全透明。如果该图层透明度设为 90，在该图层上绘制的图形都完全透明即不可见。

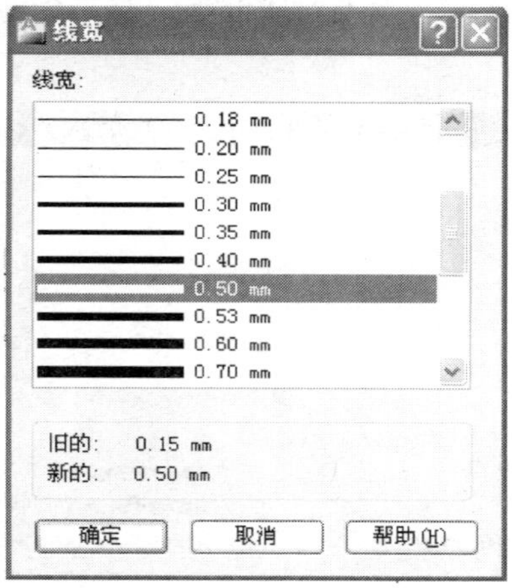

图 2-20　“线宽”对话框

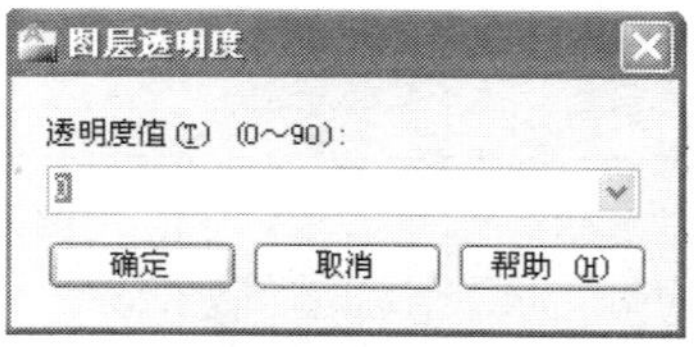

图 2-21“图层透明度”对话框

5. 转换图层

图层创建完后，在图 2-12 的图层工具栏中就显示出所创建的图层。样式工具栏中显示图层颜色、图层线型、图层线宽。

在一个层上的图像可以转到另一个图层，方法是“特性匹配”命令或“夹持点”操作。

两种方法操作有所不同。

（1）用“特性匹配”命令

1）分别在 A 图层和 B 图层画一条线；需要将 A 图层的线转换到 B 图层。

2）单击“标准”工具栏/“特性匹配”按钮，就是俗称的格式刷。

3）单击 B 图层的线。

4）再单击 A 图层的线。

（2）用“夹持点”功能

1）选中要转换的 A 图层的图形。

2）然后点击图 2-12 图层工具栏下拉列表框。

3）选择所需的 B 图层。

特别提示：

在特性工具栏中将显示当前图层的颜色、线型、线宽。“ByLayer”的意思是随层，即该特性和图层设置特性保持一致，建议采用随层。如果特性工具栏改动，即不用“ByLayer”随层，则图层设定的特性对绘制的图形特性不起作用。

2.4.4　控制图层状态

控制图层包括控制图层开关、图层冻结和图层锁定等。

（1）在“开关”列表下，图标表示图层处于打开状态，图标表示图层处于关闭状态。关闭图层可以加快 ZOOM、PAN 和其他一些操作的运行速度，增强对象选择的性能并减少复杂图形的重生成时间。当图层被关闭以后，该图层上的图形将不能显示在屏幕上，不能被编辑，不能被打印输出。

（2）在“冻结”列表下，图标表示图层处于解冻状态，图标表示图层处于冻结状态。冻结图层，该图层不能置为当前层，图层上的对象将不显示，不能被修改或打印。

（3）在“锁定”列表下，图标表示图层处于解锁状态，图标表示图层处于锁定状态。锁定图层，图层可见，但图层上的对象不能被编辑和修改。

2.4.5　应用示例

新建一个图形文件，创建五种图层，分别是粗实线层、中粗线层、细实线层、点画线层、虚线层。使用“直线”命令绘制如图 2-22 所示的五种线型，并练习图层之间的转换。图层设置如表 2-1 所示。

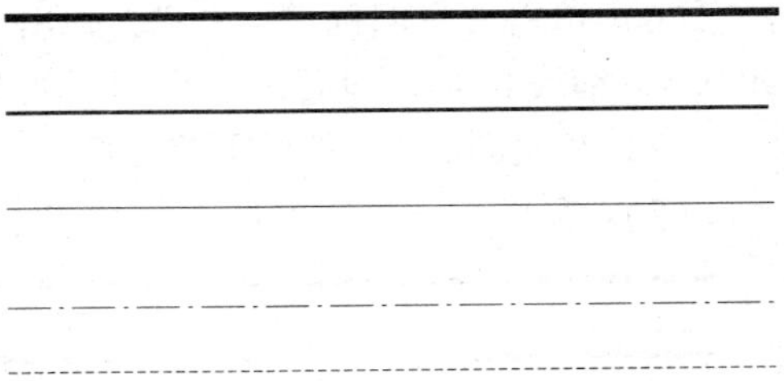

图 2-22　使用“直线”命令绘制五种线型

表 2-1　图层设置

名称	颜色（颜色号）	线型	线宽
粗实线	白色（7）	Continuous	0.6
中粗线	蓝色（5）	Continuous	0.3

续表

名称	颜色（颜色号）	线型	线宽
细实线	绿色（3）	Continuous	0. 15
点画线	红色（1）	Center	0. 15
虚线	黄色（2）	Dashed	0. 15

【操作步骤】

（1）点击按钮，新建一个空白图形文件。

（2）点击，打开“图层管理器”对话框。

（3）单击“新建”按钮，依次起名粗实线层、中粗线层、细实线层、点画线层、虚线层。

（4）单击颜色图标■方块，在“选择颜色”对话框中，依次为粗实线层、中粗线层、点画线层、细实线层、虚线选择不同的颜色。如图 2-23 所示索引颜色号依次是 7、5、3、1、2。

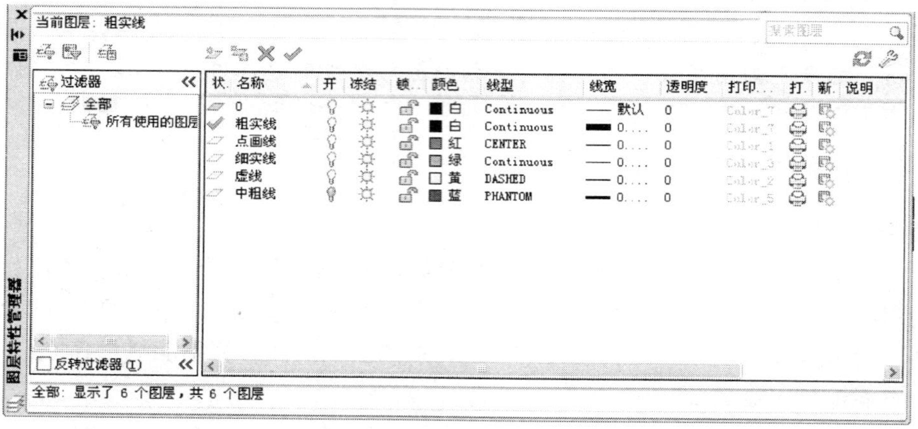

图 2-23　图层

（5）单击线型图标“Continuous”，弹出“选择线型”对话框，点击“加载”，弹出“加载或重载线型”对话框，选择所需要的线型，虚线“Dashed”、点画线“Center”。

（6）单击线宽图标“— 默认”，弹出“线型”对话框，选择线型的宽度，粗线 0. 6，中粗线 0. 3，细线 0. 15。设置的五个图层如图 2-23 所示。

（7）单击图层工具栏的下拉列表■粗实线，选择粗实线层为当前层。

（8）单击“绘图”工具栏按钮，画出五条直线如图 2-24 所示。

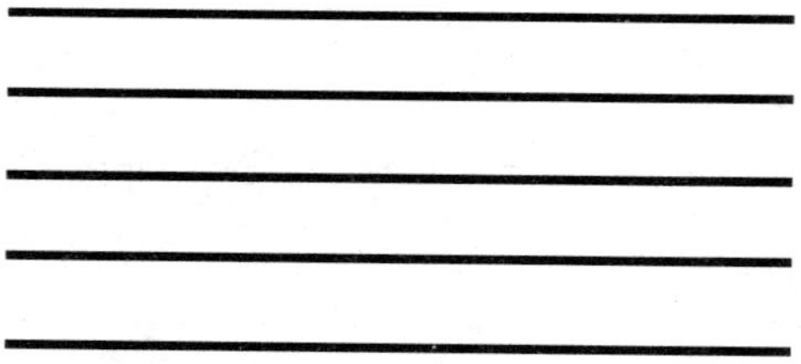

图 2-24　画线

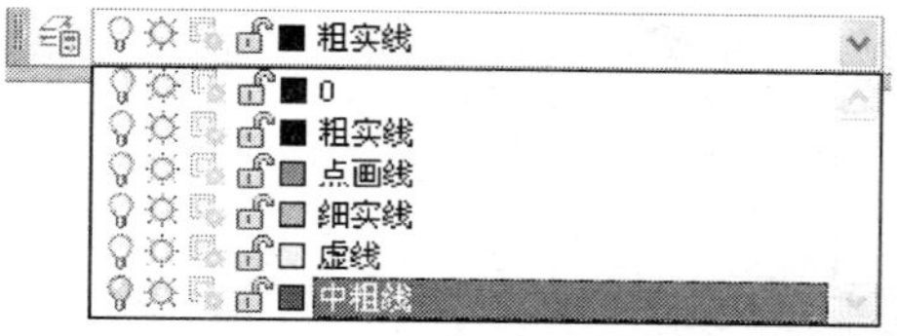

图 2-25　图层转换

（9）选定第二条直线，如图 2-25 从图层工具栏窗口中选择“中粗线”层，则第二条线变成了中粗线，其他的三条直线采用相同的方法可变成细实线、虚线和点画线，结果如图2-22所示。

2.5　上机指导（绘制图标和标题栏）

绘制横放 4 号图（图 2-26（a））图框和标题栏。

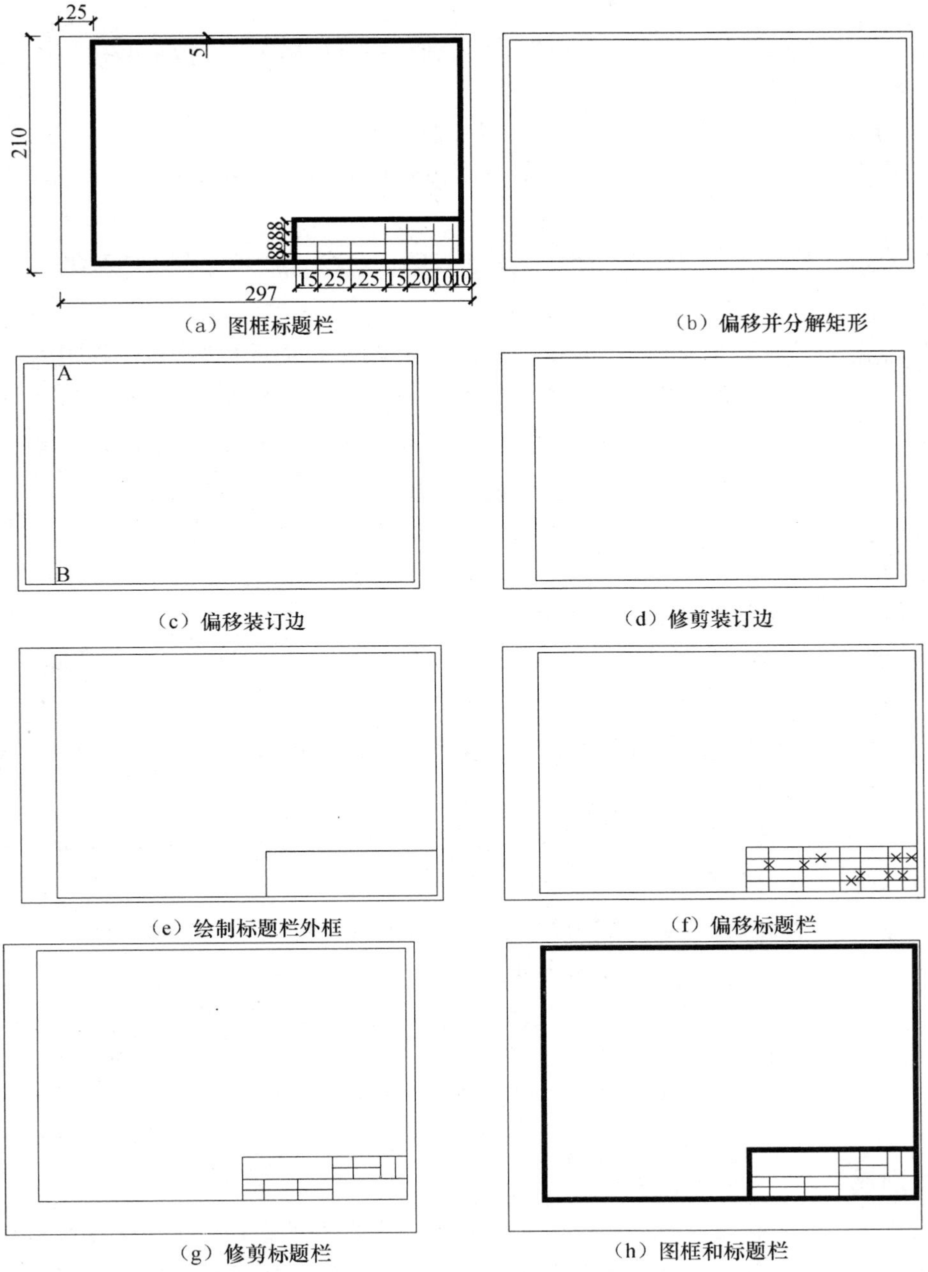

（a）图框标题栏　（b）偏移并分解矩形

（c）偏移装订边　（d）修剪装订边

（e）绘制标题栏外框　（f）偏移标题栏

（g）修剪标题栏　（h）图框和标题栏

图 2-26　绘制图框和标题栏

【操作步骤】

（1）设置图层“粗实线”和“细实线”，将“细实线”设为当前图层。点击“绘图”工具栏/“矩形”按钮，命令行提示：“指定第一角点”，鼠标放在绘图区任意位置点击指定矩形左下角点。

（2）命令行提示：“指定另一角点”，键盘输入@297，210，用相对坐标指定右上角点，矩形完成。

（3）点击“修改”工具栏/“偏移”按钮，命令行提示：“指定偏移距离”，键盘输入5，回车。

（4）命令行提示：“指定偏移对象”，鼠标选择图纸外框矩形。

（5）命令行提示：“指定偏移方向”，鼠标放在矩形内侧点击。偏移线框如图2-26（b）所示。

（6）点击“修改”工具栏/“分解”按钮，命令行提示：“选择对象”，鼠标选择内侧矩形，回车。即将矩形分解成了四条直线。

（7）点击“修改”工具栏/“偏移”按钮，命令行提示：“指定偏移距离”，键盘输入20，回车。偏移内矩形的左侧边距离为20，装订边距25 =5 +20，如图2-26（c）所示。

（8）点击“修改”工具栏“剪切”按钮，修剪多余线条。执行“修剪”提示：“选择对象”，选择图2-26（c）中的AB线，回车。系统提示：“选择修剪对象”，选择要修剪掉的部分。并删除偏移AB线的源对象，结果如图2-26（d）所示。

（9）开启对象捕捉，点击“绘图”工具栏/“矩形”按钮，命令行提示：“指定第一角点”，鼠标捕捉内矩形右下角点。

（10）命令行提示：“指定另一角点”，键盘输入@ －120，32。回车，完成图框线和标题栏外框如图2-26（e）所示。

（11）点击“修改”工具栏/“分解”按钮，命令行提示：“选择对象”，鼠标选择标题栏外框矩形，回车。

（12）点击“修改”工具栏/“偏移”按钮，偏移水平线和铅垂线，偏移距离见图2-26（a）标题栏尺寸，结果如图2-26（f）。

（13）点击“修改”工具栏/“剪切”按钮，命令行提示：“选择对象”时，框选右下角的全部直线，即让所有的线都作为修剪边界。回车后命令行提示：“选择剪切对象”时，如图2-26（f）鼠标单击要修剪的线段，结果如图2-26（g）所示。

（14）将图框线和标题栏外框转换成“粗实线”图层。选定图框线和标题栏外框线，在“图层”工具栏下拉选“粗实线”层。结果如图2-26（h）所示。

特别提示：

在以上例题中标题栏修剪时，因为所有线都选为修剪边界，在修剪过程中可能出现因为边界已被修剪掉，有的线就无法再修剪了，此时只需要选定该线，用Delete键删除即可。

2.6 操作练习

1. 利用点的绝对坐标或相对坐标绘制图 2-27 和 2-28 所示图形。

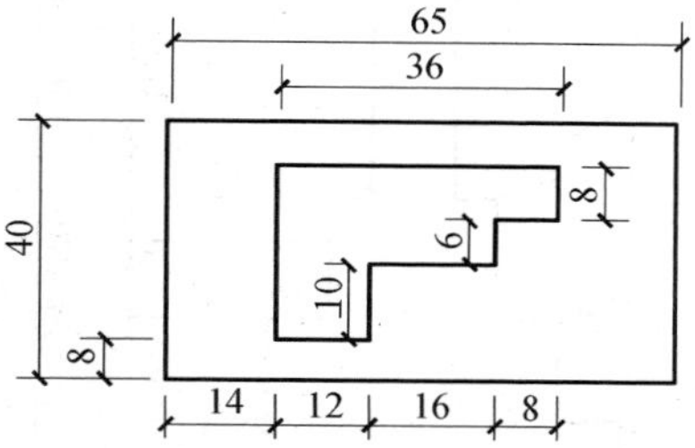

图 2-27 装饰墙立面

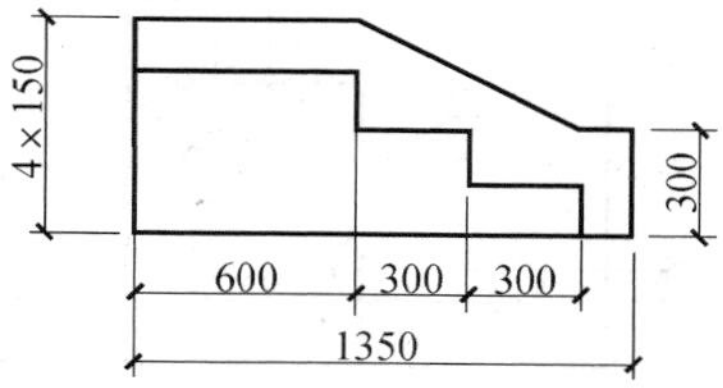

图 2-28 台阶立面

2. 绘制下列所示常用建筑图形和建筑元素。

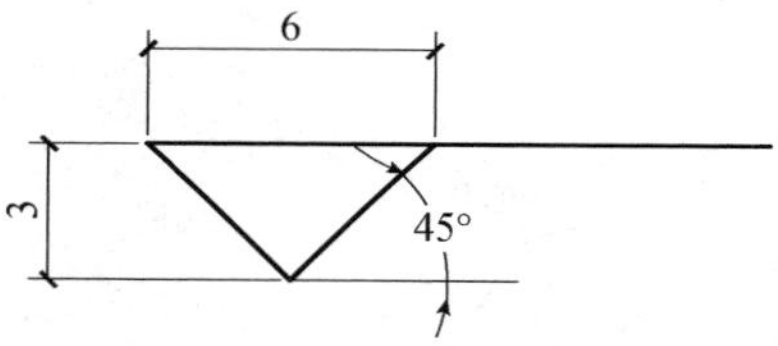

图 2-29 标高符号

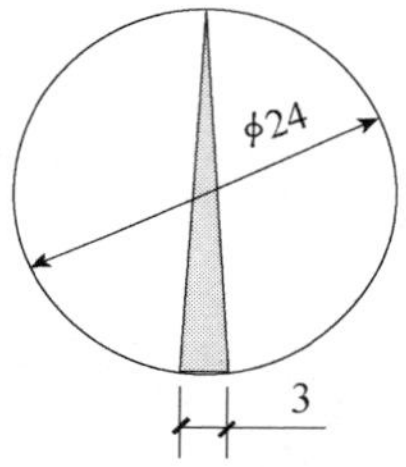

图 2-30 指北针

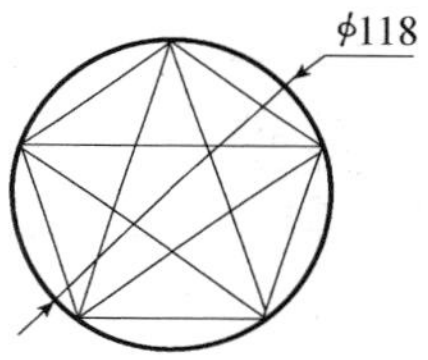

图 2-31 花饰

3. 绘制下面平面图形。

(1)

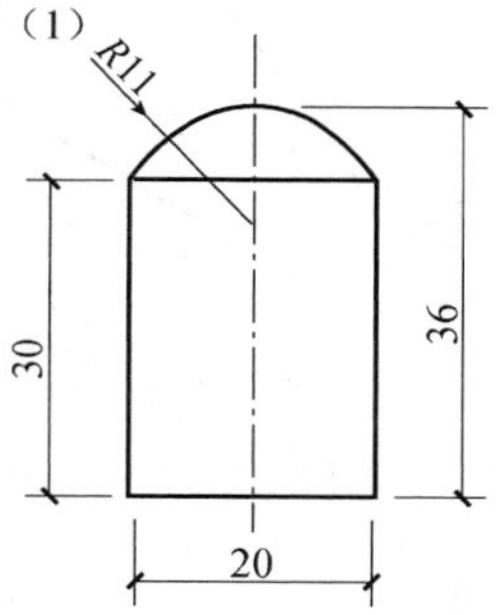

图 2-32 图形 1

(2)

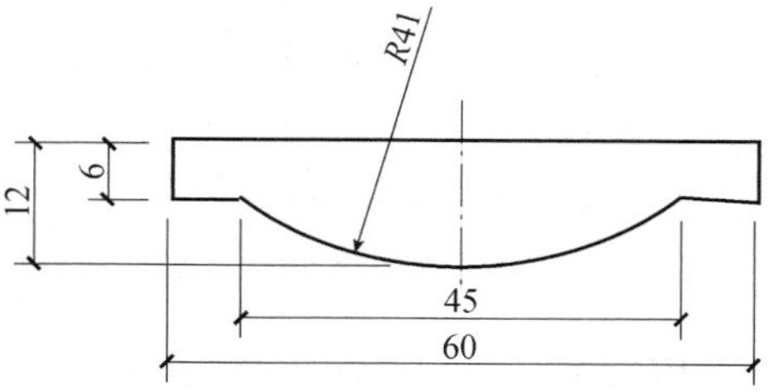

图 2-33 图形 2

(3)

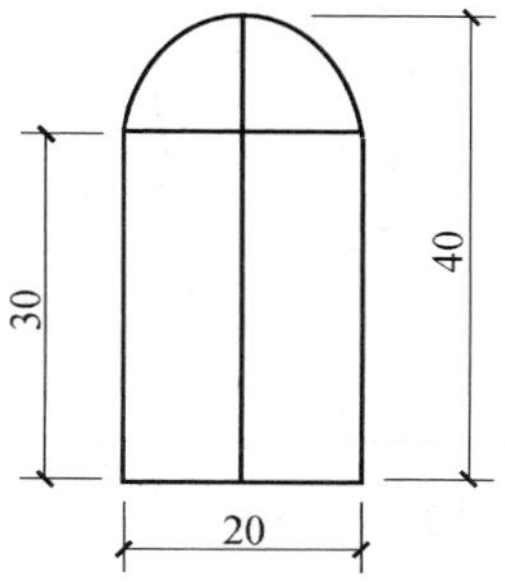

图 2-34 图形 3

(4)

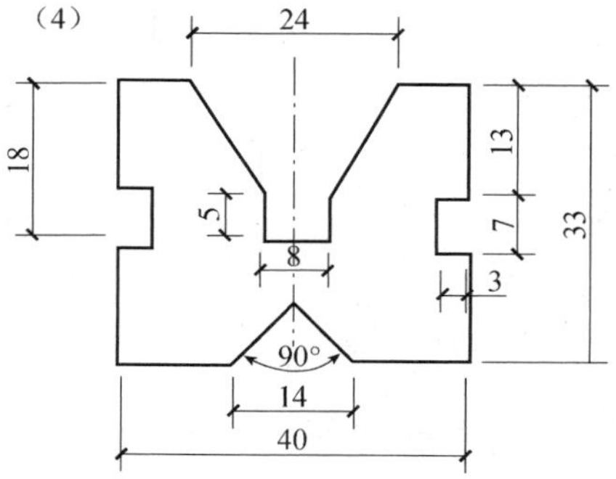

图 2-35 图形 4

（5）

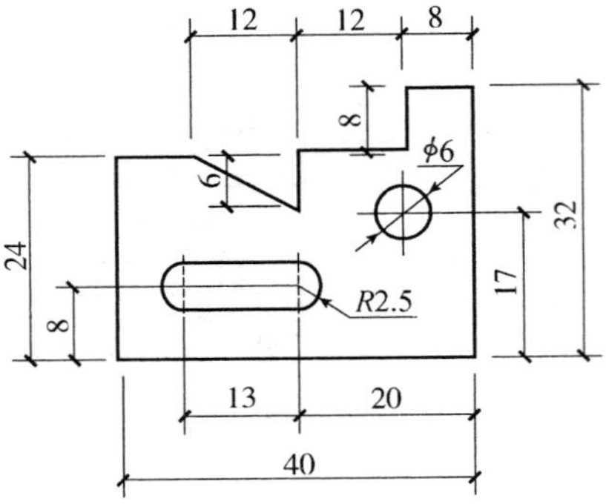

图 2-36　图形 5

（6）

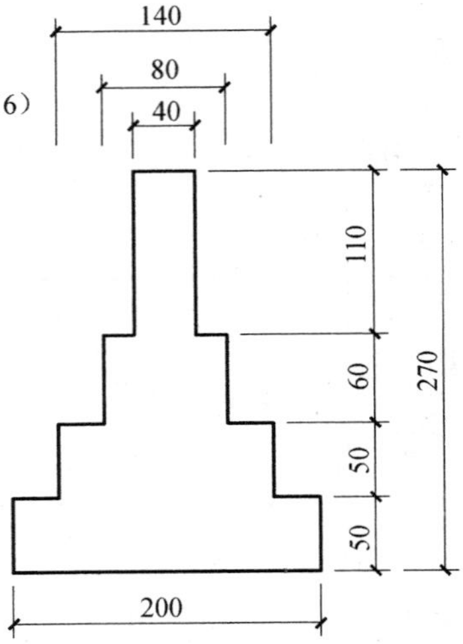

图 2-37　图形 6

（7）

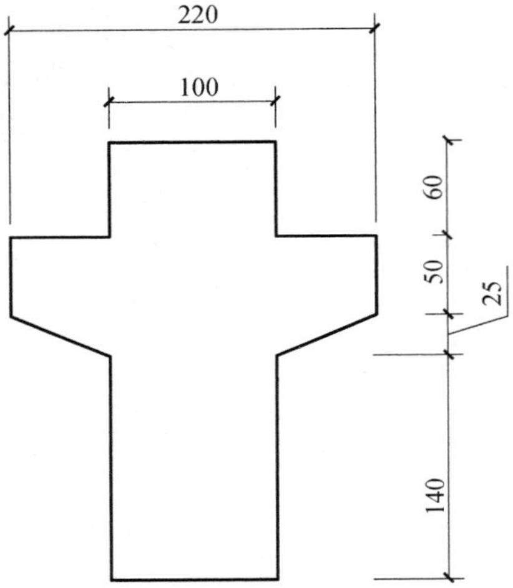

图 2-38　图形 7

（8）

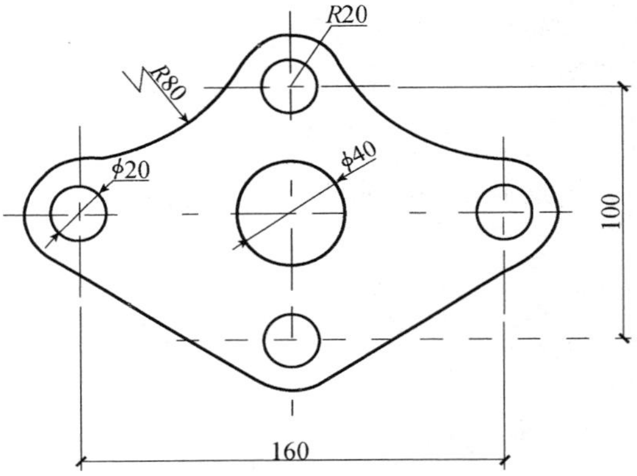

图 2-39　图形 8

（9）

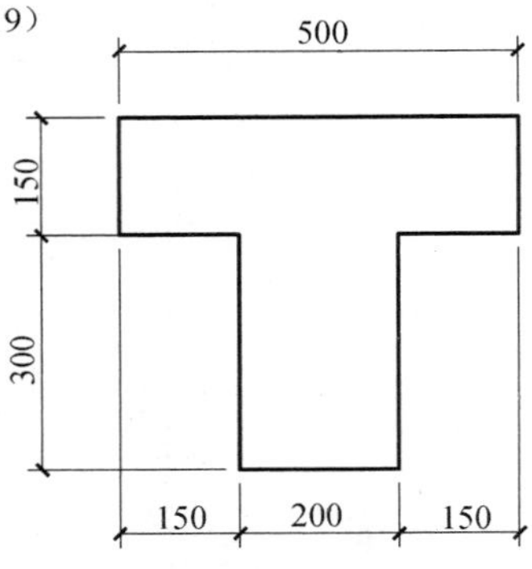

图 2-40　图形 9

（10）

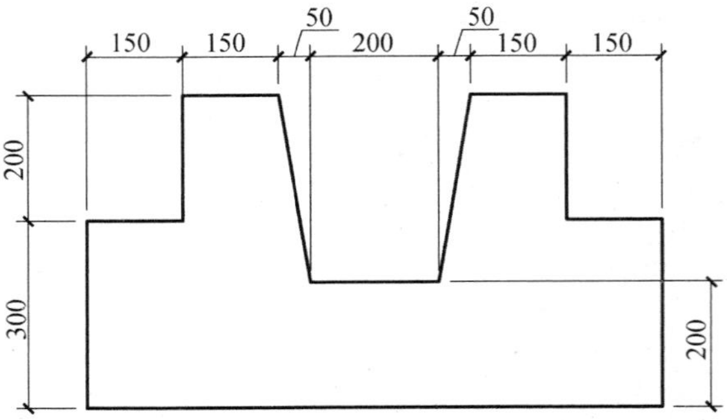

图 2-41　图形 10

第3章　常用绘图命令

教学目标

通过对本章的学习，读者应掌握 AutoCAD 中各种二维基本图形的绘制方法，以及各种参数的具体设置。

教学重点与难点

- 绘制二维图形方法
- 绘制点、直线、多段线和多线
- 绘制矩形、正多边形
- 绘制圆、圆弧、椭圆和椭圆弧
- 图案填充

在 AutoCAD 中，使用“绘图”菜单中的命令，不仅可以绘制点、直线、圆、圆弧、多边形等简单二维图形，还可以绘制多线、多段线和样条曲线等高级图形对象。二维图形的形状都很简单，创建起来也很容易，但它们是整个 AutoCAD 的绘图基础，因此，用户只有熟练地掌握它们的绘制方法和技巧，才能够更好地绘制出复杂的二维图形以及三维模型。

3.1　绘制二维图形的方法

为了满足不同用户的需要，体现操作的灵活性、方便性，用户可以使用“绘图”菜单、“绘图”工具栏以及绘图命令 3 种途径来绘制二维图形。

1. 使用“绘图”菜单

绘图菜单如图 3-1 所示。“绘图”菜单中包含了 AutoCAD 几乎所有的绘图命令，用户通过选择该菜单中的命令或子命令，可绘制出相应的二维图形。

2. 使用“绘图”工具栏

“绘图”工具栏的每个工具按钮都对应于“绘图”菜单中相应的绘图命令，用户单击它们可执行相应的绘图命令，如图 3-2 所示。

特别提示：

“绘图”工具栏中只是最常用的绘图命令，有些命令需要从“绘图”菜单才能找到，如绘制圆命令中的“相切，相切，相切”就需要使用“绘图”菜单。

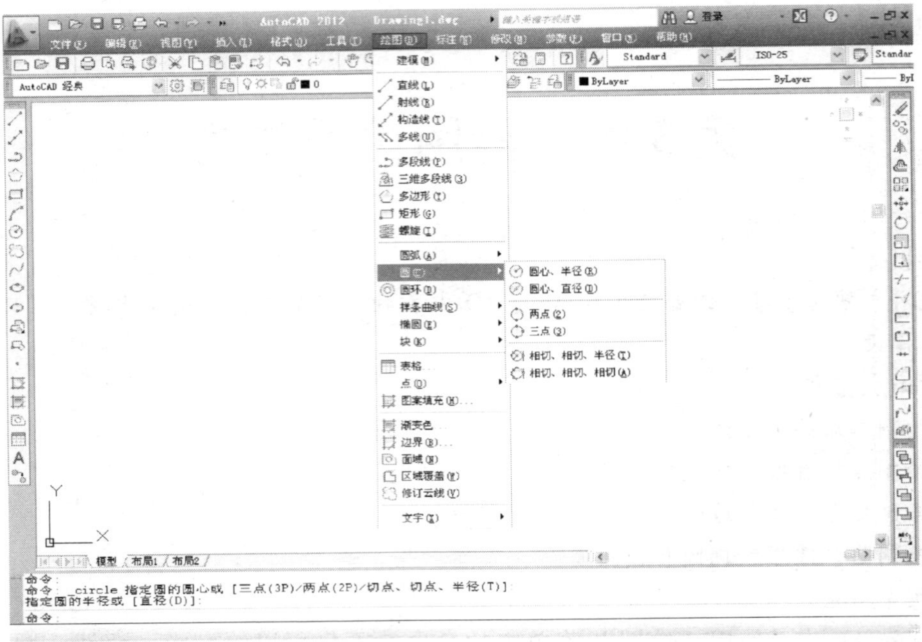

图 3-1 “绘图”菜单

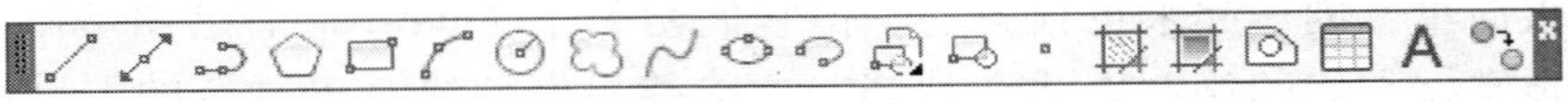

图 3-2 “绘图”工具栏

3. 使用绘图命令

在命令提示行后输入绘图命令，按“Enter”键或空格键，并根据提示行的提示信息进行绘图操作。这种方法快捷，准确性高，但需要掌握绘图命令及其各选项的具体功能。如绘制直线，可以在命令行输入“LINE”或直接输入快捷命令“L”即可绘制直线。

特别提示：

尽量记住尽可能多的绘图快捷命令，用快捷命令绘图，可以极大地提高绘图速度。

3.2 点、直线、射线、构造线、多段线和多线

3.2.1 绘制点

点一般作为辅助参考点。点对象有单点、多点、定数等分和定距等分 4 种，用户根据需要可以绘制各种类型的点。

1. 执行途径

执行绘制点的途径有三种：

(1) 工具栏：“绘图”/“点”按钮 · （多点）。

（2）下拉菜单：“绘图”／“点”。

（3）命令：POINT（单点）（快捷命令：PO）。

2. 操作说明

执行“绘图”／“点”后，显示出下级子菜单，用户可根据需要，选择点的类型。

（1）选择“单点”命令，可以在绘图窗口中一次绘制一个点。

（2）选择“多点”命令，可以在绘图窗口中一次绘制多个点，最后可按 ESC 键结束。

（3）选择“定数等分”命令，可以在指定的对象上绘制等分点或者在等分点处插入块，图 3-3（a）所示将已知直线五等分。

（4）选择“定距等分”命令，可以在指定的对象上按指定的长度绘制点或者插入块。

特别提示：

在使用“定距等分”命令绘制点时，等分的起点与鼠标选取对象时点击的位置有关。如图 3-3（b）所示，鼠标靠近右端点单击选取直线，其结果以直线的右端点为等分起点。

（a）将100的直线5等分（定数等分）　　（b）将100的直线分割间距为15（定距等分）

图 3-3　点的定数等分和定距等分

3. 调整点的样式和大小

调整点的样式和大小的方法如下：

（1）执行“格式”／“点样式”命令，弹出图 3-4 所示对话框。

（2）在该对话框中，用户可以选择所需要的点的样式。

（3）在“点大小”栏内调整点的大小。

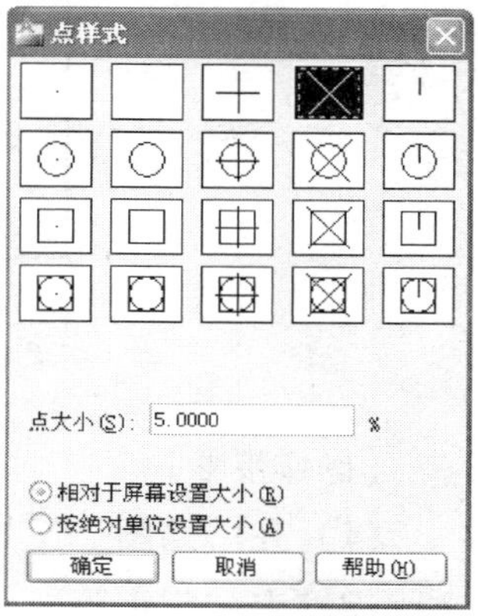

图 3-4　点样式

3.2.2　绘制直线

直线是各种绘图中最常用、最简单的一类图形对象，在几何学中，两点决定一条直线。执行直线命令，用户只需给定起点和终点，即可画出一条线段。一条线段即是一个图元。在 AutoCAD 中，图元是最小的图形元素，它不能再被分解。一个图形是由若干个图元组成的。

1. 执行途径

绘制直线的途径有三种：

（1）工具栏：“绘图”工具栏/“直线”按钮。

（2）下拉菜单：“绘图”／“直线”。

（3）命令：LINE（快捷命令：L）。

2. 操作说明

（1）执行“直线”命令后，命令行显示：

指定第一点：单击鼠标或从键盘输入起点的坐标。

（2）命令行显示：指定下一点或［放弃（U）］：移动鼠标并单击，或坐标输入，即可指定第二点，同时画出了一条线段。

（3）指定下一点，即可连续画直线。

（4）回车结束操作。

特别提示：

（1）在绘制直线命令行提示“指定下一点”时，若输入“U”或选择快捷菜单中的“放弃”命令，则取消刚刚指定的点，即取消刚刚绘制的线段。连续输入“U”并回车，即可连续取消相应的已画线段。

（2）在空命令提示下输入“U”，则取消上一步执行的命令。

（3）在绘制直线命令行提示“指定下一点或［闭合（C）/放弃（U）］：”时，若输入“C”或选择快捷菜单中的“闭合”命令，可使绘出的折线封闭并结束操作。

（4）若要画水平线和铅垂线，可开启正交模式，可以直接输入线的长度。

（5）若要准确画线到某一特定点，可用对象捕捉工具。

3. 应用示例

使用直线命令绘制如图3-5所示的图形。

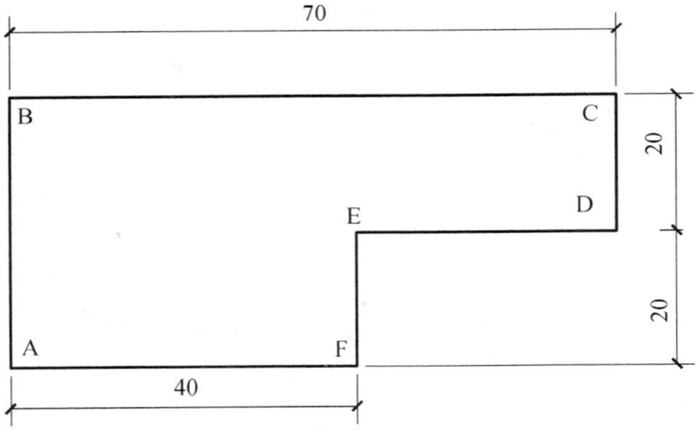

图3-5 使用“直线”命令绘制图形

【操作步骤】

（1）在“绘图”工具栏中单击“直线” ，或命令行输入“L”回车。

（2）在“指定第一点：”提示行输入A点坐标（0，0）。

（3）依次在“指定下一点或［放弃（U）］：”提示行中输入其他点坐标：B(0，40)、C(70，40)、D(70，20)、E(40，20)、F(40，0)。

（4）在“指定下一点或［闭合（C）/放弃（U）］：”提示行输入字母C，然后按“Enter”键，即可到封闭的图形。

特别提示：

因为此图中的直线都是水平线和铅垂线，所以采用如下方法更为简单：

1）打开正交模式。执行直线命令。

2）在“指定第一点：”时，鼠标任点一点 A。

3）将鼠标移到 A 点上侧，输入 40 回车，得到 B 点，鼠标移到 B 点右侧，输入 70 回车，得到 C 点，依此类推。

3.2.3　绘制射线

射线为一端固定，另一端无限延伸的直线。在 AutoCAD 中，射线主要用于绘制辅助线。

1. 执行途径

执行绘制射线的途径有两种：

（1）下拉菜单：“绘图”/“射线”。

（2）命令：RAY。

2. 操作说明

（1）执行“射线”命令。

（2）单击鼠标或从键盘输入起点的坐标，以指定起点。

（3）移动鼠标并单击，或输入点的坐标，即可指定通过点，同时画出了一条射线。

（4）连续移动鼠标并单击，即可画出多条射线。

（5）回车结束画射线的操作。

3.2.4　绘制构造线

构造线是指在两个方向上无限延长的直线。构造线主要用作绘图时的辅助线。当绘制多视图时，为了保持投影联系，可先画出若干条构造线，再以构造线为基准画图。

1. 执行途径

执行绘制构造线的途径有三种：

（1）工具栏：“绘图”/“构造线”按钮

（2）下拉菜单：“绘图”/“构造线”。

（3）命令：XLINE（快捷命令 XL）。

2. 操作说明

点取“构造线”按钮，命令行显示：指定点或［水平（H）/垂直（V）/角度（A）/二等分（B）/偏移（O）］：

缺省选项是“指定点”。若执行括号内的选项，需输入选项后括号内的字符。

各选项的含义如下：

（1）水平（H）：绘制通过指定点的水平构造线。

（2）垂直（V）：绘制通过指定点的垂直构造线。

（3）角度（A）：绘制与 X 轴正方向成指定角度的构造线。

（4）二等分（B）：绘制角的平分线。执行该选项后，用户输入角的顶点、角的起点和终点后，即可画出角平分线。

（5）偏移（O）：绘制与指定直线平行的构造线。该选项的功能与“修改”菜单中的“偏移”功能相同。执行该选项后，给出偏移距离或指定通过点，即可画出与指定直线相平行的构造线。

3. 应用示例

使用“构造线”工具，绘制如图 3-6 所示图形中∠ABC 的角平分线。

【操作步骤】

（1）点击按钮。

（2）在“指定点或［水平（H）/垂直（V）/角度（A）/二等分（B）/偏移（O）］”提示下输入“B”回车，即二等分。

（3）指定角点 A，指定角的起点 B 和另一端点 C。即绘制出∠ABC 的角平分线。

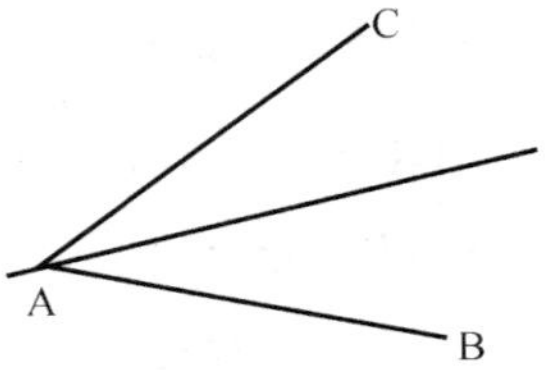

图 3-6　使用“构造线”命令绘制角平分线

3.2.5　绘制多段线

多段线是作为单个对象创建的相互连接的序列线段，可以创建直线段、弧线段或两者的组合线段。多段线中的线条可以设置成不同的线宽以及不同的线型，具有很强的实用性。

1. 执行途径

执行绘制多段线的途径有三种：

（1）工具栏：“绘图”/“多段线”按钮。

（2）下拉菜单：“绘图”/“多段线”。

（3）命令：PLINE（快捷命令 PL）。

2. 操作说明

执行多段线命令，系统显示如下提示：

指定起点：输入或点击起点。

指定下一点或［圆弧（A）/闭合（C）/半宽（H）/长度（L）/放弃（U）/宽度（W）］：

（1）圆弧（A）：该选项使 PLINE 命令由绘制直线方式变为绘制圆弧方式，并给出圆弧的提示。

（2）闭合（C）：执行该选项，系统从当前点到多段线的起点以当前宽度画一条直线，构成封闭的多段线，并结束 PLINE 命令的执行。

（3）半宽（H）：该选项用来确定多段线的半宽度。

（4）长度（L）：用于确定多段线的长度。

（5）放弃（U）：可以删除多段线中刚画出的直线段（或圆弧段）。

（6）宽度（W）：该选项用于确定多段线的宽度，操作方法与半宽度选项类似。

3. 应用示例

利用“多段线”命令绘制图 3-7 中的图形。

【操作步骤】

(1) 绘制箭头

1) 执行多段线命令。打开正交，在绘图窗口中单击 E 点，鼠标放在 E 点右侧，输入长度值 10 回车，绘制 EF 线段。

2) 输入 W（设置线宽）回车。

3) 输入 3（设置起点宽度）回车。

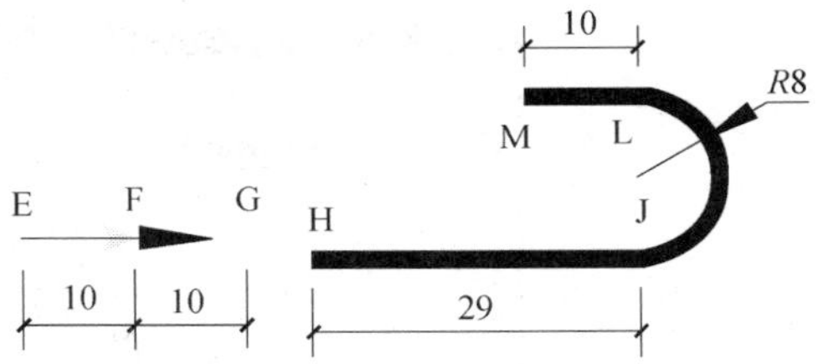

图 3-7　使用“多段线”命令绘制图形

4) 输入 0（设置终点宽度）回车，鼠标放在 F 点右侧，输入长度值 10 回车，完成箭头的绘制。

(2) 绘制钢筋弯钩

1) 重复执行多段线命令，输入 W 回车，输入 2 回车，绘制长度 29 的 HJ 直线。

2) 输入 A（开始画圆弧）回车。打开正交，鼠标放在 J 点正上方，输入 16 确定钢筋弯钩的另一端点 L。

3) 输入 L（切换到画直线模式），鼠标放在 L 点左侧，输入 10 回车。完成钢筋弯钩。

3.2.6　绘制多线和编辑多线

多线由 1 至 16 条平行线组成，这些平行线称为元素。“多线”命令可以一次绘制多条平行线，“多线”命令主要用来绘制房屋的墙线及门窗线。用户可以自己创建、保存并编辑多线样式。

1. 创建多线样式

在绘制多线前应该对多线样式先进行定义，然后用定义的样式绘制多线。通过指定每个元素距多线原点的偏移量可以确定元素的位置。用户还可以设置每个元素的颜色、线型，以及显示或隐藏多线的封口。所谓封口就是指那些出现在多线元素每个顶点处的线条。

(1) 执行途径

1) 下拉菜单：“格式” / “多线样式”。

2) 命令：MLSTYIE。

(2) 操作说明

1) 执行“多线样式”命令，弹出一个“多线样式”对话框，如图 3-8 (a) 所示。

2) 点取“新建”按钮，弹出“创建新的多线样式”对话框。在新样式名称栏内输入名称，如图 3-8 (b) 所示。

3) 点取“继续”按钮，弹出“新建多线样式”对话框，如图 3-8 (c) 所示。

4) 在“封口”选项区域，确定多线的封口形式、填充和显示连接，一般选直线封口。如图 3-8 (d) 为几种封口样式。图 3-8 (e) 为显示和不显示连接的比较。

5) 在“图元”选项区域，点取“添加”按钮，在元素栏内增加了一个元素。

6) 在“偏移”栏内可以设置新增图元的偏移量。选定某图元，也可以修改其偏移量。一般最外两直线图元间距离为 1，图 3-8 (c) 所示两线间距为 1。

7) 分别利用“颜色”、“线型”按钮设置新增元素的颜色和线型。

8) 点取“确定”按钮，返回到“多线样式”对话框。

9) 点取“置为当前”按钮，最后点击“确定”按钮，完成创建定义多线样式。

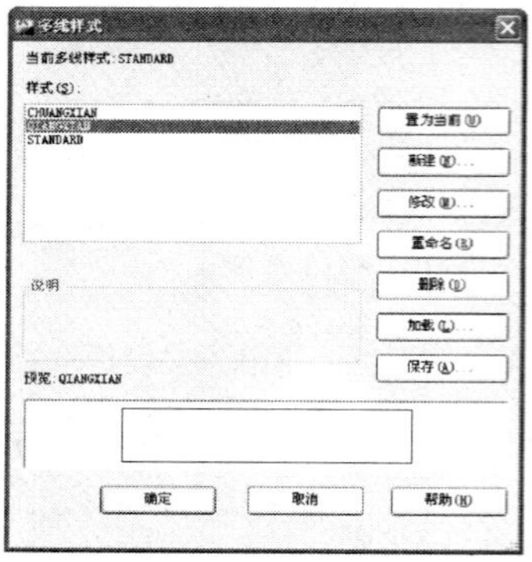

（a）“多线样式”对话框

（b）“创建新的多线样式”对话框

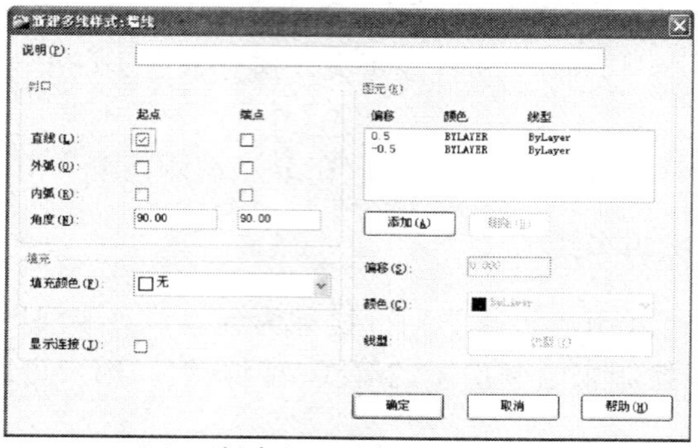

（c）“新建多线样式：墙线”对话框

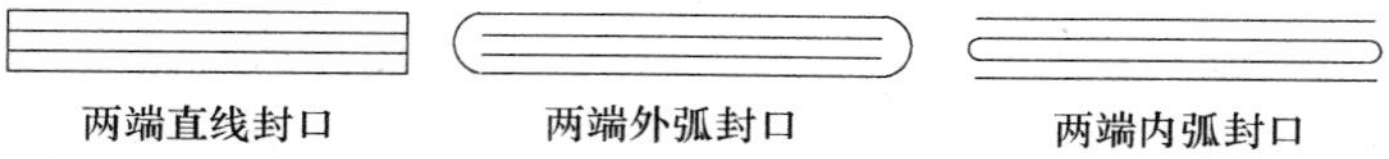

（d）不同封口效果对比

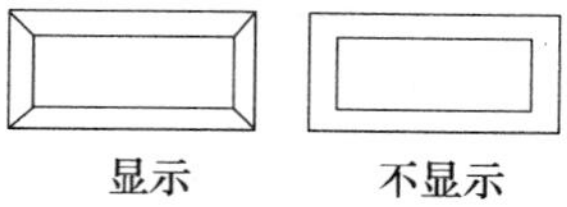

（e）显示连接效果对比

图 3-8　设置“多线样式”

2. 绘制多线

使用“多线”命令绘制的图线，用户可以用预先定义的多线样式，也可以用默认的样式。

（1）执行途径

1）下拉菜单：“绘图”/“多线”。

2）命令：MLINE（快捷命令：ML）。

（2）操作说明

执行“多线”命令，系统提示如下：

指定起点或［对正（J）/比例（S）/样式（ST）］：

各选项的含义如下：

1）指定起点：执行该选项后（即输入多线的起点），系统会以当前的多线样式、比例和对正方式绘制多线，绘图方法和“直线”命令类似。

2）对正（J）：该选项用于确定绘制多线的对正方式。输入J回车，有三种对正方式，一般选择“无（Z）”即中线对正。

3）比例（S）：该选项用来确定所绘多线相对于定义的多线的比例系数。如果绘制240墙线，比例改为240，120墙线比例改为120。

4）样式（ST）：该选项用来确定绘制多线时所使用的多线样式，缺省样式为STANDARD。输入ST回车，根据系统提示，输入定义过的多线样式名称，或输入“?”显示已有的多线样式，选择创建好的多线样式。

特别提示：

使用多线需要特别注意以下几点：

1）创建多线样式时，一般用直线封口。

2）创建多线样式时，最外两直线图元间距离为1。

3）在使用多线时，一般设置多线对正方式为“无（Z）”即中线对正。

4）在使用多线时，需要根据绘图尺寸调整多线比例。

3. 编辑多线

使用“多线”命令绘制的图线，必须使用编辑多线命令编辑修改。

（1）执行途径

1）下拉菜单：“修改”/“对象”/“多线”。

2）命令：MLEDIT。

（2）操作说明

执行了编辑多线命令后，弹出一个“多线编辑工具”对话框，如图3-9所示，编辑多线主要通过该框进行。对话框中的各个图标形象地反映了MLEDIT命令的功能。

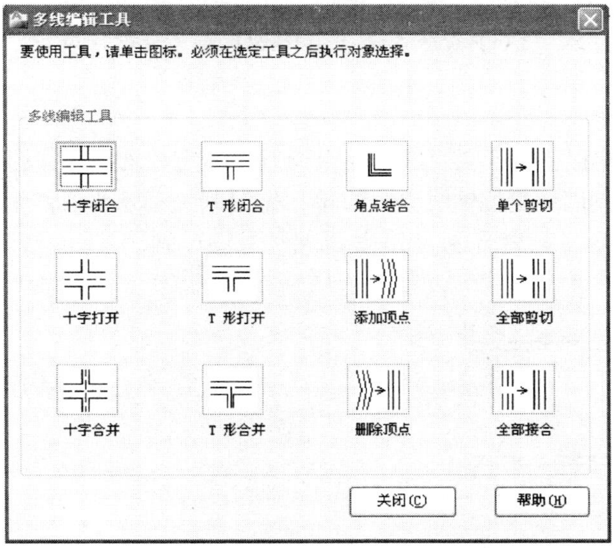

图3-9　“多线编辑工具”对话框

选择多线的编辑方式后，命令行提示：

- “选择第一条多线:”指定要剪切的多线的保留部分。
- “选择第二条多线:”指定剪切部分的边界线。

按回车键命令可连续使用多线编辑。图3-10（a）~图3-10(h）是多线编辑的几种效果。

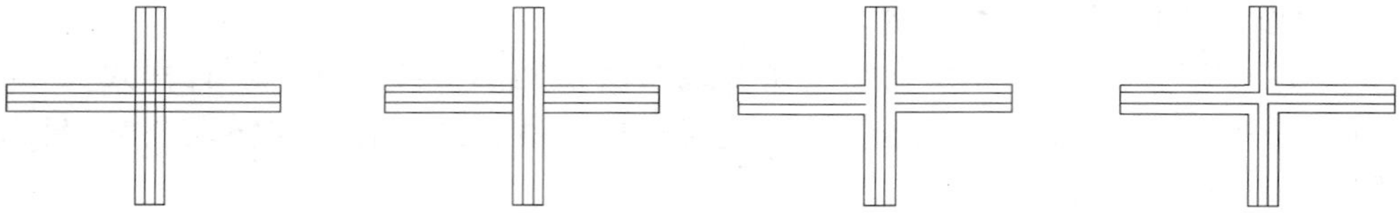

（a）多线对象　（b）十字闭合　（c）十字打开　（d）十字合并

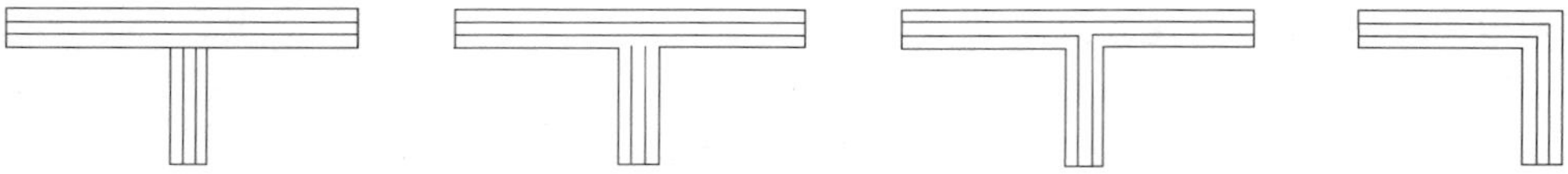

（e）T形闭合　（f）T形打开　（g）T形合并　（h）角点结合

图3-10　多线编辑效果

特别提示：

注意编辑多线时选择第一条多线和第二条多线的顺序，顺序不同结果不同。

4. 应用示例

使用多线绘制图3-11所示240墙线。

【操作步骤】

（1）定义多线样式

设置240墙多线样式。执行“格式”/“多线样式”命令，设置一个“墙线”多线样式并置为当前，如图3-8所示。

（2）绘制定位轴线

打开正交和对象捕捉，执行“直线”命令绘制墙体定位轴线，如图3-12所示。用下章讲到的“偏移”命令绘制墙体定位轴线更为简单，先绘制一条水平轴线和一条铅垂轴线，用偏移命令偏移另两条，偏移距离分别是铅垂线偏移4500，水平线偏移3300，结果如图3-12所示。

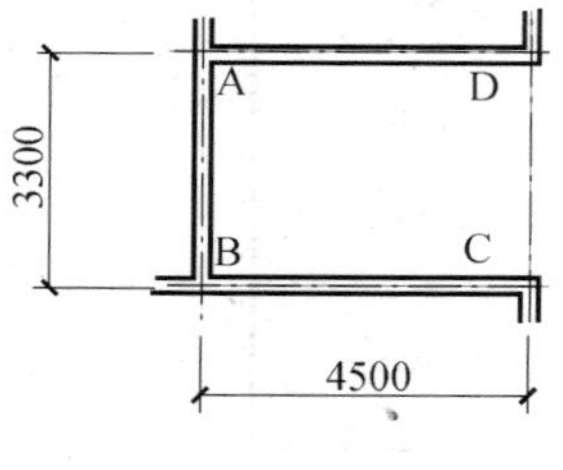

图3-11　墙线

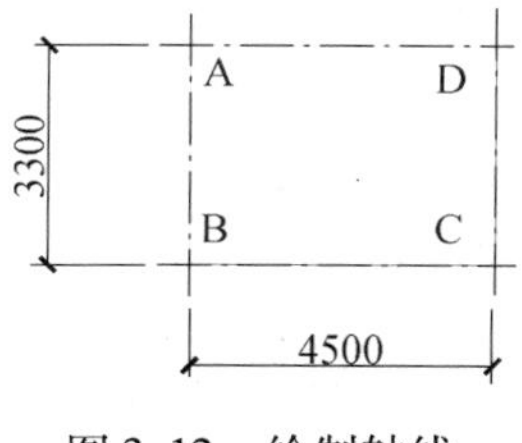

图3-12　绘制轴线

（3）绘制多线

使用定义的墙线多线样式，中心对齐方式和240比例绘制多线：

1）执行“多线”命令，系统提示如下：

指定起点或［对正（J）/比例（S）/样式（ST）］：输入J回车，输入Z回车。

2）系统提示如下：

指定起点或［对正（J）/比例（S）/样式（ST）］：输入S回车，输入240回车。

3）利用对象捕捉，绘制墙体多线如图3-13所示。

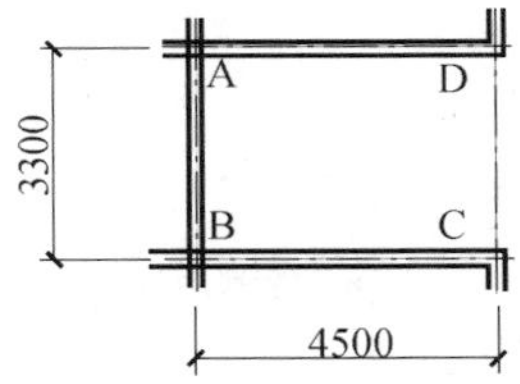

图3-13 绘制墙线

（4）编辑多线

对多线进行编辑：“修改”/“对象”/“多线”打开多线编辑工具对话框，选择T形合并，命令行提示：

- 命令：_mledit
- 选择第一条多线： 鼠标选择AB线中部
- 选择第二条多线： 鼠标选择线BC
- 选择第一条多线或［放弃（U）］： 鼠标选择线AD中部
- 选择第二条多线： 鼠标选择线AB
- 选择第一条多线或［放弃（U）］： 回车结束命令

完成作图，如图3-11所示。C处和D处的拐角可以在画多线时直接画出，也可以画线后用“角点结合”编辑得到。

特别提示：

（1）多线被视为一个对象，部分编辑命令不能用，如偏移命令。可以用explode分解命令将多线分解。但分解后的多线不再是一整体，也不能用多线编辑命令。

（2）为了有利于多线的编辑，在绘制墙体时，尽量使用水平线和铅垂线垂直相交，否则在之后的多线编辑中将会遇到困难。如图3-11中应执行三次多线命令分别绘制AD、AB、BC段，而不要用多线命令一次绘制DABC线。

3.3 矩形和正多边形

3.3.1 绘制矩形

用户可直接绘制矩形，也可以对矩形倒角或倒圆角，还可以改变矩形的线宽。

1. 执行途径

（1）工具栏：“绘图”/“矩形”按钮▭。

（2）下拉菜单“绘图”/“矩形”。

（3）命令：RECLANGLE（快捷命令：REC）。

2. 操作说明

执行矩形命令后，系统提示：

- 指定第一个角点或［倒角（C）/标高（E）/圆角（F）/厚度（T）/宽度（W）］：

确定第一个角点。

- 指定另一个角点或［面积（A）/尺寸（D）/旋转（R）］：
  两个对角点就确定一个矩形，指定的两个角点就是矩形的两个对角点，如图 3-14（a）所示。

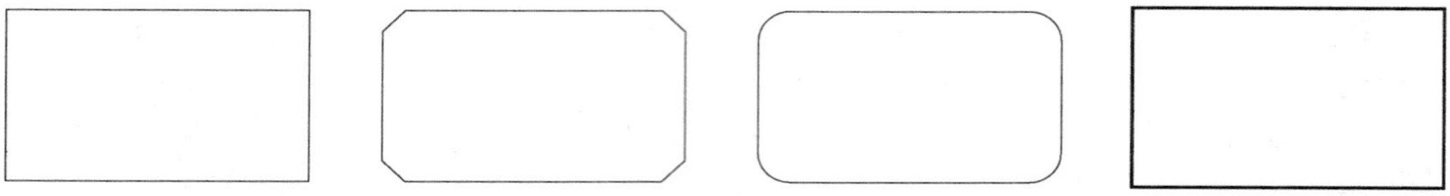

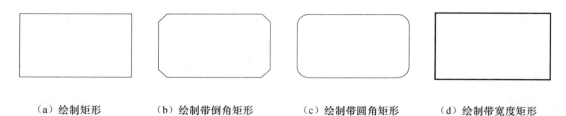

（a）绘制矩形　（b）绘制带倒角矩形　（c）绘制带圆角矩形　（d）绘制带宽度矩形

图 3-14　使用"矩形"命令绘制图形

各选项含义如下：

（1）"倒角（C）"选项

选择该选项，可绘制一个带倒角的矩形，此时需要指定矩形的两个倒角距离。如图3-14（b）所示。

（2）"标高（E）"选项

选择该选项，可指定矩形所在的平面高度。该选项一般用于在三维绘图时设置矩形的基面位置。

（3）"圆角（F）"选项

选择该选项，可绘制一个带圆角的矩形，此时需要指定矩形的圆角半径，如图 3-14（c）所示。

（4）"厚度（T）"选项

选择该选项，可以设定的厚度绘制矩形，该选项一般用于三维绘图时设置矩形的高度。

（5）"宽度（W）"选项

选择该选项，可以设定的线宽绘制矩形，此时需要指定矩形的线宽，如图 3-14（d）所示。

（6）"面积（A）"选项

通过指定矩形的面积和一个边长来绘制矩形。

（7）"尺寸（D）"选项

分别输入矩形的长、宽来画矩形。

（8）"旋转（R）"选项，则可绘制一个指定旋转角度的矩形。

3. 应用示例

绘制一个长 100，宽 60 倾斜 30°的矩形，如图 3-15 所示。

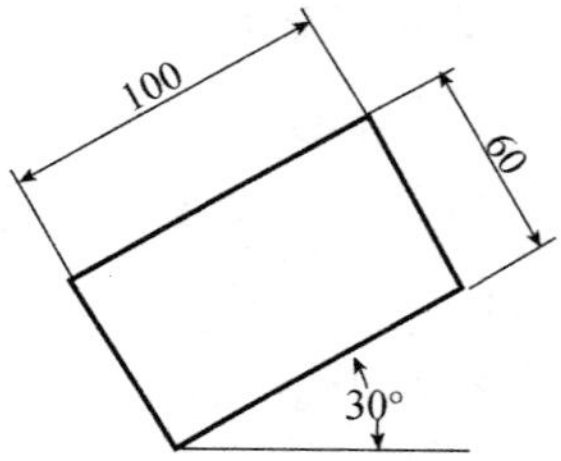

图 3-15　一定倾斜角度的矩形

【操作步骤】

(1) 命令：_rectang　执行“矩形”命令。

(2) 指定第一个角点或［倒角（C)/标高（E)/圆角（F)/厚度 T)/宽度（W)］：在屏幕绘图区域用鼠标单击确定一点。

(3) 指定另一个角点或［面积（A）/尺寸（D）/旋转（R)］：输入“R”指定旋转角度。

(4) 指定旋转角度或［拾取点（P)］<0>：　旋转 30°。

(5) 指定另一个角点或［面积（A）/尺寸（D）/旋转（R)］：调整尺寸。

(6) 指定矩形的长度：输入长度 100。

(7) 指定矩形的宽度：输入宽度 60。

(8) 指定另一个角点或［面积（A）/尺寸（D）/旋转（R)］：　用鼠标单击确定矩形方位，即指定另一角点在第一角点的那一侧，绘制出图 3-15 所示矩形。

3.3.2　绘制正多边形

创建正多边形是绘制正方形、等边三角形和正六边形等图形的简单方法。在 AutoCAD 中可以绘制边数为 3 ~ 1024 的正多边形。

1. 执行途径

执行绘制正多边形的途径有三种：

(1) 工具栏：“绘图”/“正多边形”按钮。

(2) 下拉菜单：“绘图”/“正多边形”。

(3) 命令：POLYGON（快捷命令：POL)。

2. 操作说明

执行绘制正多边形命令后，系统提示：

- 输入侧面数：即输入正多边形的边数。
- 指定正多边形的中心点或［边（E)］：

各选项含义如下：

(1) 边（E)

执行该选项后，输入边的第一个端点和第二个端点，即可由边数和一条边确定正多边形，如图 3-16（c）所示，输入边数 8，指定边 AB，即可绘制正八边形。

(2) 正多边形的中心点

执行该选项，系统提示：

输入选项［内接于圆（I）/外切于圆（C)］：

1）选择“内接于圆”是根据多边形的外接圆确定多边形，多边形的顶点均位于假设圆的弧上，需要指定边数和假设圆的半径，如图 3-16（a）所示。

2）选择“外切于圆”是根据多边形的内切圆确定多边形，多边形的各边与假设圆相切，需要指定边数和假设圆的半径，如图 3-16（b）所示。

特别提示：

（1）绘制正多边形，所谓的外接圆和内切圆是不出现的，只显示代表圆半径的直线段。

（2）由多边形的已知尺寸条件来决定选择“内接于圆”还是“外切于圆”。如图 3-16（a）需要选择“内接于圆”；如要绘制图 3-16（c）所示正多边形需要选择“外切于圆”。

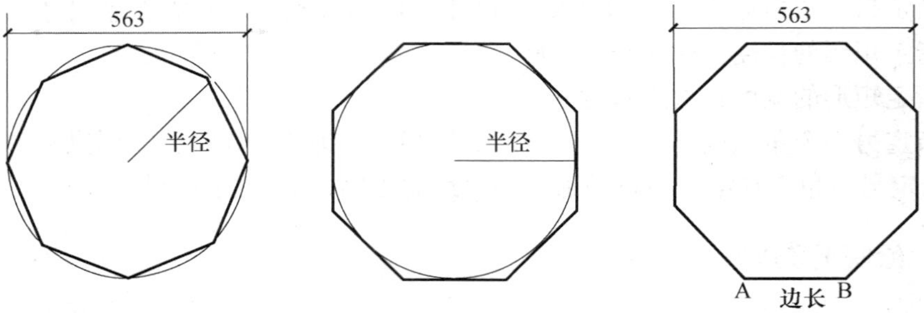

（a）根据内接于圆确定多边形　（b）根据外切于圆确定多边形　（c）根据边长确定多边形

图 3-16　使用“正多边形”命令绘制图形

3.4　绘制圆、圆弧、椭圆和椭圆弧

在 AutoCAD 中，圆和圆弧的绘制方法相对线性对象来说要复杂一点，并且方法也比较多。

3.4.1　绘制圆

AutoCAD 提供了 6 种画圆方法，用户可根据不同需要选择不同的方法。

1. 执行途径

执行绘制圆的途径有三种：

（1）工具栏：“绘图”／“圆”按钮⊙。

（2）下拉菜单：“绘图”／“圆”。

（3）命令：CIRCLE（快捷命令：C）

2. 操作说明

执行画圆命令，命令行显示如下：

指定圆的圆心或［三点（3P）/两点（2P）/相切、相切、半径（T）］：

指定圆心、半径或直径即可绘制一个圆。

后边各选项含义如下：

（1）三点（3P）：根据三点画圆。依次输入不在一条直线上的三个点，可绘制出一个圆。

（2）两点（2P）：根据两点画圆。依次输入两个点，即可绘制出一个圆，两点间的连线为圆的直径。

（3）相切、相切、半径（T）：画与两个对象相切，且半径已知的圆。输入 T 后，根据命令行提示，指定相切对象并给出半径后，即可画出一个圆，如图 3-17 所示。需要注意的是圆的半径太小可能因无法相切而无效。

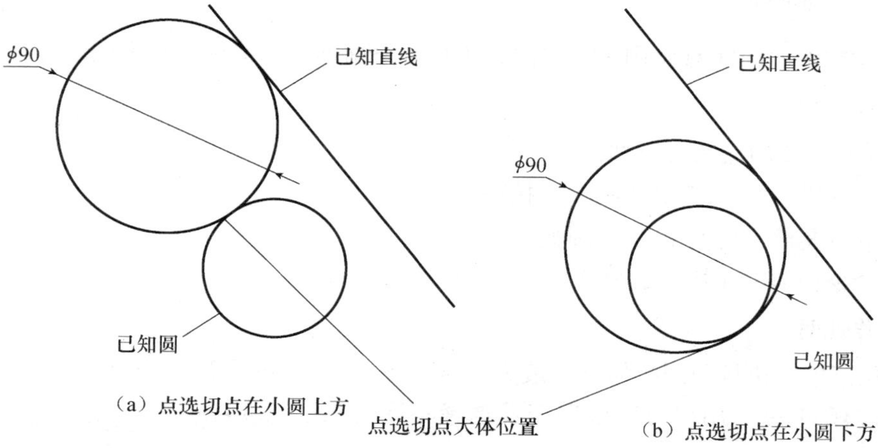

图3-17　使用“相切、相切、半径”命令绘制圆时产生的不同效果

(4) 相切、相切、相切：该命令只能用下拉菜单“绘图”/“圆”/“相切、相切、相切”执行，如图3-18 (a) 所示。通过依次指定圆的3个切点来绘制圆。如图3-18 (b) 所示，采用“相切、相切、相切”绘圆命令，在三角形的三条边上选取三个切点，即绘制一个圆。

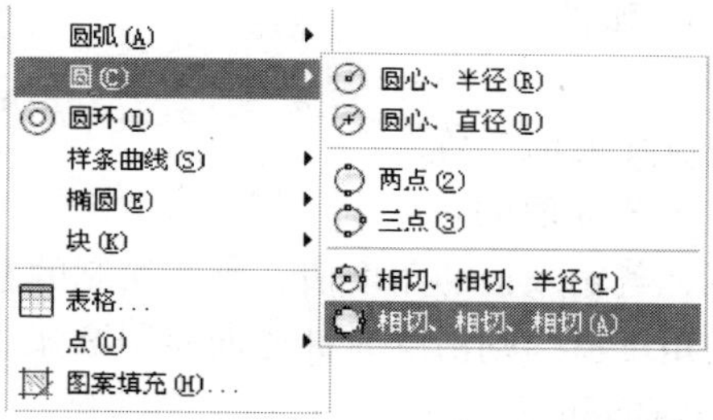

(a)

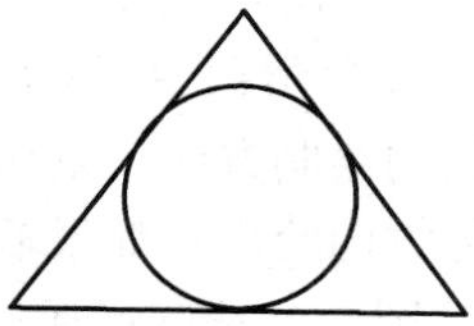

(b)

图3-18　使用“相切、相切、相切”命令绘制圆

特别提示：

(1) 相切对象可以是直线、圆、圆弧、椭圆等图线，用相切绘制圆的方式在圆弧连接中经常使用。

(2) 用户在命令提示后输入半径或者直径时，如果所输入的值无效，如英文字母、负值等，系统将显示“需要数值距离或第二点”、“值必须为正且非零”等信息，并提示用户重新输入值，或者退出该命令。

(3) 使用“相切、相切、半径”或“相切、相切、相切”命令时，系统总是在距拾取点最近的部位绘制相切的圆。因此，拾取相切对象时，所拾取的位置不同，最后得到的结果有可能也不相同，即内切和外切的不同，如图3-17所示小圆和直线为已知，绘制直径为90的圆与两者相切。切点选择不同结果不同。图3-17 (a) 为外切，(b) 为内切。

3.4.2 绘制圆弧

AutoCAD 提供了 11 种画圆弧的方法，用户可根据不同的情况选择不同的方式。

1. 执行途径

执行绘制圆弧的途径有三种：

（1）工具栏：“绘图”/“圆弧”按钮。

（2）下拉菜单：“绘图”/“圆弧”。

（3）命令：ARC（快捷命令 A）。

2. 操作说明

从下拉菜单中执行画圆弧的操作最为直观。图 3-19 是画圆弧的菜单。由此可以看出画圆弧的方式有 11 种。用户可以根据需要选择不同的画圆弧方式。

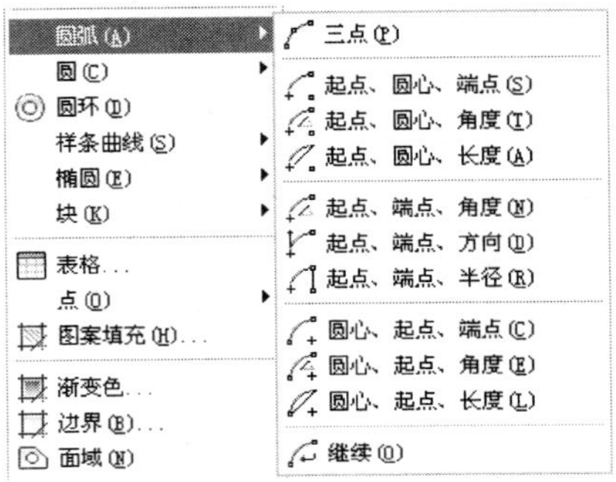

图 3-19 绘制“圆弧”菜单

（1）三点：通过给定的 3 个点绘制一个圆弧，此时应指定圆弧的起点、通过的第 2 个点和端点。

（2）起点、圆心、端点：通过指定圆弧的起点、圆心和端点绘制圆弧。

（3）起点、圆心、角度：通过指定圆弧的起点、圆心和角度绘制圆弧。

使用“起点、圆心、角度”命令绘制圆弧时，在命令行的“指定包含角:”提示下，所输入角度值的正负将影响到圆弧的绘制方向。默认环境下，若输入正的角度值，则所绘制的圆弧是从起始点绕圆心沿逆时针方向绘出；如果输入负的角度值，则沿顺时针方向绘制圆弧。

（4）起点、圆心、长度：通过指定圆弧的起点、圆心和弦长绘制圆弧。

（5）起点、端点、角度：通过指定圆弧的起点、端点和角度绘制圆弧。

（6）起点、端点、方向：通过指定圆弧的起点、端点和方向绘制圆弧。

使用该命令时，当命令行提“指定圆弧的起点切向:”时，可以通过拖动鼠标的方式动态地确定圆弧在起始点处的切线方向与水平方向的夹角。方法是：拖动鼠标，AutoCAD 会在当前光标与圆弧起始点之间形成一条橡皮筋线，此橡皮筋线即为圆弧在起始点处的切线。通过拖动鼠标确定圆弧在起始点处的切线方向后单击鼠标拾取，即可得到相应的圆弧。

（7）起点、端点、半径：通过指定圆弧的起点、端点和半径绘制圆弧。

（8）圆心、起点、端点：通过指定圆弧的圆心、起点和端点绘制圆弧。

（9）圆心、起点、角度：通过指定圆弧的圆心、起点和角度绘制圆弧。

（10）圆心、起点、长度：通过指定圆弧的圆心、起点和长度绘制圆弧。

（11）继续：当执行绘圆弧命令，并在命令行的“指定圆弧的起点或［圆心（C）］”提示下直接按“Enter”键，系统将以最后一次绘制的线段或圆弧过程中确定的最后一点作为新圆弧的起点，以最后所绘线段方向或圆弧终止点处的切线方向为新圆弧在起始点处的切线方向，然后再指定一点，就可以绘制出一个圆弧。

特别提示：

（1）有些圆弧不适合用圆弧命令绘制，而更适合用“圆”命令画出整个圆，再用“修剪”命令修剪成圆弧。

（2）AutoCAD默认按逆时针方向绘制圆弧。

3. 应用示例

绘制图3-20所示图形。

【操作步骤】

（1）用直线命令（line）绘制两圆的定位轴线，注意轴线间距分别是30和20。

（2）用圆命令（circle）绘制ϕ30和ϕ20的圆。

（3）重复画圆命令，选取“相切、相切、半径”方式绘制*R*30的圆，命令行提示：

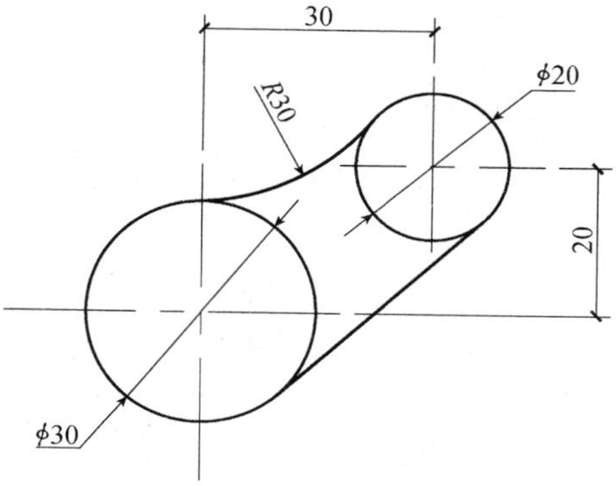

图3-20　用圆命令与修剪命令来绘制圆弧

- 命令：_circle 指定圆的圆心或［三点（3P）/两点（2P）/相切、相切、半径（T）］：输入T选择相切、相切、半径。
- 指定对象与圆的第一个切点：鼠标移动到右边大圆左上部分，出现捕捉切点标记时，单击拾取第一切点。
- 指定对象与圆的第二个切点：鼠标移动到左边大圆上部，出现捕捉切点标记时，点击拾取第二切点。
- 指定圆的半径：输入圆的半径30，得到一个与ϕ30和ϕ20的圆都相切的*R*30的圆。

（4）执行“修改”工具条的“修剪”命令，选取ϕ30和ϕ20的圆作为修剪边界，回车后点击选择需要剪切的*R*30圆的多余圆弧（修剪命令详见第4章）。

（5）绘制圆ϕ30和ϕ20的公切线。在状态栏对象捕捉点击右键，选择设置，在对话框中只选择“切点”，执行直线命令，在ϕ30圆上捕捉一个切点，在ϕ20圆上捕捉一个切点，即得公切线，如图3-20所示。

3.4.3　绘制椭圆

AutoCAD提供了3种方式用于绘制精确的椭圆。

1. 执行途径

执行绘制椭圆的途径有三种：

（1）工具栏：“绘图”/“椭圆”按钮。

（2）下拉菜单：“绘图”/“椭圆”。

（3）命令：ELLIPSE（快捷命令EL）。

2. 操作说明

执行画椭圆命令时，系统提示如下：

指定椭圆的轴端点或［圆弧（A）/中心点（C）］：

（1）中心点（C）：执行该选项，根据系统提示，先确定椭圆中心、轴的端点，再输入另一半轴长度绘制椭圆。

（2）圆弧（A）：执行该选项绘制椭圆弧。

如图3-21所示椭圆图案，绘制一水平椭圆，然后复制两个，分别旋转60°和-60°。

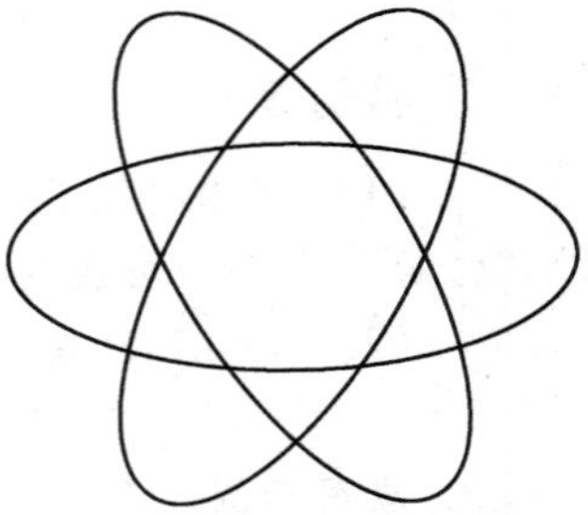

图3-21　椭圆图案

特别提示：

（1）执行椭圆命令，可以通过指定椭圆中心、一个轴的端点以及另一个轴的半轴长度绘制椭圆。

（2）选择“绘图”/“椭圆”/“轴、端点”命令，可以通过指定一个轴的两个端点和另一个轴的半轴长度绘制椭圆。

（3）圆在正等轴测图中投影为椭圆，在绘制正等轴测图中的椭圆时，应先打开等轴测平面，然后绘制椭圆。

3.4.4　绘制椭圆弧

1. 执行途径

（1）工具栏：“绘图”/“椭圆弧”按钮。

（2）下拉菜单：“绘图”/“椭圆”/“圆弧”。

（3）命令：ELLIPSE。

2. 操作说明

椭圆弧的操作与绘制椭圆相同，先确定椭圆的形状，再按起始角和终止角参数绘制椭圆弧。

3.5　样条曲线、图案填充和面域

3.5.1　样条曲线

样条曲线用来绘制一条多段光滑曲线，通常用来绘制波浪线、等高线。

1. 执行途径

（1）工具栏：“绘图”/“样条曲线”按钮。

（2）下拉菜单：“绘图”/“样条曲线”。

（3）命令：SPLINE（快捷命令SPL）。

2. 操作说明

执行命令后，系统提示：

- 指定下一点：p1（输入一点）。
- 指定下一点：p2（输入一点）。
- 指定下一点：输入其他点，回车。
- 指定起点切向：确定起始点切线方向。
- 指定终点切向：确定终止点切线方向。

操作效果如图 3-22 所示。

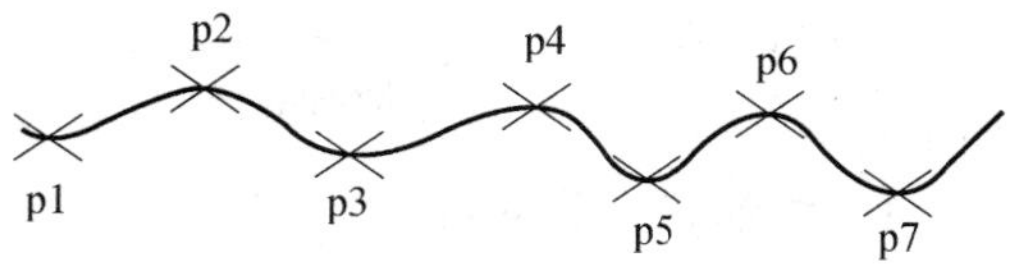

图 3-22　绘制样条曲线

3.5.2　图案填充

在建筑制图中，剖面填充用来表达建筑中各种建筑材料的类型、地基轮廓面、房屋顶的结构特征，以及墙体的剖面等。AutoCAD 为用户提供了图案填充功能。在进行图案填充时，用户需要确定的内容有三个：一是填充的区域，二是填充的图案，三是填充方式。

1. 执行途径

执行图案填充的途径有三种：

（1）工具栏：“绘图”／“图案填充”按钮。

（2）下拉菜单：“绘图”／“图案填充”。

（3）命令：HATCH（快捷命令 H）。

2. 操作说明

执行图案填充命令，打开“图案填充和渐变色”对话框，如图 3-23 所示。

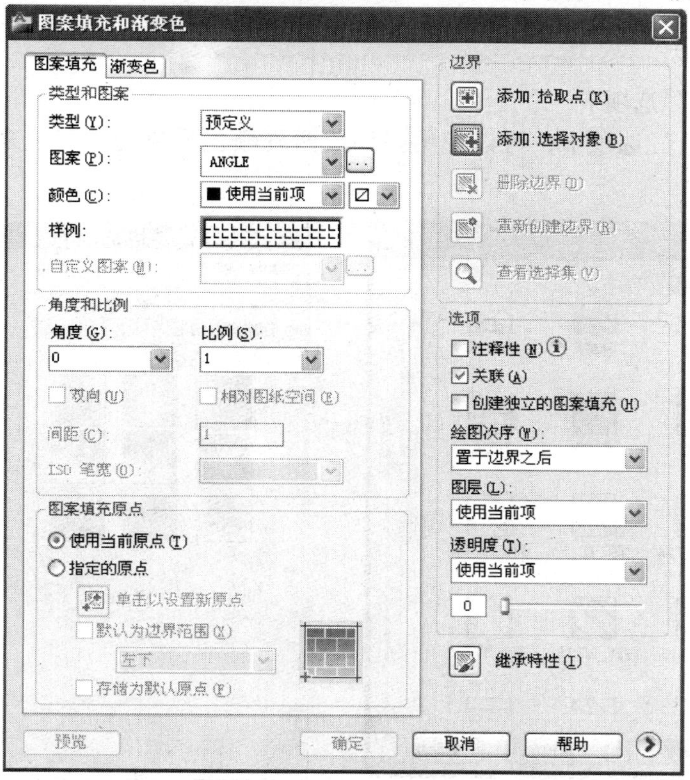

图 3-23　“图案填充和渐变色”对话框

（1）“图案填充”选项卡

对话框中的“图案填充”选项卡，可以快速设置图案填充。各选项的含义和功能如下：

1）“类型”下拉列表框：用于设置填充的图案类型，包括“预定义”、“用户定义”和“自定义”3 个选项。其中，选择“预定义”选项，可以使用 AutoCAD 提供的图案；选择“用户定义”选项，则需要用户临时定义图案，该图案由一组平行线或者相互垂直的两组平行线组成。选择“自定义”选项，可以使用用户事先定义好的图案。

2）“图案”下拉列表框：当在“类型”下拉列表框中选择“预定义”选项时，该下拉列表框才可用，并且该下拉列表框主要用于设置填充的图案。点击右侧的按钮，打开“填充图案选项板”对话框，如图 3-24 所示，用户可选择所需的图案。例如 45°剖面线用 ANSI31，混凝土用 AR-CONC，钢筋混凝土用 ANSI31 + AR-CONC。

3）“角度”下拉列表框：用于设置填充的图案旋转角度，每种图案在定义时的旋转角度默认都为零。

4）“比例”下拉列表框：用于设置图案填充时的比例值。每种图案在定义时的初始比例为 1，用户可以根据需要放大或缩小。在图案填充时，如果填充线太密或太疏，就调整“比例”。

特别提示：

如果填充完成后看不到填充图案，说明比例太大；如果填充效果是完全黑色的，说明比例太小。

（2）“渐变色”选项卡

使用“渐变色”选项卡，可以使用一种或两种颜色形成的渐变色来填充图形，如图 3-25所示。

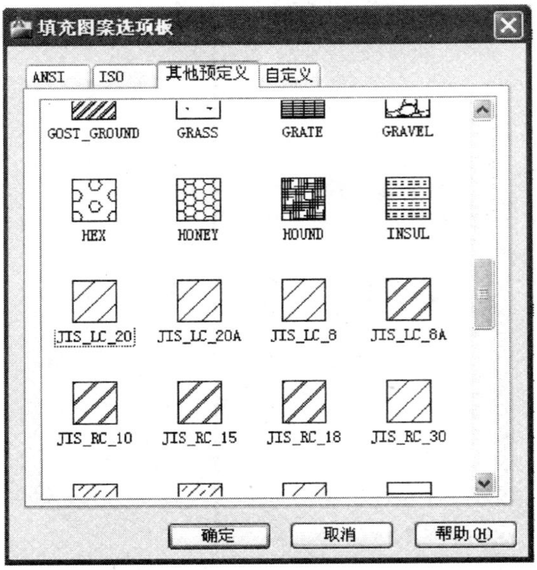

图 3-24　“填充图案选项板”对话框

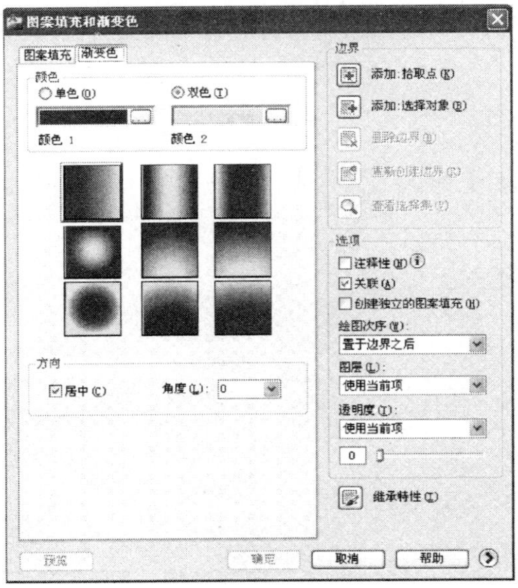

图 3-25　“渐变色”选项卡

特别提示：

在比例较小的钢筋混凝土构件断面填充图案是涂黑，涂黑的方法可以用图案填充中的 SOLID 图案，或用渐变色填充，或直接用一定线宽的直线绘制。

（3）边界

一般有两种方法选取边界，“拾取点”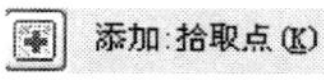

和“选择对象”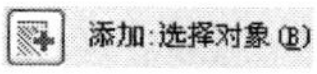

。

1）“拾取点”指的是拾取内部点，即在封闭区域内任意位置点击，就选定了该封闭区域，可以连续点击选择多个封闭区域。

2）“选择对象”指的是选择需要填充区域的边界线，边界可以是不封闭的。

3）删除边界

例如要完成如图 3-26 所示的填充，就要忽略大矩形内部的小矩形“岛”（即边界），在选择填充区域时要按下面的步骤进行。

单击拾取点按钮，在大矩形和小矩形之间区域单击鼠标，然后回车，返回“边界图案填充”对话框。

单击删除边界按钮，对话框隐去，移动鼠标到小矩形上单击，小矩形由虚变实。这样在填充过程中会忽略小矩形区域，回车返回“图案填充和渐变色”对话框，点击确定完成图 3-26 图案填充。

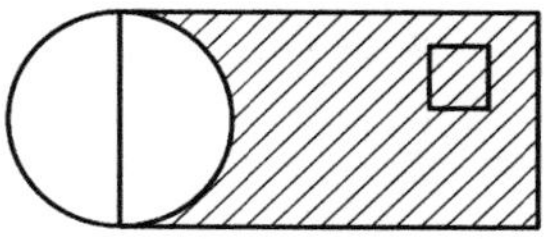

图 3-26　填充过程中删除边界

（4）选项

选中选项中的“关联”，则填充完成后，改变填充边界则填充图案相应改变，如图 3-27 所示。

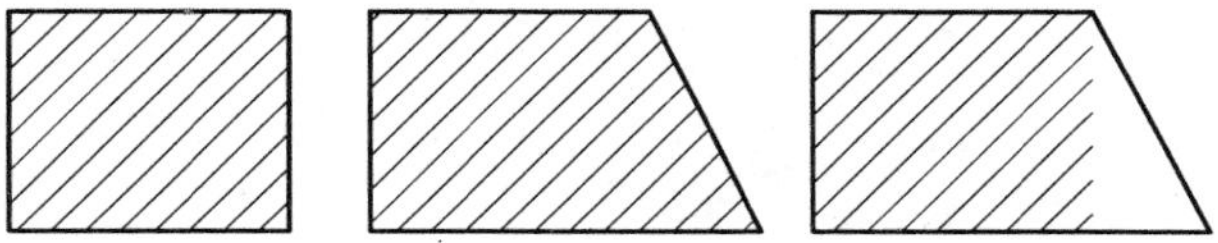

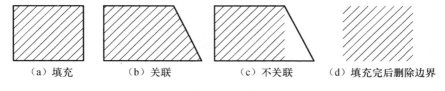

（a）填充　（b）关联　（c）不关联　（d）填充完后删除边界

图 3-27　关联

3. 孤岛处理

在填充区域内的对象称为孤岛，如封闭的图形、文字串的外框等。它影响了填充图案时的内部边界，因此以对孤岛的处理方式不同而形成了三种填充方式，如图 3-28 所示。

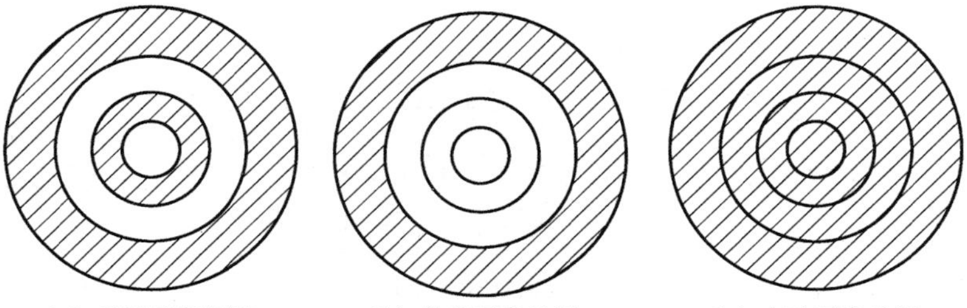

（a）普通孤岛检测　（b）外部孤岛检测　（c）忽略孤岛检测

图 3-28　孤岛处理

（1）普通孤岛检测

填充从最外面边界开始往里，在交替的区域间填充图案。这样由外往里，每奇数个区域被填充，如图 3-28（a）所示。

（2）外部孤岛检测

填充从最外面边界开始往里进行，遇到第一个内部边界后即停止填充，仅仅对最外边区域进行图案填充，如图 3-28（b）所示。

（3）忽略孤岛检测

只要最外的边界组成了一个闭合的多边形，AutoCAD 将忽略所有的内部对象，对最外端边界所围成的全部区域进行图案填充，如图 3-28（c）所示。

用户可以在边界内拾取点或选择边界对象后（即点击了“拾取点”按钮或点击了“选择对象”按钮之后），在图形区单击鼠标右键，从弹出的快捷菜单中选择三种样式之一，如图 3-29（a）所示。或者点击图 3-23 右下角的⊙按钮，则对话框变为图 3-29（b）所示。

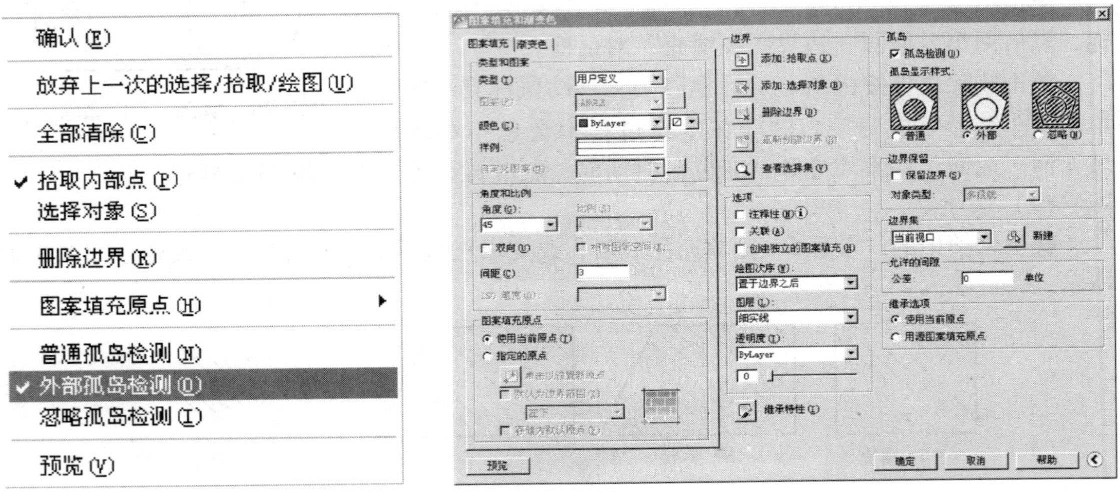

（a）　　　　　　　　　　　　　　（b）

图 3-29　孤岛

4. 应用示例

对图 3-30 所示图形按要求执行图案填充，其中图 3-30（a）填充比例为 1，图 3-30（b）比例为 0.1，图 3-30（c）比例为 0.05。

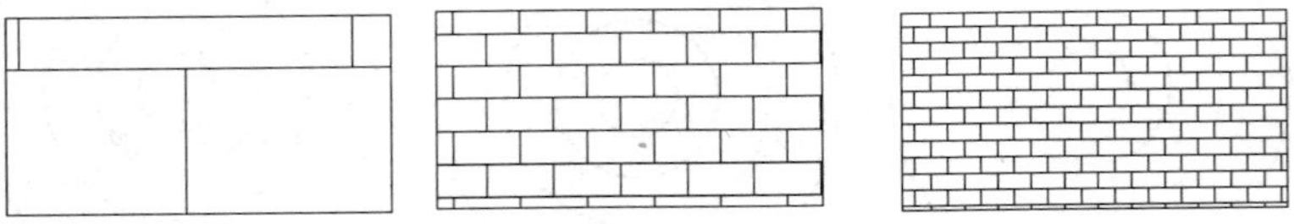

（a）比例＝1　　（b）比例＝0.1　　（c）比例＝0.05

图 3-30　不同比例填充图案效果

【操作步骤】

（1）执行“图案填充”命令，出现“图案填充和渐变色”对话框。

（2）单击“类型”右侧的下拉框中，选择“预定义”。

（3）单击“图案”右侧按钮，选择所需要的填充图案 AR-B816C。

（4）在“比例”框内输入1。

（5）点取“拾取点”按钮，此时命令行提示：选择内部点。

（6）在图形最外轮廓线内部单击鼠标左健，此时图线以虚线显示。

（7）回车，结束填充区域的选择。

（8）点取“确定”按钮，完成图案填充如图3-30（a）所示。

（9）相同的将比例改为0.1和0.05填充效果如图3-30（b）、（c）所示。

特别提示：

如果要修改图案填充，选定填充图案，右击选“图案填充编辑”，或者打开“快捷特性”，选定填充图案，在快捷特性框中编辑。

5. 钢筋混凝土图例

钢筋混凝土是房屋建筑的主要材料，系统提供的“填充图案选项板”却没有这种图例。因此，需要用户选择“钢筋”图例和“混凝土”图例两次填充，而且图案填充的比例与绘图比例无关。下面举例说明钢筋混凝土图案填充。

【操作步骤】

（1）采用1:10的比例绘制钢筋混凝土楼梯踏步（规格300×150），如图3-31所示。

（2）单击“图案填充”命令，在“图案填充和渐变色”对话框中，选择图案“ANSI31”，输入“比例”600，点击“添加：拾取点”命令，在图框内任一处点击，回到对话框单击“确定”，填充斜线如图3-32所示。

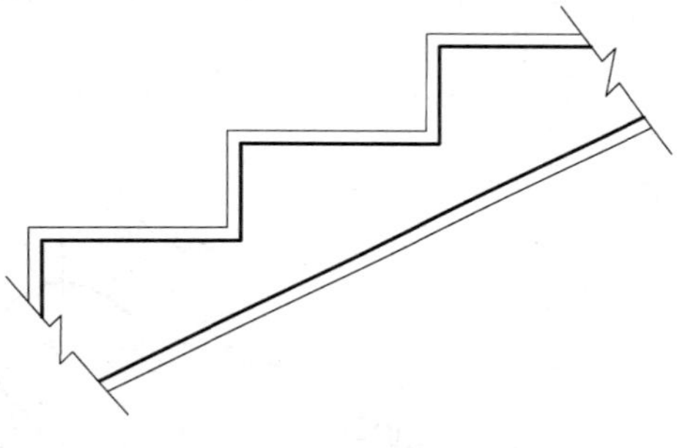

图3-31　钢筋混凝土楼梯踏步

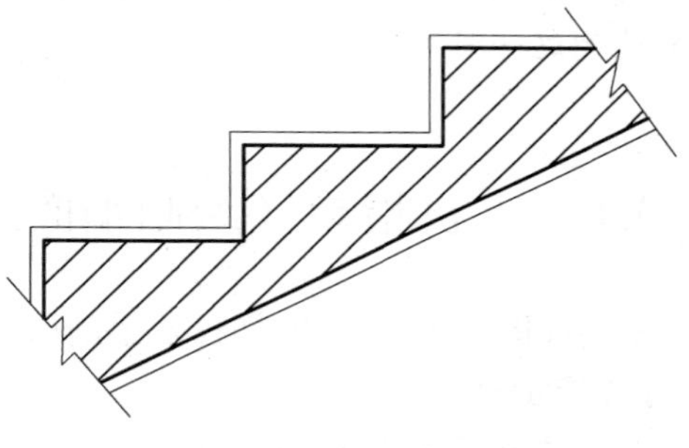

图3-32　填充斜线

（3）按照上述方法，继续单击“图案填充”命令，选择图案“AR-CONC”，设定“比例”为30，填充混凝土图例，完成钢筋混凝土图例填充，如图3-33所示。

（4）再使用“图案填充”命令，选择图案“AR-SAND”，设定“比例”为20，填充砂浆面层图例，如图3-34所示。

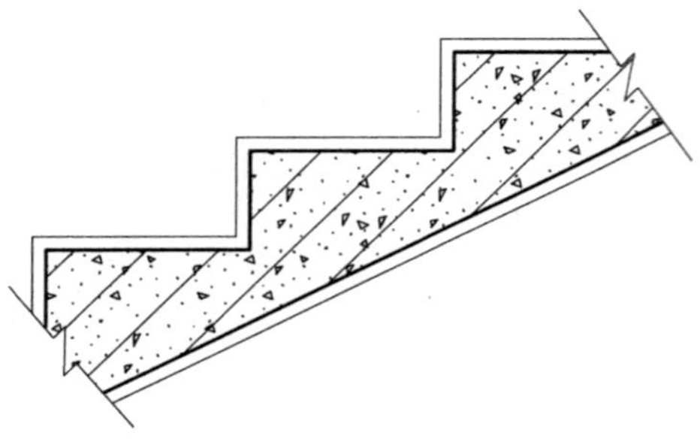

图 3-33　完成钢筋混凝土图例填充

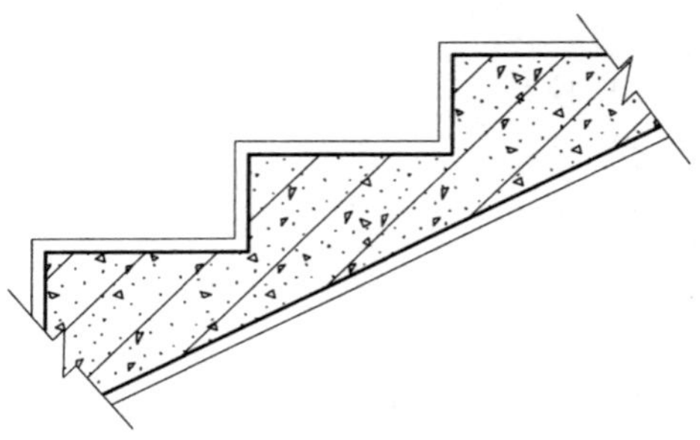

图 3-34　填充砂浆面层图例

3.5.3　面域

面域是封闭区域所形成的二维实体对象，可将它看成一个平面实心区域。尽管 AutoCAD 中有许多命令可以生成封闭形状（如圆、多边形等），但所有这些都只包含边的信息而没有面，它们和面域有本质的区别。

1. 执行途径

（1）“绘图”工具栏/“面域”按钮。

（2）下拉菜单：“绘图”/“面域”。

（3）命令：REGION。

2. 操作说明

执行命令后，提示用户选择想转换为面域的对象，如选取有效，则系统将该有效选取对象转换为面域。

特别提示：（选取面域时要注意）：

（1）自相交或端点不连接的对象不能转换为面域。

（2）缺省情况下 AutoCAD 进行面域转换时，REGION 命令将用面域对象取代原来的对象并删除原对象。但是如果想保留原对象，则可通过设置系统变量 DELOBJ 为零来达到这一目的。

3.6　上机指导（绘制平面图形）

绘制如图 3-35 所示的楼梯扶手剖面图。

【操作步骤】

（1）创建图层如图 3-36。

（2）绘制直线。打开正交，绘制图 3-37，执行直线命令，任点一点为 A，鼠标放 A 点下方，输入 AB 长度 6，得到 B 点。相同的方法绘制其他直线。中间轴线的绘制方法为，打开对象捕捉，执行直线命令，第一点捕捉直线 EF 的中点，绘制铅垂线，然后用夹点操作法将轴线拉长。

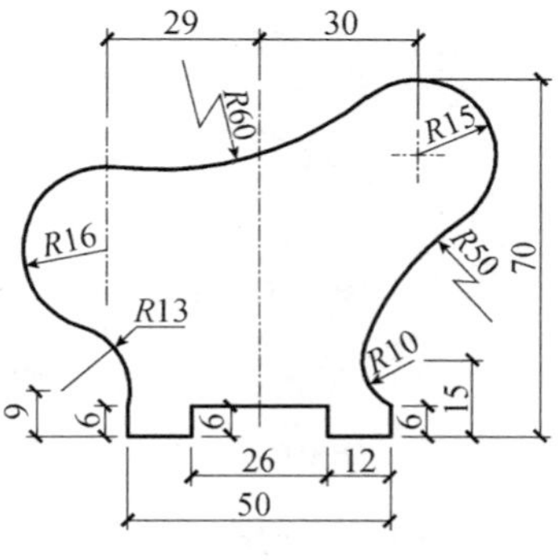

图 3-35　鞍马座

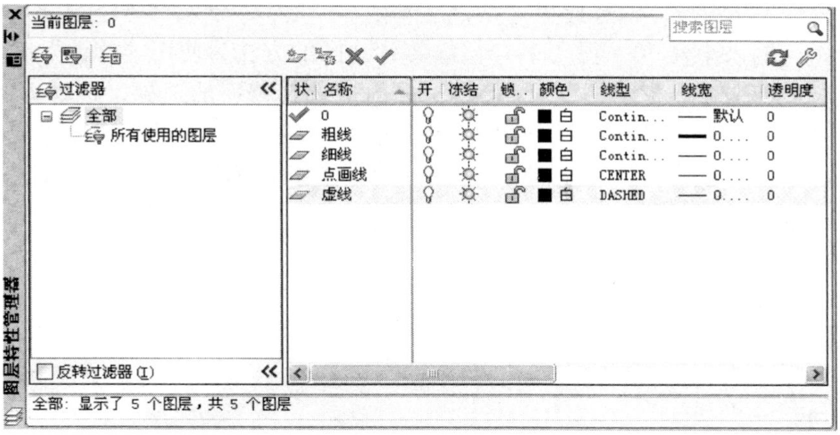

图 3-36　设置图层

（3）绘制 $R10$ 圆弧。首选确定 $R10$ 圆的圆心。以 D 点为圆心以 $R10$ 为半径绘制一辅助圆，从 C 点绘制一长度为 15 的铅垂辅助线，过该铅垂辅助线的上端点作一水平辅助线，该水平辅助线与 $R10$ 辅助圆交于一点 01，该点就是要绘制的 $R10$ 圆的圆心，如图 3-38 所示。以 01 为圆心以 $R10$ 为半径绘制圆，如图 3-39 所示。

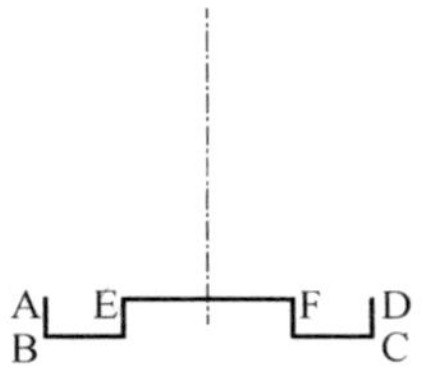

图 3-37　直线

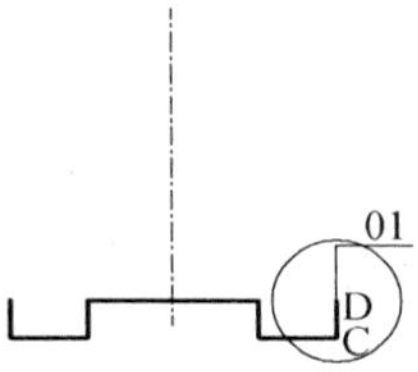

图 3-38　圆心定位

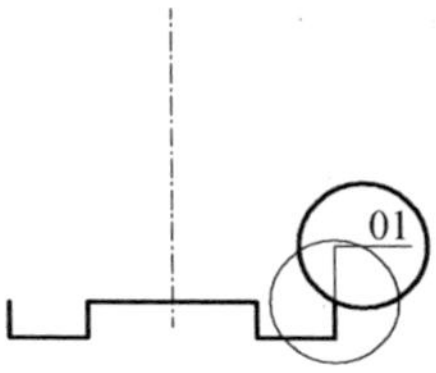

图 3-39　绘制 $R10$ 圆

（4）绘制 $R15$ 圆弧。确定圆心，过 C 点作水平线，再作该水平线的平行线，间距为 70。作平行线最快捷的方法是使用“修改”工具条的偏移命令，方法为点击，命令行提示“指定偏移距离”，输入平行线间距 70，命令行提示“选择要偏移的对象”，点击选择过 C 点作的水平线，平行线 GH 就绘制完成了。用相同的方法将水平线 GH 向下偏移 15。用相同的方法将中间的铅垂轴线向右偏移 30，两线的交点 02 即是 $R15$ 圆弧的圆心，如图 3-40 所示。以 02 为圆心以 $R15$ 为半径绘制圆，如图 3-41 所示。

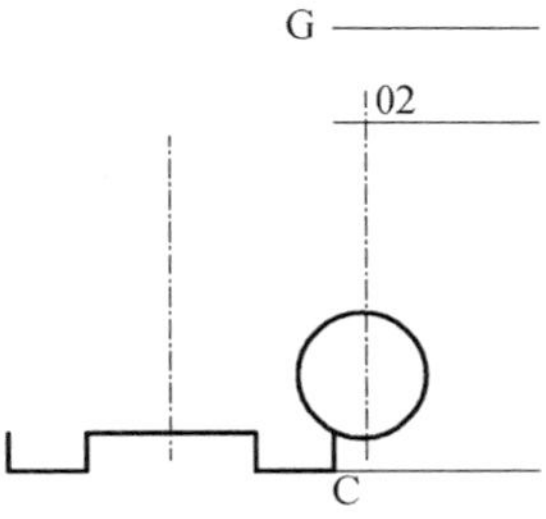

图 3-40　圆心定位

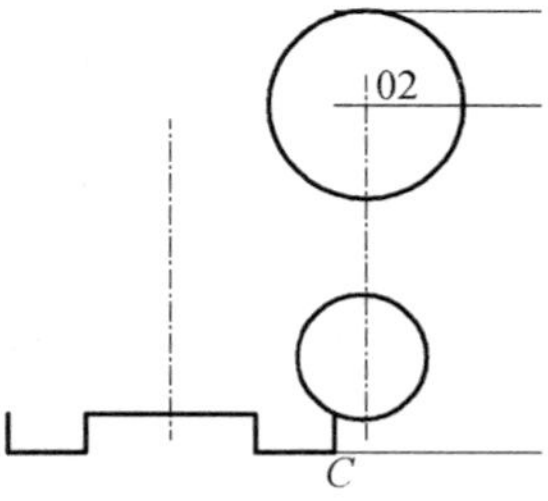

图 3-41　绘制 $R15$ 圆

（5）绘制 $R50$ 圆弧。$R50$ 圆弧与 $R15$ 圆相外切，与 $R10$ 圆相内切。直线圆命令后，在命令行输入“T”回车，即选择了“切点、切点、半径”，分别在 R15 和 R10 圆上大约的切点位置点击，输入半径 50，得图 3-42。修剪 R50 圆的方法为使用“修改”工具条的修剪命令，执行修剪命令，提示“选择对象”，此时应选择修剪的边界，选择 R15 和 R10 圆，回车后提示“选择要修剪的对象”，此时选择要修剪的对象，选择 R50 圆的右边部分（选择修剪边界的那一侧，就修剪掉那一部分）。相同的方法修剪 R10 圆弧，结果如图 3-43 所示。

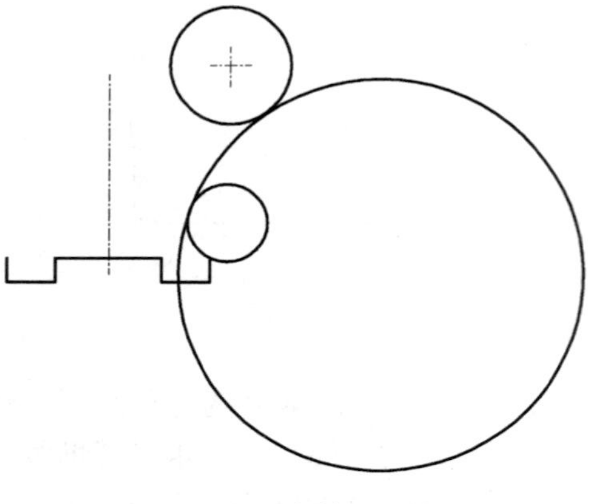

图 3-42　绘制 R50 圆

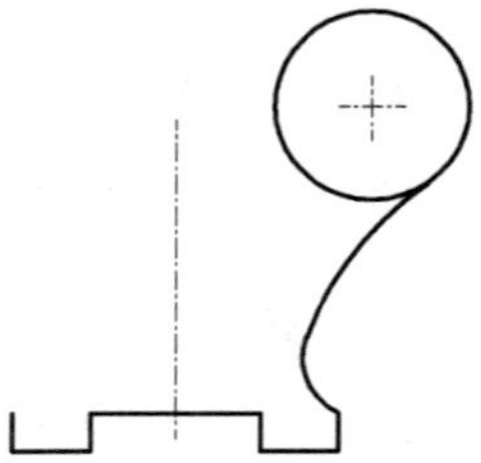

图 3-43　修剪 R50 圆

（6）绘制 R13 圆弧。绘制 R13 圆弧的方法和绘制 R10 圆弧的方法是完全相同的，如图 3-44、图 3-45 所示。

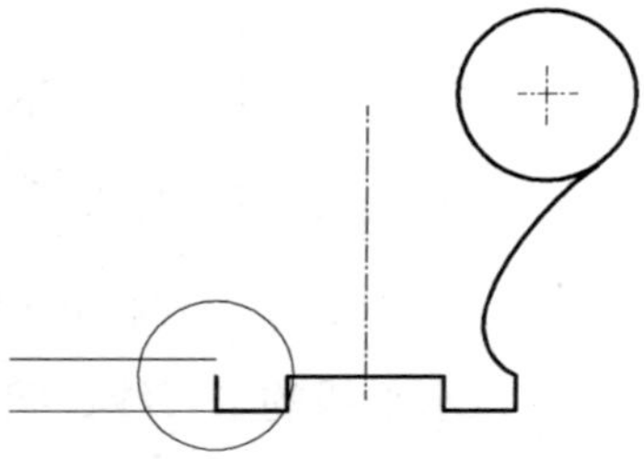

图 3-44　圆心定位

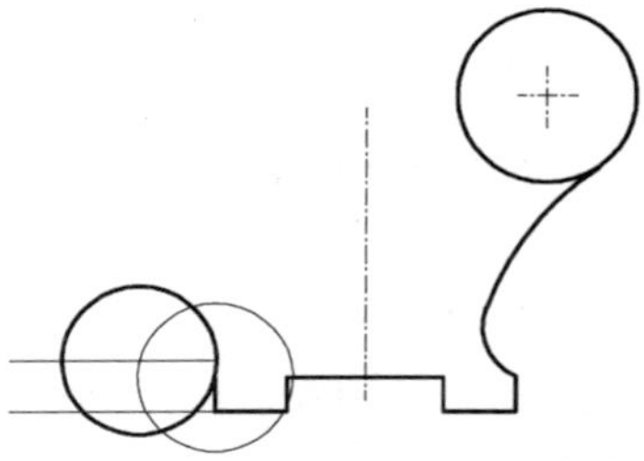

图 3-45　绘制 R13 圆

（7）绘制 R16 圆弧。确定圆心，用偏移命令将中间铅垂轴线向左偏移 29，如图 3-46。因 R16 圆与 R13 圆相外切，以 R13 的圆心为圆心以半径之和 $16 + 13 = 29$ 为半径绘制辅助圆，该辅助圆与偏移铅垂轴线的交点 03 即为 R16 圆的圆心，如图 3-47 所示。以 03 为圆心以 R16 为半径绘制圆，如图 3-48 所示。

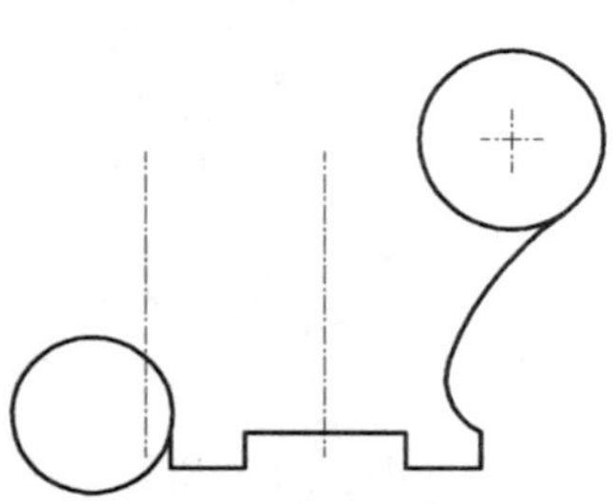

图 3-46　偏移轴线

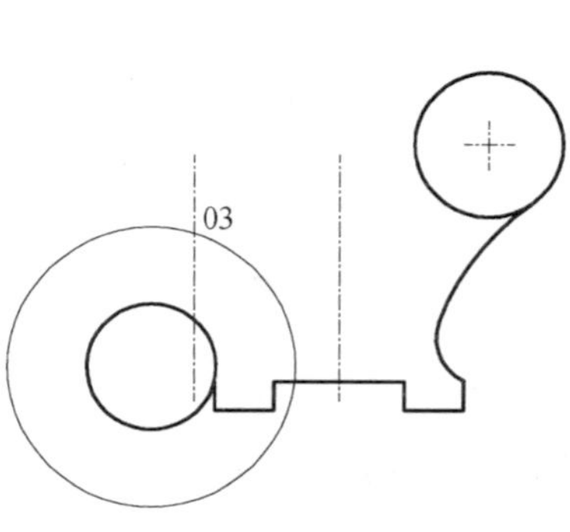

图 3-47　确定 R16 圆心

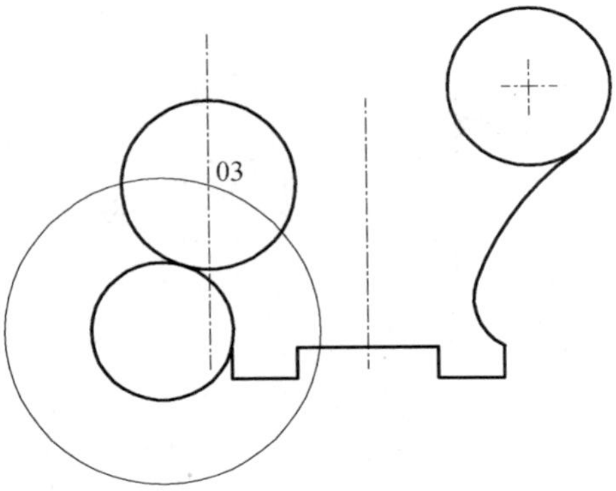

图 3-48　绘制 *R*16 圆

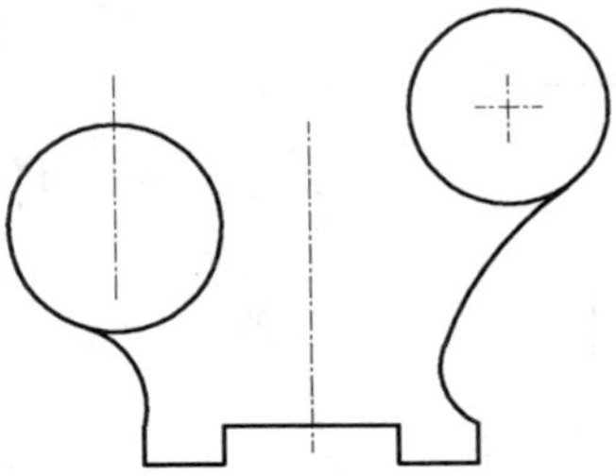

图 3-49　修剪 *R*13 圆弧

（8）修剪 *R*13 圆弧。用“修改”工具条的修剪命令，以 *R*16 圆和 AB 直线为修剪边界，修剪 *R*13 圆弧，结果如图 3-49 所示。

（9）绘制 *R*60 圆弧。和绘制 *R*50 的圆弧方法相同，执行画圆命令，输入“T”选择“相切、相切、半径”画圆方法，分别在 *R*16 圆和 *R*15 圆上大约切点位置点击，输入半径 60，绘图结果如图 3-50 所示。

（10）修剪。使用“修改”工具栏的修剪命令分别修剪 *R*60 圆弧，结果如图 3-51 所示。相同方法修剪 *R*16、*R*15 圆弧，结果如图 3-52 所示

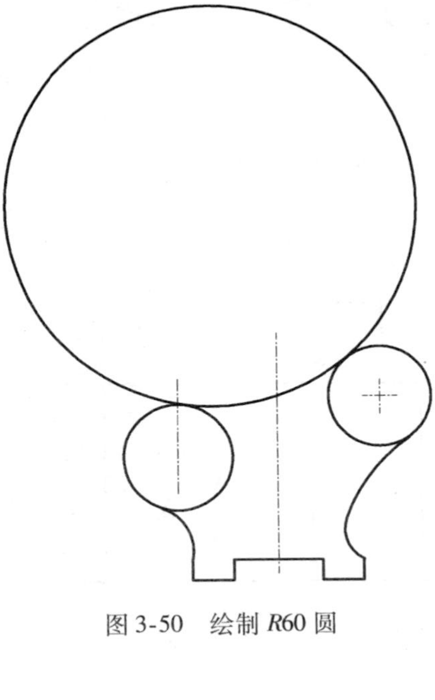

图 3-50　绘制 *R*60 圆

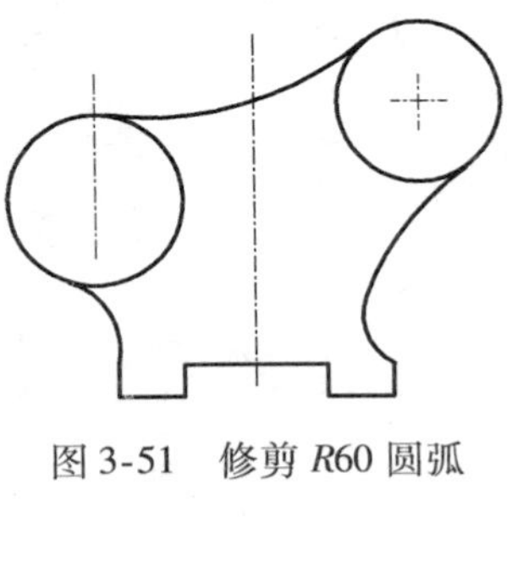

图 3-51　修剪 *R*60 圆弧

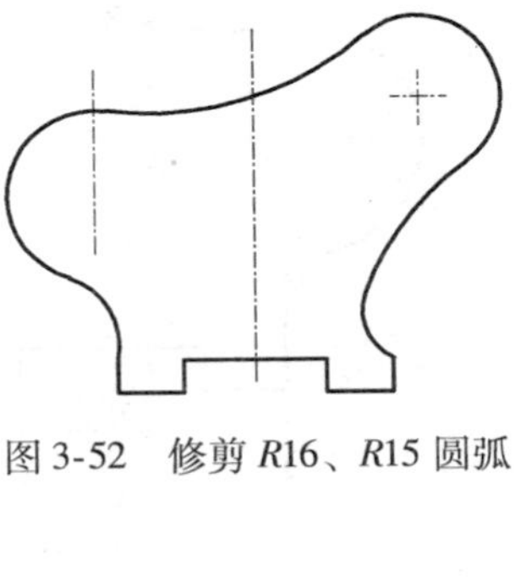

图 3-52　修剪 *R*16、*R*15 圆弧

3.7　操作练习

绘制图 3-53 ~ 图 3-66 所示图形。

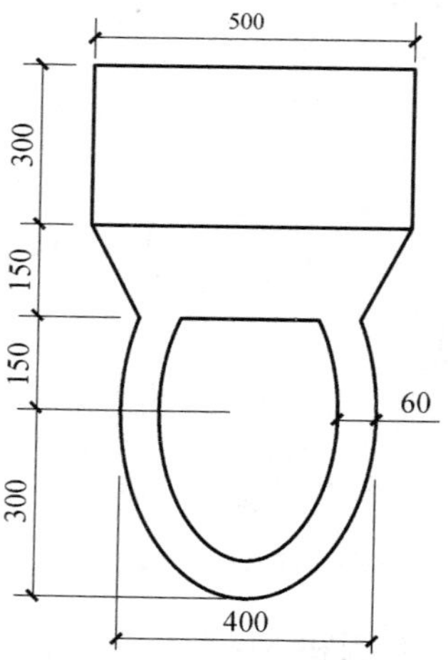

图 3-53　坐便器

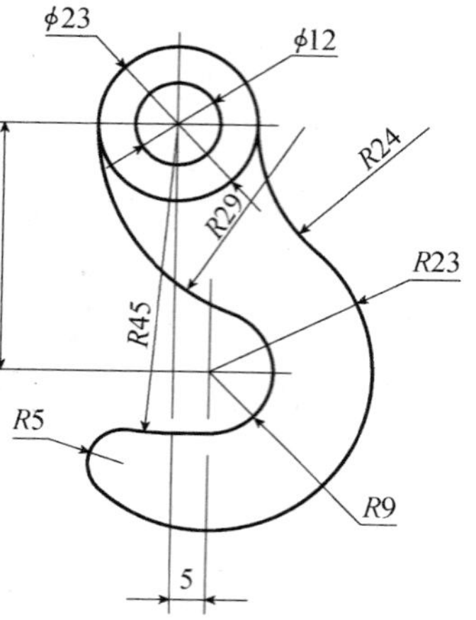

图 3-55　吊车钩（1）

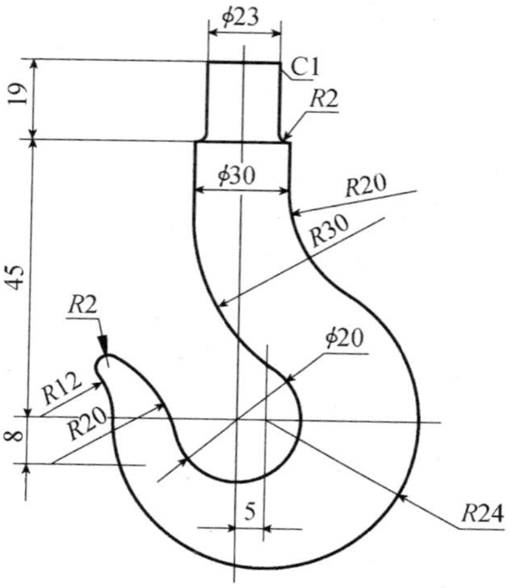

图 3-56　吊车钩（2）

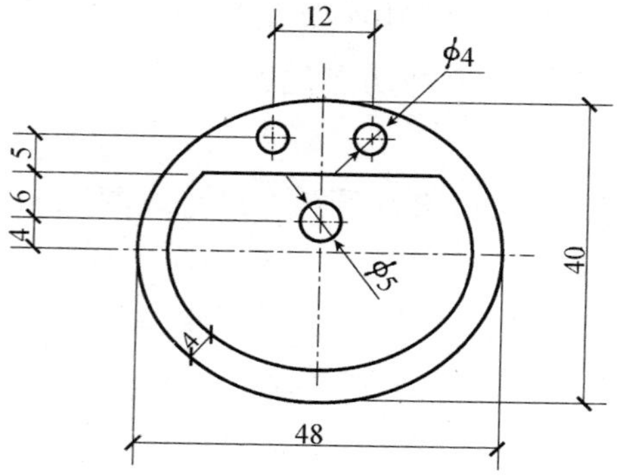

图 3-54　洗手盆

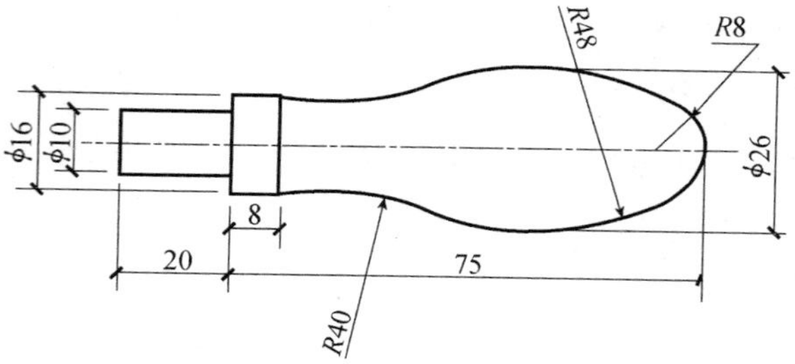

图 3-57　手柄

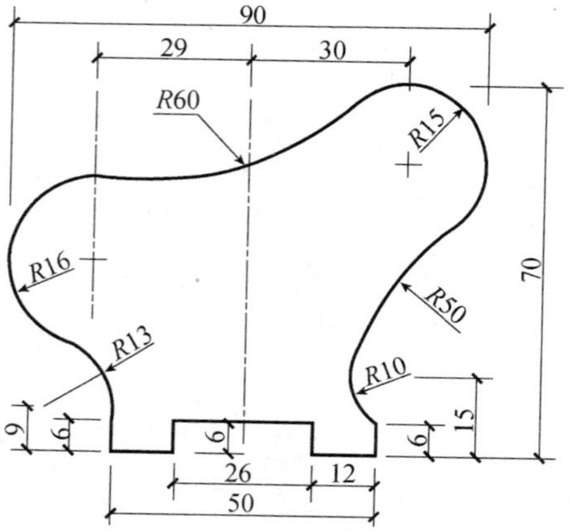

图 3-58　扶手（1）

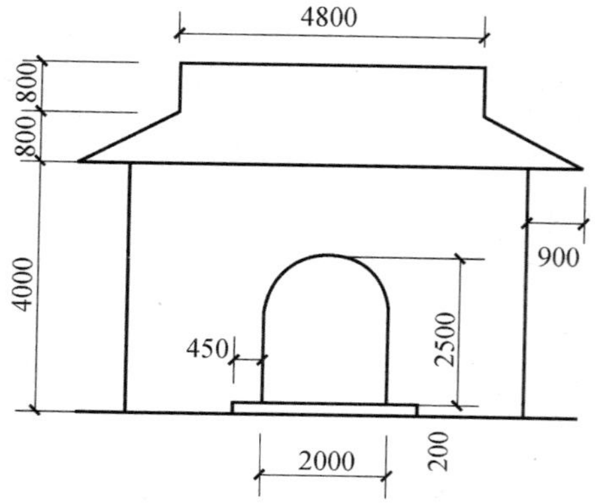

图 3-59　房屋立面

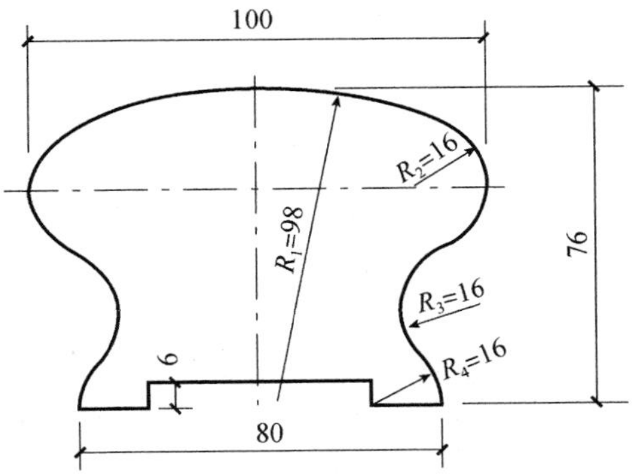

图 3-60　扶手（2）

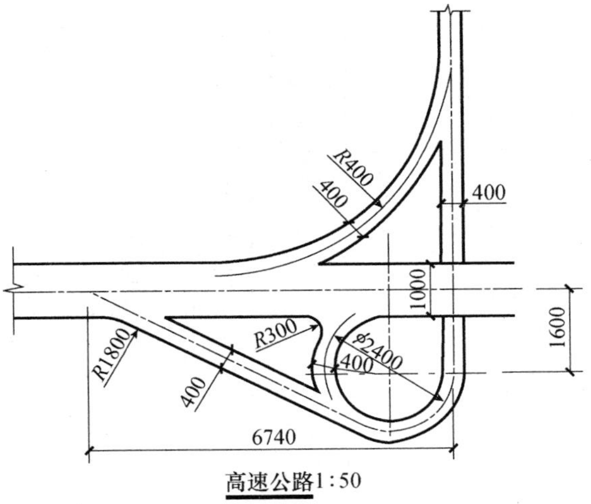

图 3-61　高速公路平面图（1）

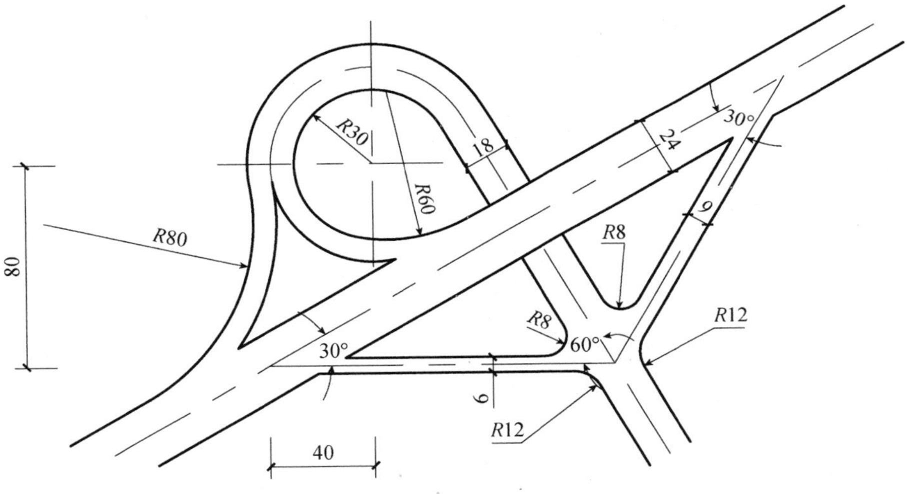

图 3-62　高速公路平面图（2）

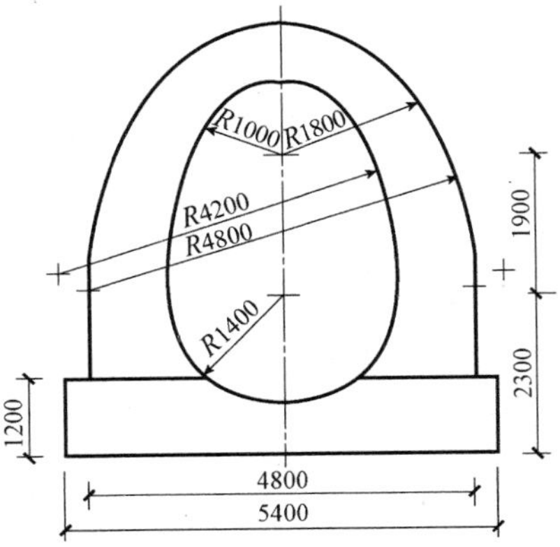

图 3-63　隧道口

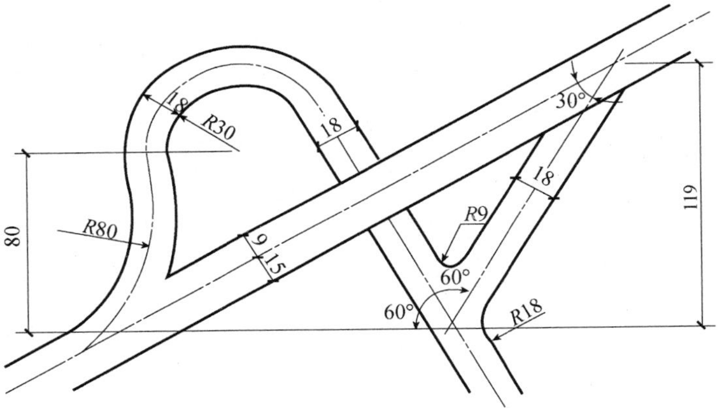

图 3-64　高速公路平面图（3）

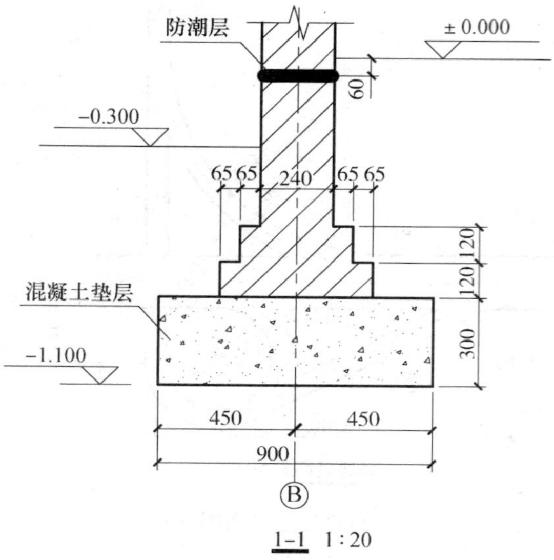

图 3-65 基础详图

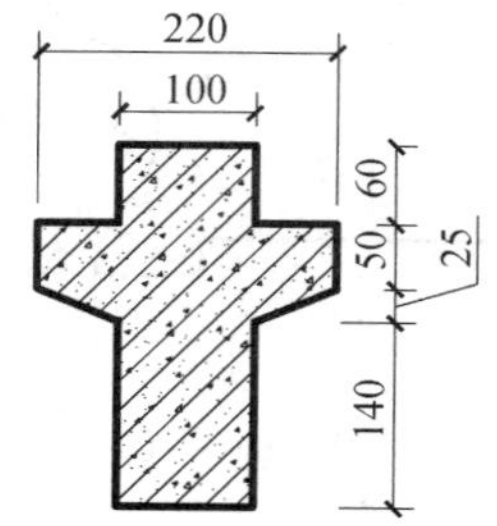

图 3-66 花篮梁断面图

第 4 章　常用编辑命令

教学目标

通过对本章的学习，读者应掌握对象编辑命令的使用方法和技巧，并能够使用绘图工具和编辑命令绘制复杂的图形。

教学重点与难点

- 复制、移动与旋转对象
- 镜像、阵列与偏移对象
- 修剪、延伸与缩放对象
- 倒角和圆角

图形编辑就是对图形对象进行移动、旋转、缩放、复制、删除和参数修改等操作的过程。AutoCAD 提供了强大的图形编辑功能，可以帮助用户准确而快捷地构造和编辑图形，从而极大地提高了绘图效率。

常用的图形编辑命令都在如图 4-1 所示的“修改”工具栏中。用户也可以通过选择“修改”菜单中的命令来对图形进行编辑和修改，如图 4-2 所示。

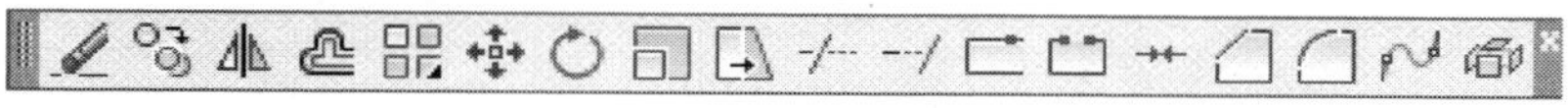

图 4-1　“修改”工具栏

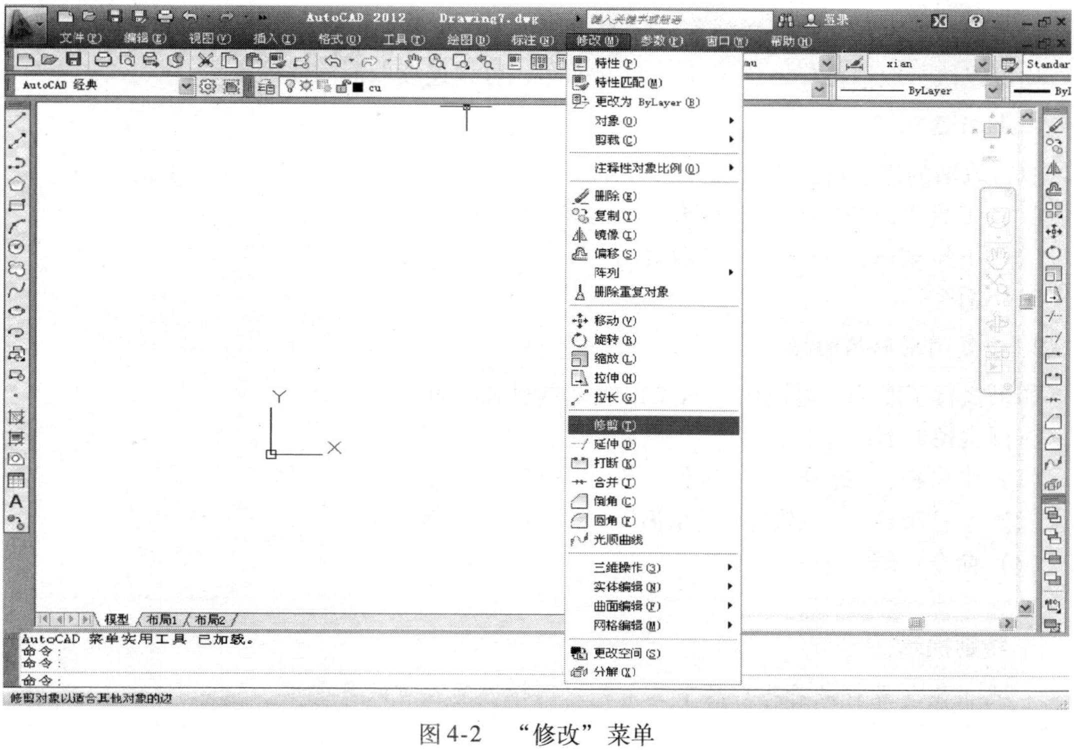

图 4-2　“修改”菜单

4.1 删除与恢复

对于不需要的图形在选中后可以删除，如果删除有误，还可以利用有关命令恢复。

4.1.1 删除

1. 执行途径

(1) 工具栏："修改"／"删除"按钮。

(2) 下拉菜单："修改"／"删除"。

(3) 命令：ERASE。

2. 操作说明

通常，选择"删除"命令后，此时屏幕上的十字光标将变为一个拾取框，要求用户选择要删除的对象，然后按"Enter"键或"Space"键结束对象选择，选择的对象即被删除。按照先选择实体，再调用命令的顺序也可将物体删除。

> **特别提示：**
>
> 删除图形对象最快捷的方法是：先选择物体，然后按"Delete"键。

4.1.2 恢复

对于用户的操作，无论是编辑、绘图还是其他操作，如果操作有误，或对操作结果不满意，均可以执行取消操作。连续输入U并回车，可以连续取消前面的操作。

1. 执行途径

执行取消的途径有三种：

(1) 工具栏："标准"／"放弃"按钮。

(2) 下拉菜单："编辑"／"放弃"。

(3) 命令：U。

2. 恢复刚刚取消的操作

如果执行了取消，可以用下列操作恢复刚刚取消的操作。

执行途径如下：

(1) 工具栏："标准"／"重做"按钮。

(2) 下拉菜单："编辑"／"重做"。

(3) 命令：REDO。

> **特别提示：**
>
> 点击恢复或重做箭头后的下三角可以选择恢复或重做多少步。

4.2 复制、移动和旋转

4.2.1 复制

复制命令用于对图中已有的对象进行复制。使用复制对象命令可以在保持原有对象不变的基础上，将选择好的对象复制到图中的其他位置，这样，可以减少重复绘制同样图形的工作量。

1. 执行途径

（1）工具栏：“修改”/“复制”按钮。

（2）下拉菜单：“修改”/“复制”。

（3）命令：COPY（快捷命令：CO）。

2. 操作说明

执行上述命令后，系统提示：

- 选择对象：选取要复制的对象。
- 选择对象：可以继续选择复制对象或回车结束选择。
- 当前设置：复制模式 = 多个，显示多重复制。
- 指定基点或［位移（D）/模式（O）］<位移>：用“对象捕捉”指定一点作为复制基准点。
- 指定第二个点或<使用第一个点作为位移>：用“对象捕捉”指定复制到的一点或输入相对第一点的相对坐标。
- 指定第二个点或［退出（E）/放弃（U）］<退出>：可以连续多重复制，或回车结束复制。

特别提示：

“修改”工具栏中的复制与菜单“编辑”/“复制”不同，菜单“复制”是用默认基点复制。与“带基点复制”类似，但“带基点复制”只是单重复制，而复制默认为多重复制。

3. 应用示例

用复制命令绘制图 4-3（c）所示的楼梯轮廓。

（1）首先绘制图 4-3（a）所示一个楼梯，该楼梯踏面宽为 250，踢面高为 175：

- _line 指定第一点：打开正交开关，执行执行命令，指定起点 A。
- 指定下一点或［放弃（U）］：将鼠标放在 A 点正上方，直接输入 AB 长度 175。
- 指定下一点或［放弃（U）］：将鼠标放在 B 点正右方，直接输入 BC 长度。
- 指定下一点或［闭合（C）/放弃（U）］：回车结束画线。

（2）利用复制命令绘制多段楼梯，如图 4-3（b）所示：

- _copy 启动复制命令。

- 选择对象：选择线段 AB。
- 选择对象：选择线段 BC。
- 选择对象：回车结束选择。
- 当前设置：复制模式 = 多个，显示当前复制模式。
- 指定基点：用“对象捕捉”捕捉 A 点作为基点，再捕捉 C 点作为复制的第二个点。
- 指定第二个点或［退出（E）/放弃（U）］ <退出>：依此类推，复制出 7 个楼梯。

（3）打开对象捕捉，用直线命令，连接楼梯的端点 AD，执行偏移命令，将线 AD 向下方偏移 82，并将线 AD 删除，楼梯两端用直线命令画上折断线，即得到图 4-3（c）所示楼梯。

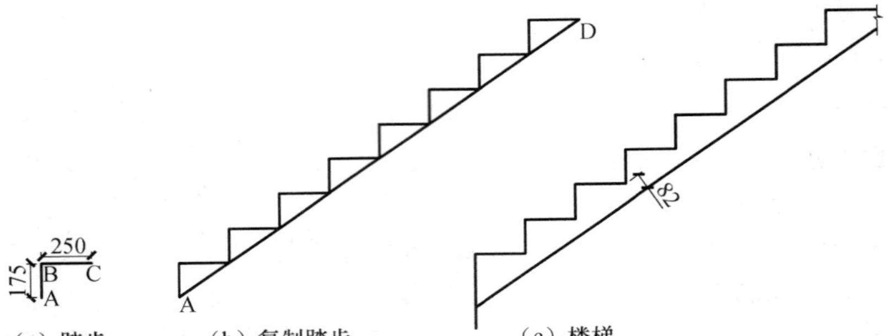

（a）踏步　　（b）复制踏步　　（c）楼梯

图 4-3　复制

4.2.2　移动

使用移动命令可以将一个或者多个对象平移到新的位置，可以在指定方向上按指定距离移动对象，对象的位置发生了改变，但方向和大小不改变。

1. 执行途径

执行移动的途径有三种：

（1）工具栏：“修改”/“移动”按钮。

（2）下拉菜单：“修改”/“移动”。

（3）命令：MOVE（快捷命令：M）。

2. 操作说明

执行上述命令后，命令行提示：

- 选择对象：选择需要移动的对象。
- 选择对象：继续选择对象，如不再选择，回车结束对象选择。
- 指定基点或位移：指定移动的基准点。
- 指定位移的第二点：指定新的位置基点。

可以用下面两种方法确定对象被移动的位移：

（1）两点法

用鼠标单击或坐标输入的方法指定基点和第二点（新基点），系统会自动计算两点之间的位移，并将其作为所选对象移动的位移。

（2）位移法

先指定第一点（即基点），在出现“指定位移的第二点或<使用第一点作位移>：”的提示时回车，选择括号内的默认项，系统将第一点的坐标值作为对象移动的位移，即第二点相对第一点的相对坐标等于第一点的绝对坐标。

特别提示：

快捷精确地移动对象，需配合使用对象捕捉、对象追踪等辅助工具。对于一条直线或一个圆等单独图元的移动，可以用夹点操作。如点击选定一条直线，直线上有三个蓝色夹点。点击中间夹点，夹点变红成为热夹点，移动鼠标即可将直线移动。两端的夹点可以用来拉伸或旋转直线。

4.2.3 旋转

旋转命令可以改变对象的方向，并按指定的基点为旋转中心，确定旋转指定的角度。

1. 执行途径

执行旋转的途径有三种：

（1）工具栏：“修改”/“旋转”按钮。

（2）下拉菜单：“修改”/“旋转”。

（3）命令：ROTATE（快捷命令：RO）。

2. 操作说明

执行上述命令后，依据命令行提示选取对象，结束对象选择后，命令行提示如下：

指定基点：指定旋转中心。

指定旋转角度或［复制（C）/参照（R）］：输入旋转角度，复制为旋转后保留源对象。

旋转角度的确定有两种方法：直接输入角度和使用参照角度。直接输入角度，只输入角度值即可，不需要输入“°”，正值角度为逆时针旋转，负值角度为顺时针旋转。使用参照角度就是在上面的提示下输入“R”，选择“参照”选项，它可以将一个对象的一条边与其他参照对象的边对齐。

3. 应用示例

使用旋转命令将图4-4（a）中左侧的三角形旋转，旋转至AB边与AC边对齐，如图4-4（b）。

【操作步骤】

（1）命令：_rotate 执行“旋转”命令。

（2）选择对象：选择左侧三角形。

（3）选择对象：回车结束对象选择。

（4）指定基点：捕捉A点为旋转中心。

（5）指定旋转角度，或［复制（C）/参照（R）］<0>：输入R，使用参照角度。

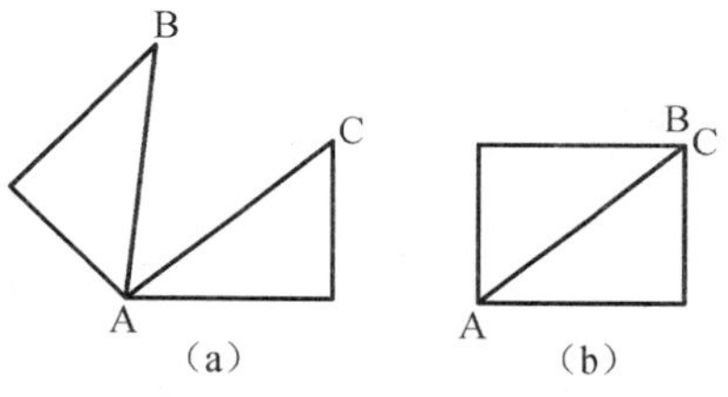

图4-4 旋转参照

（6）指定参照角 <0 >：捕捉 A 点。

（7）指定第二点：捕捉 B 点。

（8）指定新角度或［点（P）］ <0 >：捕捉 C 点。

4.3 镜像、阵列和偏移

4.3.1 镜像

当绘制的图形对象相对于某一对称轴对称时，可将绘制的图形对象按给定的对称线（镜像线）作反像复制，即镜像。镜像操作适用于对称图形，是一种常用的编辑方法。

1. 执行途径

执行镜像的途径有三种：

（1）工具栏："修改"/"镜像"按钮。

（2）下拉菜单："修改"/"镜像"。

（3）命令：MIRROR（快捷命令：MI）。

2. 操作说明

执行上述命令后，命令行提示如下：

- 选择对象：选择要镜像的对象。
- 选择对象：继续选择对象或结束对象选择。
- 指定镜像线的第一点：指定镜像线的第二点：指定镜像对称线的两点，即指定镜像线。
- 是否删除源对象？［是（Y）/否（N）］ <N >：选择是否删除源对象，如果否，直接回车。

特别提示：

（1）镜像与复制的区别在于，镜像是将对象反像复制。镜像适用于对称物体。

（2）镜像线由两点确定，可以是已有的直线，也可以直接指定两点。

（3）文本实体的镜像分为两种状态：完全镜像和可识读镜像。如图 4-5 所示。当系统变量 MIRRTEXT 的值为 0 时，文本作可识读镜像。当系统变量 MIRRTEXT 的值为 1 时，文本作完全镜像，不可识读。

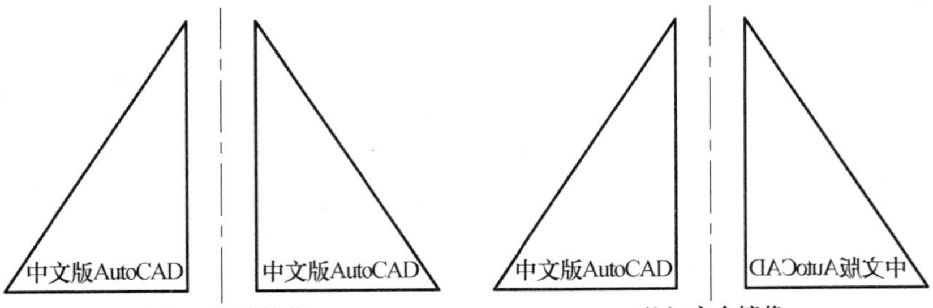

（a）可识读镜像　　（b）完全镜像

图 4-5　文本镜像

4.3.2　阵列

在绘制工程图样时，经常遇到布局规则的各种图形，例如建筑立面图中窗的布置、建筑平面图中柱网的布置、装修施工图中各种装饰花样的布置。当它们成矩形或环形阵列布局时，AutoCAD 向用户提供了快速进行矩形或环形阵列复制的命令，即“阵列”命令。

1. 执行途径

执行阵列的途径有三种：

（1）“修改”工具栏/“阵列”按钮（长按会出现）。

（2）下拉菜单：“修改”/“阵列”/矩形阵列、路径阵列、环形阵列。

（3）命令：ARRAY（快捷命令：AR）。

2. 创建矩形阵列

矩形阵列是指将选中的对象进行多重复制后沿 X 轴和 Y 轴或 Z 轴（即行、列、层）方向排列的阵列方式，创建的对象将按用户定义的行数和列数排列。

（1）操作说明

执行矩形阵列命令行提示：

1）“选择对象：”。选择要阵列的对象。

2）“类型 = 矩形　关联 = 是”。关联指阵列项目包含在一个整体阵列对象中，编辑阵列对象的特性，例如改变间距或项目数，阵列项目相应改变。非关联则阵列中的项目将创建为独立的对象。更改一个项目不影响其他项目。

3）“为项目数指定对角点或［基点（B）/角度（A）/计数（C）］ <计数>：”。为项目数指定角点指移动鼠标指定栅格的对角点以设置行数和列数。在定义阵列时会显示预览栅格，如图 4-6 所示。基点（B）指阵列和阵列项目的基准点，如图 4-7 指定 A 点为基点，则 A 点为阵列对象的基点。角度（A）指阵列项目以基点为圆心平移转动指定的角度，图 4-8 所示为 45°角度。最常用的是计数（C），输入 C 回车或在“为项目数指定对角点或［基点（B）/角度（A）/计数（C）］ <计数>：”提示下直接按回车，命令行提示输入行数和列数。

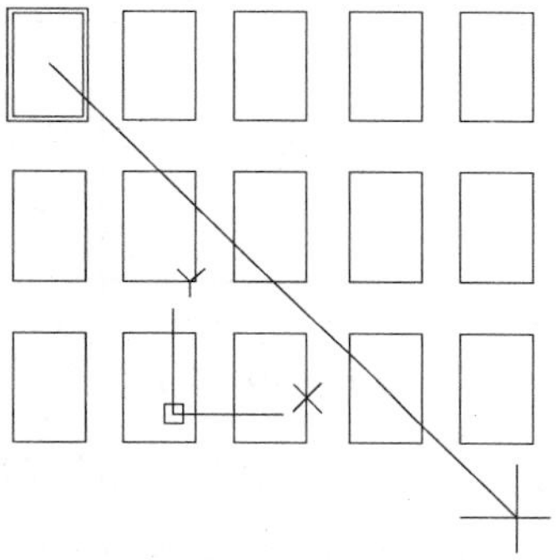

图 4-6　鼠标指定行数列数

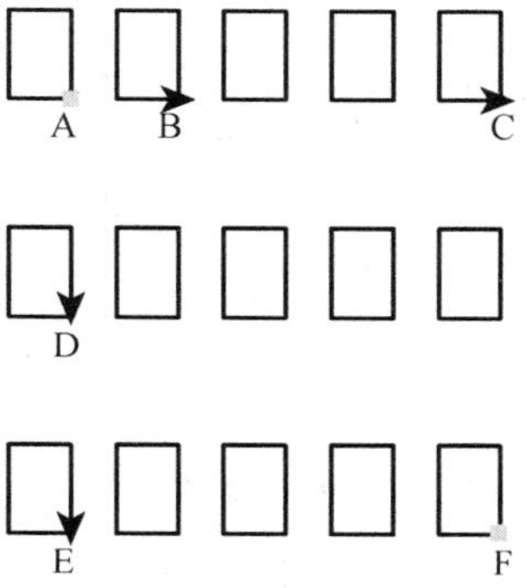

图 4-7　阵列基点

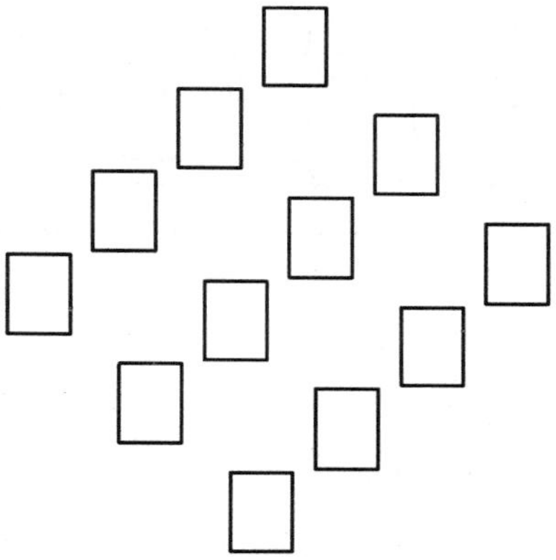

图 4-8　阵列角度

4）“指定对角点以间隔项目或［间距（S）］ <间距>:”。移动鼠标可以确定行间距、列间距。最常用的还是用间距（S），即输入 S 回车或在“指定对角点以间隔项目或［间距（S）］ <间距>:”下直接回车，命令行提示输入行间距和列间距。

5）“按 Enter 键接受或［关联（AS）/基点（B）/行（R）/列（C）/层（L）/退出（X）］<退出>:”。关联（AS）确定阵列项目是否关联；基点（B）确定基点位置；行（R）列（C）层（L）分别确定行数、列数和层数及行间距、列间距和层高。

特别提示：

1）关联矩形阵列如图 4-7 所示，可以进行夹点操作，方法为选定关联阵列，出现六个蓝色夹点，在夹点上点击，夹点变红，称为热夹点，可以用鼠标对热夹点进行拖动操作。A 夹点可以移动整个阵列对象；B 夹点可以修改列间距；D 夹点可以修改行间距；C 夹点可以修改列数、列总间距、阵列角度，按 Ctrl 功能在三者之间切换；E 夹点是修改行间距、行总间距和阵列角度；F 夹点可以修改行数、列数及行总间距和列总间距。

2）行间距和列间距可以是正值也可以是负值，正值在源对象右侧上侧阵列，负值在源对象左侧下侧阵列。

（2）应用示例

绘制图 4-9 所示建筑立面图的窗户（四行六列矩阵）。

【操作步骤】

1）根据尺寸绘制图 4-10 所示图形，绘制左下角一个窗户。

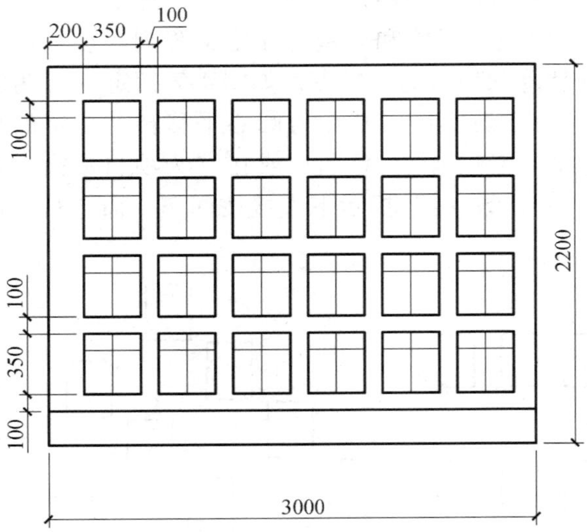

图 4-9 阵列窗户

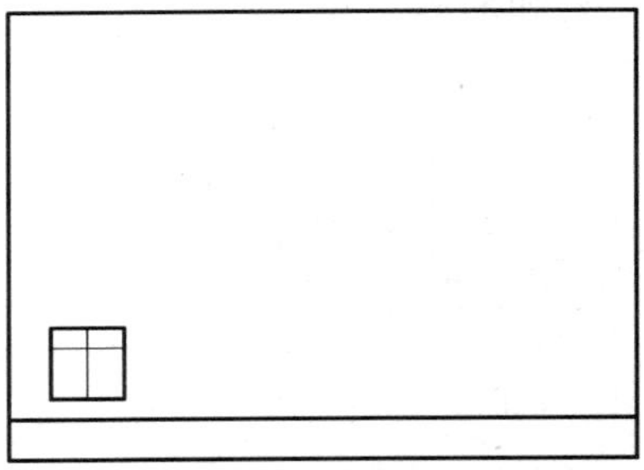

图 4-10 建筑外轮廓和一个窗户

2）点取“修改”工具栏中的“矩形阵列”按钮，选取源对象图 4-10 中左下角的窗户，两次回车后，输入行数 4，回车，输入列数 6，两次回车后，输入行间距 450，回车，输入列间距 450，两次回车阵列完成，结果如图 4-9 所示。

3. 创建路径阵列

路径阵列是项目均匀地沿路径或部分路径分布，以图 4-11 为例说明操作。

执行路径阵列 命令行提示：

1）“选择对象:”，选取阵列源对象，如图 4-11（b）选择树（树可以从工具选项板中调用）。

2）“选择路径曲线:”，选取阵列路径，如图 4-11（a）选择曲线。

3）“输入沿路径的项数或［方向（O）/表达式（E）］＜方向＞:”，输入阵列数目，如图 4-11 中项数为 8。

4）“指定沿路径的项目之间的距离或［定数等分（D）/总距离（T）/表达式（E）］＜沿路径平均定数等分（D）＞:”，输入阵列项目间的距离；“总距离（T）”为在路径曲线的那一部分进行阵列；最常用的是“沿路径平均定数等分（D）”。如图 4-11（c）为在曲线路径上阵列 8 棵树。

图 4-11　路径阵列

5）“按 Enter 键接受或［关联（AS）/基点（B）/项目（I）/行（R）/层（L）/对齐项目（A）/Z 方向（Z）/退出（X）］＜退出＞:”同矩形阵列类似。

4. 创建环形阵列

环形阵列是围绕指定的圆心或一个基点在其周围作圆形或成一定角度的扇形排列。

执行环形阵列 命令行提示：

1）“选择对象:”选择阵列源对象，如图 4-12（b）中选择椅子。

2）“指定阵列的中心点或［基点（B）/旋转轴（A）］:”指定阵列中心，如图 4-12（b）指定桌子圆心。

3）“输入项目数或［项目间角度（A）/表达式（E）］＜4＞:”输入阵列数目，如图 4-12 阵列数位 10；“项目间角度（A）”指定阵列项目间的夹角。

4）“指定填充角度（+ =逆时针、- =顺时针）或［表达式（EX）］＜360＞:”指定阵列角度，如图 4-13 为 360°阵列。角度值正值为逆时针阵列，负值为顺时针阵列。

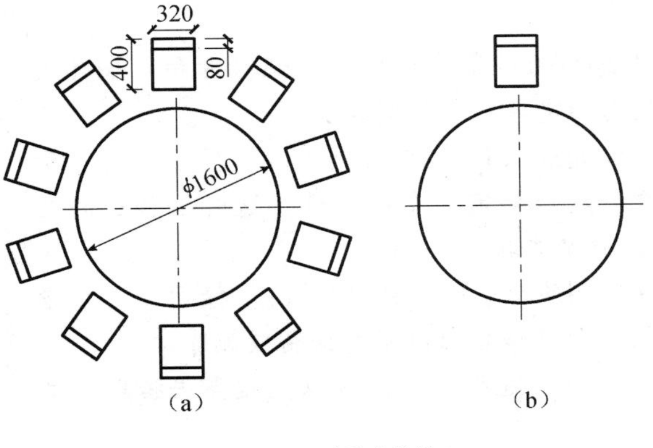

图 4-12　餐厅桌椅

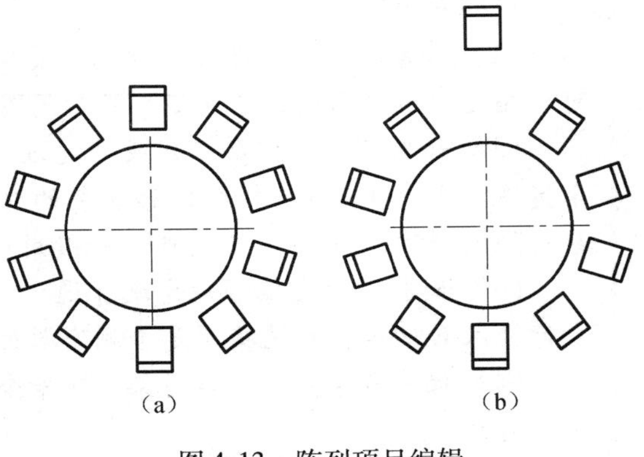

图 4-13　阵列项目编辑

特别提示：

（1）按 Ctrl 键并单击关联阵列中的项目来删除、移动、旋转或缩放选定的项目，而不会影响其余的阵列。如图 4-13（a）环形关联阵列中，按 Ctrl 键并点击选择最上方的椅子，用移动命令移动一定距离，如图 4-13（b）所示。

（2）关联阵列中的项目是一整体对象，要分解点击修改工具栏的分解命令。

（3）调整行数列数、行列间距、阵列角度等可以在选定阵列后点击标准工具栏的特性按钮，在特性窗口中调整。

4.3.3 偏移

偏移命令可以根据指定距离或通过点，创建一个与原有图形对象平行或具有同心结构的形体。可以偏移的对象包括直线、矩形、正多边形、圆弧、圆、二维多段线、椭圆、椭圆弧、参照线、射线和平面样条曲线等。在实际应用中，常利用“偏移”命令的这些特性创建平行线或等距离分布图形，如图框、标题栏等用偏移命令绘制更快捷。

1. 执行途径

执行偏移的途径有三种：

（1）“修改”工具栏/“偏移”按钮。

（2）下拉菜单：“修改”/“偏移”。

（3）命令：OFFSET（快捷命令：O）。

2. 操作说明

执行上述操作，系统提示为：

- 指定偏移距离或［通过（T）/删除（E）/图层（L）］ <通过>：输入偏移的距离。
- 选择要偏移的对象，或［退出（E）/放弃（U）］ <退出>：选择要偏移的对象。
- 指定要偏移的那一侧上的点，或［退出（E）/多个（M）/放弃（U）］ <退出>：鼠标移至偏移一侧单击，即向那一侧偏移。
- 可以连续偏移或回车结束命令。

特别提示：

（1）如果指定偏移距离，则选择要偏移复制的对象，然后指定偏移方向，如直线可以指定直线的两侧，圆和矩形等封闭图元则指定内侧或外侧。

（2）如果“指定偏移距离或［通过（T）/删除（E）/图层（L）］：”提示下，在命令行输入 T，回车再选择要偏移复制的对象，然后指定一个通过点，这时偏移出的对象将经过“通过点”。“通过点”一般用对象捕捉选取。

（3）如果“指定偏移距离或［通过（T）/删除（E）/图层（L）］：”提示下，在命令行输入 E 回车，系统提示是否删除源对象，即偏移后源对象是保留或删除。

（4）偏移命令是一个单对象编辑命令，在使用过程中，只能以直接点击拾取方式选择对象。

（5）使用“偏移”命令偏移对象时，偏移结果不一定与源对象相同。例如，对圆弧作偏移后，新圆弧与旧圆弧同心且具有同样的包含角，但新圆弧的弧长要发生改变；对圆或椭圆作偏移后，新圆、新椭圆与旧圆、旧椭圆有同样的圆心，但新圆的半径或新椭圆的轴长要发生变化。对直线段、构造线、射线作偏移，是平行复制。

3. 应用示例

绘制图 4-14 楼梯平面图。

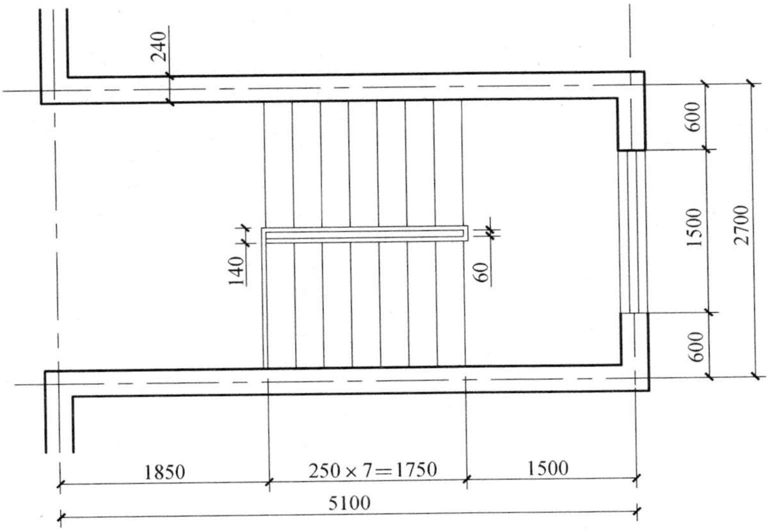

图 4-14　楼梯平面图

【操作步骤】

（1）执行“直线”和“偏移”命令绘制图 4-15 轴线：

打开正交按钮，绘制横竖两条轴线，然后使用偏移命令得到图 4-15 所示图形，偏移过程如下：

执行偏移命令：

- 指定偏移距离：给定偏移距离 2700。
- 选择要偏移的对象：点选横向轴线。
- 指定要偏移的那一侧上的点：在需要偏移的一侧单击。
- 回车结束命令。

执行偏移命令：

- 指定偏移距离：给定偏移距离 5100。
- 选择要偏移的对象：点选竖向轴线。
- 指定要偏移的那一侧上的点：在需要偏移的一侧单击。
- 回车结束命令。

（2）利用多线 mline 命令，绘制墙体线和窗线，如图 4-16 所示。

图 4-15　绘制轴线

图 4-16　绘制墙体线

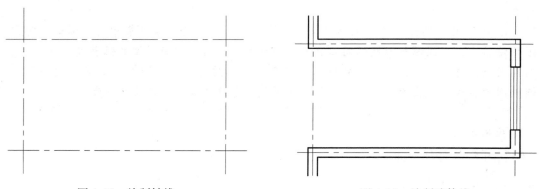

（3）绘制楼梯扶手：利用矩形或直线命令和偏移命令绘制楼梯扶手（图 4-17）：

用矩形命令绘制长 1830(1750 +80)、宽 140 的矩形，用偏移命令偏移距离40[(140 -60)/2]，向矩形内侧偏移。再用直线命令绘制如图 4-17 距离左边竖向轴线 1850 处的直线 AB。

（4）使用偏移命令绘制图 4-18 楼梯步骤：

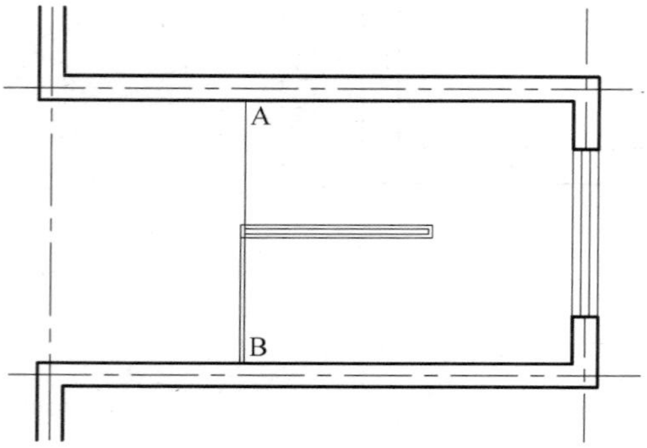

图 4-17　绘制楼梯护栏

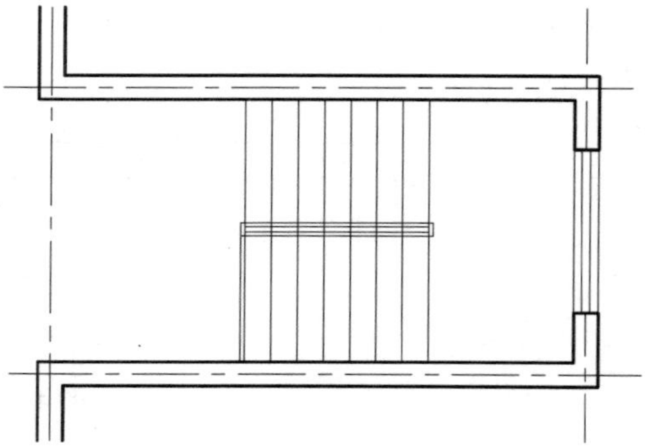

图 4-18　绘制楼梯

- 命令：_offset 启动偏移命令。
- 指定偏移距离或［通过（T)/删除（E)/图层（L)］：设置偏移距离 250。
- 选择要偏移的对象，或［退出（E)/放弃（U)］＜退出＞：选择直线 AB。
- 指定要偏移的那一侧上的点，或［退出（E)/放弃（U)］：在 AB 右侧单击，则出现第二条楼梯细实线。
- 选择要偏移的对象，或［退出（E)/放弃（U)］＜退出＞：选择偏移出的第二条楼梯线。
- 指定要偏移的那一侧上的点，或［退出（E)/放弃（U)］：在第二条楼梯线的右侧单击，则出现第三条楼梯细实线。
- 选择要偏移的对象，或［退出（E)/放弃（U)］＜退出＞：依此类推，共单击 7 次。

（5）然后用分解命令将矩形分解，再用修剪命令，修剪掉矩形内多余的线，得到图4-19。

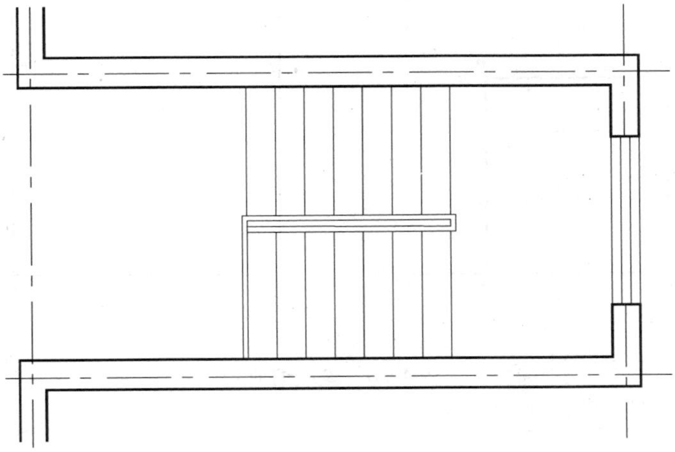

图 4-19　楼梯平面图

4.4　缩放、拉伸和拉长

4.4.1　缩放

缩放命令是指将选择的图形对象按比例均匀地放大或缩小。比例因子大于 1 使对象放大，介于 0～1 之间的比例因子使对象缩小。

1. 执行途径

(1)“修改”工具栏/“缩放”按钮。

(2) 下拉菜单：“修改”/“缩放”。

(3) 命令：SCALE（快捷命令：SC）。

2. 操作说明

- 点取“修改”工具栏中的“缩放”按钮。
- 选择要缩放的对象：选中图线。
- 指定基点：以基点为中心缩放。
- 输入比例因子：即可将对象按比例放大或缩小。建筑常用的比例因子为 0.01、0.02 等。

3. 参照缩放操作说明

如果用户不能事先确定缩放比例，只知道缩放后的尺寸或缩放后的一个参照，就需要用参照缩放命令。如图 4-20（a）所示，将窗户缩放后 AB 边长达到 AC 的长度。

执行缩放命令，选择缩放对象窗户，选择基点 A。

在指定比例因子或［复制（C)/参照（R)］：命令提示下输入 R 回车，先选择参照线点击 A 和 B 点，然后点击下一点 C，缩放结果如图 4-20（b）所示。

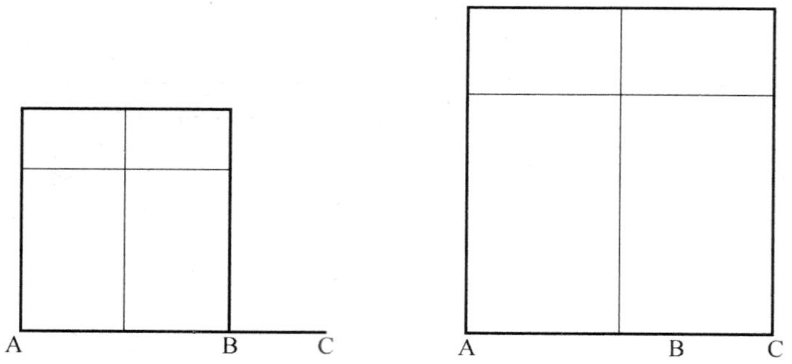

（a）　　　　（b）

图 4-20　参照缩放

特别提示：

（1）建筑图样一般先按 1∶1 比例绘制完成后，再缩放，再标注尺寸，最后将图样移动到图纸内。

（2）缩放与视口缩放不同。视口缩放只是改变图形对象在屏幕上的显示大小，并不改变图形本身的尺寸；缩放将改变图形本身的尺寸。

4.4.2　拉伸

拉伸命令可以拉伸对象中选定的部分，没有选定的部分保持不变。所以拉伸对象选定方法只能用“窗交”法，即自右向左拉窗口选定的方法，只将对象一部分框在“窗交”框中才能拉伸，否则就是移动。

1. 执行途径

（1）“修改”工具栏/“拉伸”按钮。

（2）下拉菜单：“修改”/“拉伸”。

（3）命令：STEETCH（快捷命令：S）。

2. 操作说明

对于由直线、圆弧、区域填充和多段线等对象，若其所有部分均在选择窗口内，那么它们将被移动，如果它们只有一部分在选择窗口内，则遵循以下拉伸规则：

（1）直线：位于窗口外的端点不动，位于窗口内的端点移动。

（2）圆弧：与直线类似，但在圆弧改变的过程中，圆弧的弦高保持不变，同时由此来调整圆心的位置和圆弧起始角、终止角的值。

（3）区域填充：位于窗口外的端点不动，位于窗口内的端点移动。

（4）多段线：与直线或圆弧相似，但多段线两端的宽度、切线方向以及曲线拟合信息均不改变。

3. 应用示例

如图 4-21 用拉伸命令将（a）拉伸成（d）或（f）。

(1) 点取“修改”工具栏内的“拉伸”按钮。

(2) 用交叉窗口（由 1 点拖到 2 点）选定拉伸对象，如图 4-21（b）所示。

(3) 指定拉伸的基点（点 P）和位移量（线段 PR），如图 4-21（c）所示。拉伸结果如图 4-21（d）所示。

(4) 如果选择方式为图 4-21（e），则拉伸结果如图 4-21（f）所示。

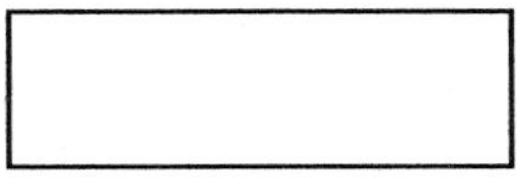

（a）原图

（b）以窗交方式选目标

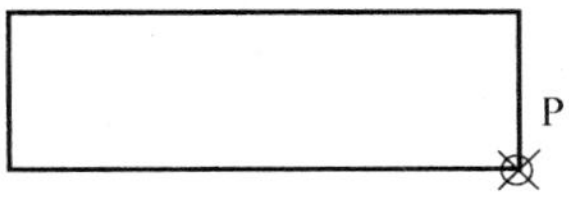

（c）定基点和第二点

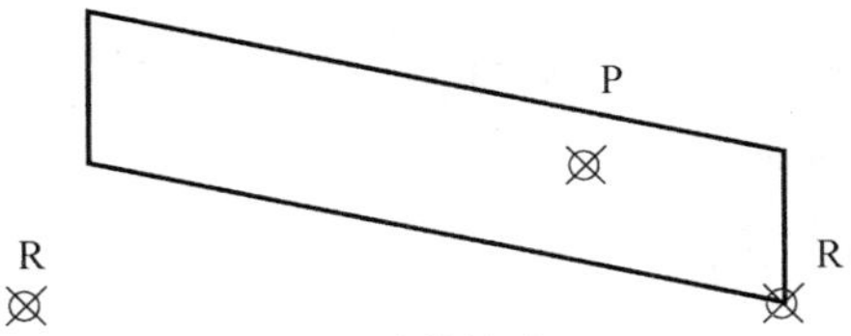

（d）拉伸结果

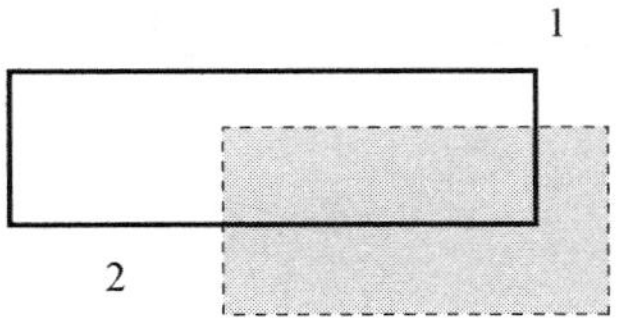

（e）以窗交方式选目标

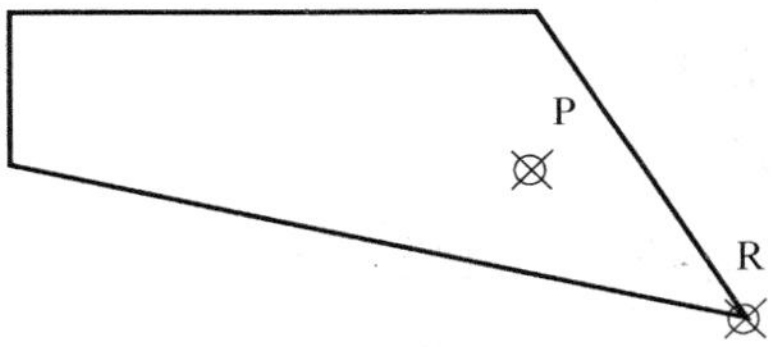

（f）拉伸结果

图 4-21　拉伸

4.4.3　拉长

非闭合的直线、圆弧、多段线、椭圆弧和样条曲线的长度可以通过拉长改变，还可以改变圆弧的角度。

1. 执行途径

执行改变长度的途径有两种：

(1) 下拉菜单：“修改” / “拉长”。

(2) 命令：LENGTHEN（快捷命令：LEN）。

2. 操作说明

执行上述命令，系统提示：

选择对象或 [增量（DE）/百分数（P）/全部（T）/动态（DY）]：

默认情况下，用户选择对象后，系统会显示出当前选中对象的长度、包含角等信息。

其他选项的功能如下：

(1) “增量（DE）”选项：以增加多少的方式修改对象的长度。

(2) “百分数（P）”选项：以相对于原长度的百分比来修改直线或者圆弧的长度。

（3）“全部（T）”选项：以给定直线新的总长度或圆弧的新包含角来改变长度。

（4）“动态（DY）”选项：允许用户动态地改变圆弧或者直线的长度。

特别提示：

（1）拉长只在对象的一端增长，“选择要修改的对象”时鼠标点击对象的哪一端，就在那一端增长。

（2）增量可正负，增量为正值时拉长，增量为负值时缩短。

4.5 延伸和修剪

延伸命令可以将选定的对象延伸至指定的边界上，修剪命令可以将选定的对象在指定边界一侧的部分剪切掉。

4.5.1 延伸

该命令可以将所选的直线、射线、圆弧、椭圆弧、非封闭的二维或三维多段线延伸到指定的直线、射线、圆弧、椭圆弧、圆、椭圆、二维或三维多段线、构造线和区域等的上面。

1. 执行途径

执行延伸的途径有三种：

（1）“修改”工具栏/“延伸”按钮--/。

（2）下拉菜单：“修改”/“延伸”。

（3）命令：EXTEND（快捷命令：EX）。

2. 操作说明

（1）执行延伸命令，第一次提示选择对象，此时选择的应该是延伸到的边界。回车后提示选择要延伸的对象，此时选择的才是要延伸的对象。

（2）使用“延伸”命令时，如果按下 Shift 键同时选择对象，则执行“修剪”命令。使用“修剪”命令时，如果按下 Shift 键同时选择对象，则执行“延伸”命令。

3. 应用示例

将图 4-22（a）窗户中的图案线延伸到窗框，如图 4-22（c）所示。

（1）点取“修改”工具栏的“延伸”按钮--/，系统提示“选择对象:”即选择延伸边界对象，选择线 DE 和线 GH。

（2）“选择要延伸的对象:”，如图 4-22（b）所示分别在 A 点和 B 点位置点击，结果如图 4-22（c）。

（3）延伸中间的铅垂线，需要用到隐含边延伸模式。执行延伸命令，延伸边界选线 EF。命令行提示：选择要延伸的对象，或按住 Shift 键选择要修剪的对象，或［栏选（F）/窗交（C）/投影（P）/边（E）/放弃（U）］：输入 E，即选择边（E）。

（4）命令行提示：输入隐含边延伸模式［延伸（E）/不延伸（N）］：选择延伸（E），

即延伸边界 EF 变成无限长。

（5）选择延伸对象：在 C 点位置点击，延伸结果如图 4-22（d）所示。

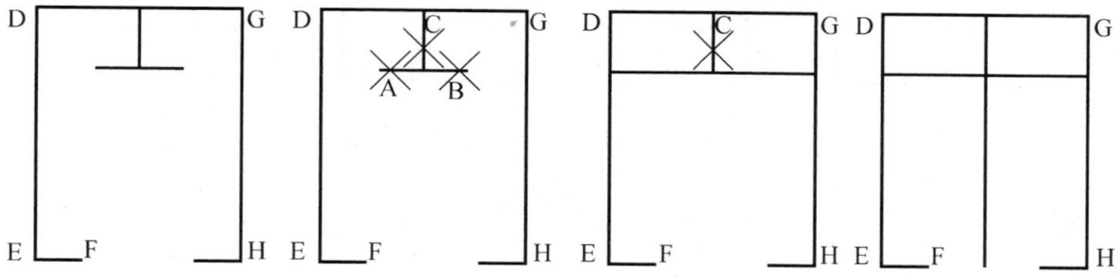

（a）原图　（b）选择要延伸对象　（c）隐含边延伸　（d）结果

图 4-22　延伸

4.5.2　修剪

可以修剪的对象包括直线、射线、圆弧、椭圆弧、二维或三维多段线、构造线及样条曲线等。有效的边界包括直线、圆、射线、圆弧、椭圆弧、二维或三维多段线、构造线和填充区域等。

1. 执行途径

执行修剪的途径有三种：

（1）“修改”工具栏/“修剪”按钮。

（2）下拉菜单：“修改”/“修剪”。

（3）命令：TRIM（快捷命令：TR）。

2. 操作说明

以图 4-23 为例说明修剪过程。

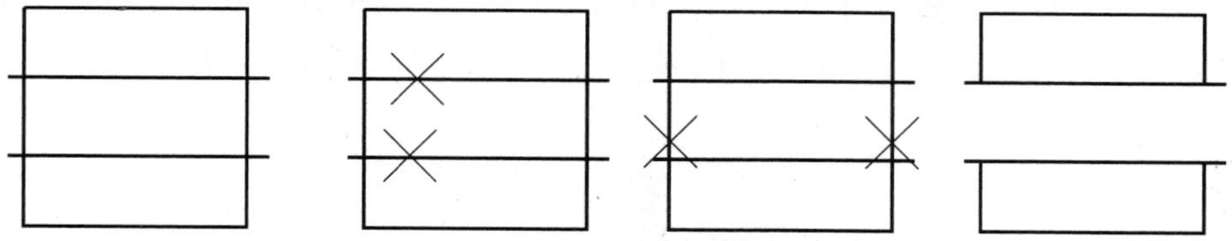

（a）原图　（b）选择剪切边界　（c）选择被剪切边　（d）结果

图 4-23　剪切

【操作步骤】

（1）点取“修改”工具栏中的“修剪”按钮，系统提示为：

“选择对象：”，选择剪切边界线。选择两条线作为剪切边，如图 4-23（b）所示。

（2）回车后结束剪切边的选择。此时系统提示为：

选择要修剪的对象，或按住 Shift 键选择要延伸的对象，或［栏选（F）/窗交（C）/投影（P）/边（E）/删除（R）/放弃（U）］：选择要修剪的部位，如图 4-23（c）所示。

（3）回车完成修剪，结果如图 4-23（d）所示。

3. 隐含修剪

隐含边延伸是指延伸修剪边界。下面以图 4-24 为例介绍隐含修剪的方法。

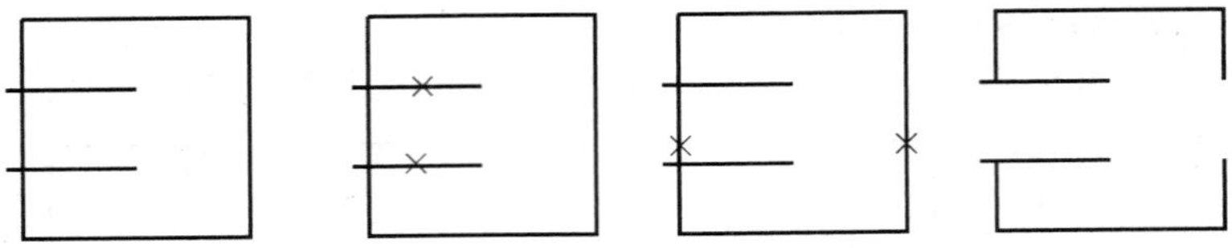

（a）原图　（b）选择隐含修剪边（c）选择被剪切边　（d）结果

图 4-24　修剪隐含交点

【操作步骤】

（1）点取“修改”工具栏中的“修剪”按钮。

（2）选择剪切边，如图 4-24（b）所示，回车。此时系统提示为：

选择要修剪的对象，或按住 Shift 键选择要延伸的对象，或［栏选（F）/窗交（C）/投影（P）/边（E）/删除（R）/放弃（U）］：

（3）输入 E（边）并回车，此时系统提示：

输入隐含边延伸模式［延伸（E）/不延伸（N）］：选择延伸。

（4）选择要修剪的对象：如图 4-24（c）所示。

（5）完成修剪，结果如图 4-24（d）所示。

4.6　打断、合并和分解

4.6.1　打断

打断命令用于打断所选的对象，即将所选的对象分成两部分，或删除对象上的某一部分。该命令作用于直线、射线、圆弧、椭圆弧、二维或三维多段线和构造线等。

1. 执行途径

执行打断的途径有三种：

（1）“修改”工具栏/“打断”按钮。

（2）下拉菜单：“修改”/“打断”。

（3）命令：BREAK（快捷命令：BR）。

2. 操作说明

（1）打断对象时，需确定两个断点。可以将选择对象时点击的点作为第一个断点，然后指定第二个断点，还可以先选择整个对象然后指定两个断点。

（2）如果仅将对象在某点处打断，则可直接应用“修改”工具栏中的“打断于点”按钮。打断主要用于删除断点之间的对象，因为某些删除操作是不能由“擦除”和“修剪”命令完成的，可利用打断操作进行删除。

3. 应用示例

下面以图 4-25 为例，说明打断对象的操作过程。

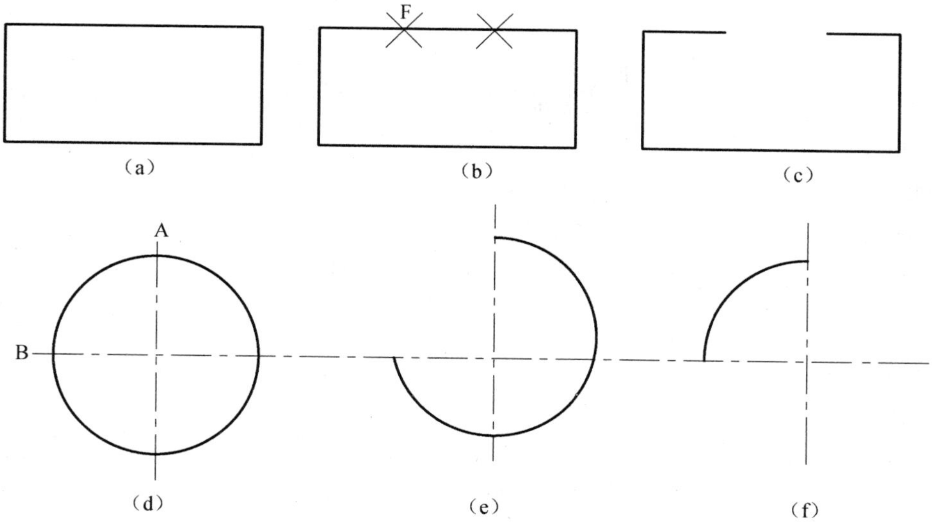

图 4-25　打断

【操作步骤】

（1）执行打断命令。

（2）选择对象：选择要打断的对象，如图 4-25（b）所示。

此时系统提示为：

指定第二个打断点［第一点（F）］：系统默认指定的第一个打断点就是刚才选择打断对象时鼠标点击的点。

（3）指定第二个断点：两点之间的线段即可被删除。结果如图 4-25（c）所示。

（4）如果要重新指定第一个打断点，则在系统提示指定第二个打断点［第一点（F）］：输入 F 回车，指定第一个点，再指定第二个点。

特别提示：

对于封闭的圆，打断部分是第一点逆时针到第二点的部分。如图 4-25（d）所示，用打断命令，第一点选 A，第二点选 B，打断的结果是图 4-25（e）；反之第一点选 B，第二点选 A，打断的结果是图 4-25（f）。

4.6.2　打断于点

在“修改”工具栏中单击“打断于点”按钮，可以将对象在一点处断开成两个对象，该命令是从“打断”命令中派生出来的。

执行该命令时，只需要选择需要被打断的对象，然后指定打断点，即可从该点打断对象。

特别提示：

对应完整的圆“打断于点”命令不能用。

4.6.3 合并

合并命令可以将某一图形上的两个部分进行连接，或某段圆弧闭合为整圆。如将位于同一直线上的两条直线段进行接合。

1. 执行途径

工具栏按钮或面板选项板：→←。

下拉菜单："修改" / "合并"。

命令：join。

2. 操作说明

执行命令，命令行提示：

- "选择源对象或要一次合并的多个对象："，这时选择要合并的某一个或多个对象。
- "选择要合并的对象："，按照提示选择另一合并对象。

3. 应用示例

如图 4-26（a）所示将两段圆弧分别合并成图 4-26（b）、（c）、（d）。

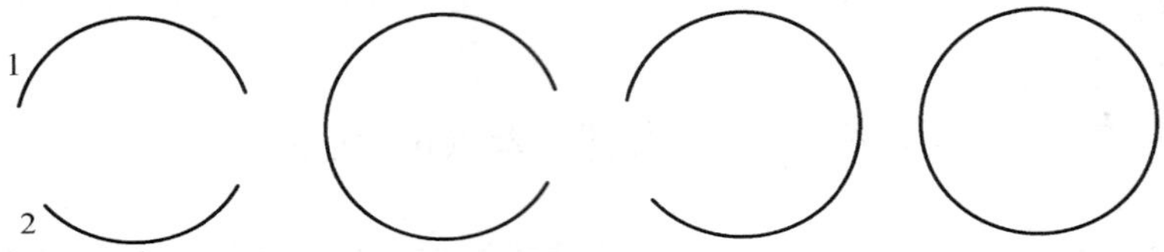

（a）（b）（c）（d）

图 4-26 圆弧的合并

执行合并命令，系统提示：

- 提示选择源对象：选择圆弧 1。
- 选择要合并的对象：选择圆弧 2。

回车后得到的图形结果如图 4-26（b）所示。

特别提示：

（1）如果在选择对象过程中，先选择圆弧 2 作为源，再选择圆弧 1，合并结果如图4-26（c）所示。源对象和合并对象是按逆时针合并的。

（2）如果在命令行提示"选择要合并的对象："时，直接按回车，命令行提示"选择圆弧，以合并到源或进行［闭合（L）］："，输入 L 回车，则圆弧将闭合为圆，如图 4-26（d）所示。

4.6.4 分解

分解命令主要用于将一个对象分解为多个单一的对象。主要应用于对整体图形、图块、文字、尺寸标注等对象的分解。

1. 执行途径

执行分解的途径有三种：

（1）工具栏：“修改”/“分解” 按钮。

（2）下拉菜单：“修改”/“分解”。

（3）命令：EXPLODE（快捷命令：X）。

2. 操作说明

执行命令后，系统要求选择要分解的对象，选中对象后回车即可完成操作。如用矩形命令绘制的矩形，是一个整体对象，分解后就变成了四条直线、四个对象。

4.7　倒角及倒圆角

倒角命令和倒圆角命令是用选定的方式，通过事先确定了的圆弧或直线段来连接两条直线、圆、圆弧、椭圆弧、多段线、构造线，以及样条曲线等。

4.7.1　倒角

倒角是通过延伸（或修剪），使两个非平行的直线类对象相交或利用斜线连接。可以对由直线、多段线、参照线和射线等构成的图形对象进行倒角。

1. 执行途径

执行倒角的途径有三种：

（1）“修改”工具栏/“倒角”按钮。

（2）下拉菜单：“修改”/“倒角”。

（3）命令：CHAMFER（快捷命令：CHA）。

2. 操作说明

执行倒角命令，此时系统提示为：

选择第一条直线或［放弃（U）/多段线（P）/距离（D）/角度（A）/修剪（T）/方式（E）/多个（M）］：

各个选项的解释：

（1）放弃

放弃倒角操作。

（2）多段线

该选项可以对整个多段线全部执行“倒角”命令。除了选择多段线命令绘制的图形对象外，还可以选择矩形命令、正多边形命令绘制的图形对象，可以一次性将所有的倒角完成。

（3）距离

可以改变或指定倒角的两个距离，这是最常用的方法。

（4）角度

通过输入第一个倒角长度和倒角的角度来确定倒角的大小。

（5）修剪

该选项用来设置执行倒角命令时是否使用修剪模式，默认是修剪。图4-27是修剪和不修剪的对比。

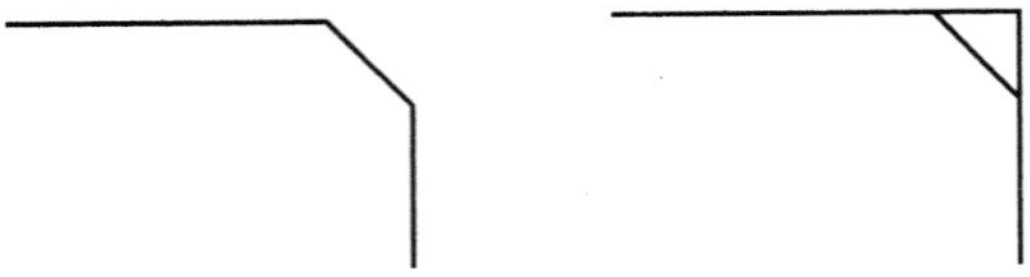

（a）使用修剪模式　　（b）不使用修剪模式

图 4-27　是否使用修剪模式效果对比

（6）方式

修剪的方式是按距离还是角度修剪。

（7）多个

可以连续进行多次倒角处理，当然这些倒角的大小是一致的。

3. 应用示例

如图 4-28 所示，使用“倒角”命令将矩形两对角形成 40×30 的倒角。

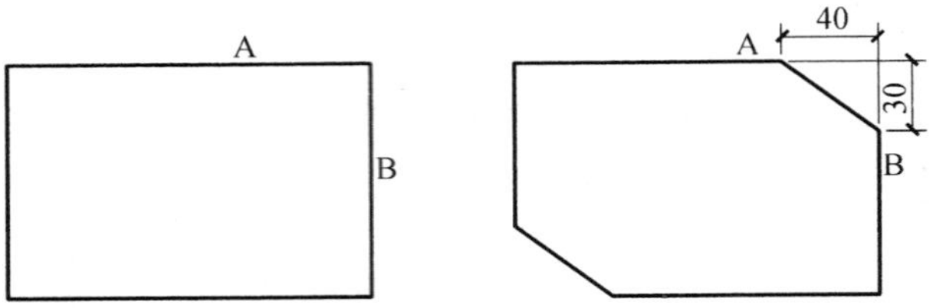

图 4-28　给矩形倒角

【操作步骤】

（1）执行倒角命令：

（2）选择第一条直线或［放弃（U）/多段线（P）/距离（D）/角度（A）/修剪（T）/方式（E）/多个（M）］：输入 D 选择“距离”选项。

（3）指定第一个倒角距离 <0.0000>：输入第一个倒角距离 40。

（4）指定第二个倒角距离 <40.0000>：输入第二个倒角距离 30。

（5）选择第一条直线或［放弃（U）/多段线（P）/距离（D）/角度（A）/修剪（T）/方式（E）/多个（M）］：拾取 A 点处直线。

（6）选择第二条直线，或按住 Shift 键选择要应用角点的直线：拾取 B 点处直线。

（7）回车后再执行倒角命令，然后选择下边线，再选择左边线，完成左下方的倒角。

特别提示：

当两个倒角距离都为 0 时，对于两个相交的对象不会有倒角效果；对于不相交的两个对象，系统会将两个对象延伸至相交，如图 4-29 所示。

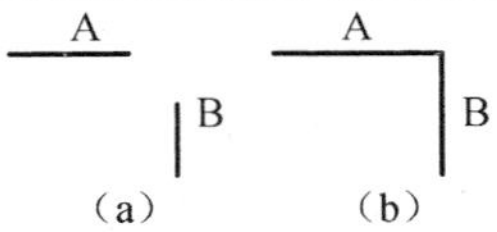

图 4-29　倒角距离为 0 的倒角效果

（a）倒角前；（b）倒角后

4.7.2　圆角

圆角是通过一个指定半径的圆弧光滑连接两个对象。可以进行倒圆角的对象有直线、多段线、样条曲线、构造线、射线、圆、圆弧和椭圆。直线、构造线和射线在相互平行时也可倒圆角，圆角半径由 AutoCAD 自动计算。圆角还可以用来作圆弧连接。

1. 执行途径

执行圆角的途径有三种：

（1）“修改”工具栏/“圆角”按钮。

（2）下拉菜单：“修改”/“圆角”。

（3）命令：FILLET（快捷命令：F）。

2. 操作说明

执行圆角命令，系统提示：

- 选择第一个对象或［放弃（U）/多段线（P）/半径（R）/修剪（T）/多个（M）］：
- 输入 R（半径），回车，输入圆角半径。其他的和倒角命令的类似。
- 选择第一对象，选择第二对象。

3. 应用示例

使用“圆角”命令完成两个圆弧的连接，如图4-30所示，连接圆弧的半径分别为9和45。

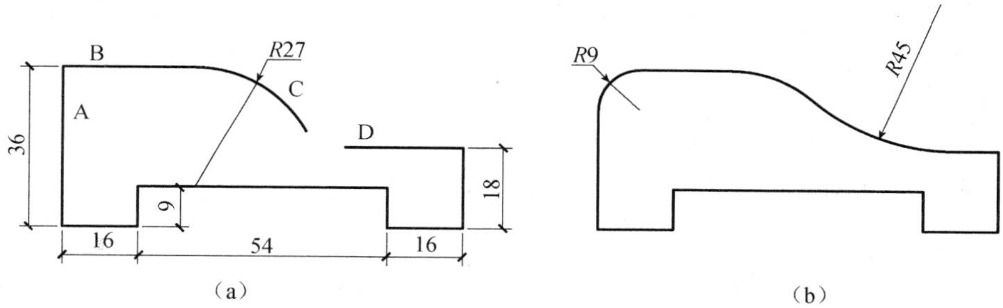

图4-30　圆角的应用

【操作步骤】

（1）执行圆角命令：

选择第一个对象或［放弃（U）/多段线（P）/半径（R）/修剪（T）/多个（M）］：输入 R 回车，重新指定圆角半径。

（2）指定圆角半径 <250.0000>：输入圆角半径9。

选择第一个对象或［放弃（U）/多段线（P）/半径（R）/修剪（T）/多个（M）］：在 A 点拾取直线。

选择第二个对象：在 B 点拾取直线。完成 *R*9 圆角。

（3）回车重新执行圆角命令。

选择第一个对象或［放弃（U）/多段线（P）/半径（R）/修剪（T）/多个（M）］：输入 R 回车，重新指定圆角半径。

（4）指定圆角半径 <9.0000>：输入圆角半径45。

选择第一个对象或［放弃（U）/多段线（P）/半径（R）/修剪（T）/多个（M）］：在 C 点拾取圆弧。

选择第二个对象：在 D 点拾取直线。完成 *R*45 圆角，结果如图 4-30（b）所示。

特别提示：

此题用画圆的命令“相切，相切，半径”来完成更快捷，但如果要对多个地方进行相同半径的圆角，用圆角命令效率更高。

4.8 光顺曲线

在两条开放曲线的端点之间创建相切或平滑的样条曲线。生成样条曲线的形状取决于选定的连续性。

1. 执行途径

执行圆角的途径有三种：

（1）“修改”工具栏/“圆角”按钮。

（2）下拉菜单：“修改”/“光顺曲线”。

（3）命令：BLEND（快捷命令：BL）。

2. 操作说明

执行光顺曲线命令，系统提示：

- 选择第一个对象或［连续性（CON）］：选择第一曲线。
- 选择第二个点：选择第二条曲线。
- 连续性含相切和平滑。

4.9 编辑对象特性

对象特性包含一般特性和几何特性。对象的一般特性包括对象的颜色、线型、图层及线宽等，几何特性包括对象的尺寸和位置。用户可以直接在“特性”窗口中设置和修改对象的这些特性。

使用“特性”窗口时，“特性”窗口中显示了当前选择集中对象的所有特性和特性值，当选中多个对象时，将显示它们的共有特性。用户可以修改单个对象的特性、也可快速修改多个对象的共有特性。

4.9.1 特性修改

1. 执行途径

执行特性修改的途径有三种：

（1）工具栏：“标准”/“特性”按钮。

（2）下拉菜单：“修改”/“特性”。

（3）命令：PROPERTIES。

（4）快捷命令：Ctrl + 1。

2. 操作说明

执行“特性”命令，系统打开“特性”窗口，如图 4-31 所示。使用它可以浏览、修改对象的特性，也可以通过浏览、修改满足应用程序接口标准的第三方应用程序对象。

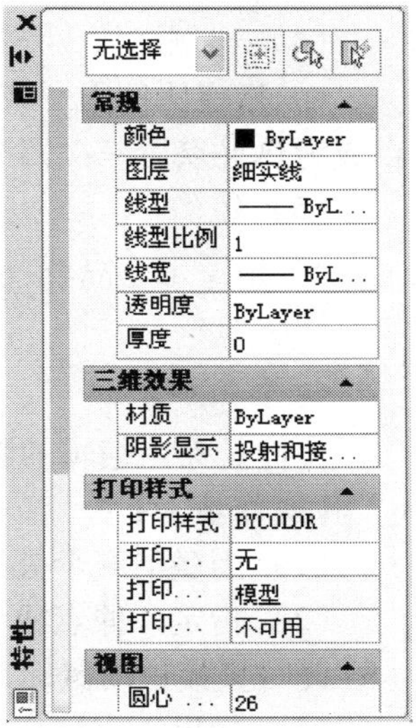

图 4-31　“特性”窗口

4.9.2　特性匹配

用于将选定特性从一个对象复制给另一个对象或其他更多的对象，这就是通常所说的格式刷。

1. 执行途径

（1）工具栏：“标准”/“特性”按钮。

（2）下拉菜单：“修改”/“特性匹配”。

（3）命令：MATCHPROP。

2. 操作说明

执行命令后，命令行提示：

- 选择源对象：选择一个特性要被复制的对象；
- 选择目标对象或［设置（S）］：拾取目标对象，把源对象的指定特性复制给目标对象；
- 选择目标对象或［设置（S）］：选择完毕，回车。

4.10　夹点编辑

在空命令下，单击选中某图形对象，那么被选中的图形对象就会以虚线显示，而且被选中图形的特征点（如端点、圆心、象限点等）将显示为蓝色的小方框，小方框被称为夹点。

夹点有两种状态：未激活状态和被激活状态。选择某图形对象后出现的蓝色小方框，就是未激活状态的夹点，称为冷夹点。如果单击冷夹点，该夹点变红，处于被激活状态，称为热夹点，以被激活的夹点为基点，可以对图形对象执行拉伸、平移、复制、缩放和镜像等基本修改操作。

1. 夹点操作

使用夹点编辑功能，可以对图形对象进行各种不同类型的修改操作。其基本的操作步骤是“先选择，后操作”。

- 空命令下，单击选择对象，使其出现夹点。
- 单击某个夹点，使其被激活，成为热夹点。命令行根据回车次数显示不同提示：

（1）拉伸

- 指定拉伸点或［基点（B）/复制（C）/放弃（U）/退出（X）］：点击夹点成为热夹点后。

（2）移动

- 指定移动点或［基点（B）/复制（C）/放弃（U）/退出（X）］：点击夹点成为热夹点后回车。

（3）旋转

• 指定旋转角度或［基点（B）/复制（C）/放弃（U）/参照（R）/退出（X）］：点击夹点成为热夹点后两次回车。

（4）比例缩放

• 指定比例因子或［基点（B）/复制（C）/放弃（U）/参照（R）/退出（X）］：点击夹点成为热夹点后三次回车。

（5）镜像

• 指定第二点或［基点（B）/复制（C）/放弃（U）/退出（X）］：点击夹点成为热夹点后四次回车。

2. 应用示例

拉伸是夹点编辑的默认操作，以图 4-32 为例介绍其操作。

【操作步骤】

（1）当激活某个夹点以后，命令行提示如下：

（2）指定拉伸点或［基点（B）/复制（C）/放弃（U）/退出（X）］：

此时直接拉动鼠标，就可以将热夹点拉伸到需要位置，如图 4-32 所示。

（3）如果不直接拖动鼠标，还可以选择中括号中的选项：

1）基点：选择其他点为拉伸的基点，而不是以选中的夹点为基准点。

2）复制：可以对某个夹点进行连续多次拉伸，而且每拉伸一次，就会在拉伸后的位置上复制留下该图形，如图 4-33 所示。该操作实际上是拉伸和复制两项功能的结合。

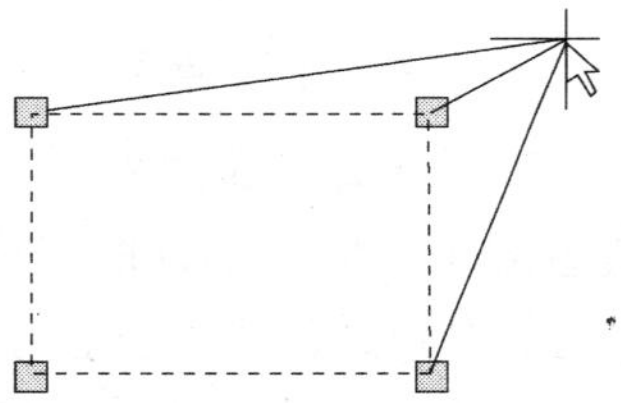

图 4-32　夹点拉伸

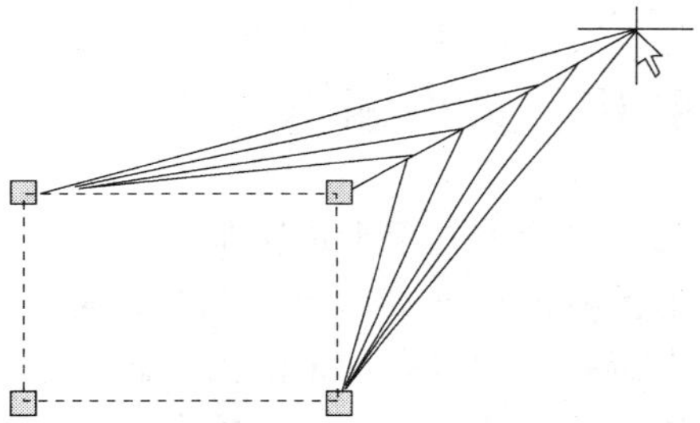

图 4-33　拉伸和复制的结合

3）其他的移动、旋转、缩放、镜像等命令操作方法大体相同。

特别提示：

（1）最常用的夹点操作是利用不同位置的夹点的不同默认功能，如直线的三个夹点，两端的夹点可以用来拉伸直线，中间的夹点用来平移直线。再如圆的五个夹点，圆心夹点可以平移圆，四个象限点的夹点用来改变圆的半径。

（2）夹点和对象捕捉同时使用有时比修剪、延伸命令更快捷。

4.11　上机指导（绘制房屋平、立剖）

1. 绘制图 4-34 所示建筑平面图。

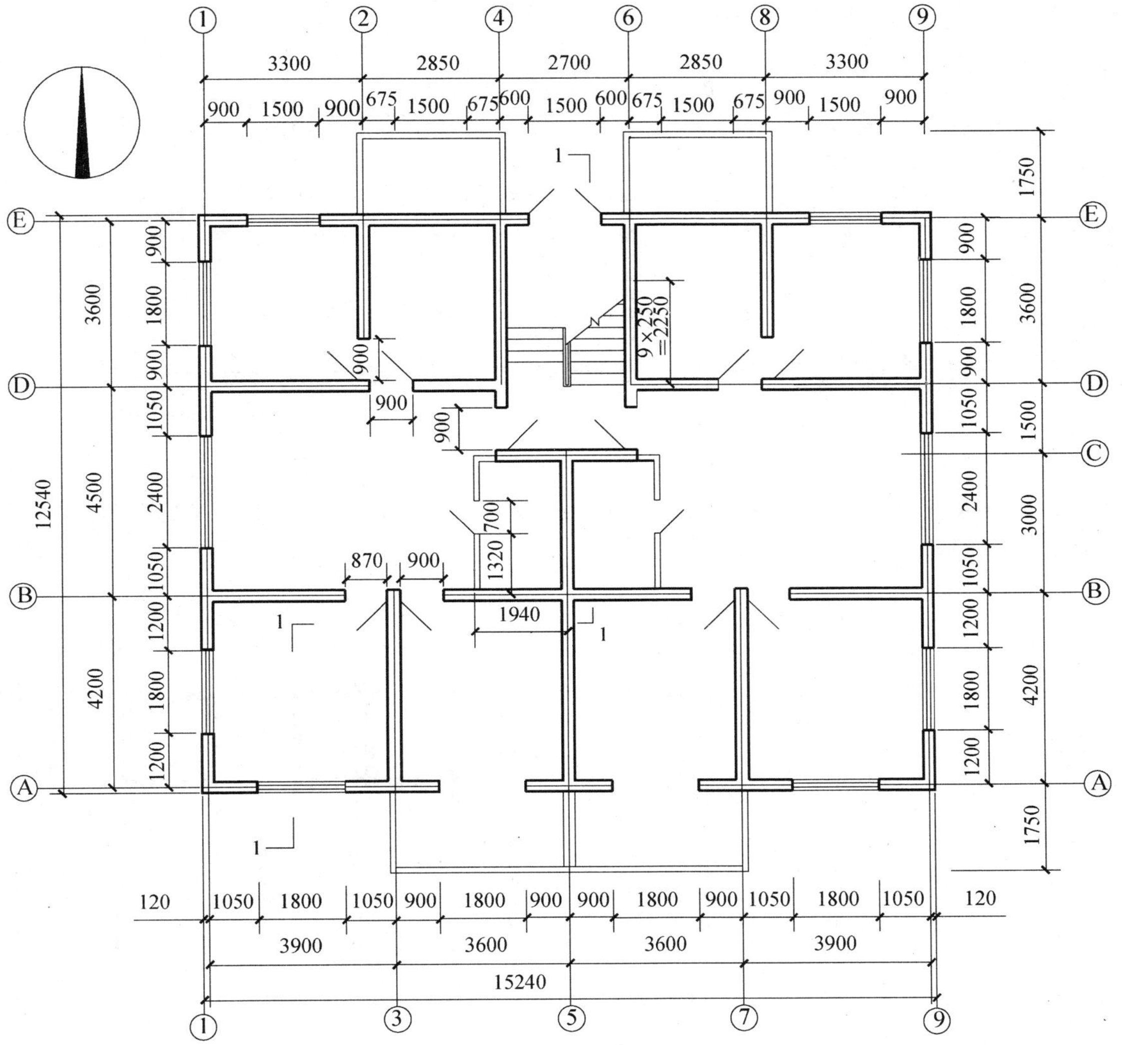

一层平面图1:100

图 4-34　建筑平面图

绘图思路：该建筑平面图左右对称，可绘制一半，然后用镜像命令绘制另一半。先绘制定位轴线，再用多线绘制墙线，然后编辑墙线；用修剪命令剪切出门洞、窗洞；用多线绘制窗线；然后用镜像命令绘制另一半。

【操作步骤】

（1）创建图层如图 4-35 所示。按以前方法创建墙线多线样式、窗线样式，注意选用直线封口。

（2）绘制一条水平轴线和一条铅垂轴线。然后按照图 4-36 的尺寸用偏移命令绘制其他轴线。

（3）命令行输入“ML”回车执行多线命令，样式选择墙线，对正方式选无，比例为 240。先绘制图 4-37（a）墙线，然后绘制图 4-37（b）所示内部墙线，注意内部墙线最好一次绘制一条直线，不要连续绘制折线，否则多线编辑不好用。

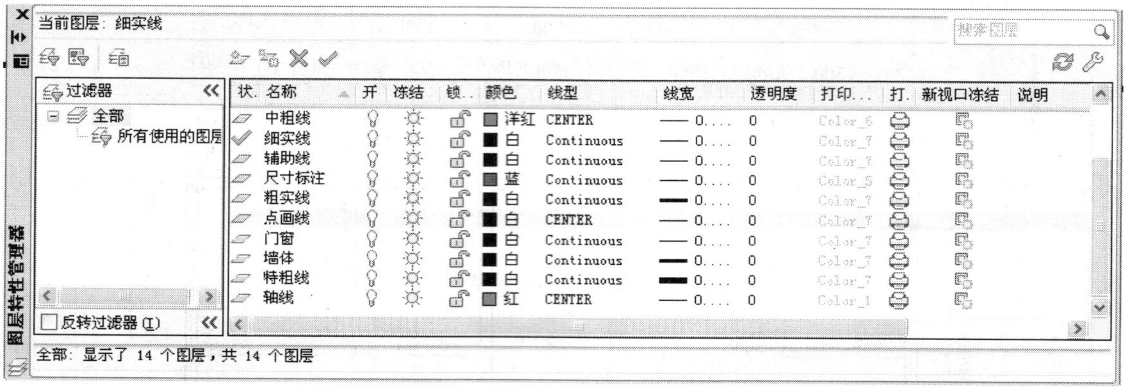

图 4-35　图层

（4）编辑多线。点击下拉菜单“修改”/“对象”/“多线”，选择“T 形合并”，多线编辑效果如图 4-37（c）所示。

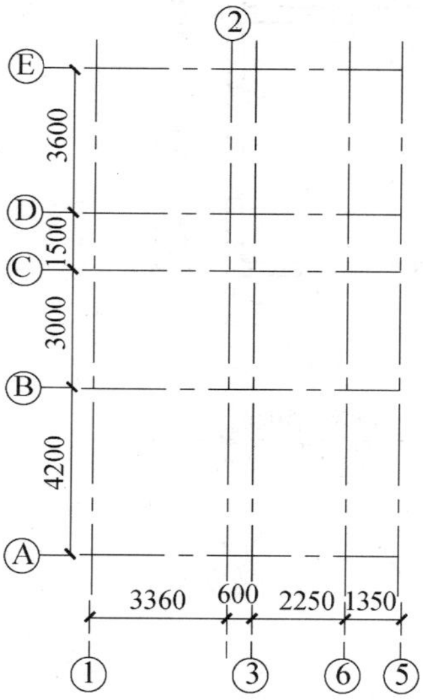

图 4-36　绘制轴线

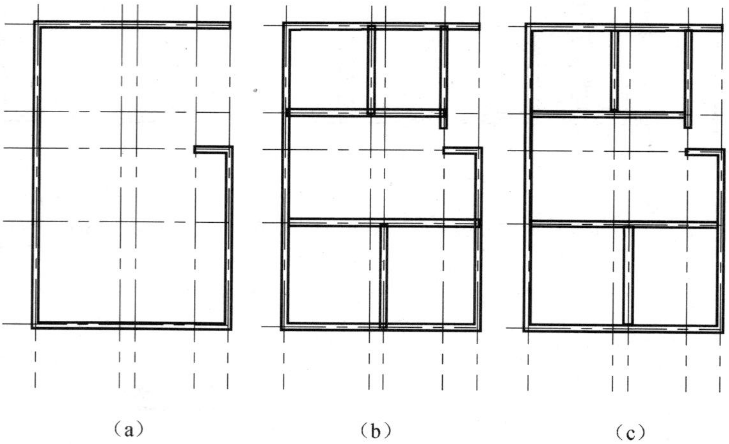

图 4-37　绘制墙线

（5）修剪门窗洞，绘制窗线。根据图 4-35 的尺寸，用偏移命令偏移轴线如图 4-38（a）所示，该偏移轴线是辅助线，作为修剪窗口的修剪边界。执行修剪命令，将偏移轴线间的多线修剪掉，如图 4-38（b）所示。将辅助线删除，执行多线命令，多线样式选窗线，对正方式选无，比例 240，绘制窗线，如图 4-38（c）所示。其他的门窗洞采用相同的处理方式，结果如图 4-38（d）所示。

（6）执行多线命令，多线样式选墙线，对正方式选下，比例 120，绘制阳台线。用中粗线绘制门开启示意线，如图 4-39 所示。

（7）用镜像命令完成全图，并绘制剖切符号和指北针。用缩放命令，将图缩放为 1∶100，书写图名比例，结果如图 4-40 所示。

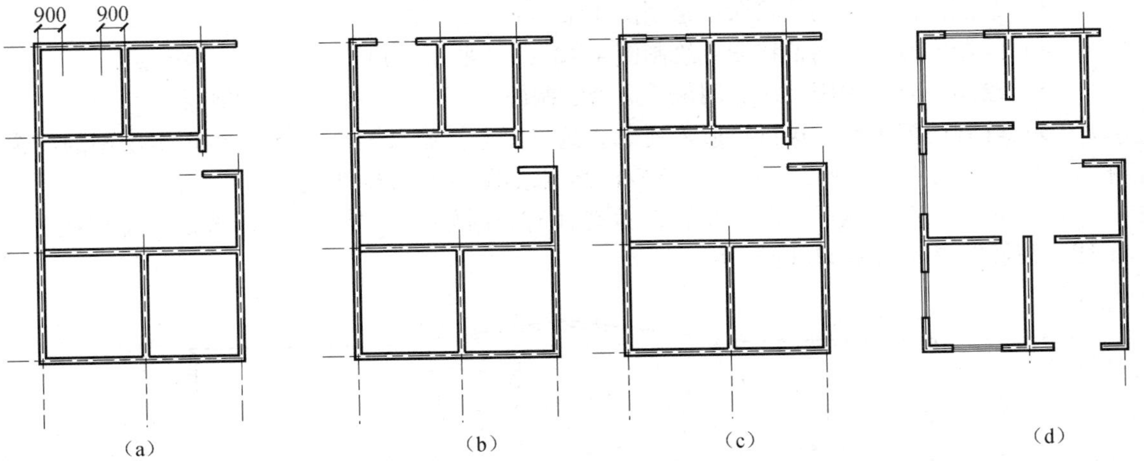

图 4-38　修剪门窗洞绘制窗线

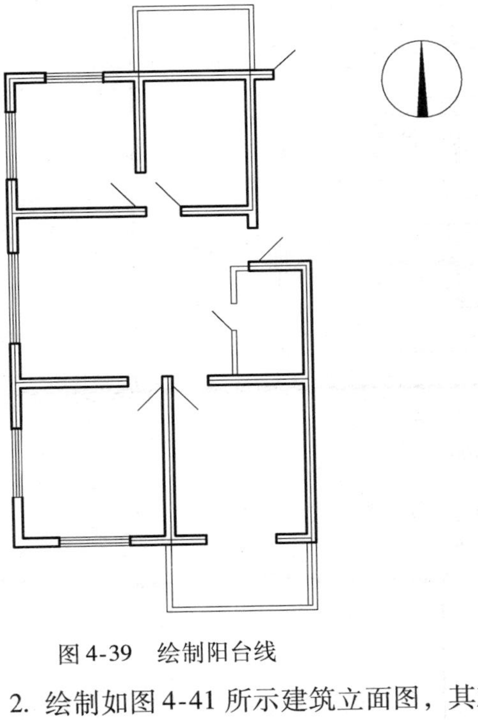

图 4-39　绘制阳台线

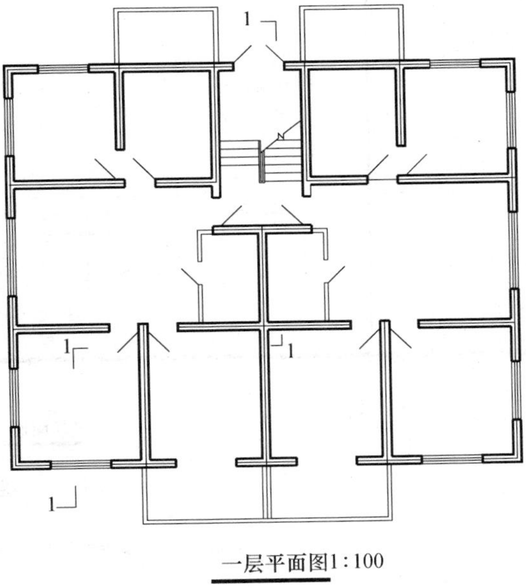

图 4-40　镜像图形

2. 绘制如图 4-41 所示建筑立面图，其对应的平面图是图 4-34。

绘图思路：建筑左右对称，所有先画一半再镜像。绘制定位轴线，画外框，再绘制门窗用阵列。

【操作步骤】

（1）绘制一条水平线一条铅垂线，如图 4-42（a）所示用偏移命令绘制轴线 1、3、5，水平方向的室外地坪线和勒脚线。

（2）用偏移命令绘制屋顶线。先用室外地坪线偏移间距为 12510 的屋顶线，然后再偏移间距为 13030 的水平辅助线，连接该辅助线同 5 轴线的交点与 3 轴线同屋顶线的交点，此斜线为女儿墙的墙顶线，再用偏移命令将屋顶线和女儿墙顶线，向下偏移 120，结果如图4-42（b）。

（3）绘制侧面窗。用偏移命令绘制图 4-42（c）所示窗户。

（4）绘制左侧窗。用偏移命令绘制图 4-42（d）所示窗户。

（5）绘制右侧窗和阳台线。用偏移命令绘制图 4-42（e）所示门窗和阳台。

（6）阵列门窗阳台。执行矩形阵列，选择对象为第（3）、（4）、（5）步绘制的门窗阳台，阵列数为 4 行 1 列，行间距为 2800。结果如图 4-42（f）所示。

（7）镜像成图。执行镜像命令，提示选择对象时输入“ALL”全部选定，镜像线为 5 轴线。镜像结果如图 4-42（g）所示。

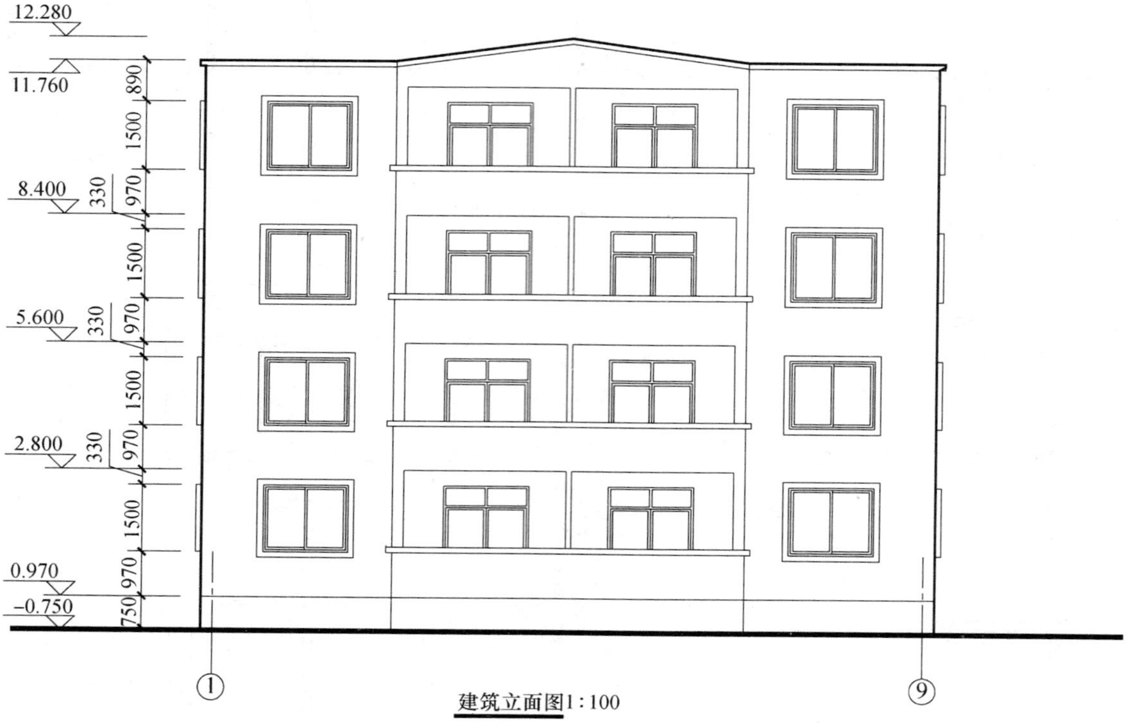

图 4-41　建筑立面图

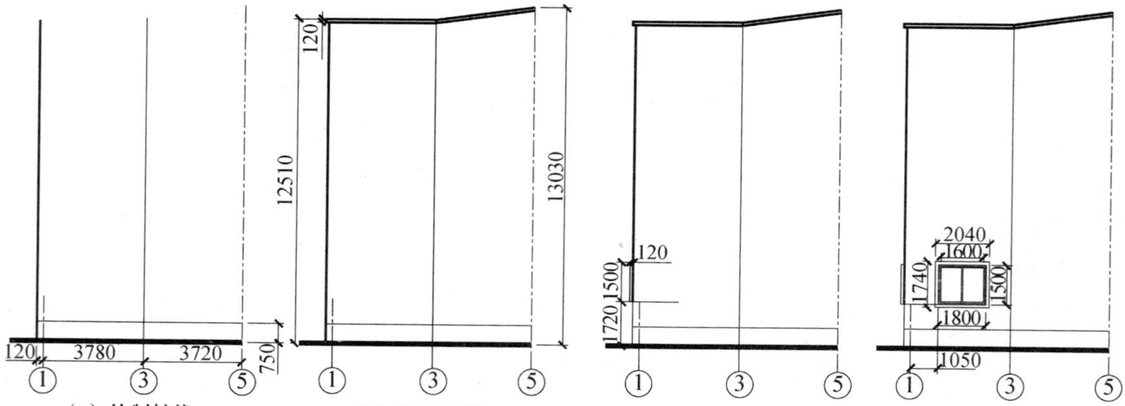

（a）绘制轴线　（b）绘制外框　（c）绘制侧面窗户　（d）绘制左侧窗户

图 4-42　建筑立面图

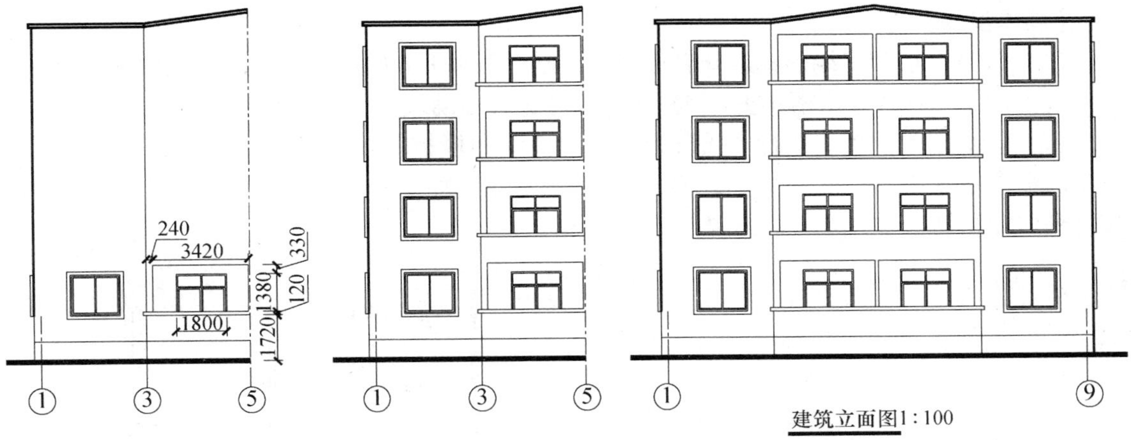

（e）绘制右侧窗户和阳台　（f）阵列窗户　（g）镜像成图

图 4-42　建筑立面图（续）

（8）采用缩放命令，缩放比例 1∶100。书写图名比例，成图。

3. 绘制图 4-43 建筑剖面图。其平面图为图 4-34，立面图为图 4-41。

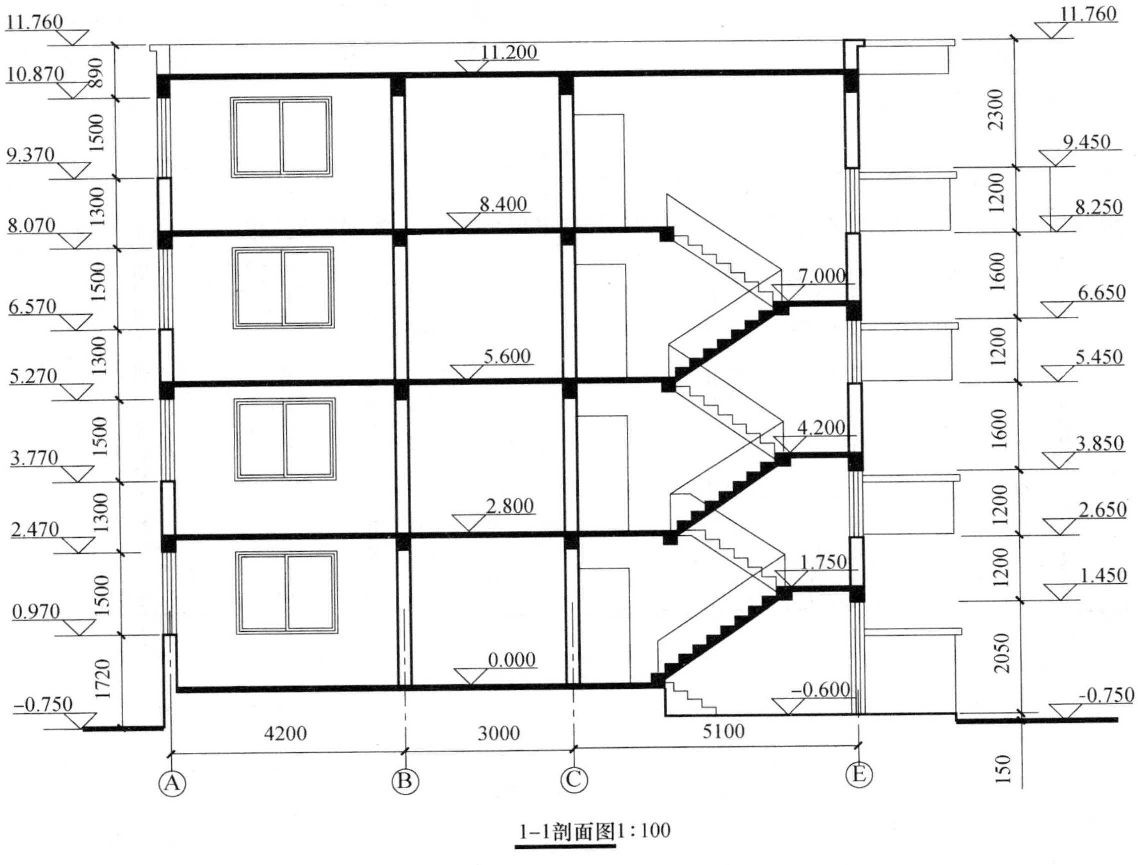

图 4-43　建筑剖面图

绘图思路：绘制轴线和楼层线，绘制墙线和楼板线，绘制门窗和楼梯，绘制阳台。

【操作步骤】

（1）设置图层和多线样式。开启正交，绘制一条水平方向定位轴线（楼层线），绘制一条铅垂方向定位轴线，由图 4-44（a）所示尺寸偏移辅助线。

（2）开启对象捕捉，执行多线命令，绘制墙线和楼板线；用修剪命令剪切出窗洞；执行多线命令绘制窗线；将多线命令分解，绘制檐口线，如图 4-44（b）所示。楼板线也可以用阵列命令绘制。

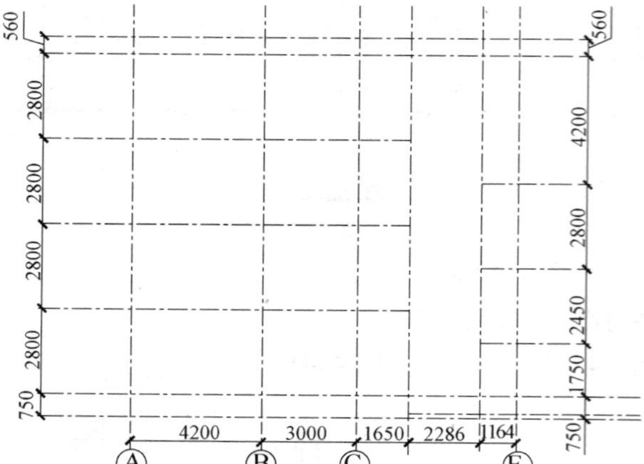

（a）绘制轴线

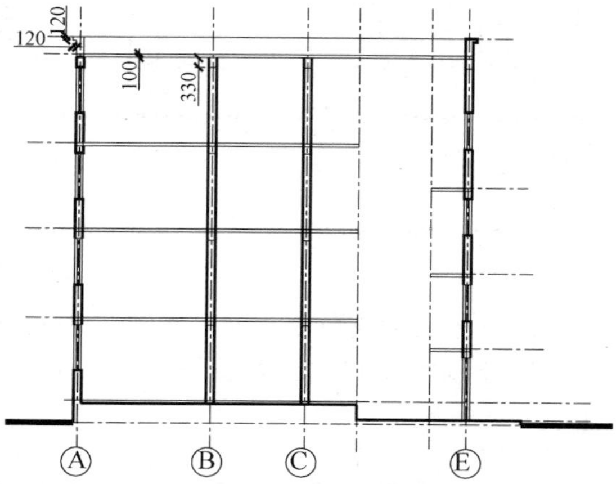

（b）绘制墙线和楼板线

图 4-44　绘制墙线和楼面线

（3）根据图 4-45（a）所示尺寸绘制一楼的门窗，用阵列命令绘制其他的门窗，执行阵列命令，选择门和窗作为阵列对象，4 行 1 列，行间距为 2800，阵列结果如图 4-45（b）所示。

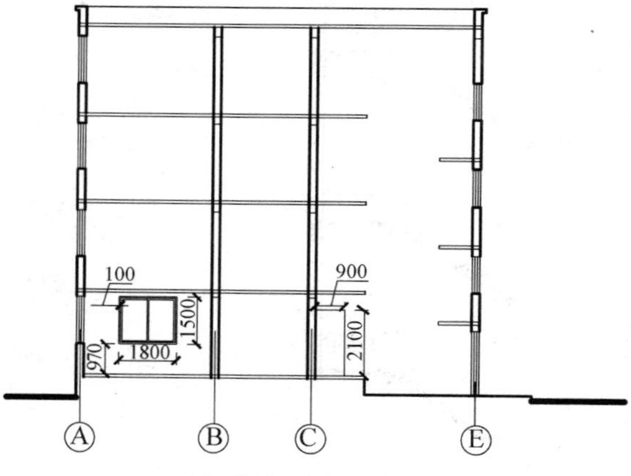

（a）绘制一个门一个窗

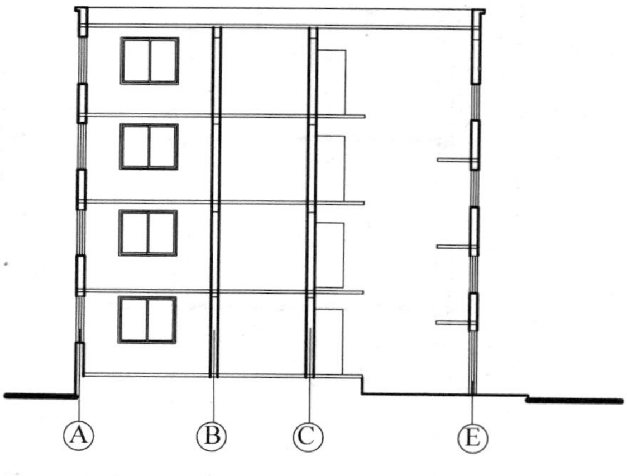

（b）阵列门窗

图 4-45　绘制门窗

（4）绘制楼梯。二楼和三楼的楼梯是完全相同的，只绘制一层、二层的楼梯，三层的采用复制。根据图 4-46（a）尺寸，用偏移命令绘制图 4-46（b）所示楼梯梯段定位线。绘制底层楼梯，根据底层楼梯踏面宽度为 250，踢面高度 150，如图 4-46（c）分别用偏移命令绘制踏步辅助线，水平线偏移距离是 150，铅垂线偏移距离是 250。执行命令，用对象捕捉绘制底层楼梯，如图 4-46（d）所示。相同的方法绘制一楼楼梯如图 4-46（e）所示。楼梯板的画法，如图 4-46（f）在踏步首尾连线，执行偏移命令将该连线向下偏移 89，如图 4-46（g）所示。相同的方法绘制二楼楼梯，如图 4-46（h）所示。

（5）绘制楼梯扶手。根据图 4-46（i）尺寸用直线命令绘制楼梯扶手。

（6）绘制三楼楼梯。执行复制命令，将二楼楼梯复制到三楼，如图 4-46（j）所示。最后的楼梯效果如图 4-47 所示。

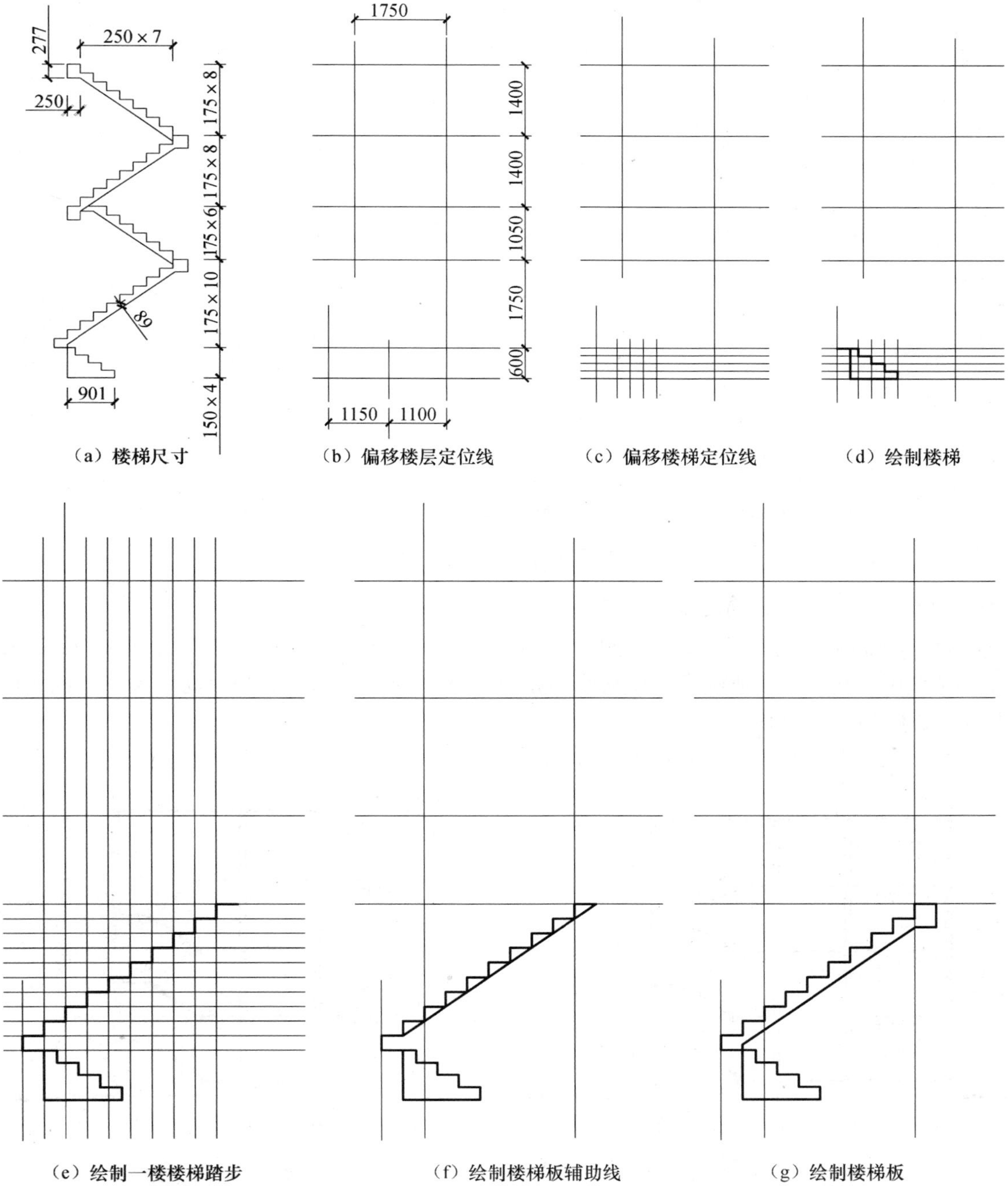

（a）楼梯尺寸　（b）偏移楼层定位线　（c）偏移楼梯定位线　（d）绘制楼梯

（e）绘制一楼楼梯踏步　（f）绘制楼梯板辅助线　（g）绘制楼梯板

图 4-46　绘制楼梯

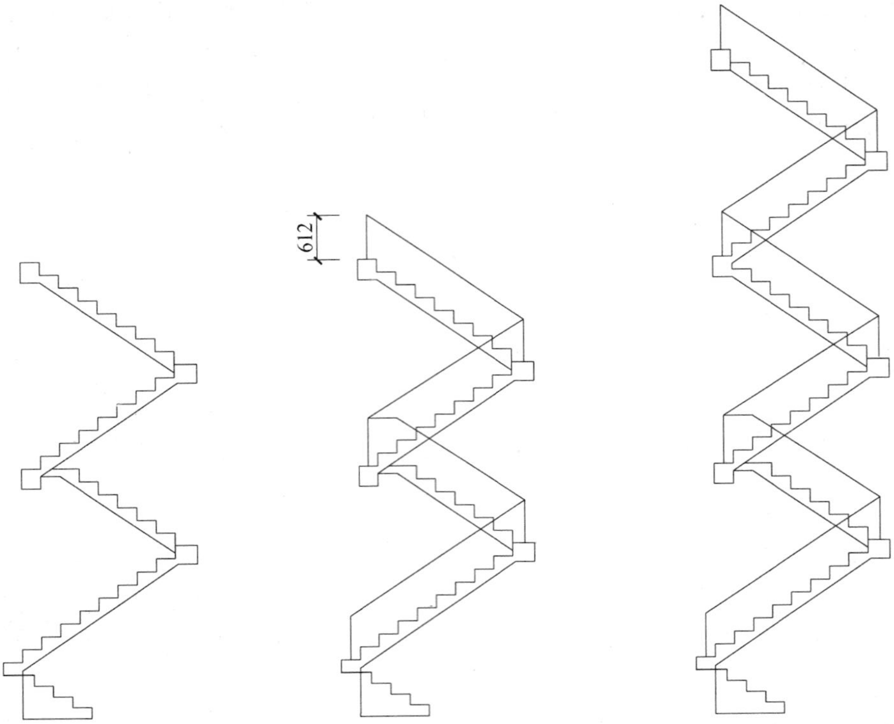

（h）绘制二楼楼梯　　（i）绘制楼梯扶手　　（j）复制三楼楼梯

图 4-46　绘制楼梯（续）

（7）图案填充。钢筋混凝土的材料图例是“SOLID”涂黑。

（8）绘制阳台。用偏移命令绘制阳台线，根据图 4-48 尺寸绘制二层阳台。执行复制命令将顶层阳台复制给其他楼层，复制效果如图 4-49。因顶层和一层阳台高度尺寸不同，根据图 4-50 尺寸修改调整。

（9）采用缩放命令，缩放比例 1:100。书写图名比例，成图。

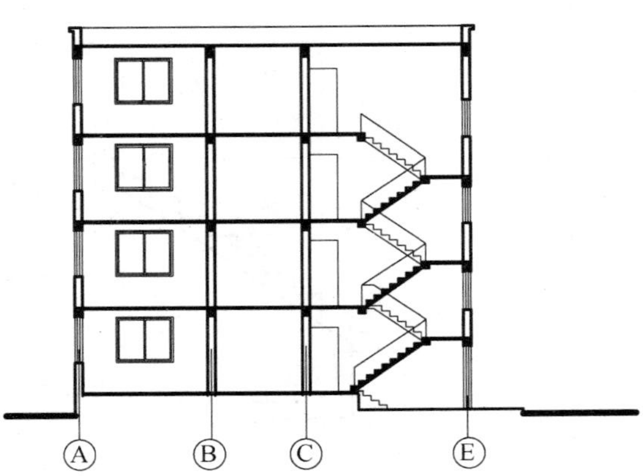

图 4-47　楼梯效果

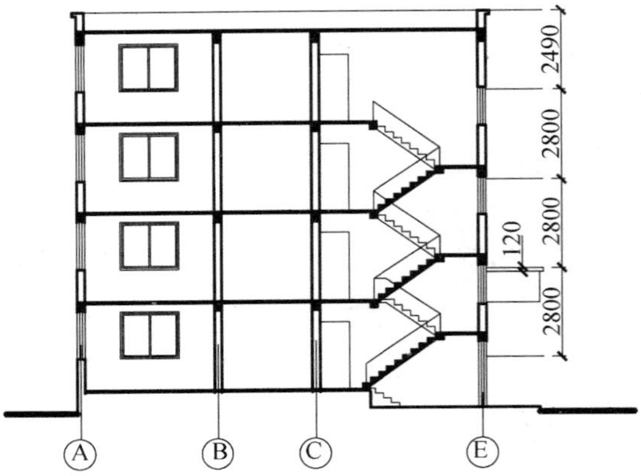

图 4-48　绘制阳台线

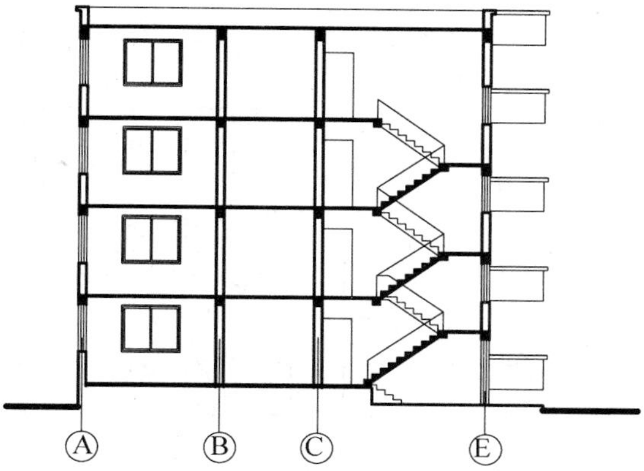

图 4-49　复制阳台

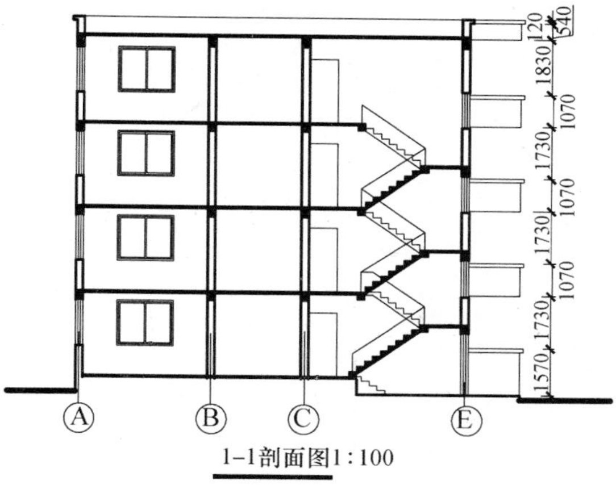

图 4-50　调整阳台尺寸

4.12　操作练习

1. 绘制以下平面图形。

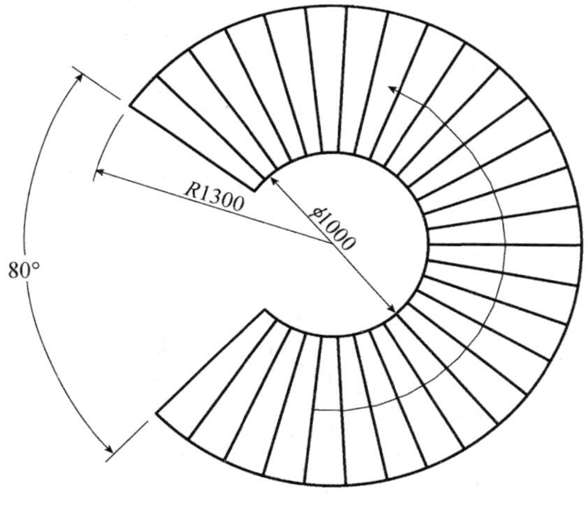

图 4-51　旋转楼梯平面图

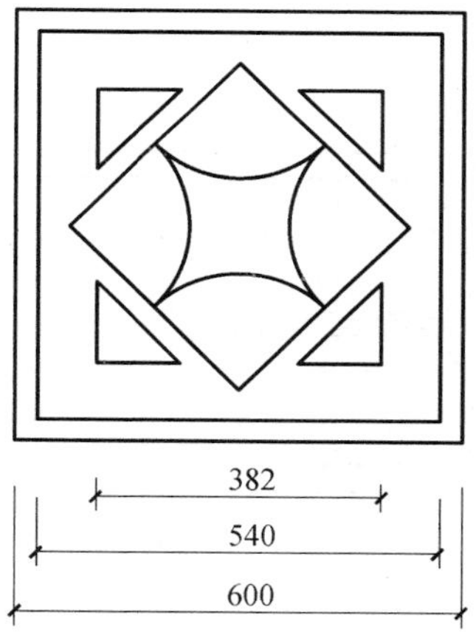

图 4-52　花饰图案

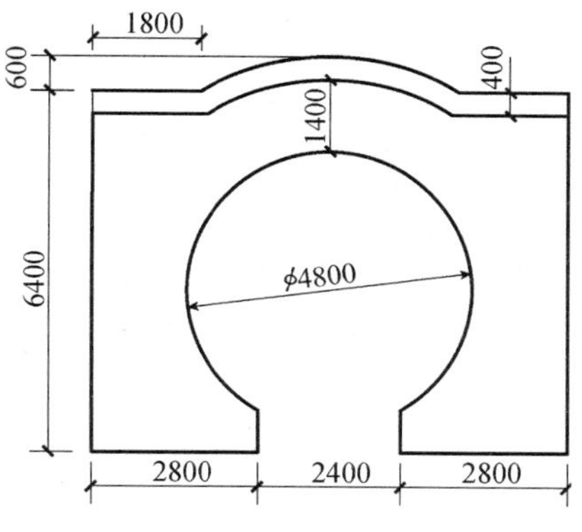

图 4-53　门洞立面

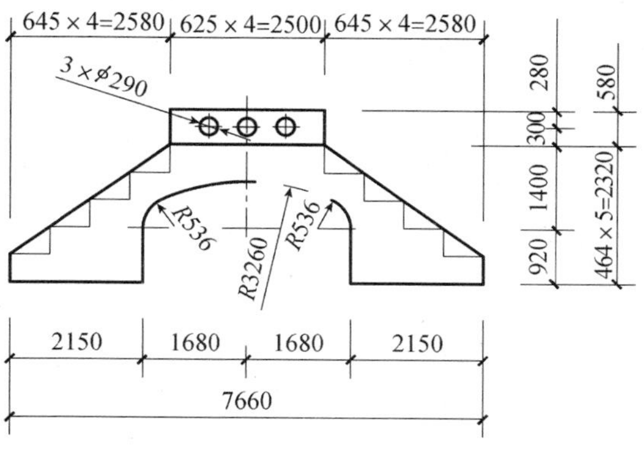

图 4-54　桥洞立面

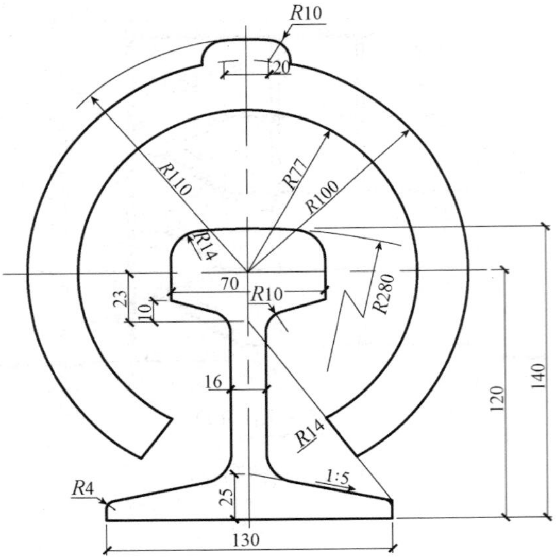

图 4-55 路徽

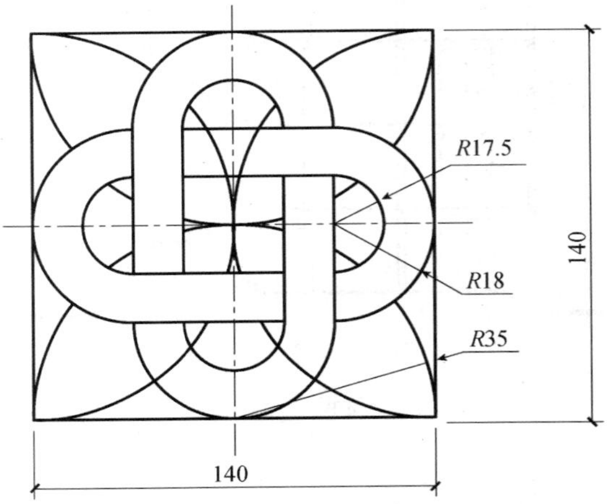

图 4-56 装饰图

2. 绘制图 4-57 ~ 图 4-59 所示楼梯图。

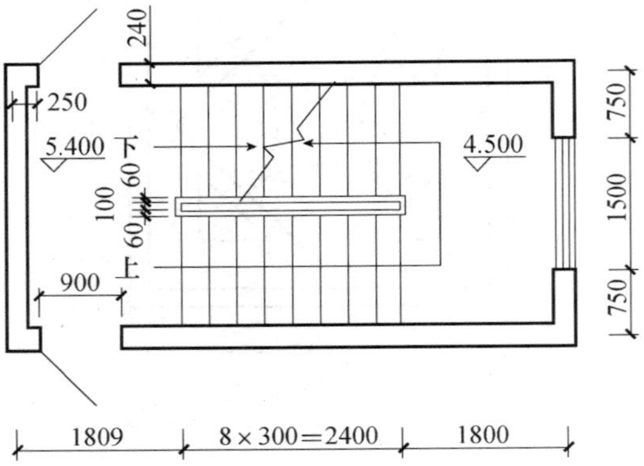

图 4-57 楼梯标准层平面图

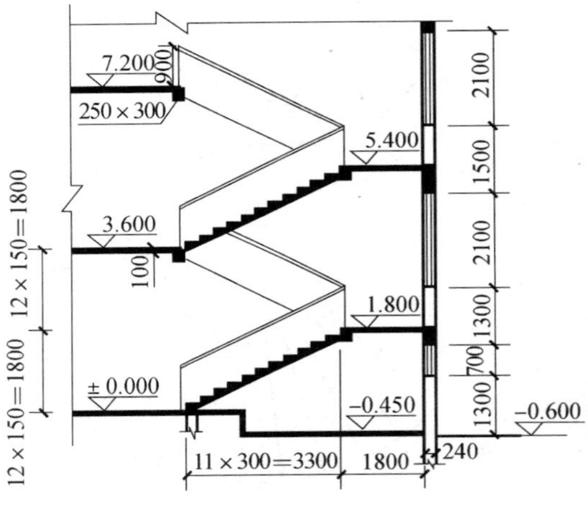

图 4-58 楼梯剖面图

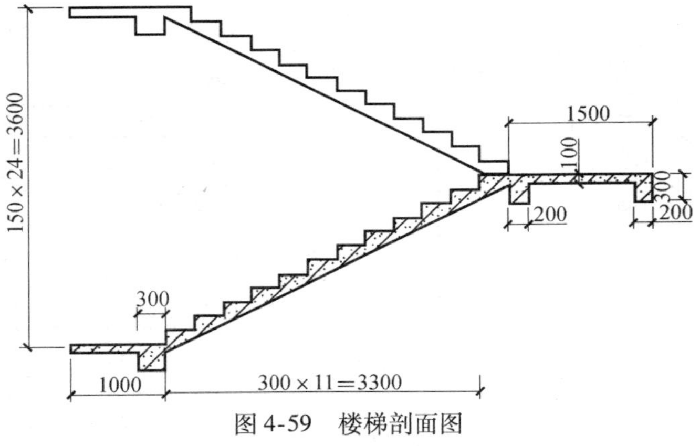

图 4-59 楼梯剖面图

3. 绘制图 4-60 ~ 图 4-63 所示房屋建筑图，不需标注尺寸。

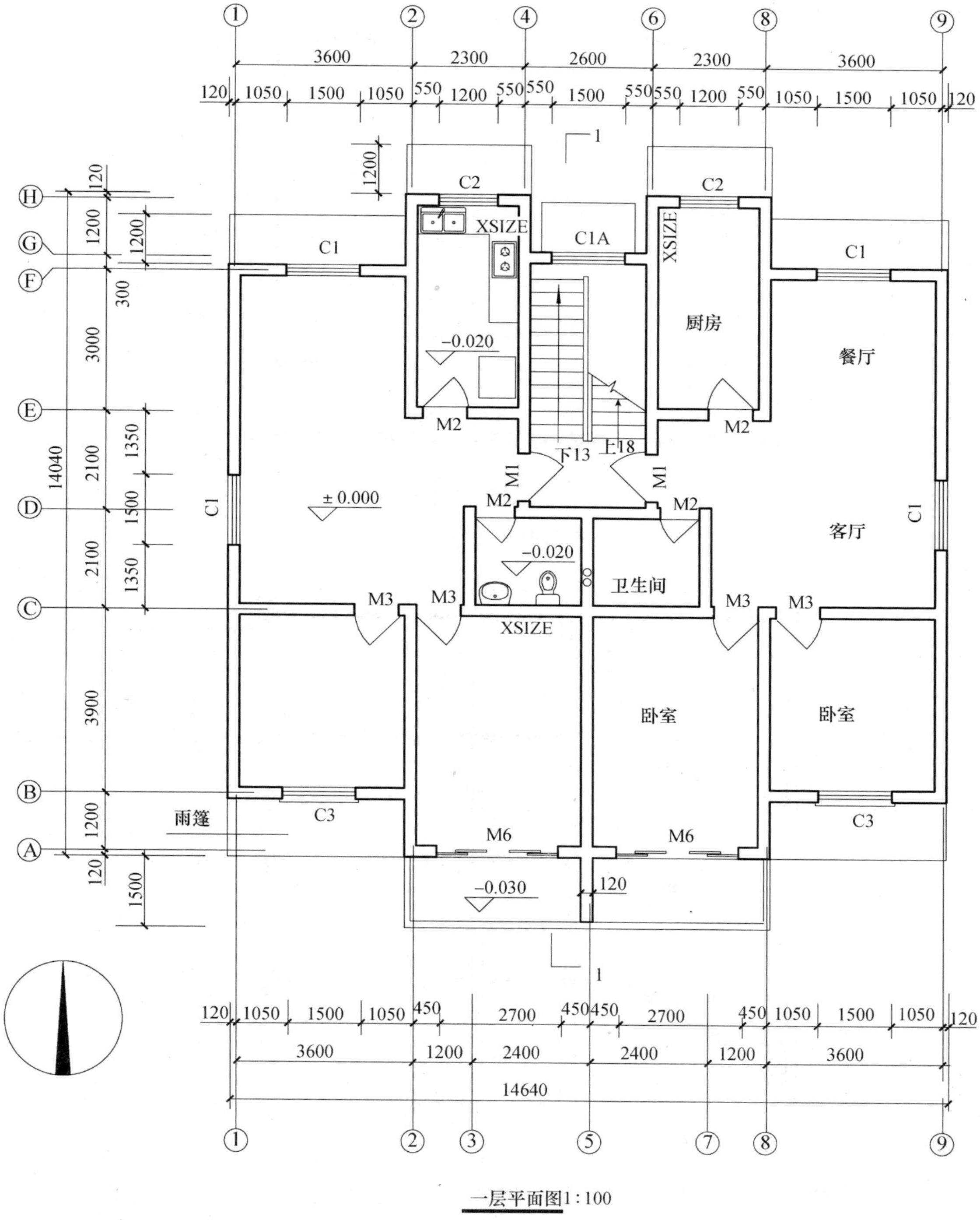

图 4-60　平面图

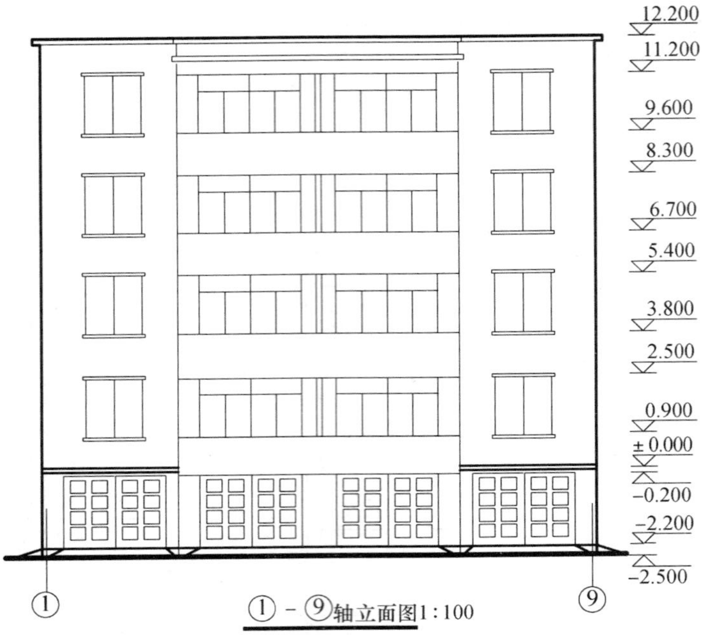

图 4-61 立面图

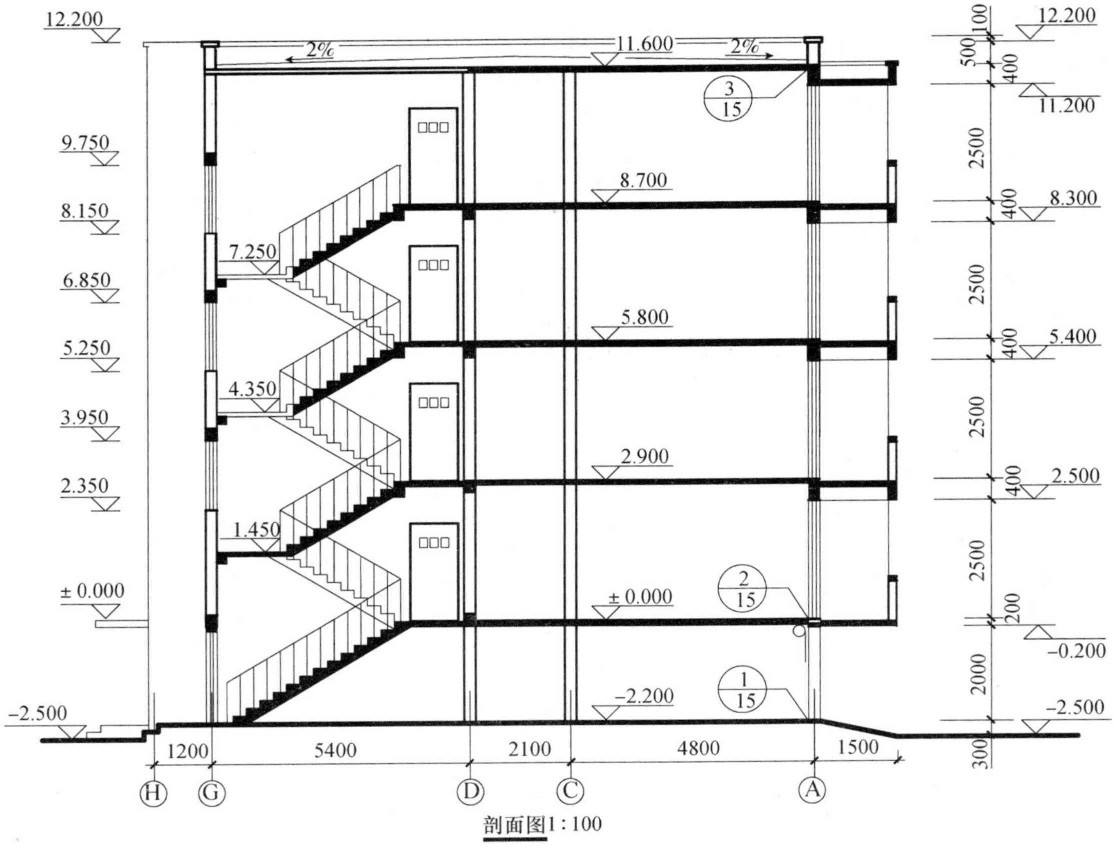

图 4-62 剖面图

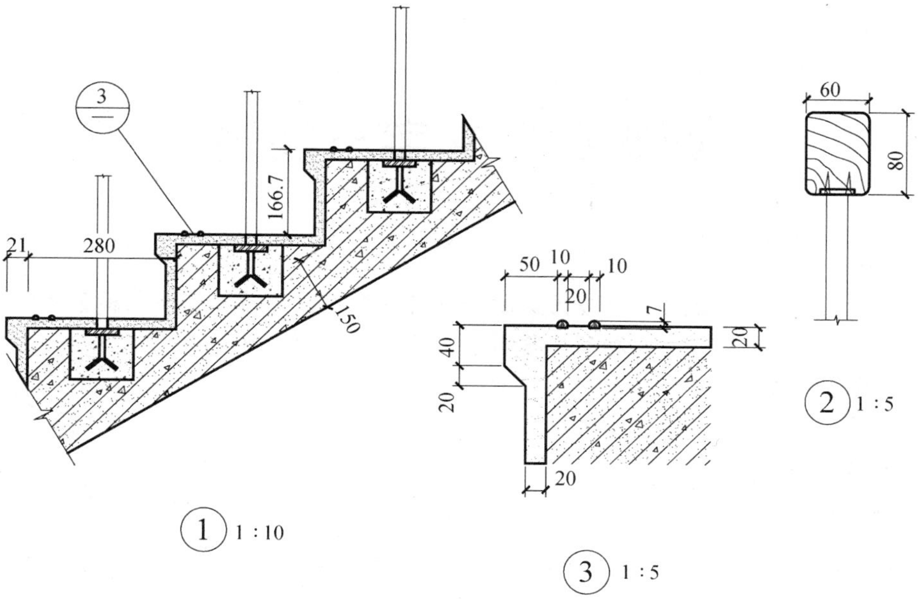

图 4-63　详图

第5章　文字与表格

教学目标

通过对本章的学习，读者应会根据实际绘图需要设置合适的文字样式和表格样式，并将所设置的文字样式和表格样式添加到工程图中，而且能进行编辑和修改。

教学重点与难点

- 设置文字样式
- 应用文字样式
- 编辑文字
- 设置表格样式
- 应用表格样式

工程图中不仅有图形，还包含有文字和表格，例如标题栏和钢筋表等。AutoCAD 提供了非常强大的文字注写及编辑功能和绘制表格功能。

但 AutoCAD 默认的文字样式并不符合国家制图标准的要求，所以需要创建设置文字样式。

5.1　创建文字样式

在注写文字之前，应先创建几种常用的文字样式，需要时从这些文字样式中进行选择即可。文字都有与它关联的样式，输入文字时，系统使用的是当前样式设置的字体、字号、角度、方向和其他特性。

1. 执行途径

（1）样式工具栏：“文字样式”按钮。

（2）下拉菜单：“格式”/“文字样式”。

（3）命令：STYLE。

（4）文字工具栏（图5-1）：按钮。

图5-1　文字工具栏

2. 操作说明

点击样式工具条或图5-1文字工具栏的，创建新文字样式，出现图5-2“文字样式”对话框来设置和预览文字样式。

（1）各对话框及选区说明如下：

1）执行“文字样式”命令后，弹出图5-2所示“文字样式”对话框。

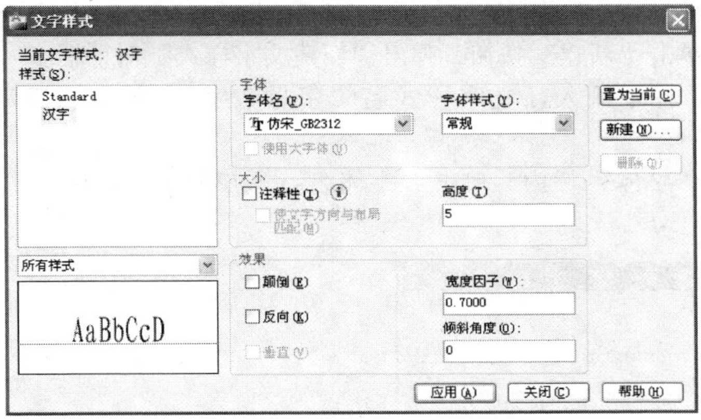

（a）

（b）

图 5-2 “文字样式”对话框

在该对话框的左侧窗显示的是原有的 Standard 文字样式和新创建的文字样式。

2）“字体”选区用来设置所用字体：

“字体名”下拉窗，选择所用字体。一般先将字体窗下的“使用大字体”取消选择，然后用字体下拉窗选择，汉字一般选择“T仿宋_GB2312”字体，字母和数字一般选择“gbeitc. shx”字体。

3）“大小”选区：

“注释性复选框”是指设定文字是否为注释性对象。

“高度”用来设置字体的高度。通常将字体高度设为 0，这样，在文字输入时，系统会提示输入字体的高度，而且在尺寸标注中的尺寸数字也会随全局比例因子缩放。

4）“效果”选区：

用来设置字体的显示效果。包括颠倒、反向、垂直、宽度比例和倾斜角度。通过勾选相应的选框来进行设置，同时在预览框中显示效果。

“宽度因子”即宽度比例，默认值是 1，按照制图标准，长仿宋字宽度比例应该是 0.7。

“倾斜角度”直体是 0，斜体是 15。

（2）创建汉字文字格式示例

1）在图 5-2“文字样式”对话框中单击“新建”按钮，弹出“新建文字样式”对话框。

2）在“新建文字样式”对话框中输入新文字样式名“汉字”，单击“确定”按钮。

3）在“文字样式”对话框的“字体”栏内，取消“使用大字体”，单击“字体名”下拉列表框，选中“T仿宋_GB2312”字体，如图 5-2 所示。

4）在“文字样式”对话框的“高度”栏内设置字体的高度 5。即 5 号字，其字高是 5 毫米。

5）在“效果”区内设置字体的有关特性。因国标规定汉字字体是长仿宋字，所以在“宽度因子”一栏里填写 0.7，如图 5-2 所示。

6）单击“应用”按钮保存新设置的文字样式。并选“置为当前”，这样“汉字”就是当前文字样式。

（3）创建字母数字文字格式示例

1）在“文字样式”对话框中单击“新建”按钮，弹出“新建文字样式”对话框。

2）在“新建文字样式”对话框中输入新文字样式名“字母数字”，单击“确定”按钮。

3）在“文字样式”对话框的“字体”栏内，单击“字体名”下拉列表框，选中“gbeitc. shx”字体，如图 5-3 所示。

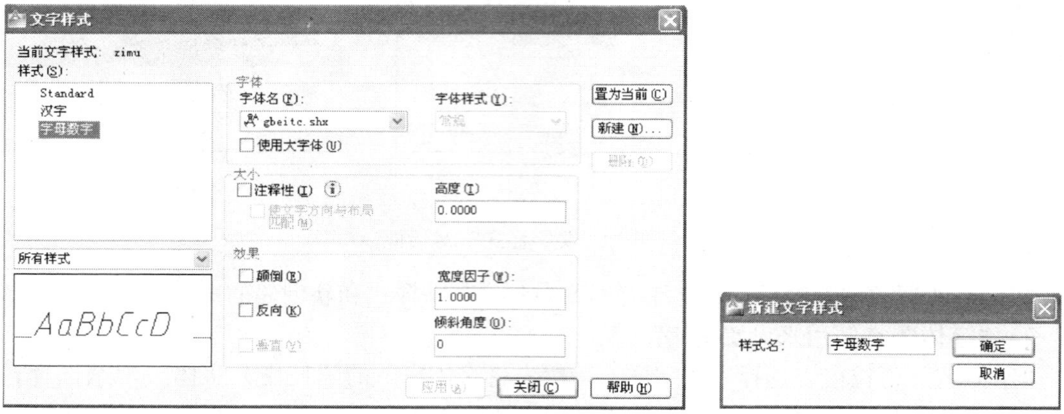

（a）　　　　（b）

图 5-3　创建字母数字文字样式

4）在“文字样式”对话框的“高度”栏内设置字体的高度 0。因为字母数字主要用在尺寸标注中，文字的高度我们可以在标注样式设置中设定，在尺寸标注设置中设置文字高度的好处是，如果标注样式设置中使用了全局比例因子，则尺寸数字和尺寸起止符号等一起随比例缩放，如果在文字样式设置中设定了文字高度，则标注全局比例因子对尺寸数字不起作用。

5）在“效果”区内设置字体的有关特性。在“宽度因子”一栏里填写 1，在倾斜角度栏里填 0。如图 5-3 所示。

6）单击“应用”按钮保存新设置的文字样式。

5.2　修改文字样式

设置过的文字样式，可以利用“文字样式”对话框进行修改。如果修改现有样式的字体或方向，使用该样式的所有文字将随之改变并重新生成。修改文字的高度、宽度比例和倾斜角不会改变现有的文字，但会改变以后创建的文字对象。

修改文字样式的步骤如下：

（1）执行“格式”/“文字样式”命令，弹出“文字样式”对话框。

（2）在“样式”栏内的列表框中选择一个要修改的文字样式名。

（3）在“字体”、“大小”或“效果”栏内修改任意选项。在预览区内可以直接观察到文字样式的修改结果。

（4）单击“应用”按钮，即可保存新的设置，且当前样式更新图形中的文字。

5.3　注写文字

当注写较少的文字时可使用单行文字，注写较多的文字时可使用多行文字。一般选用多行文字。

5.3.1　注写单行文字

该命令用于在图中注写一行或多行文字。每行文字是一个单独的对象，可对其进行重新定位、调整或进行其他修改。

1. 执行途径

（1）文字工具栏：按钮。

（2）下拉菜单："绘图"／"文字"／"单行文字"。

（3）命令：DTEXT、TEXT。

2. 操作说明

输入命令后，命令行提示：

指定文字的起点或［对正（J）/样式（S）］：指定文字输入的起点

此时，也可输入J或S后回车，即选择对正（J）或样式（S）：

（1）对正（J）：该选项用于确定文字的对正方式。执行该选项后，系统提示：

输入选项：［对齐（A）/布满（F）/居中（C）/中间（M）/右对齐（R）/左上（TL）/中上（TC）/右上（TR）/左中（ML）/正中（MC）/右中（MR）/左下（BL）/中下（BC）/右下（BR）］：

各选项的含义如下：

1）对齐（A）：用于确定文字基线的起点和终点。AutoCAD调整文字高度使其位于两点之间，如图5-4所示。

2）布满（F）：用于确定文字基线的起点和终点。AutoCAD在保证原指定文字的高度情况下，自动调整文字的宽度以适应指定两点之间均匀分布，如图5-5所示。

图5-4　单行文字命令中的"对齐"选项

图5-5　单行文字命令中的"布满"选项

3）居中（C）：用于确定文字基线的中心点位置。

4）中间（M）：用于确定文字的中间点位置。

5）右对齐（R）：用于确定文字基线的右端点位置。

其他选项的内容及含义，请结合图5-6理解和使用。

（2）样式（S）：该选项用于设置定义过的文字样式。即在命令行输入当前图形中的一个已经定义的文字样式名，并将其作为当前文字样式。

当命令行要求指定文字的旋转角度时，如果输入非零角度，则文字与X轴成一定角度。

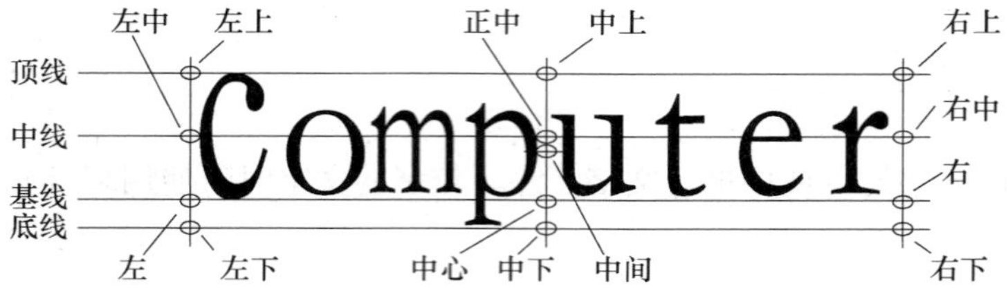

图 5-6 文字的对正方式

5.3.2 注写多行文字

在工程图中注写文字常用多行文字命令。多行文字由任意数目的单行文字或段落组成。无论文字有多少行，每段文字构成一个图元，可以对其进行移动、旋转、删除、复制、镜像、拉伸或缩放等编辑操作。多行文字有更多编辑项，可用下划线、字体、颜色和文字高度来修改段落。

1. 执行途径

（1）“绘图”工具栏/“多行文字”按钮A。

（2）下拉菜单：“绘图”/“文字”/“多行文字”。

（3）命令：MTEXT（快捷命令：T、MT）。

2. 操作说明

执行“多行文字”命令后，命令行提示：指定对角点或［高度（H）/对正（J）/行距（L）/旋转（R）/样式（S）/宽度（W）/栏（C）］：共有 7 个选项。

各选项的含义如下：

（1）高度（H）：选项用于确定标注文字框的高度，用户可以在屏幕上拾取一点，该点与第一角点的距离即为文字的高度，或者在命令行中输入高度值。

（2）对正（J）：选项用来确定文字的排列方式。

（3）行距（L）：选项为多行文字对象行与行之间的间距。

（4）旋转（R）：选项用来确定文字倾斜角度。

（5）样式（S）：选项用来确定文字字体样式。

（6）宽度（W）：选项用来确定标注文字框的宽度。

（7）栏（C）：选项用来分动态静态或不分栏设定。

设置好以上选项后，系统都要提示“指定对角点”，此选项用来确定标注文字框的对角点，即拉一个矩形框，AutoCAD 将在这两个对角点形成的矩形区域中进行文字标注，矩形区域的宽度就是所标注文字区的宽度。

3. “多行文字编辑器”简介

当指定了对角点之后，弹出如图 5-7 所示的多行文字编辑器，分为文字输入区和“文字格式”工具栏两部分。布局和功能与办公软件 Microsoft Word 非常类似。

文字输入区配有标尺，可以方便地利用制表符和缩进。拖动滑条和可以轻松改变文字区的大小。

在文字输入区的上方还有一个“文字格式”工具栏，如图 5-7 所示。该工具栏用来控制文字字符格式，其选项从左到右依次为“字体名”、“字体”、“字高”、“粗体”、“斜体”、“下划线”、“上划线”、“放弃/重做”、“堆叠”、“颜色”及“标尺”等。

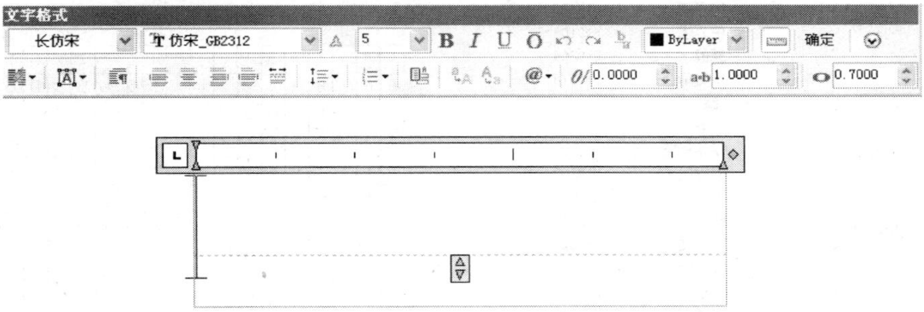

图 5-7　多行文字编辑器

各选项的功能如下：

（1）“字体名”：当前文字样式的名字。

（2）“字体”：选择了字体样式，字体自动关联出现。

（3）“字高”：这是一个文字编辑框，也是一个下拉列表框，为当前文字的高度。可以在此输入或选择一个高度值作为当前文字的高度。

（4）“粗体”：选择该按钮将使当前文字变成粗体字。

（5）“斜体”：选择该按钮将使当前文字变成斜体字。

（6）“下划线”：选择该按钮将使当前文字加上一条下划线。

（7）“上划线”：选择该按钮将使当前文字加上一条上划线。

（8）“放弃/重做”：选择该按钮，将放弃或恢复最近一次编辑操作。

（9）“堆叠/非堆叠”：选择按钮，可将含有“/”符号的字符串文字以该符号为界，变成分式形式表示；可将含有“^”符号的字符串文字以该符号为界，变成上下两部分，其间没有横线，如图 5-8 所示。堆叠的方法是先选中要堆叠的文字，后单击堆叠按钮。如果选中已堆叠的文字后单击此按钮，则文本恢复到非堆叠的形式。

图 5-8　文字堆叠

（10）“颜色”：这是一个下拉列表框，用来设置当前文字的颜色。

（11）“标尺”：选择该按钮将显示或隐藏标尺。

在编辑框中右击鼠标，弹出如图 5-9 所示的快捷菜单，在该菜单中选择相应的命令也可对文字各参数进行相应的设置。如选择“符号”命令或点击图 5-7 文字编辑器的 @ 按钮后，弹出图 5-10（a）所示“符号”级联菜单，用户可以选择各种特殊符号的输入方法，如果没有合适的特殊符号，用户还可以在级联菜单中选择“其他”命令，弹出如图 5-10（b）所示的“字符映射表”对话框。在该对话框中，用户可以选择合适的特殊符号。

在实际绘图时，有时需要绘制一些特殊字符以满足工程制图的需要。由于这些特殊字符不能直接从键盘输入，为此 AutoCAD 提供了控制码来实现，控制码是两个百分号“%%”。

图 5-9 快捷菜单

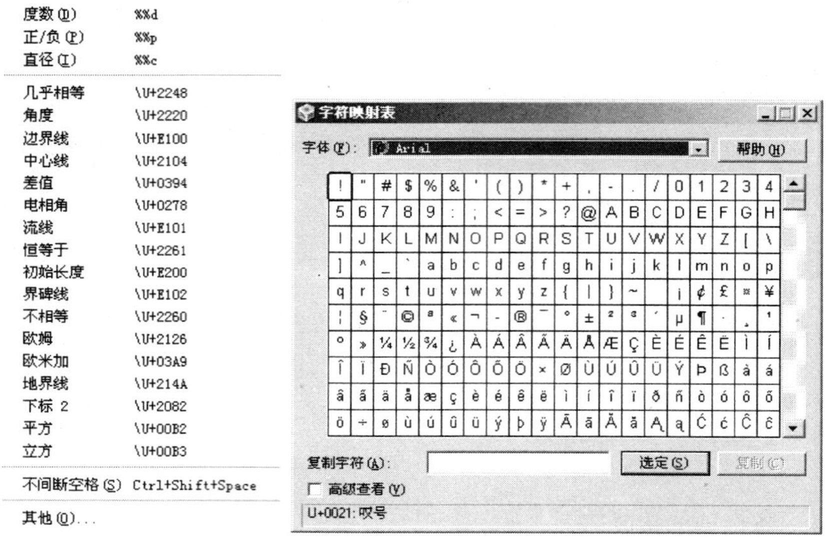

（a） （b）

图 5-10 “符号”级联菜单

下面是常用的控制码：

(1)%%O：打开或关闭文字上划线。

(2)%%U：打开或关闭文字下划线。

(3)%%D：标注“度”符号（°）。

(4)%%P：标注“正负公差”符号（±）。

(5)%%%：标注百分号（%）。

(6)%%C：标注直径符号（ϕ）。

例如：在注写文字时输入以下内容：60%%D%%C58%%P0.003

显示的结果是：60°ϕ58 ±0.003

4. 应用示例

绘制下图的标题栏并注写文字。

【操作步骤】

(1) 用前面介绍过的命令“矩形”、“偏移”、“剪切”画出标题栏，如图 5-11 所示。

(2) 创建汉字文字样式，字体是长仿宋，字高是 5，宽度因子是 0.7。

(3) 点击“绘图”工具栏“多行文字”按钮**A**，命令行提示“指定第一角点”：鼠标左健单击 A 点，命令行提示“指定对角点”：鼠标左健单击 B 点。如图 5-12 所示。

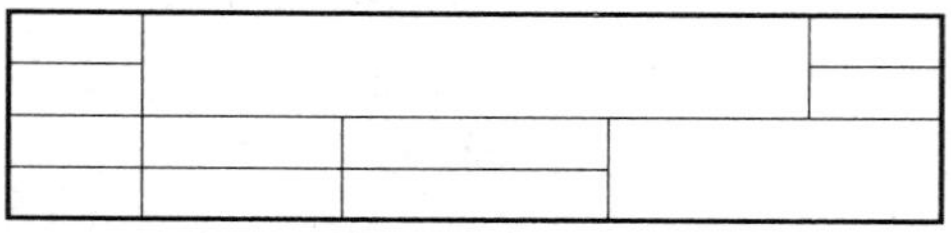

图 5-11 绘制标题栏

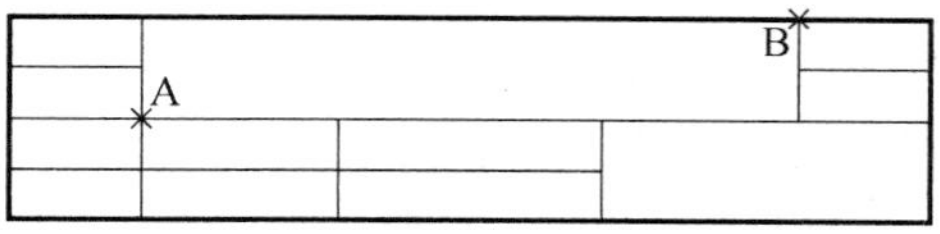

图 5-12 确定 A、B 两点

（4）在弹出的“文字格式”对话框里，选择汉字文字样式，字高改为 7。点击按钮选择正中对正。输入汉字“平面图形”，点击确定，如图 5-13 所示。

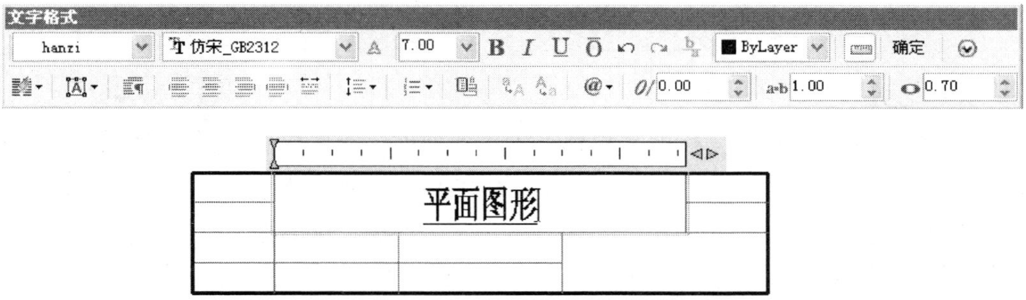

图 5-13　注写平面图形

（5）同样方法注写“青岛理工大学”，字高为 7。注写“审核”字高为 5，如图 5-14 所示。同样方法注写其他的文字，结果如图 5-15 所示。

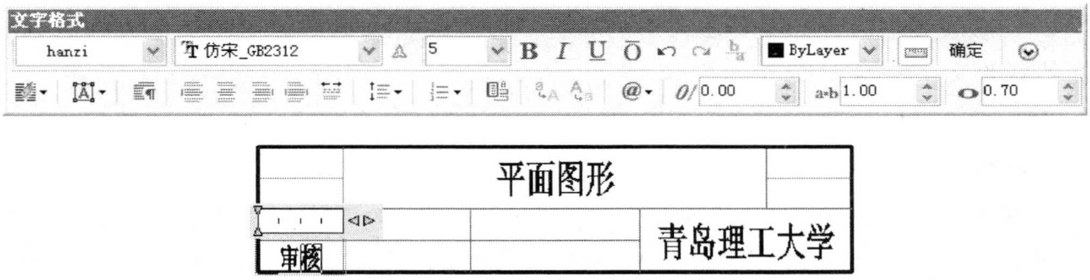

图 5-14　注写文字

图 5-15　注写其他汉字

5.4　编辑文字

一般来讲，文字编辑应涉及两个方面，即修改文字内容和文字特性。

可以用修改特性命令修改编辑文字。该命令可修改各绘图实体的特性，也用于修改文字特性。可修改文字的颜色、图层、线型、内容、高度、旋转角、对正模式、文字样式等。

1. 执行途径

（1）“标准”工具栏/“特性”按钮。

（2）下拉菜单：“修改”/“特性”。

（3）命令：PROPERTIES。

特别提示：

最简单的是在已书写的文字上双击，进入输入状态进行编辑。

2. 操作说明

（1）执行对象特性命令，弹出图 5-16。在该对话框，选择要修改的文字。若选择一个实体，“特性管理器”对话框中将列出该实体的详细特性以供修改；若选择多个实体，“特性管理器”对话框中将列出这些实体的共有特性以供修改。修改的具体方法是：选定文字，在图 5-16 对话框中找到对应的字高、旋转角、宽度因子、倾斜角、样式、对齐等特性，单击即可修改。

（2）修改完一处后，应按一次“Esc”键退出对该实体的选定，再选择另一实体进行修改。

（3）要修改文字内容，需要在文字上双击，进入文字编辑对话框，在此修改文字内容。

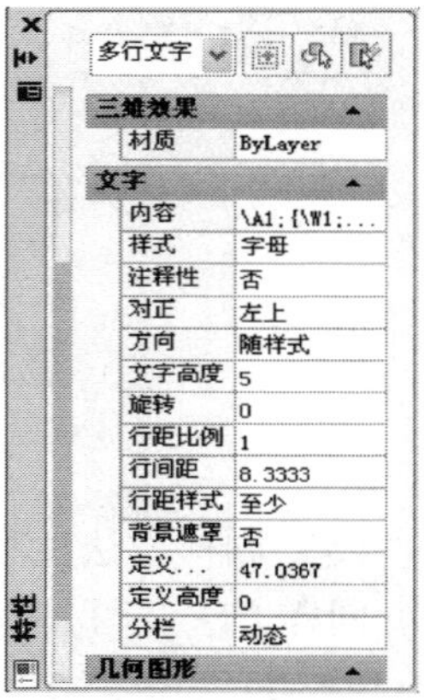

图 5-16　特性管理器

特别提示：

在图 5-14 标题栏注写完“审核”后，以文字中心为基点，用复制命令，将“审核”复制到其他地方，然后分别双击修改文字内容，此方法注写标题栏文字更快捷，也是在多个地方注写文字最常用的方法。

5.5　绘制表格

从 AutoCAD 2006 版开始，用户可以使用新增的创建表格命令自动生成数据表格，从而取代了先前利用绘制线段和文本来创建表格的方法。

5.5.1　创建表格样式

用户不仅可以直接使用软件默认的格式制作表格，还可以根据自己的需要自定义表格。

1. 执行途径

（1）“样式”工具栏/“表格样式”按钮。

（2）下拉菜单：“格式”/“表格样式”。

2. 操作说明

（1）选择“表格样式”命令，打开如图 5-17 所示的“表格样式”对话框。

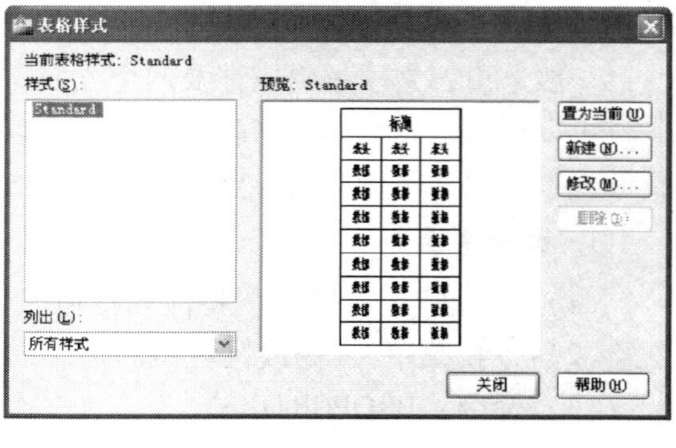

图 5-17　“表格样式”对话框

（2）在对话框中单击“新建”按钮，打开如图 5-18 所示的“创建新的表格样式”对话框，在对话框的“新样式名”文本框中输入样式名称。

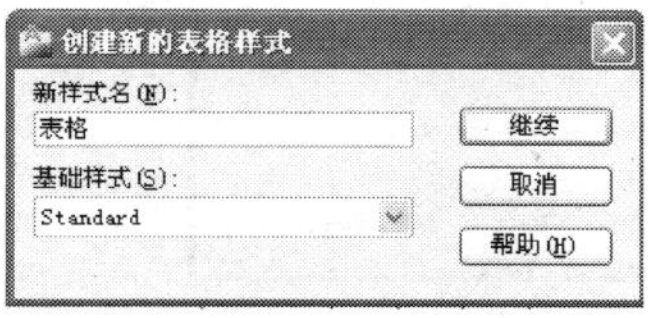

图 5-18　“创建新的表格样式”对话框

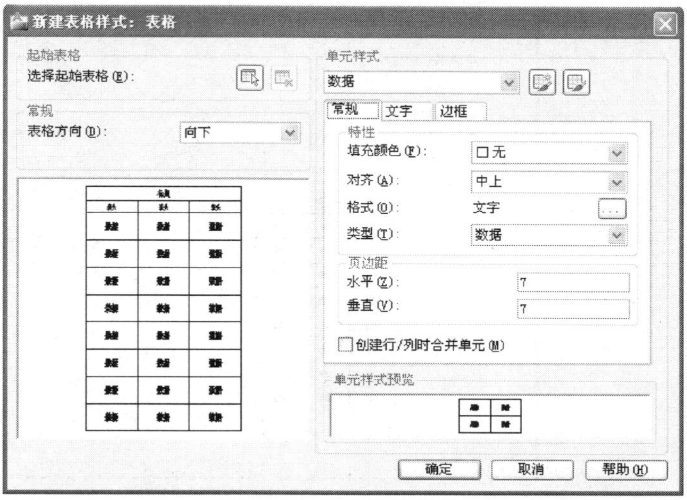

图 5-19　“新建表格样式”对话框

（3）单击“继续”按钮，将打开“新建表格样式”对话框的“数据”选项卡。如图 5-19 所示。

（4）分别在“新建表格样式”对话框的“数据”、“表头”和“标题”等选项卡进行相应的参数设置。

（5）样式设置完毕后，单击“确定”按钮，返回到“表格样式”对话框。此时在对话框的“样式”列表框中将显示创建好的表格样式。

5.5.2　插入表格

1. 执行途径

（1）“绘图”工具栏/“表格”按钮▦。

（2）下拉菜单：“绘图”/“表格”。

2. 操作说明

执行“表格”命令，打开“插入表格”对话框，如图 5-20 所示。在对话框中用户可以设置表格的样式、列宽、行高，以及表格的插入方式等。

“插入表格”对话框中的各选项功能如下。

（1）“表格样式名称”下拉列表框：用来选择系统提供的或用户已经创建好的表格样式。

（2）“指定插入点”单选按钮：选择该选项，可以在绘图窗口中的某点插入固定大小的表格。

（3）“指定窗口”单选按钮：选择该选项，可以在绘图窗口中通过拖动表格边框来创建任意大小的表格。

（4）“列和行设置”选项区域：设定表格“列”、“列宽”、“数据行”和“行高”等。

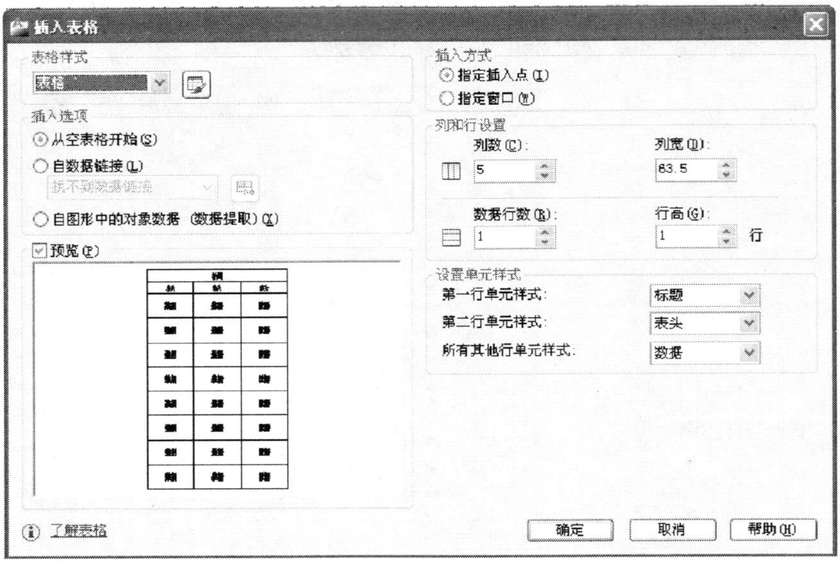

图 5-20 “插入表格”对话框

5.6 上机指导（多层文字说明）

绘制图 5-21 大理石地面详图，并添加文字说明。

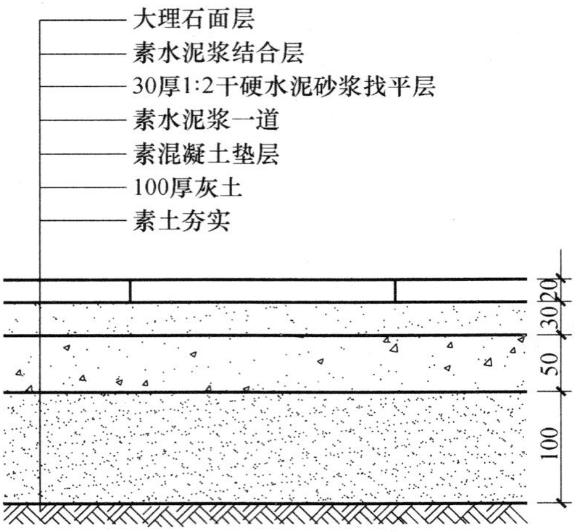

图 5-21 大理石地面详图

【操作步骤】

（1）绘制多层结构分隔线，如图 5-22 所示。

用直线命令绘制一条水平线，然后通过偏移命令，分别指定偏移距离 20、30、50、100 得到另外的四条线。

（2）填充图案，如图 5-23 所示。

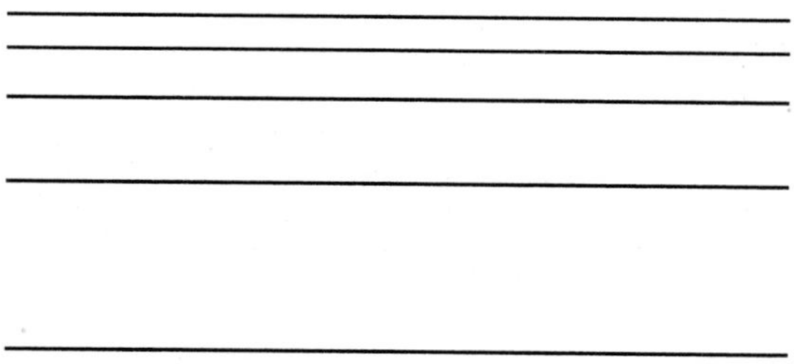

图 5-22　多层结构分隔线

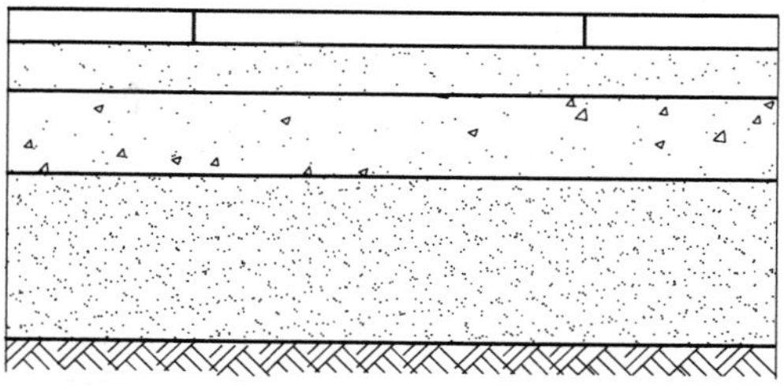

图 5-23　填充图案

先在两侧绘制两条直线，使每一层为封闭区域。素土夯实用直线绘制，然后利用“复制”命令进行复制；灰土填充 AR-SAND 图案，比例为 0.3；混凝土填充 AR-CONC 图案，比例为 0.3；素水泥浆填充 AR-SAND 图案，比例为 0.5；大理石地面用直线绘制分隔线。最后删除两侧加的辅助线。

（3）绘制多层结构索引线，并使用文字输入命令注写结构材料说明，如图 5-24 所示。

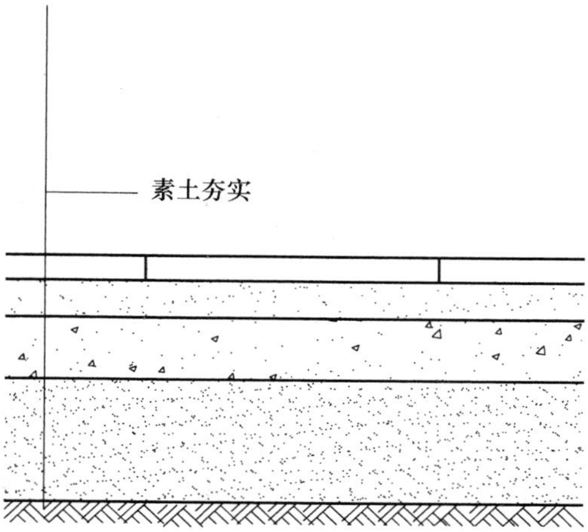

图 5-24　绘制索引线并输入一行单行文字

（4）使用“阵列”命令复制其余结构层材料说明文字及水平索引线，在“阵列”对话框中，选择“矩形阵列”选框，其中行数为 7，列数为 1，行偏距为 30，列偏移为 0，阵列角度为 0，执行“阵列”命令后的结果如图 5-25（a）所示，或者直接用复制命令也可；然后双击文字进行编辑，结果如图 5-25（b）所示。

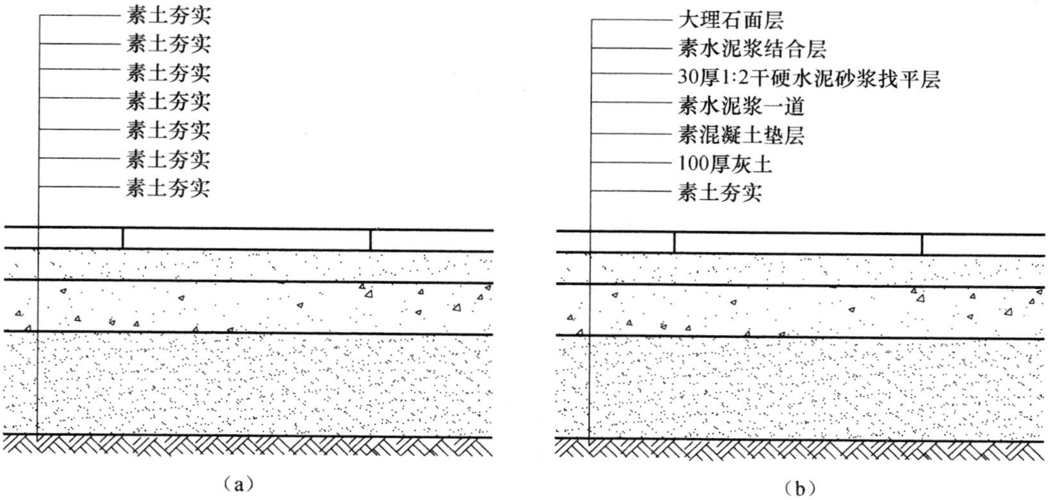

图 5-25　输入其余结构层的材料说明文字

5.7　操作练习

1. 绘制图 5-26 建筑平面图并注写文字和门窗编号，绘制图框和图 5-27 所示的标题栏及文字。

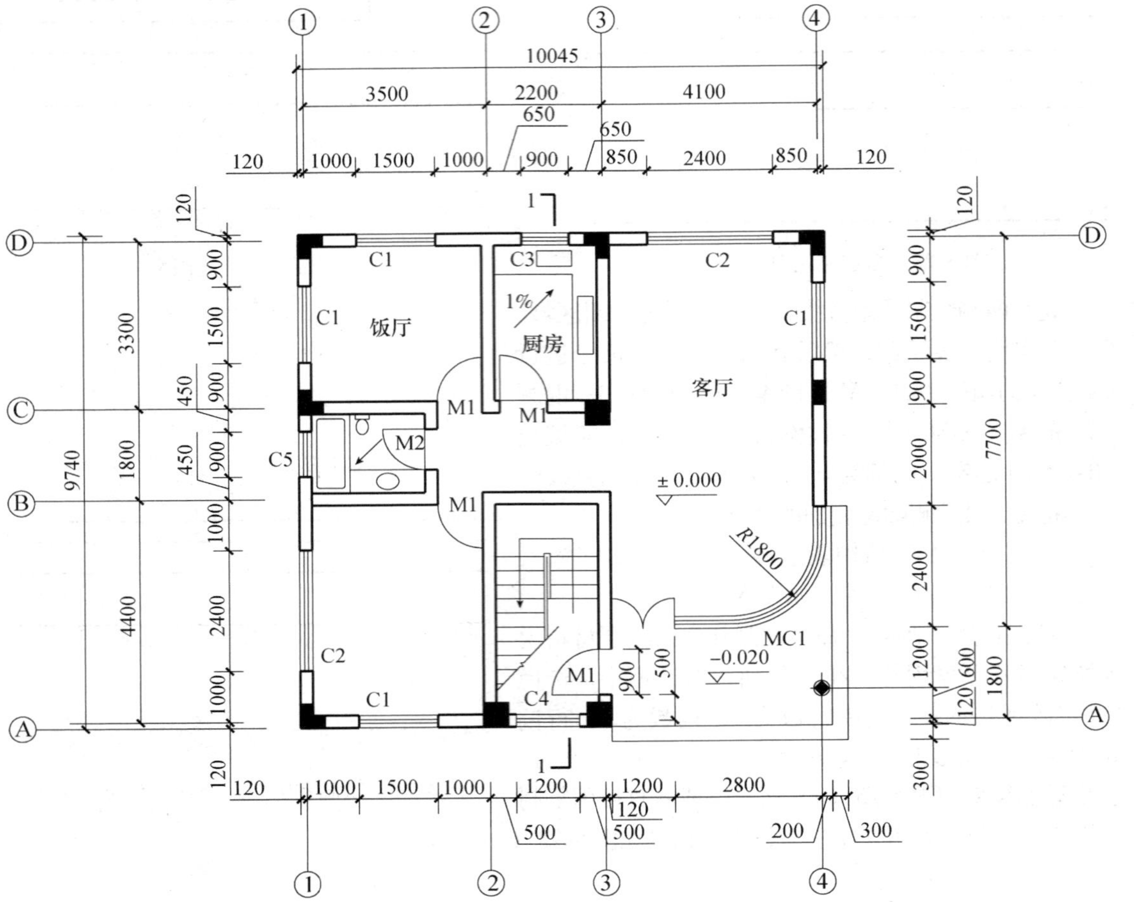

底层平面图1:100

图 5-26　建筑平面图

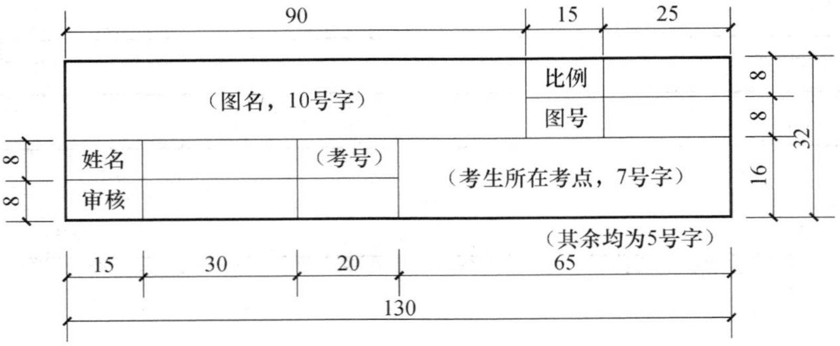

图 5-27　标题栏要求

2. 绘制图 5-28 所示阳台详图。

3. 绘制图 5-29 所示墙身详图。

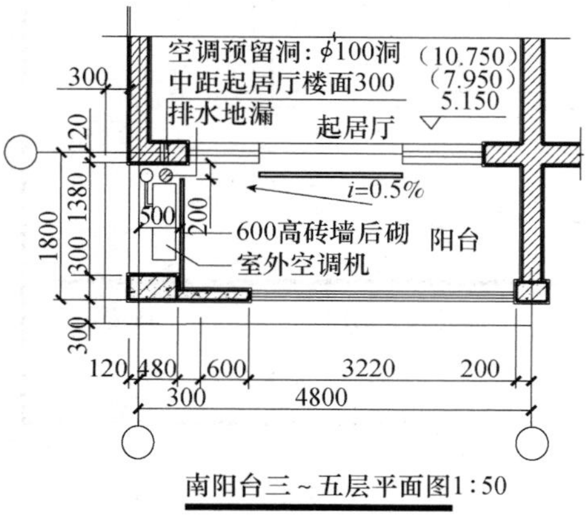

图 5-28　阳台详图

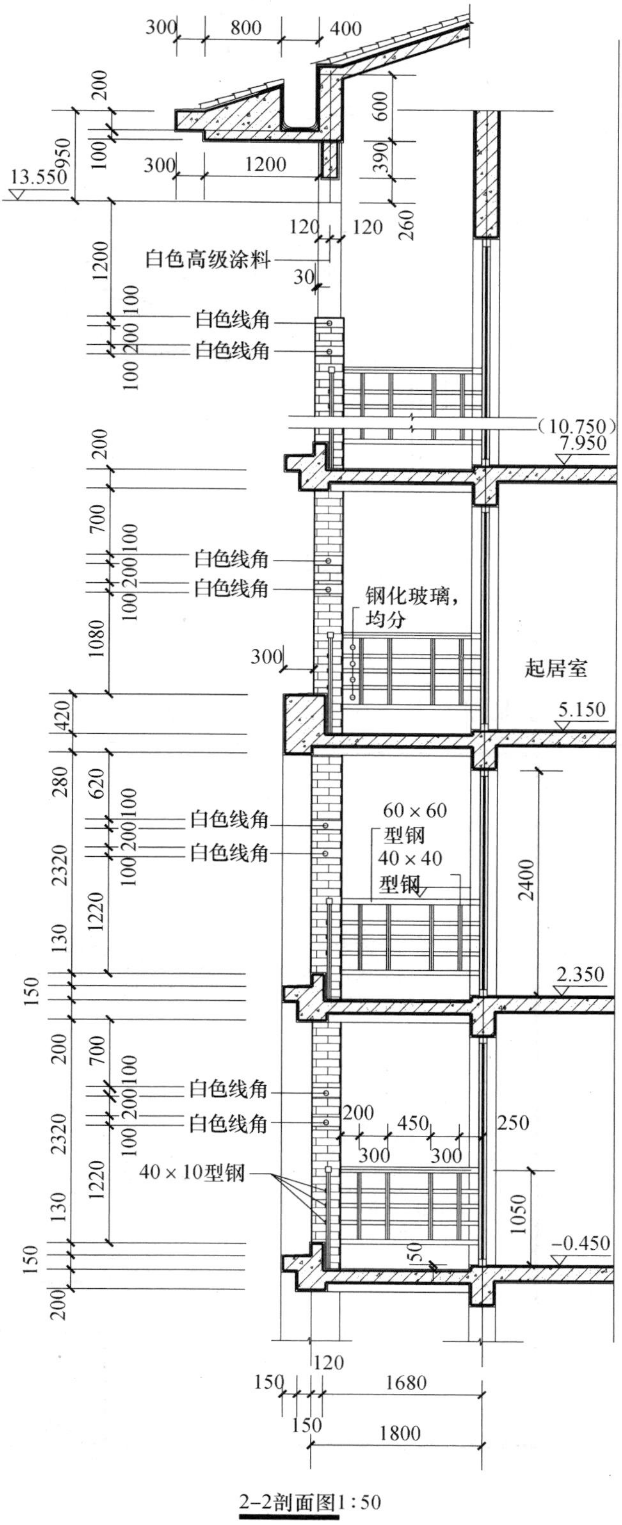

图 5-29　墙身详图

4. 绘制图 5-30 所示节点剖面详图。

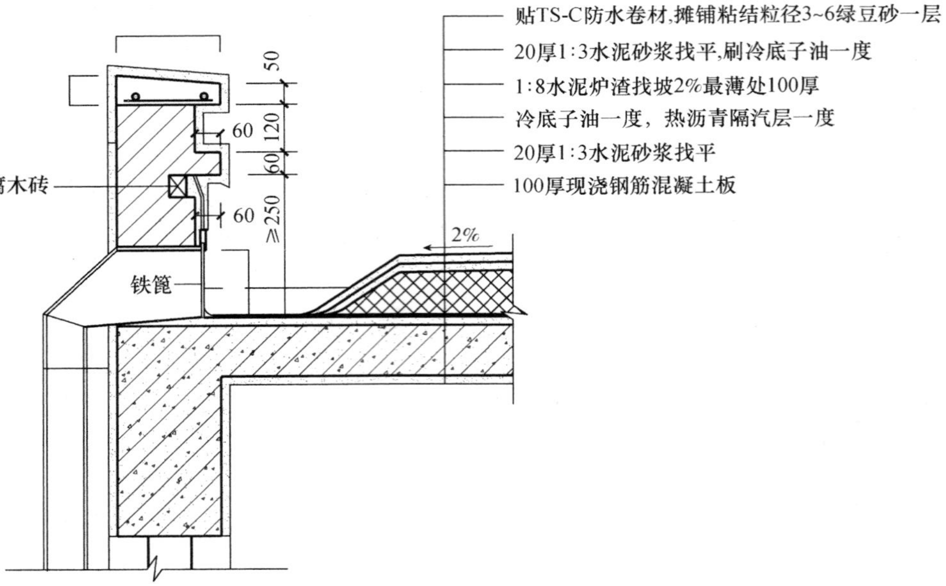

图 5-30 节点剖面详图

5. 绘制图 5-31 ~ 图 5-34 所示的传达室。

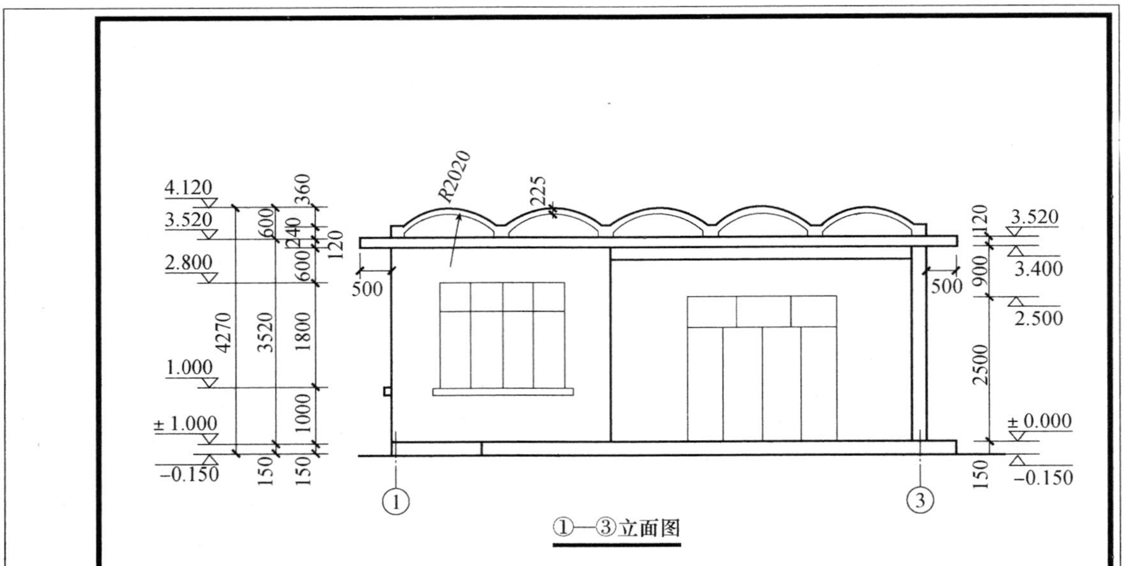

图 5-31 传达室正立面图

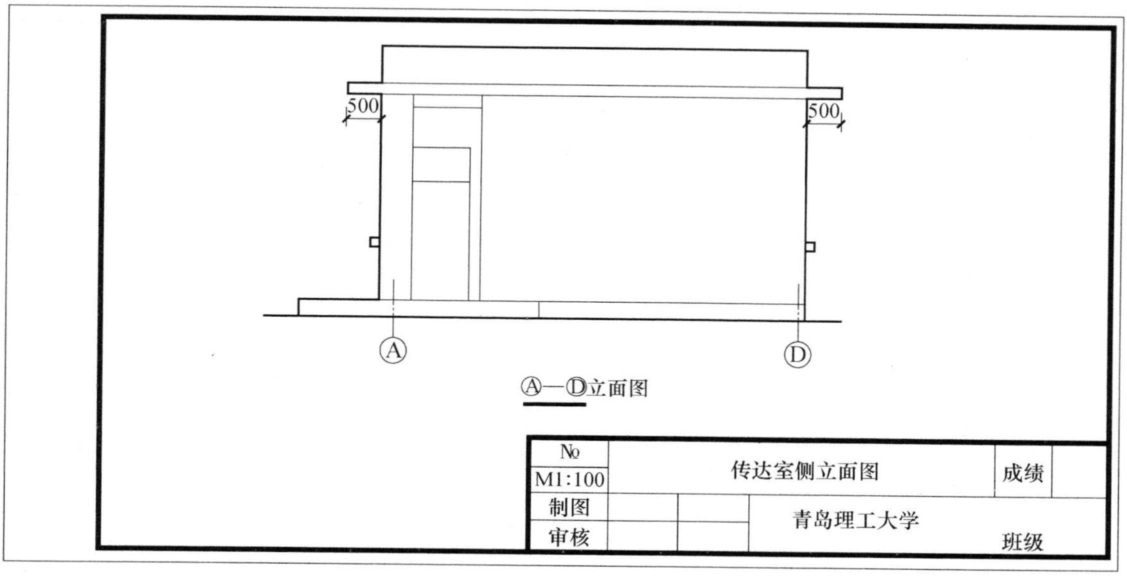

图 5-32　传达室侧立面图

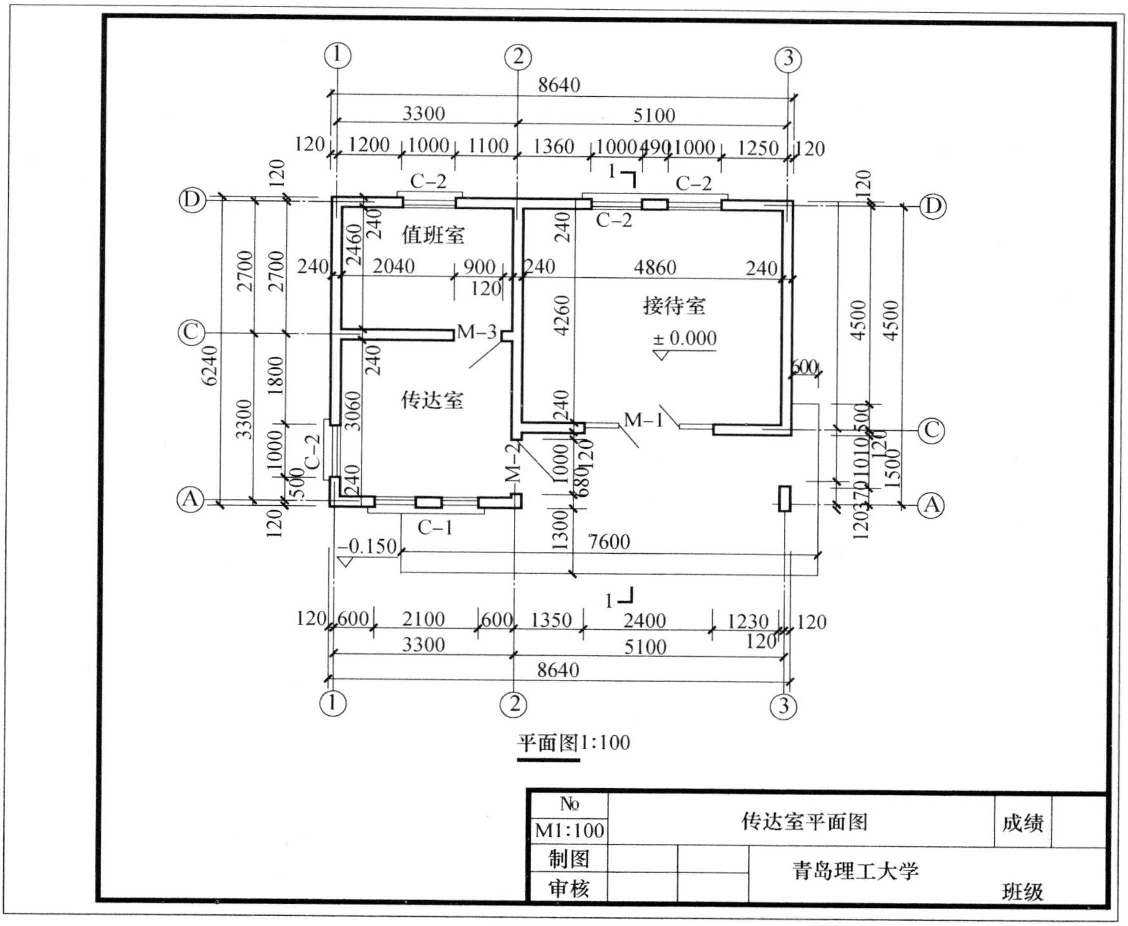

图 5-33　传达室平面图

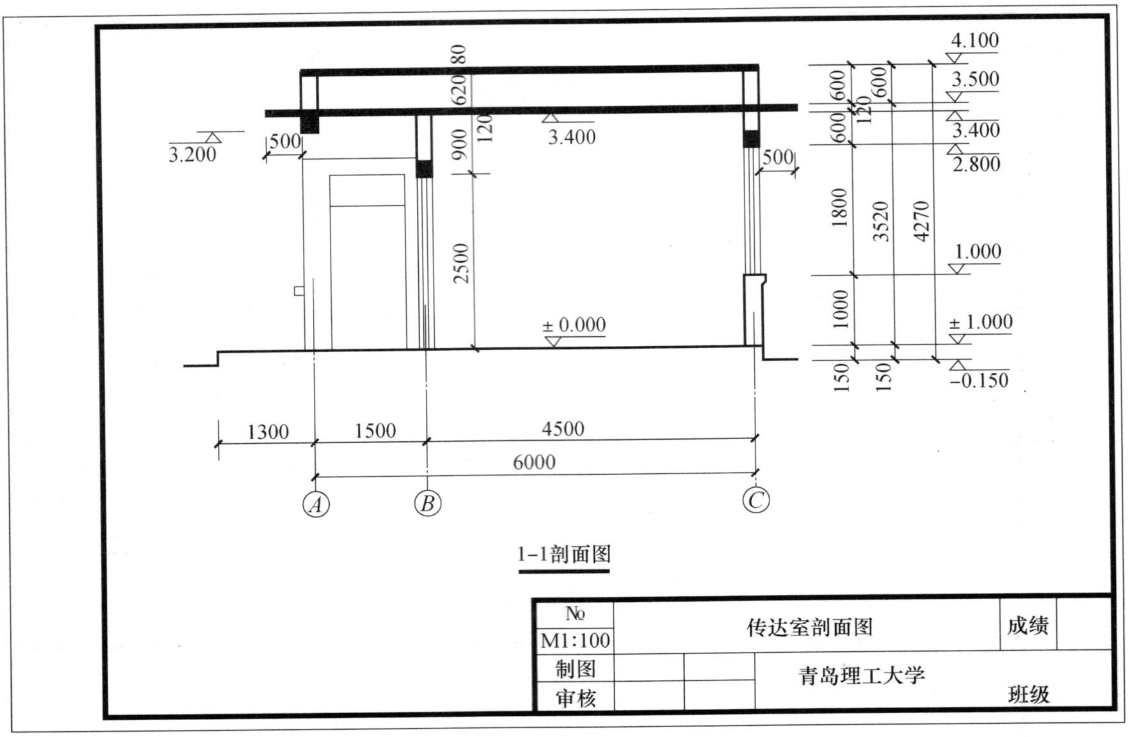
4.100
3.500
3.400
2.800
1.000
± 1.000
-0.150
3.200
500
500
80
620
120
900
2500
3.400
± 0.000
600
600
600
120
1800
3520
4270
1000
150
150
1300
1500
4500
6000
A
B
C
1-1剖面图
№
M1:100
传达室剖面图
成绩
制图
审核
青岛理工大学
班级

图 5-34　传达室剖面图

第 6 章　尺寸标注与编辑

教学目标

通过对本章的学习，读者应掌握设置和修改尺寸标注样式的方法，利用已经设置的标注样式结合各种标注方法对图形标注尺寸。

教学重点与难点

- 设置线性尺寸标注样式
- 设置径向尺寸标注样式
- 设置角度型尺寸标注样式
- 编辑尺寸标注

尺寸是工程图中不可缺少的一项内容，工程图中的图形只用来表示工程形体的形状，而工程形体的大小是靠尺寸来说明的，所以工程图中的尺寸必须标注的正确、完整、清晰、合理。

工程图中尺寸标注包括：尺寸界线、尺寸线、尺寸起止符号、尺寸数字 4 个要素，如图 6-1所示。

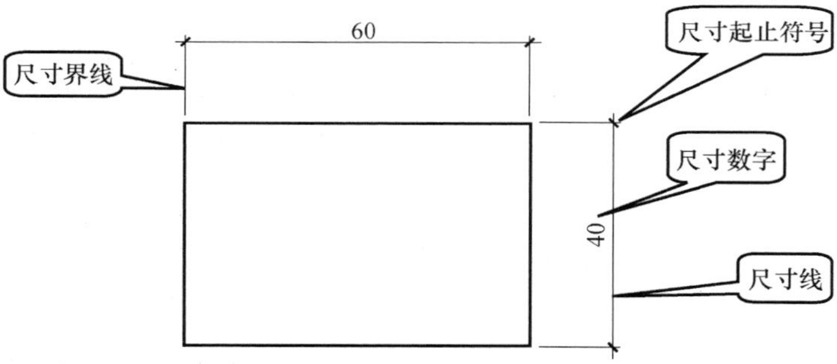

图 6-1　尺寸标注 4 个要素

工程图中的尺寸标注必须符合制图标准。目前各国制图标准有许多不同之处，我国各行业制图标准中对尺寸标注的要求也不完全相同。AutoCAD 是一个通用的绘图软件包，它允许用户根据需要自行创建尺寸标注样式。所以在 AutoCAD 中标注尺寸，首先应根据制图标准创建所需要的尺寸标注样式。尺寸标注样式控制尺寸四要素：尺寸界线、尺寸线、尺寸起止符号、尺寸数字的外观与方式。因此，本章将直接叙述如何使用“尺寸标注样式管理器”对话框来创建和修改尺寸标注样式以及怎样进行尺寸标注。

创建了尺寸标注样式后，就能很容易地进行尺寸标注。AutoCAD 可标注直线尺寸、角度尺寸、直径尺寸、半径尺寸及公差等。例如要对图 6-2 所示的矩形长度进行标注，可通过选取矩形的两个角的端点，即选定尺寸界限的第“1”起点和第“2”起点，如不改变内测尺寸值，再指定决定尺寸线位置的第“3”点，即可完成标注。也就是标注一个尺寸只要点三次鼠标就完成了。

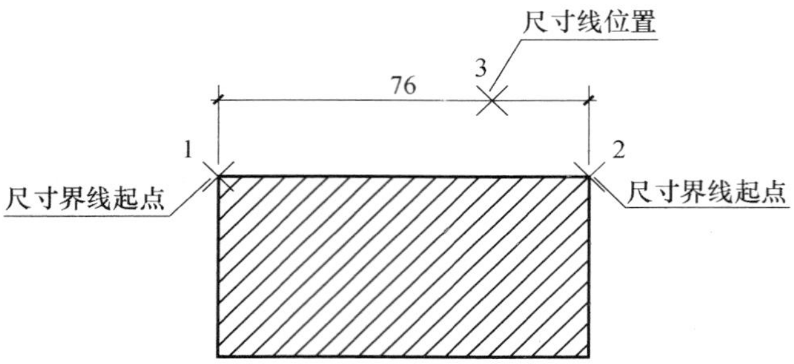

图 6-2 矩形长度进行标注

6.1 创建尺寸标注样式

尺寸标注样式的创建，是由一组尺寸变量的合理设置来实现的。首先要打开“尺寸标注样式管理器”对话框，可用下列方法之一：

1. 执行途径

（1）工具栏：“标注”工具栏按钮或“样式”工具栏按钮。

（2）下拉菜单：“标注”/“标注样式”。

（3）命令：DIMSTYLE（快捷命令：DDIM）。

2. 操作说明

标注工具栏是进行尺寸标注最快捷的方式，所以在绘制工程图进行尺寸标注时应将该工具条弹出放在绘图区旁。弹出标注工具栏的方法是将鼠标放在任一工具栏上，单击鼠标右键，弹出菜单，选定“标注”，工具条如图 6-3 所示。

图 6-3 “标注”工具栏

点击按钮后，弹出“标注样式管理器”对话框，如图 6-4 所示。

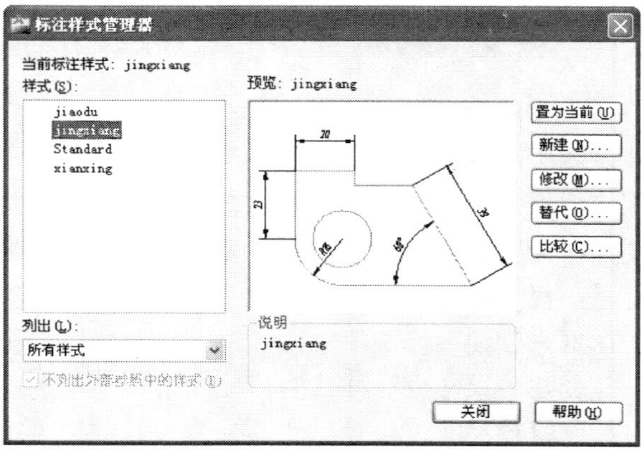

图 6-4 “标注样式管理器”对话框

3. “标注样式管理器”对话框简介

（1）创建新的尺寸标注样式就应首先理解“尺寸标注样式管理器”对话框中各标签的含义。“标注样式管理器”对话框的主要功能包括：预览尺寸标注样式、创建新的尺寸标注样式、修改已有的尺寸标注样式、设置一个尺寸标注样式的替代、设置当前的尺寸标注样式、比较尺寸标注样式、重命名尺寸标注样式和删除尺寸标注样式等。

（2）在“标注样式管理器”对话框中，“当前标注样式”区域用于显示当前的尺寸标注样式。“样式”列表框中显示了文件中所有的尺寸标注样式。用户在“样式”列表框中选择了合适的标注样式后，单击“置为当前”按钮，则可将选择的样式置为当前。

（3）单击“新建”按钮，弹出“创建新标注样式”对话框。单击“修改”按钮，弹出“修改标注样式”对话框，此对话框用于修改过去和以后尺寸标注样式的设置；单击“替代”按钮，弹出“替代当前样式”对话框，在该对话框中，用户可以设置以后的尺寸标注样式。

4. “创建新标注样式”对话框简介

（1）单击“标注样式管理器”对话框中的“新建”按钮，弹出图 6-5 所示的“创建新标注样式”对话框。

（2）在“新样式名”文本框中可以设置新创建的尺寸标注样式的名称；在“基础样式”下拉列表框中可以选择新创建的尺寸标注样式将以那个已有的样式为模板；在“用于”下拉列表框中可以指定新创建的尺寸标注样式将用于那些类型的尺寸标注。

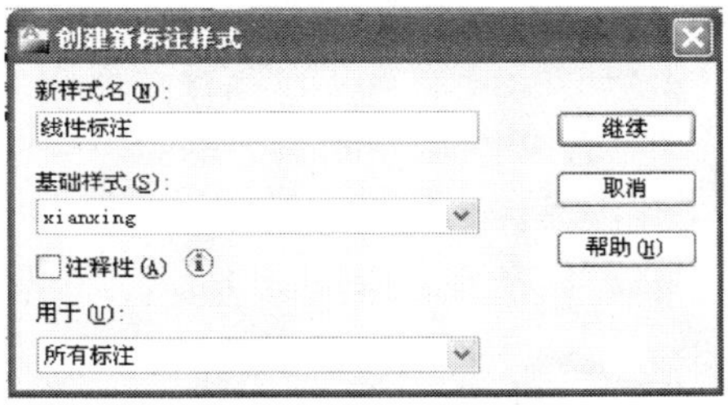

图 6-5　“创建新标注样式”对话框

（3）单击“继续”按钮将关闭“创建新标注样式”对话框，并弹出如图 6-6 所示的“新建标注样式”对话框，用户可以在该对话框的各选项卡中设置相应的参数，设置完成后单击确定按

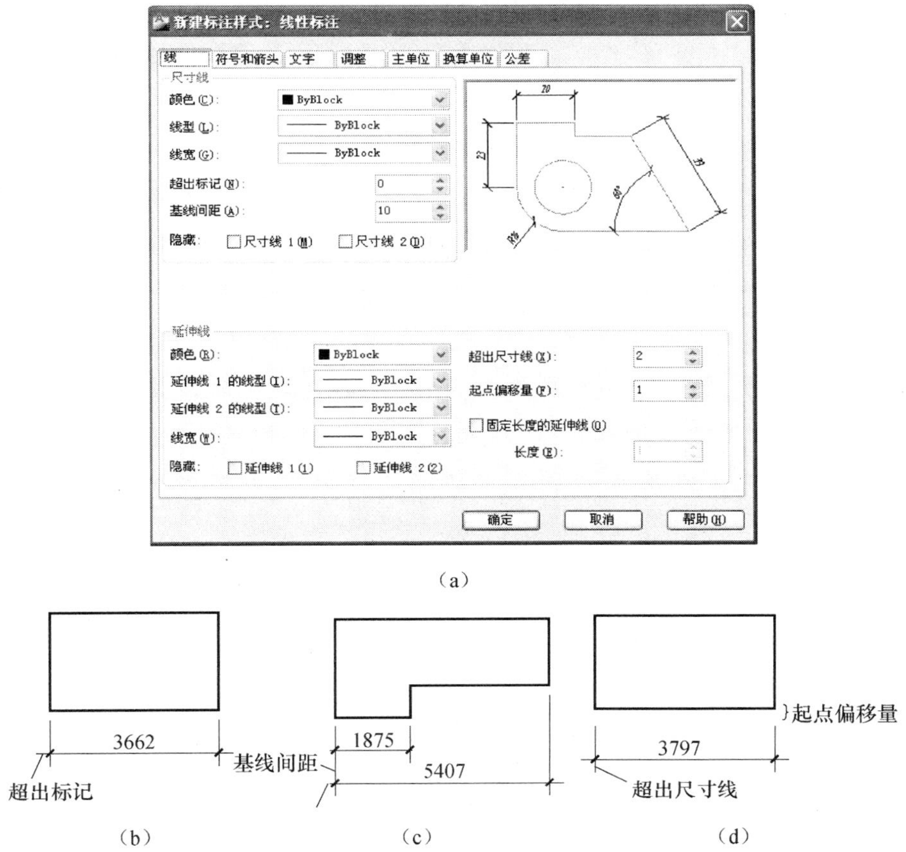

图 6-6　“新建标注样式”对话框

钮，返回“标注样式管理器”对话框，在“样式”列表框中可以看到新建的标注样式。

5. “新建标注样式”对话框各选项卡设置

（1）“线”选项卡

“线”选项卡如图6-6所示，由“尺寸线”和“尺寸界线”两个选项组组成。该选项卡用于设置尺寸线、尺寸界线，以及中心标记的特性等，以控制尺寸标注的几何外观。

1）在“尺寸线”选项组中，“颜色”下拉列表框用于设置尺寸线的颜色；“线宽”下拉列表框用于设定尺寸线的宽度；“超出标记”框用于设定尺寸线超过尺寸界线的距离，如图6-6（b）所示；“基线间距”框用于设定使用基线标注时各尺寸线间的距离，如图6-6（c）所示；“隐藏”及其复选框用于控制尺寸线的显示。

2）在“尺寸界线”选项组中，“颜色”下拉列表框用于设置尺寸界线的颜色；“线宽”下拉列表框用于设定尺寸界线的宽度；“超出尺寸线”框用于设定尺寸界线超过尺寸线的距离，如图6-6（d）所示；“起点偏移量”框用于设置尺寸界线相对于尺寸界线起点的偏移距离，如图6-6（d）所示；“隐藏”及其复选框用于设置尺寸界线的显示。“固定长度的尺寸界线”复选框可以在“标注样式”对话框中为尺寸界线指定固定的长度。

（2）“符号和箭头”选项卡

“符号和箭头”选项卡如图6-7所示，由“箭头”、“圆心标记”、“弧长符号”、“半径折弯标注”和“线性折弯标注”五个选项组组成。

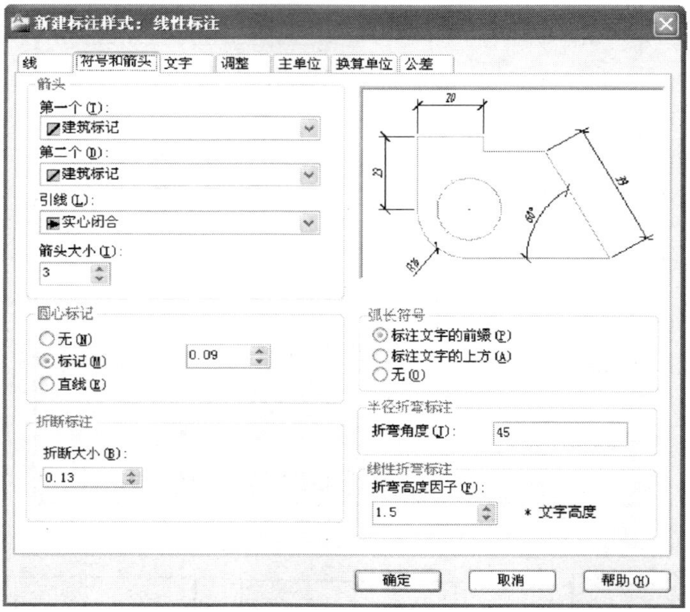

图6-7　“符号和箭头”选项

1）在“箭头”选项组中，“箭头”下拉列表框用于选定表示尺寸起止符号的箭头的外观形式；“引线”下拉列表框中列出了尺寸线引线部分的形式；“箭头大小”框用于设定箭头相对其他尺寸标注元素的大小。

2）“圆心标记”选项组用于控制当标注半径和直径尺寸时，中心线和中心标记的外观。

3）“弧长符号”选项组用于控制弧长符号的放置位置。弧长符号放在标注文字的前面或上方。

4）“半径折弯标注”选项组可以使用户利用折弯来标注半径，如果圆弧或圆的圆心位于图形边界之外常用折弯标注。

5）“线性折弯标注”，当标准不能精确表示实际尺寸时，通常将折弯线添加到线性标注中。

（3）“文字”选项卡

“文字”选项卡如图6-8（a）所示，由“文字外观”、“文字位置”和“文字对齐”3个选项组组成，用于设置标注文字的格式、位置及对齐方式等特性。

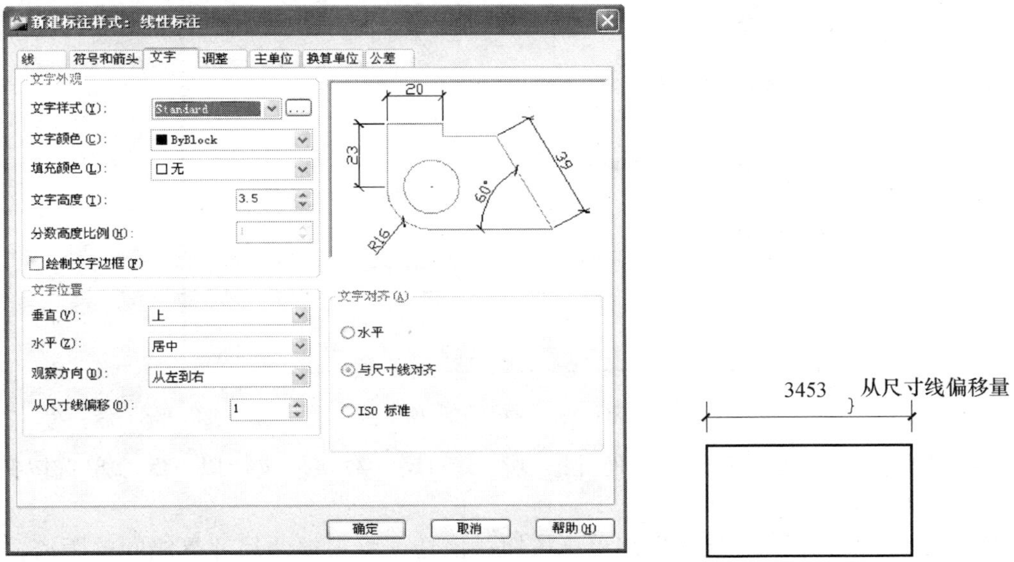

（a）　　　　（b）

图6-8　“文字”选项卡

1）“文字外观”选项组中可设置标注文字的格式和大小。“文字样式”下拉列表框用于选择标注文字所用的样式，单击后面的按钮，弹出“文字样式”对话框，该对话框的用法在前面已经讲解过，这里不再赘述。“文字颜色”下拉列表框用于设置标注文字的颜色；“文字高度”框用于设置当前标注文字样式的高度；“分数高度比例”框用于设置分数尺寸文本的相对字高度系数；“绘制文字边框”复选框用于控制是否在标注文字四周画一个框。

2）“文字位置”选项组中可设置标注文字的位置。“垂直”下拉列表框用于设置标注文字沿尺寸线在垂直方向上的对齐方式；“水平”下拉列表框用于设置标注文字沿尺寸线和尺寸界线在水平方向上的对齐方式；“从尺寸线偏移”框用于设置文字与尺寸线的间距，如图6-8（b）所示。

3）“文字对齐”选项组中可设置标注文字的方向。“水平”单选按钮表示标注文字沿水平线放置；“与尺寸线对齐”单选按钮表示标注文字沿尺寸线方向放置；“ISO 标准”单选按钮表示当标注文字在尺寸界线之间时，沿尺寸线的方向放置，当标注文字在尺寸界线外侧时，则水平放置标注文字。

（4）“调整”选项卡

图6-9所示是“调整”选项卡，其主要用来调整各尺寸要素之间的相对位置。分为“调整选项”、“文字位置”、“标注特征比例”、“优化”4个选项区。

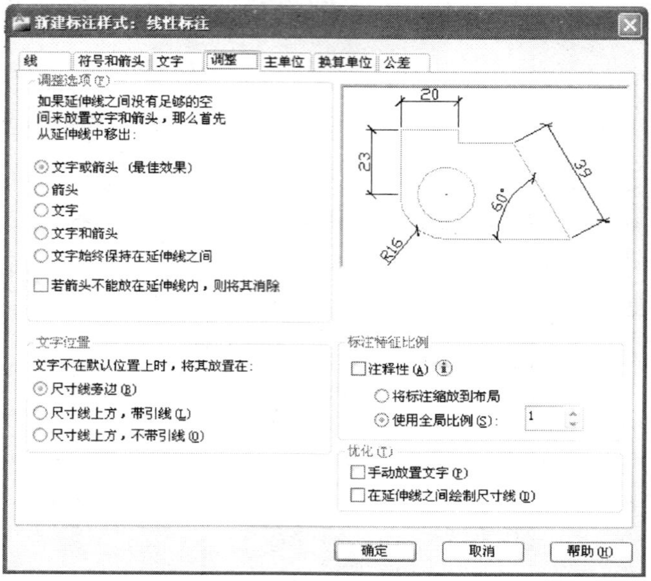

图6-9 “调整”选项卡

1）“调整选项”区用来确定在何处绘制箭头和尺寸数字。包括以下5个单选按钮和1个开关，其从上至下依次是：

①“文字与箭头，取最佳效果”单选按钮：该选项将根据两尺寸界线间的距离，以适当方式放置尺寸数字与箭头。其相当于以下方式的综合。

②“箭头”单选按钮：该选项将导致，如果空间允许，就将尺寸数字与箭头都放在尺寸界线内；如果尺寸数字与箭头两者仅够放一种，那就将尺寸箭头放在尺寸界线内，尺寸数字放在尺寸界线外；但若尺寸箭头也不足以放在尺寸界线内，那尺寸数字与箭头都放在尺寸界线外。

③“文字”单选按钮：该选项将导致，如果空间允许，就将尺寸数字与箭头都放在尺寸界线内；如果箭头与尺寸数字两者仅够放一种，那就将尺寸数字放在尺寸界线内，箭头放在尺寸界线外；但若尺寸数字也不足以放在尺寸界线内，那尺寸数字与箭头都放在尺寸界线外。

④“文字与箭头”单选按钮：该选项将导致，如果空间允许，就将尺寸数字与箭头都放在尺寸界线之内，否则都放在尺寸界线之外。

⑤“文字始终保持在尺寸界限之间”单选按钮：该选项将导致，任何情况下都将尺寸数字放在两尺寸界线之中。“若不能放在尺寸界限内头”开关：开该开关将导致，如果空间不够，就省略箭头。

2）“文字位置”区共有3个单选按钮，其从上至下依次是：

①“尺寸线旁边”单选按钮：该选项控制当尺寸数字不在缺省位置时，在尺寸线旁放置尺寸数字。

②“尺寸线上方，加引线”单选按钮：该选项控制当尺寸数字不在缺省位置时，若尺寸数字与箭头都不足以放到尺寸界线内，可移动鼠标绘出一条引线标注尺寸数字。

③“尺寸线上方，不加引线”单选按钮：该选项控制当尺寸数字不在缺省位置时，若尺寸数字与箭头都不足以放到尺寸界线内，用引线模式，但不画出引线。

3）“标注特征比例”区共有 2 个操作项，其从上至下依次是：

①如果选择“注释性”，可以方便地根据出图比例来调整注释比例，使打印出的图样中各项参数满足要求。

②“使用全局比例”单选按钮：以文本框中的数值为比例因子缩放标注的文字和箭头的大小，但不改变标注的尺寸值（模型空间标注选用此项），例如 1:1 绘制的建筑图，但设定的标准样式中比如箭头大小是 3，这样在建筑图中就非常小，这时在“使用全局比例”输入放大倍数（如 100），就可以了。

③“将标注缩放到布局”单选按钮：以当前模型空间视口和图纸空间之间的比例为比例因子缩放标注。

4）“优化”区共有 2 个操作项，其从上至下依次是：

①“手动放置文字”开关：若打开该开关进行尺寸标注时，AutoCAD 允许自行指定尺寸数字的位置。径向标注一般选择此项，线性标注一般不选择此项。

②“在延伸线之间绘制尺寸线”开关：该开关控制尺寸箭头在尺寸界线外时，是否绘制延伸尺寸线。

（5）“主单位”选项卡

“主单位”选项卡如图 6-10 所示，用于设置主单位的格式及精度，同时还可以设置标注文字的前缀和后缀。

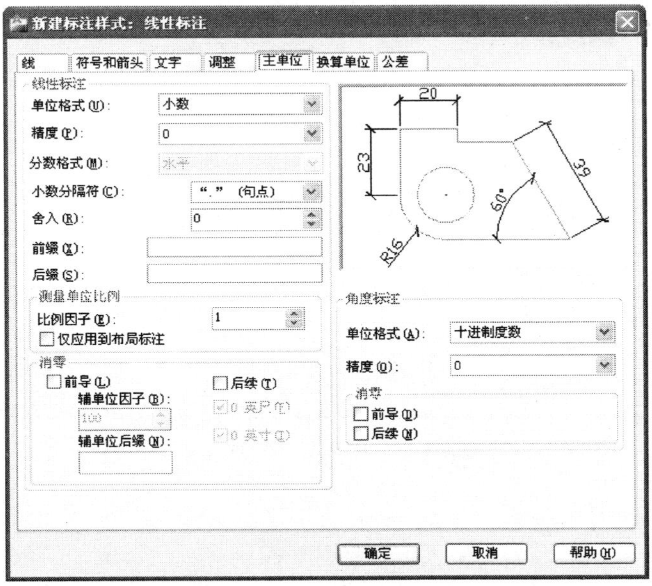

图 6-10　“主单位”选项卡

1）在“线性标注”选项组中可设置线性标注单位的格式及精度。

①“单位格式”下拉列表框用于设置所有尺寸标注类型（除了角度标注）的当前单位

格式。

②精度下拉列表框用于设置在十进制单位下用多少小数位显示标注文字。

③“分数格式”下拉列表框用于设置分数的格式。

④“小数分隔符”下拉列表框用于设置小数格式的分隔符号。

⑤“舍入”微调框用于设置所有尺寸标注类型（除角度标注外）测量值的取整规则。

⑥“前缀”微调框用于对标注文字加上一个前缀。

⑦“后缀”微调框用于对标注文字加上一个后缀。

2）“测量单位比例”选项组用于确定测量时的缩放系数。它可实现按不同比例绘图时，直接注出实际物体的大小。例如：若绘图时将尺寸缩小一倍来绘制，即绘图比例为1:2，那么在此设置比例因子应为2，系统就将把测量值扩大一倍，使用真实的尺寸值进行标注。“仅应用到布局标注”开关：控制仅把比例因子用于布局中的尺寸。

3）“角度标注”选项组用于设置角度标注的角度格式。

4）“清零”选项组控制是否显示前导0或尾数0。

（6）“换算单位”选项卡

图6-11所示是“换算单位”选项卡，其主要用来设置换算尺寸单位的格式和精度并设置尺寸数字的前缀和后缀，其各操作项与“主单位”标签的同类项基本相同，在此不再详述。

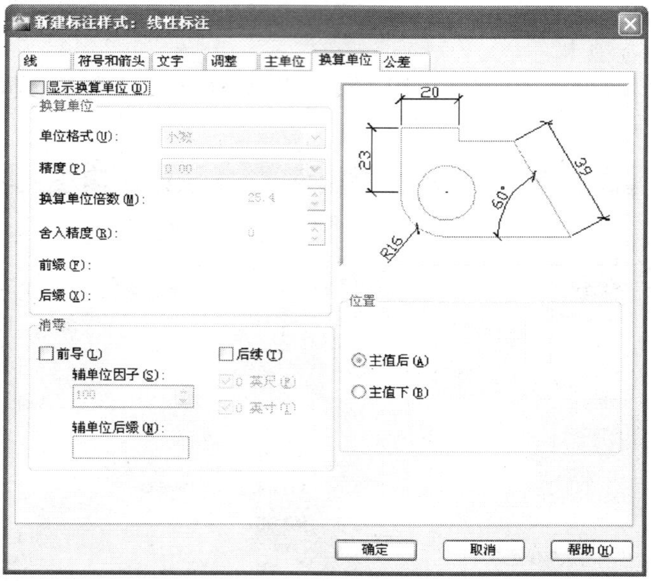

图6-11 “换算单位”选项卡

（7）“公差”选项卡

图6-12所示是“公差”选项卡，其主要用来控制尺寸公差标注形式、公差值大小及公差数字的高度及位置等。该对话框主要应用部分是左边区域，该区共有8个操作项，其从上至下依次是：

1）“方式”下拉列表框：用来指定公差标注方式。

2）“精度”下拉列表框：用来指定公差值小数点后保留的位数。

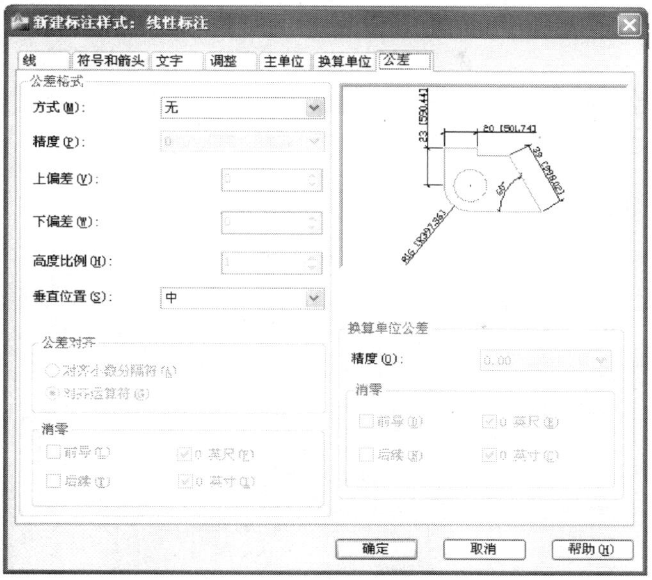

图 6-12　“公差”选项卡

3）“上偏差”文字编辑框：用来输入尺寸的上偏差值。

4）“下偏差”文字编辑框：用来输入尺寸的下偏差值。

5）“高度比例”文字编辑框：用来设定尺寸公差数字的高度。该高度是由尺寸公差数字字高与基本尺寸数字高度的比值来确定的。例如：“0.7”这个值使尺寸公差数字高是基本尺寸数字高度的 0.7 倍。

6）“垂直位置”下拉列表框：用来控制尺寸公差相对于基本尺寸的位置。

7）“前导”开关：用来控制是否对尺寸公差值中的前导“0”加以显示。

8）“后续”开关：用来控制是否对尺寸公差值中的后续“0”加以显示。

6.2　常用的标注样式

6.2.1　设置三种常用尺寸标注样式

在绘制的工程图中，通常都有多种标注尺寸的形式，要提高绘图速度，应把绘图中所采用的尺寸标注形式都创建为尺寸标注样式，这样在绘图中标注尺寸时只需调用所需尺寸标注样式，从而避免了尺寸变量的反复设置，且便于修改。

工程图中常用三种尺寸标注样式：建筑线性尺寸标注样式、径向尺寸标注样式、角度标注样式。以下介绍如何创建这三种常用标注样式。

【操作步骤】

（1）建筑线性尺寸标注样式

单击“标注样式”按钮，在弹出的“标注样式管理器”对话框中单击“新建”按钮，在弹出的“创建新标注样式”对话框中给所设置的标注样式起名，单击“继续”按钮，在弹出的“新建标注样式”对话框中各选项卡设置如下：

1）“线”选项卡：设置“基线间距”8；“超出尺寸线”3；“起点偏移量”3，如图 6-13 所示。

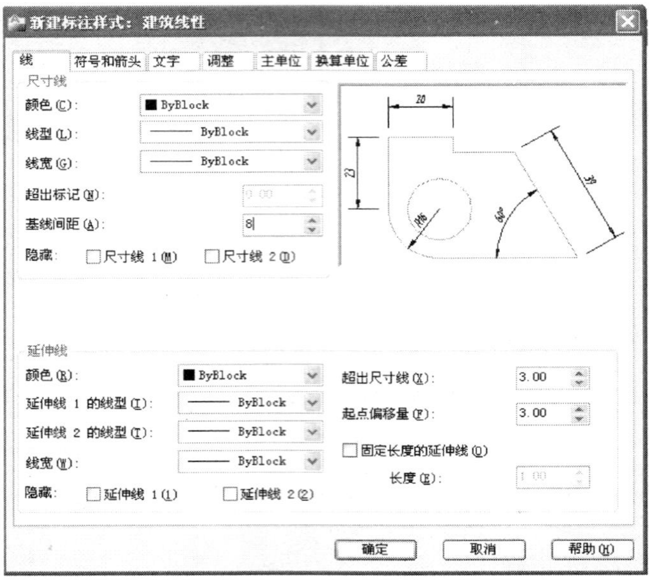

图 6-13 设置“线”选项卡

2）“符号和箭头”选项卡：设置箭头选“建筑标记”、箭头大小 3；其余选项默认，如图 6-14 所示。

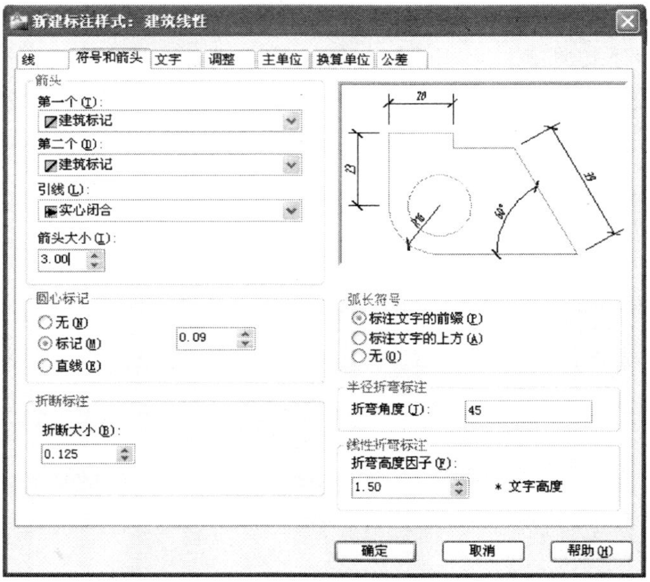

图 6-14 设置“符号和箭头”选项卡

3）“文字”选项卡：选择创建的字母数字文字样式，设置文字高度 3.5；“从尺寸线偏移”1；文字对正选中“与尺寸线对齐”，如图 6-15 所示。

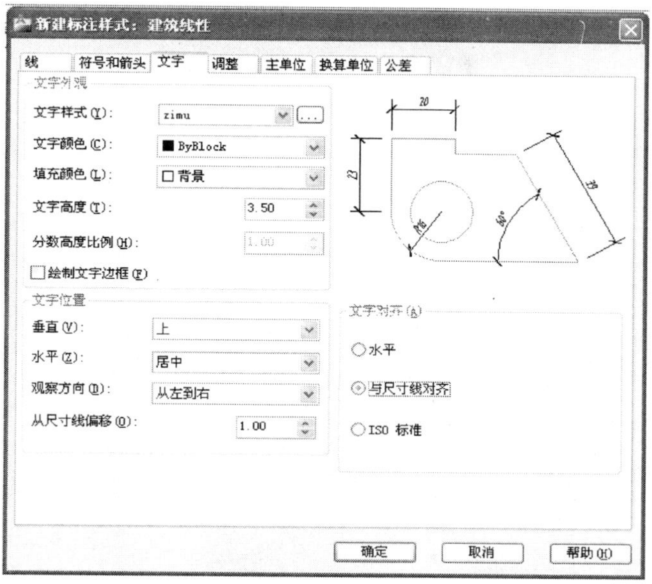

图 6-15　设置“文字”选项卡

4）“调整”选项卡：调整选项选第一项“文字或箭头”；“使用全局比例”100（根据绘图大小调整）。优化选区选“在延伸线之间绘制尺寸线”如图 6-16 所示。

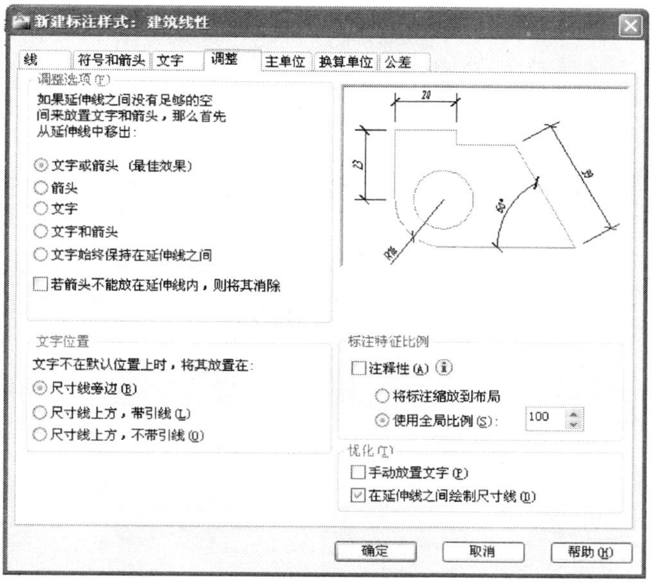

图 6-16　设置“调整”选项卡

5）“主单位”选项卡：设置“精度”0，如图 6-17 所示。

6）“换算单位”选项卡：选择默认。

7）“公差”选项卡：选择默认。

单击“确定”，关闭对话框，完成设置。

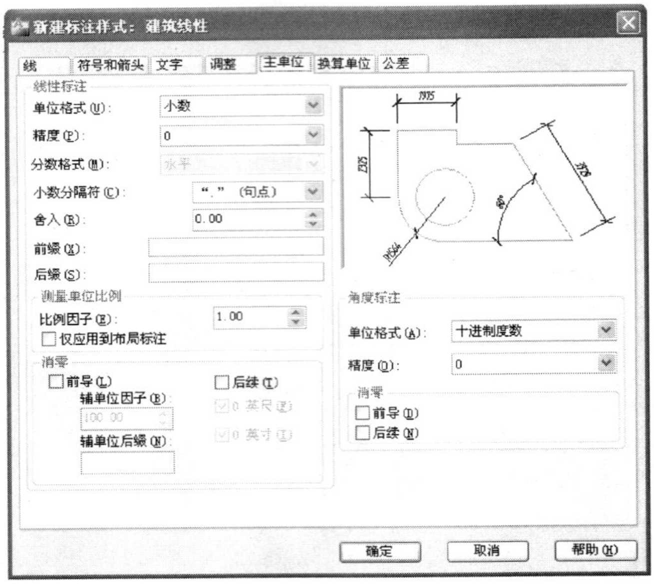

图 6-17　设置“主单位”选项卡

（2）径向尺寸标注样式

单击“标注样式”按钮，在弹出的“标注样式管理器”对话框中单击“新建”按钮，在弹出的“创建新标注样式”对话框中给所设置的标注样式起名，单击“继续”按钮，在弹出的“新建标注样式”对话框中各选项卡设置如下：

1）“线”选项卡：设置“基线间距”8；“超出尺寸线”3；“起点偏移量”3，如图 6-18 所示。

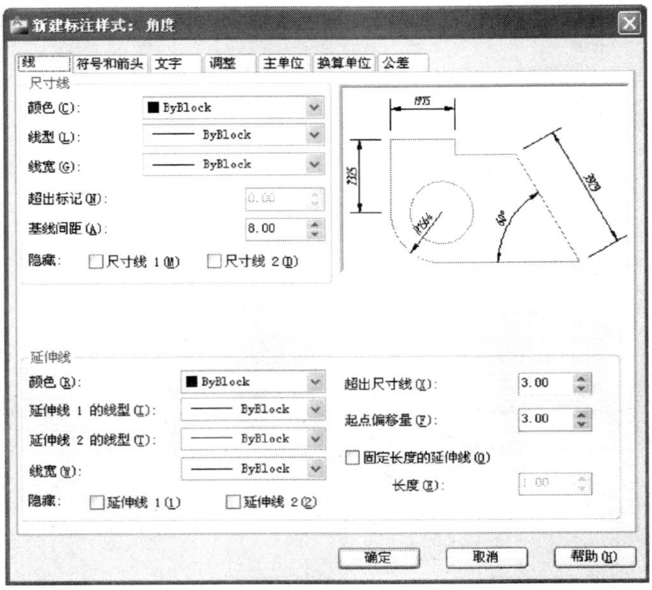

图 6-18　设置“线”选项卡

2）“符号和箭头”：选择箭头为“实心闭合”，设置“箭头大小”3，如图 6-19 所示。

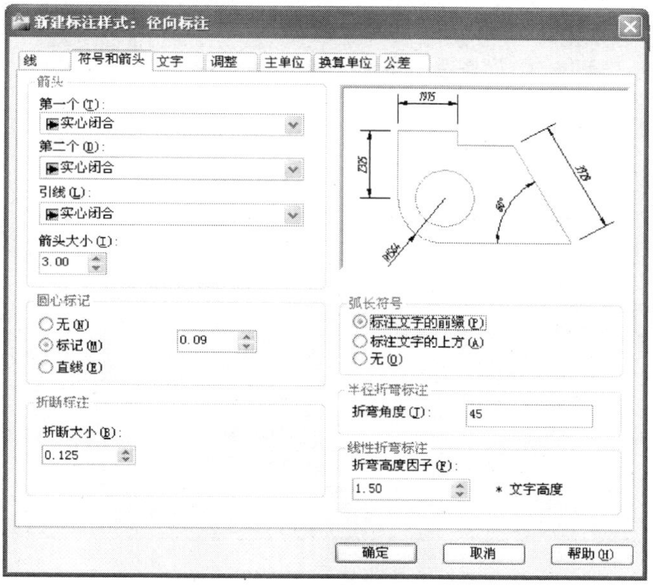

图 6-19　设置“符号和箭头”选项卡

3）“文字”选项卡：选择创建的文字样式，填充颜色选“背景”，设置“文字高度”3.5；“从尺寸线偏移”1；选中“ISO 标准”，如图 6-20 所示。

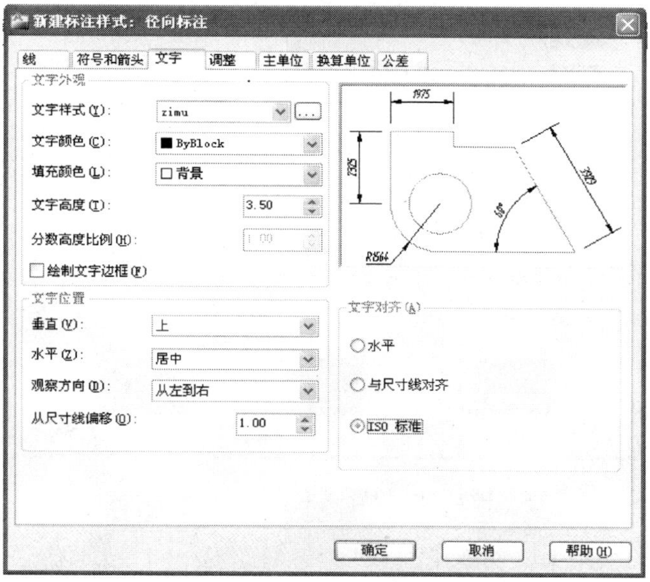

图 6-20　设置“文字”选项卡

4）“调整”选项卡：调整选项选中“箭头”；优化处选中“手动放置文字”，设置“使用全局比例”100（根据绘图大小调整），如图 6-21 所示。

5）“主单位”选项卡：设置“精度”0，如图 6-22 所示。

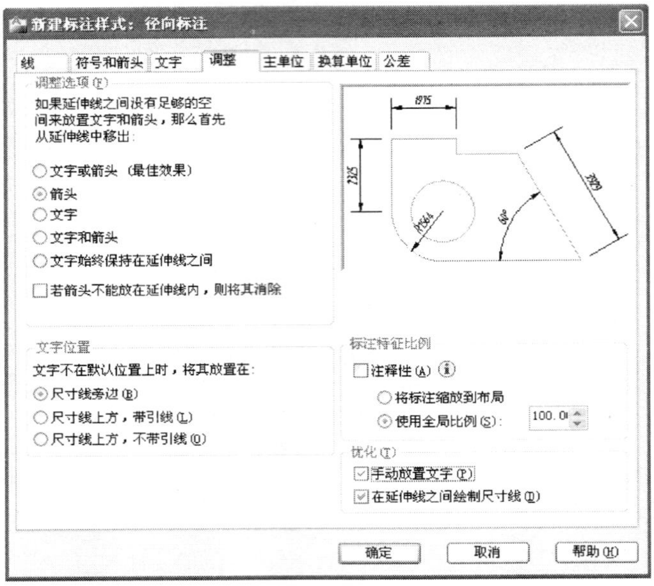

图 6-21 设置“调整”选项卡

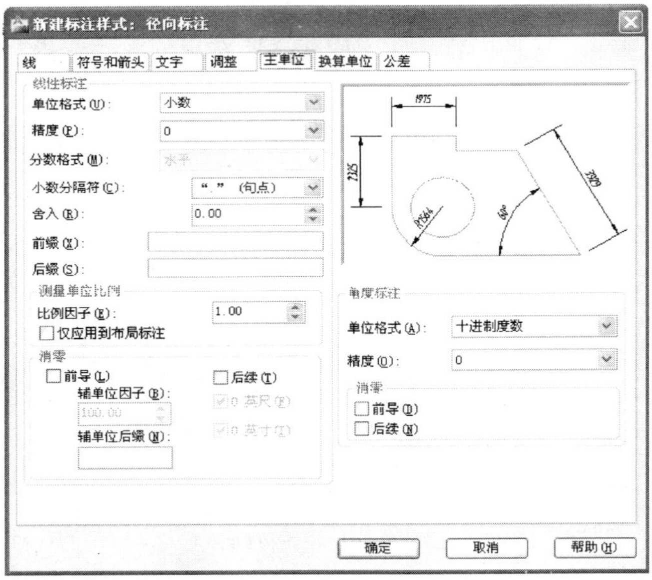

图 6-22 设置“主单位”选项卡

6）“换算单位”选项卡：选默认。

7）“公差”选项卡：选默认。

单击“确定”，关闭对话框，完成设置。

（3）角度标注样式

单击“标注样式”按钮，在弹出的“标注样式管理器”对话框中单击“新建”按钮，在弹出的“创建新标注样式”对话框中给所设置的标注样式起名，单击“继续”按钮，在弹出的“新建标注样式”对话框中各选项卡设置如下：

1）“线”选项卡：设置“基线间距”8；“超出尺寸线”3；“起点偏移量”3，如图 6-23 所示。

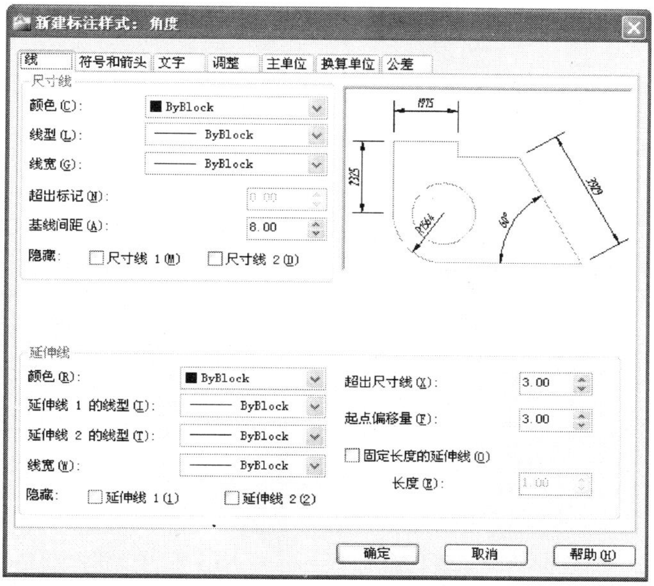

图 6-23　设置“线”选项卡

2）“符号和箭头”选项卡：设置“箭头大小”3，如图 6-24 所示。

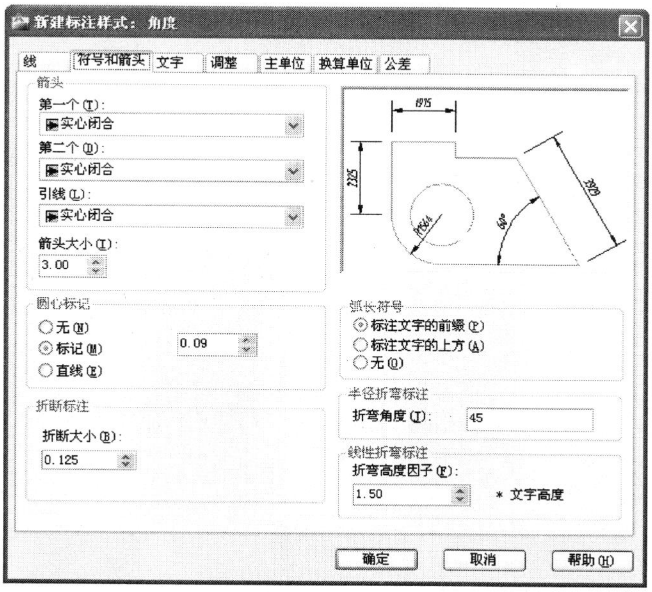

图 6-24　设置“符号和箭头”选项卡

3）“文字”选项卡：设置“文字高度”3.5；“从尺寸线偏移”1；选中“水平”，如图 6-25 所示。

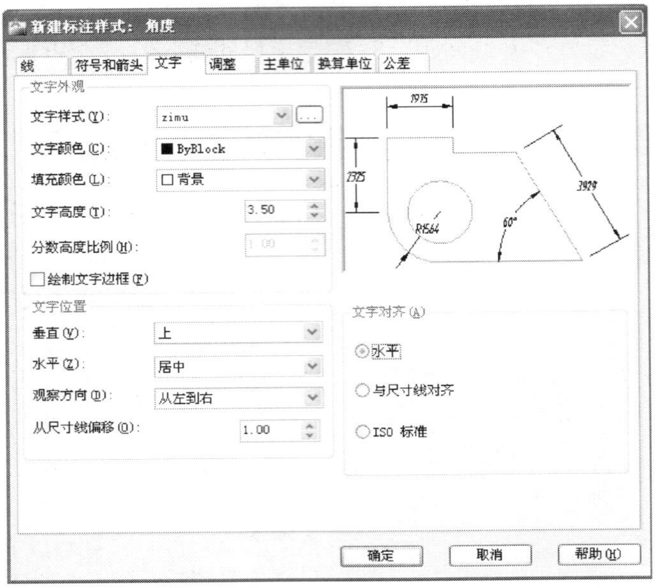

图 6-25 设置“文字”选项卡

4）“调整”选项卡：设置“使用全局比例”100（与前边设置一致），如图 6-26 所示。

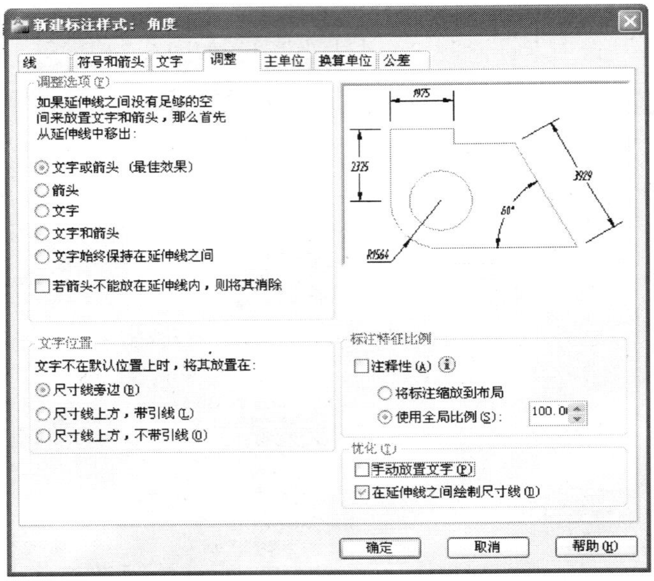

图 6-26 设置“调整”选项卡

5）“主单位”选项卡：设置“精度”0，如图 6-27 所示。

6）“换算单位”选项卡：默认。

7）“公差”选项卡：默认。

单击“确定”，关闭对话框，完成设置。

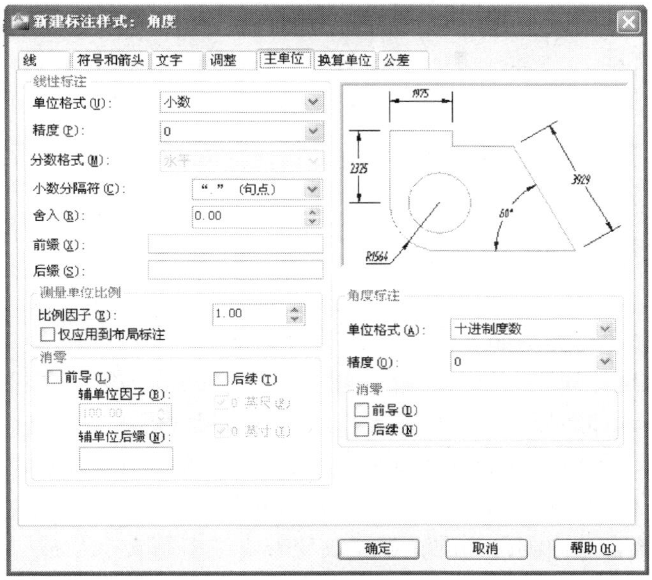

图 6-27　设置“主单位”选项卡

6.2.2　置为当前、修改和替代标注样式

要将一个标注样式置为当前，在标注样式管理器中点 置为当前(U)，或标注工具条的 建筑线性 下拉菜单选择。

已设置的尺寸标注样式也可以修改和替代。

在“标注样式管理器”对话框的“样式”下列表框中，选择需要修改的标注样式，然后单击“修改”按钮，弹出“修改标注样式”对话框，可以在该对话框中对该样式的参数进行修改。

同样的，在“标注样式管理器”对话框的“样式”下列表框中，选择需要替代的标注样式，单击“替代”按钮，弹出“替代当前样式”对话框，用户可以在该对话框中设置临时的尺寸标注样式，以替代当前尺寸标注样式的相应设置。

特别提示：

(1) 标注样式“修改”后，已用该样式标注的及将要标注的全部改变。“替代”只对将要标注的起作用。

(2) 由一种标注样式转成另一种标注样式的方法是选择要转换的标注，然后从标注工具条 建筑线性 下拉菜单选择要转换成标注样式。

6.3　尺寸标注

6.3.1　直线型尺寸标注

直线型尺寸是工程制图中最常见的尺寸，包括水平尺寸、垂直尺寸、对齐尺寸、基线标注和连续标注等。下面将分别介绍这几种尺寸的标注方法。

第一种：线性标注

1. 执行途径

（1）“标注”工具栏/“线性标注”按钮。

（2）下拉菜单：“标注”/“线性标注”。

（3）命令：DIMLINEAR。

2. 操作说明

输入命令后，命令行提示如下：

- 指定第一个延伸线原点或〈选择对象〉：选取一点作为第一条尺寸界限的起点。
- 指定第二条延伸线原点：选取一点作为第二条尺寸界限的起点。
- 指定尺寸线位置或［多行文字（M）/文字（T）/角度（A）/水平（H）/垂直（V）/旋转（R）］：移动光标指定尺寸线位置，也可设置其他选项。

尺寸数字是系统自动内测得到的，若要改变需要“多行文字”或“文字”，如在提示下输入T回车，例如输入“%%C100”，则尺寸数字显示为“ϕ100”。

选项中的“角度”是指尺寸数字的旋转角度，如图6-28中的尺寸“57”为角度为45度的结果，选项中的“水平”、“垂直”用于选择水平或者垂直标注，或者通过拖动鼠标也可以切换水平和垂直标注。“旋转”指尺寸线旋转，如图6-28中尺寸“38”为旋转30度的结果。

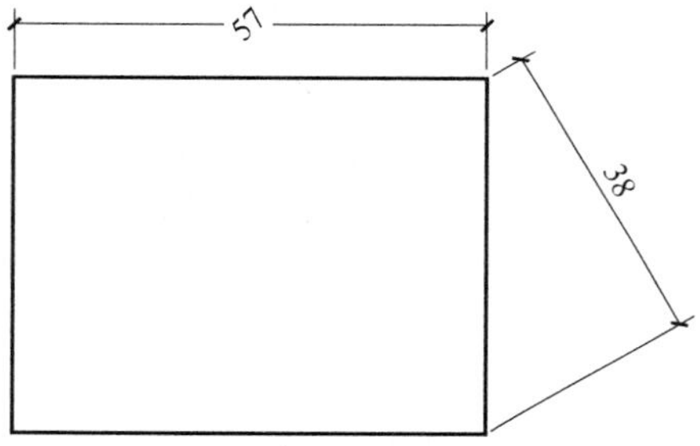

图6-28 线性标注

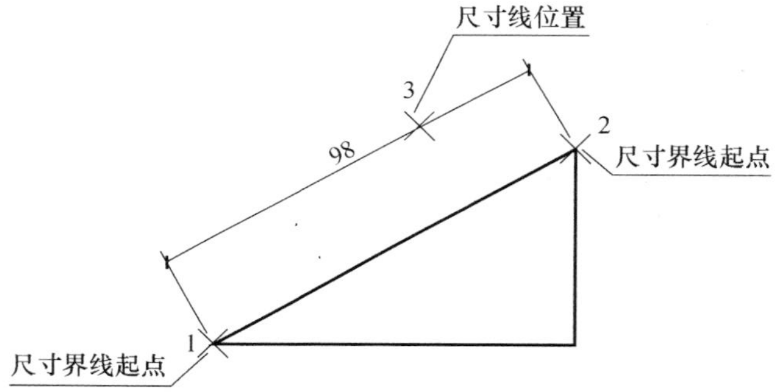

图6-29 对齐标注

第二种：对齐标注

对齐尺寸标注，可以标注某一条倾斜线段的实际长度。

1. 执行途径

（1）“标注”工具栏/“对齐标注”按钮。

（2）下拉菜单：“标注”/“对齐”。

（3）命令：DIMALLGNEAD。

2. 操作说明

执行命令后，命令行提示与操作和线性标注类似，不再赘述。

标注效果如图6-29所示。

第三种：基线标注

在工程制图中，往往以某一面（或线）作为基准，其他尺寸都以该基准进行定位或画线，这就是基线标注。基线标注需要以事先完成的一个线性标注为基础。

1. 执行途径

（1）“标注”工具栏/“基线”按钮。

（2）下拉菜单：“标注”/“基线标注”。

（3）命令：DIMBASELINE。

2. 操作说明

输入命令后，命令行提示如下：

- 指定第二条延伸线原点：选取第二条尺寸界线起点。
- 指定第二条延伸线原点：指定第三条尺寸界线的起点，可以继续指定，直到结束。

标注效果如图 6-30 所示，先用线性标注“31”的尺寸，然后用“基线”标注，点 4 点、点 5 点、点 6 点回车结束命令。

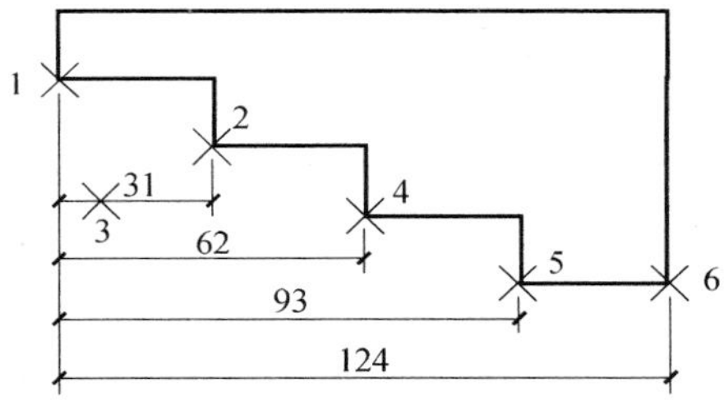

图 6-30　基线标注

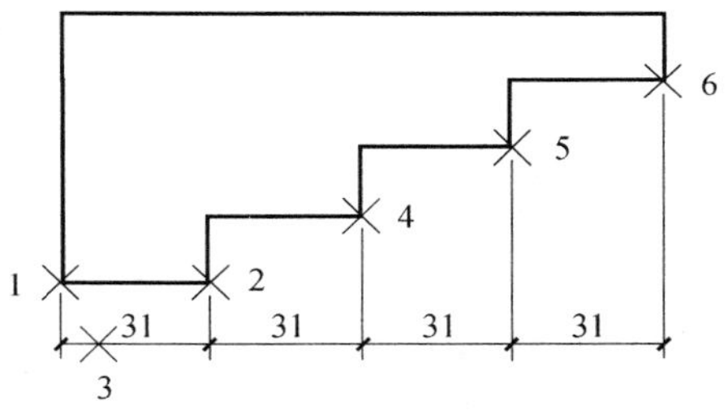

图 6-31　连续标注

第四种：连续标注

连续标注是首尾相连的多个标注，前一尺寸的第二尺寸界线就是后一尺寸的第一尺寸界线。

1. 执行途径

（1）“标注”工具栏/“连续标注”按钮。

（2）下拉菜单：“标注”/“连续标注”。

（3）命令：DIMCONTINUE。

2. 操作说明

输入命令后，命令行提示与“基线标注”类似，不再赘述。

标注效果如图 6-31 所示。

第五种：快速标注

“快速标注”可以用连续标注的形式将同向尺寸快速标出。

1. 执行途径

（1）“标注”工具栏/“标注间距”按钮。

（2）下拉菜单：“标注”/“快速标注”。

（3）命令：QDIM。

2. 操作说明

如图 6-32 所示，执行“快速标注”命令，提示选择要标注的几何图形：选择线 AB、线 CD、线 EF，回车后确定尺寸位置，结果如图 6-32 所示。

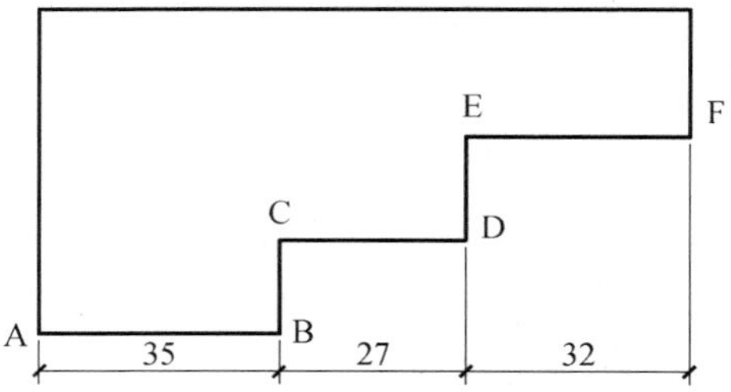

图 6-32 快速标注

第六种：等距标注

使用该命令可以自动调整尺寸线间的间距，或根据指定的间距值进行调整。

1. 执行途径

（1）“标注”工具栏/“标注间距”按钮。

（2）下拉菜单：“标注”/“标注间距”。

（3）命令：DIMSPACE。

2. 操作说明

输入命令后，命令行提示：

- 选择基准标注：指定作为基准的尺寸标注。
- 选择要产生间距的标注：指定要控制间距的尺寸标注。
- 选择要产生间距的标注：可以连续选择，回车结束选择。
- 输入值或［自动（A）］〈自动〉：输入间距的数值。默认状态是自动，即按照当前尺寸样式设定的间距。

图 6-33（a）要调整三个尺寸之间的间距为 8，则执行“等距标注”命令，第一次选择“28”尺寸为基准标注，即这个尺寸保持不动，回车后选择另两个尺寸，回车后输入间距值 8，结果见图 6-33（b）。

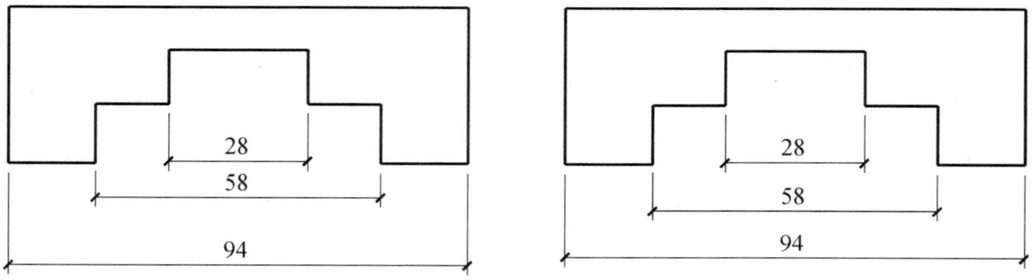

（a）标注间距之前　　（b）标注间距之后

图 6-33 等距标注

> **特别提示：**
>
> 除了调整尺寸线间距，还可以通过输入间距值 0 使尺寸线相互对齐。由于能够调整尺寸线的间距或对齐尺寸线，因而无需重新创建标注或使用夹点逐条对齐并重新定位尺寸线。

6.3.2 径向尺寸标注

径向尺寸是工程制图中另一种比较常见的尺寸，常用于回转类形体尺寸的标注，包括标注半径和直径。下面将分别介绍这两种尺寸的标注方法。

第一种：半径标注

1. 执行途径

（1）“标注” 工具栏/ “半径” 按钮。

（2） 下拉菜单：“标注” / “半径标注”。

（3） 命令：DIMRADIUS。

2. 操作说明

输入命令后，命令行提示如下：

- 选择圆弧或圆：选择要标注半径的圆或圆弧对象。
- 指定尺寸线位置或［多行文字（M）/文字（T）/角度（A）］：移动光标至合适位置单击鼠标。

标注效果见图 6-34（a）。

第二种：直径标注

1. 执行途径

（1）“标注” 工具栏/ “直径” 按钮。

（2） 下拉菜单：“标注” / “直径标注”。

（3） 命令：DIMDIAMETER。

2. 操作说明

输入命令后，命令行提示与半径标注类似，不再赘述，标注效果见图 6-34（b）。

第三种：折弯半径标注

1. 执行途径

（1）“标注” 工具栏/ “折弯” 按钮。

（2） 下拉菜单：“标注” / “折弯标注”。

（3） 命令：DIMJOGGED。

2. 操作说明

输入命令后，命令行提示：

- 选择圆弧或圆：选择要标注半径的圆或圆弧对象。
- 指定图示中心位置：指定中心位置替代位置。
- 指定尺寸线位置或［多行文字（M）/文字（T）/角度（A）］：鼠标确定尺寸线的位置。
- 指定折弯位置：鼠标确定折弯的位置。

标注效果见图 6-34（c）。

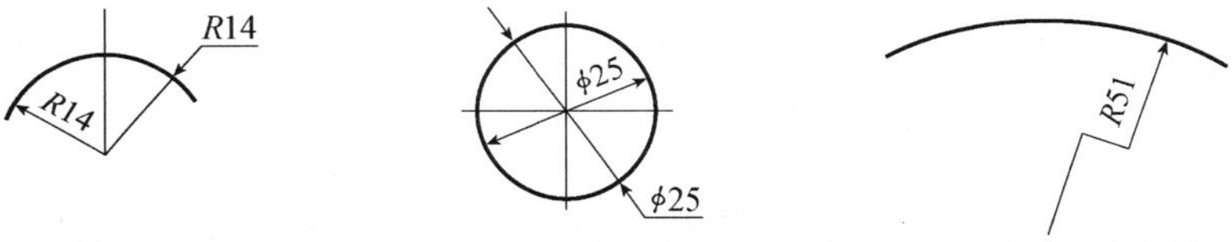

（a）半径标注　（b）直径标注　（c）折弯半径标注

图 6-34　径向尺寸标注

6.3.3 角度标注

角度尺寸标注用于标注两条直线或 3 个点之间的角度。要测量圆的两条半径之间的角度，可以选择此圆，然后指定角度端点。对于其他对象，则需要先选择对象，然后指定标注位置。

1. 执行途径

（1）“标注”工具栏/“角度标注”按钮。

（2）下拉菜单：“标注”/“角度”。

（3）命令：DIMANGULAR。

2. 操作说明

输入命令后，命令行提示如下：

- 选择圆弧、圆、直线或〈指定顶点〉：选择标注角度尺寸对象，圆弧或者是直线或者回车后选择点。
- 指定标注弧线位置或［多行文字（M）/文字（T）/角度（A）］：移动光标至合适位置单击。

各种角度标注如图 6-35 所示。

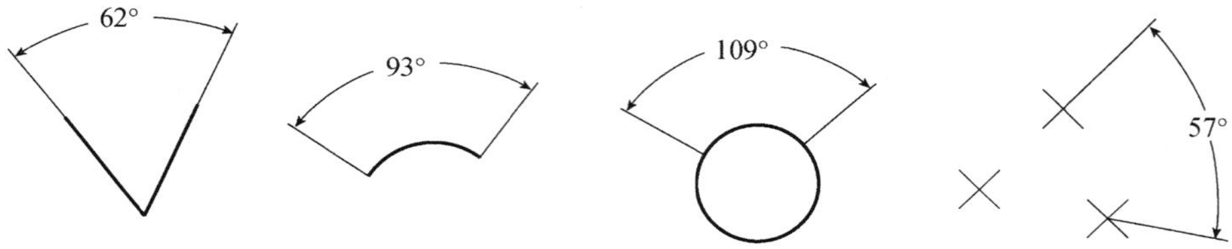

图 6-35 角度标注

6.3.4 多重引线标注

1. 执行途径

（1）图 6-36“多重引线”工具栏按钮：。

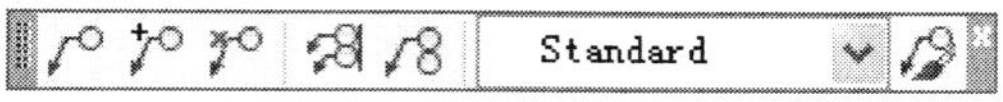

图 6-36 多重引线工具栏

（2）下拉菜单：“标注”/“多重引线”。

（3）命令：_MLEADER。

2. 操作说明

启动该命令后，命令行提示：

指定引线箭头的位置或［引线基线优先（L）/内容优先（C）/选项（O）］〈选项〉：

这时，直接单击确定引线箭头的位置，然后在打开的文字输入窗口中输入注释内容即

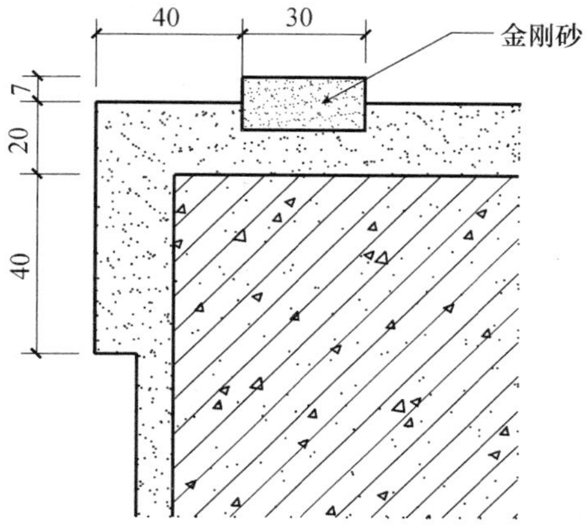

图 6-37　多重引线

可。图 6-37 为单击楼梯的防滑条作为指引箭头的位置，输入内容为“金刚砂”时的引线标注。

当用户对目前默认的引线标注样式不满意时，可以进行修改，或者建立自己需要的引线标注样式。这些操作都可以通过点击“多重引线”工具栏按钮调出“多重引线样式管理器”来实现。

6.3.5　折断标注

标注过程有时会出现尺寸界线或尺寸线之间相交的情况，如图 6-38（a）所示，这会使标注显得较乱，为了使标注更加清晰，层次分明，可以采用折断标注。

1. 执行途径

（1）“标注”工具栏按钮：。

（2）下拉菜单：“标注”/“折断标注”。

（3）命令：DIMBREAK。

2. 操作说明

启动标注折断命令，命令行提示如下：

- 选择标注或［多个（M）］：选择一个或多个要被打断的标注。
- 选择要打断标注的对象或［自动（A）/恢复（R）/手动（M）］〈自动〉：选择要保留的对象。
- 选择要打断标注的对象：进一步选择或回车结束选择。

图 6-38（b）是先选择横向 1500 和 1000 的尺寸作为被打断的标注，然后选择竖向最下方 1000 作为要打断标注的保留对象的结果。

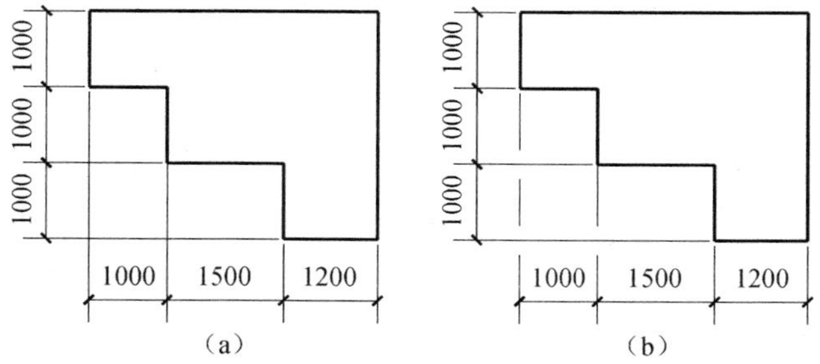

图 6-38　折断标注实例

6.3.6　折弯线性标注

1. 执行途径

（1）“标注”工具栏按钮：。

（2）下拉菜单：“标注”/“折弯线性”。

（3）命令：DIMJOGLINE。

2. 操作说明

启动该命令后，命令行提示：

- 选择要添加折弯的标注或［删除（R）］：选择要添加折弯的标注或者输入 R 选择要删除的折弯标注。

- 指定折弯位置（或按 ENTER 键）：指定折弯位置或回车默认折弯位置。

图 6-39（b）是（a）添加折弯线性标注后的效果。

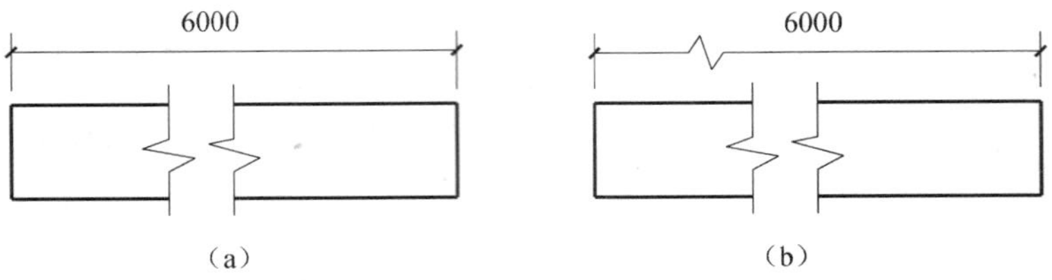

图 6-39 折弯标注效果

6.4 编辑尺寸标注

编辑尺寸标注包括旋转现有文字或用新文字替换现有文字。还可以将文字移动到新位置或返回其初始位置，也可以将标注文字沿尺寸线移动到左、右、中心或尺寸界线之内或之外的任意位置。

6.4.1 编辑标注

该命令用来进行修改已有尺寸标注的文本内容和文本放置方向。

1. 执行途径

（1）“标注”工具栏/“编辑标注”按钮 。

（2）命令：DIMEDIT。

2. 操作说明

输入命令后，命令行提示如下：

输入标注类型［默认（H）/新建（N）/旋转（R）/倾斜（O）］〈默认〉：

各选项含义：

（1）“默认”（H）选项：此选项用于将尺寸文本按默认位置方向重新置放。

（2）“新建”（N）选项：此选项用于更新所选择的尺寸标注的尺寸文本。

（3）“旋转”（R）选项：此选项用于旋转所选择的尺寸文本。

（4）“倾斜”（O）选项：此选项用于倾斜标注，即编辑线性尺寸标注，使其尺寸界线倾斜一个角度，不再与尺寸线相垂直，常用于标注锥形图形。

特别提示：

常用的替换尺寸数字的方法是，选定标注，点击特性 ，在文字行输入替代文字。

6.4.2 编辑标注文字

该命令用来进行修改已有尺寸标注的放置位置。

1. 执行途径

（1）“标注”工具栏/“编辑标注”按钮。

（2）命令：DIMTEDIT。

2. 操作说明

输入命令后，命令行提示如下：

- 选择标注：选定要修改位置的尺寸。
- 指定标注文字的新位置或［左（L）/右（R）/中心（C）/默认（H）/角度（A）］：

（1）“左”（L）选项：此选项用于将尺寸文本按尺寸线左端置放。

（2）“右”（R）选项：此选项用于将尺寸文本按尺寸线右端置放。

（3）“中心”（C）选项：此选项用于将尺寸文本按尺寸线中心置放。

（4）“默认”（H）选项：此选项用于将尺寸文本按默认位置置放。

（5）“角度”（A）选项：此选项用于将尺寸文本按一定角度置放。

6.4.3　尺寸标注更新

该命令用来进行替换所选择的尺寸标注的样式。

1. 执行途径

（1）“标注”工具栏/“标注更新”按钮。

（2）命令：DIMSTYLE。

2. 操作说明

在执行该命令前，先将需要的尺寸样式设为当前的样式。

输入命令后，命令行提示如下：

- 选择对象：选择要修改样式的尺寸标注。
- 回车后命令结束，所选择的尺寸样式变为当前的样式。

6.5　应用示例

下面以 6-40 所示的平面图为例，介绍建筑细部尺寸的标注。

【操作步骤】

（1）采用 1:100 的比例绘制如图 6-40 所示平面图。

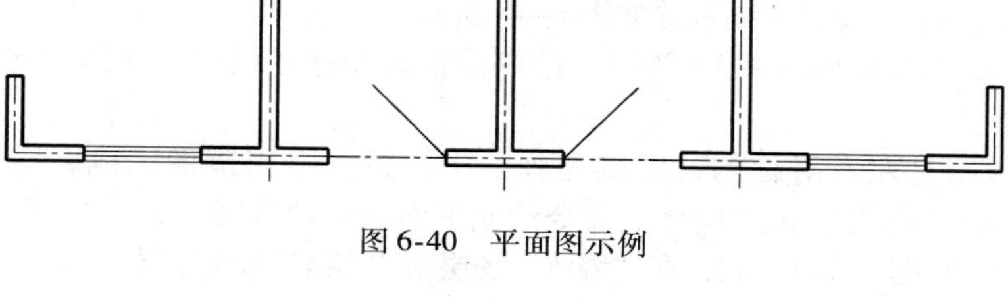

图 6-40　平面图示例

（2）利用前边创建的“线性标注”样式，点击“线性”和“连续”命令图标，标注细部尺寸如图 6-41。

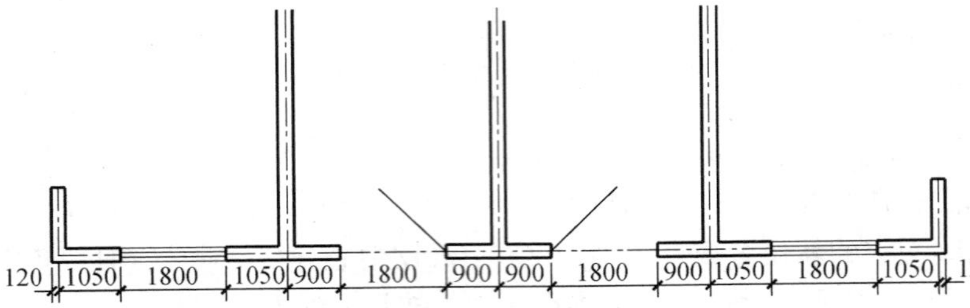

图 6-41　标注细部尺寸

（3）部分尺寸数字重合在一起，采用夹点操作法，选定要调整的尺寸，鼠标点击尺寸数字上的夹点，夹点由蓝变红，鼠标移到合适位置点击鼠标，如图 6-42 所示。调整后的结果如图 6-43 所示。

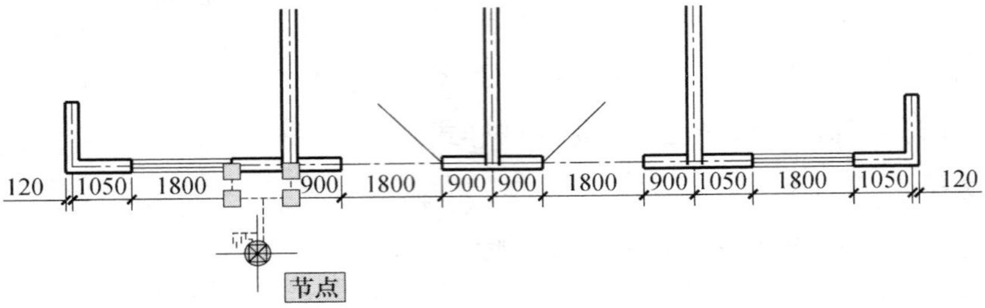

图 6-42　夹点操作尺寸位置

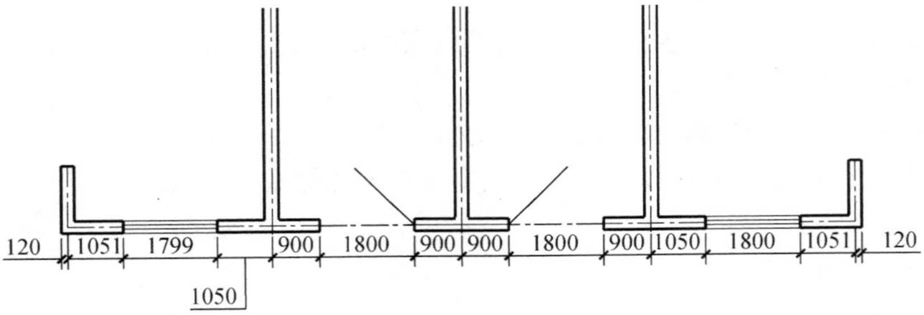

图 6-43　调整数字位置

6.6　上机指导（标注平面图形尺寸）

绘制如图 6-44 所示住宅标准层平面图。

【操作步骤】

（1）先设置图层、线型、线宽等如图 6-45 所示。

（2）建立 A3 图纸幅面（420×297），绘制图框线和标题栏；再使用“比例”命令将该图幅放大 100 倍。

（3）因为该图是左右对称的，所以先画一半，另一半用镜像完成。打开“正交”在“轴线”图层下用“直线”和“偏移”命令绘制平面墙体轴线网，如图 6-46 所示。

（4）创建“240 墙”多线样式，在“墙体”图层用“多线”绘制墙体。结果如图 6-47 所示。

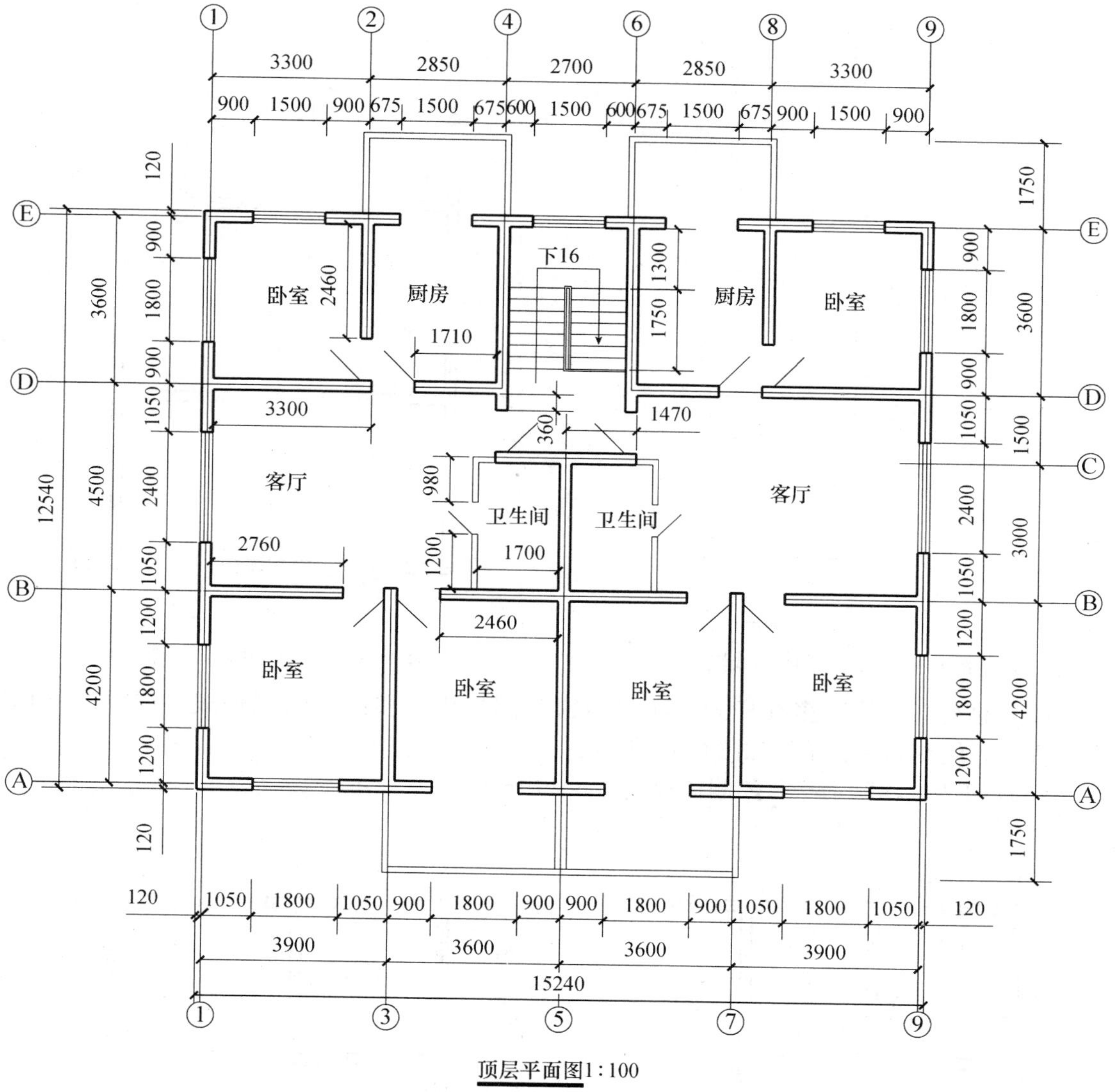

图 6-44　住宅标准层平面图

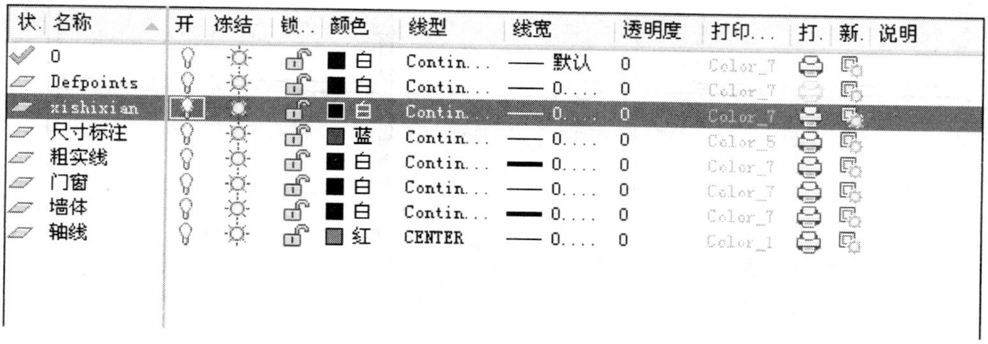

图 6-45　设置图层

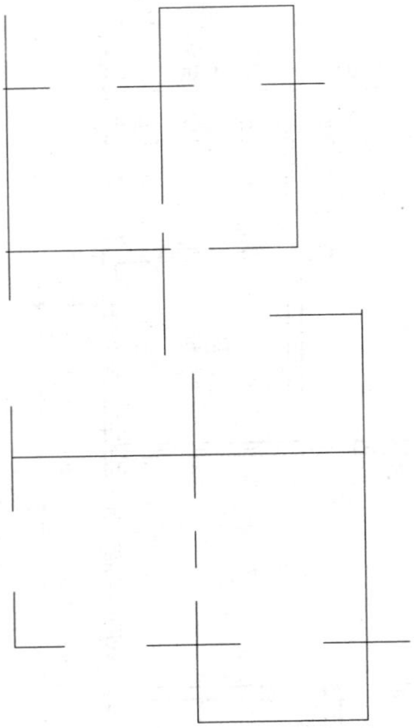

图 6-46　平面墙体轴线网

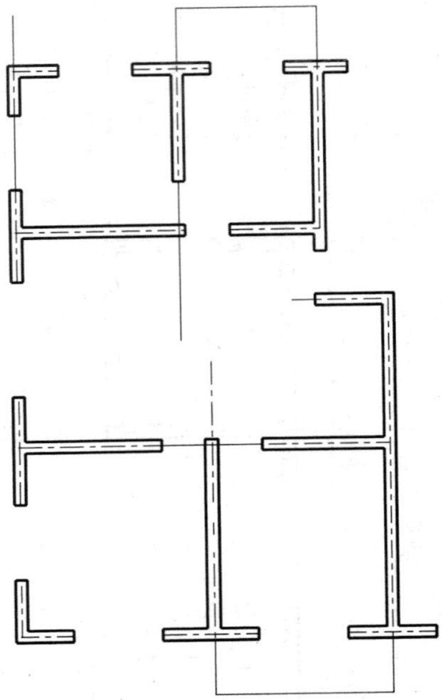

图 6-47　用“多线”绘制墙体

（5）创建“窗线”多线样式，在“门窗”图层用“多线”绘制窗线。创建“120 阳台”多线，绘制阳台，结果如图 6-48 所示。

（6）用“偏移”命令，绘制楼梯如图 6-49 所示。

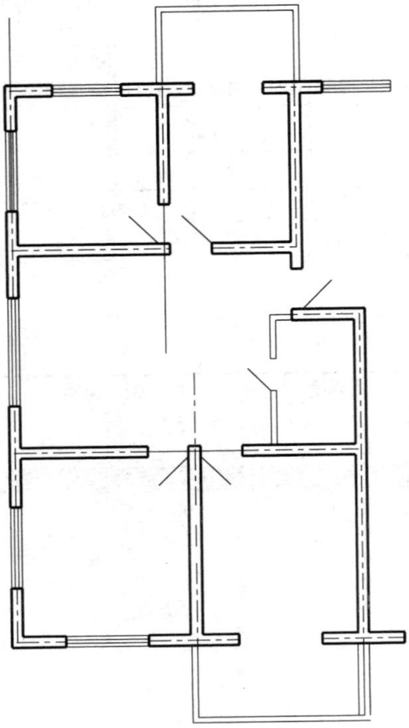

图 6-48　墙绘制窗线和阳台

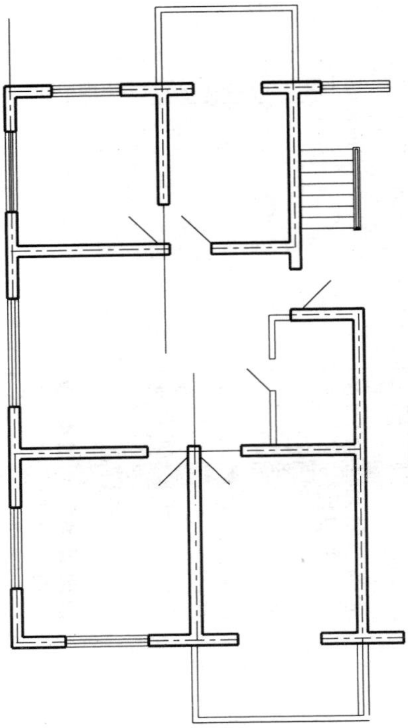

图 6-49　绘制楼梯

（7）用“镜像”命令绘制另一侧，结果如图 6-50 所示。

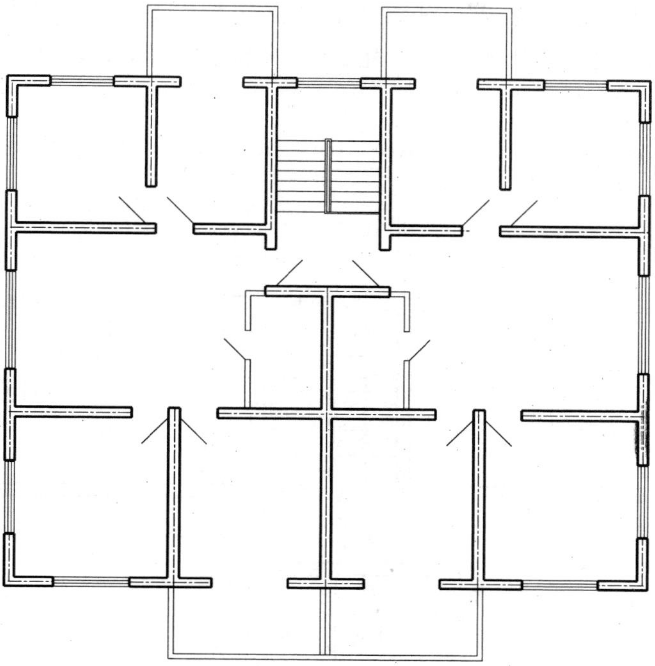

图 6-50　镜像

（8）创建“长仿宋”文字样式，书写房间名称，如图 6-51 所示。

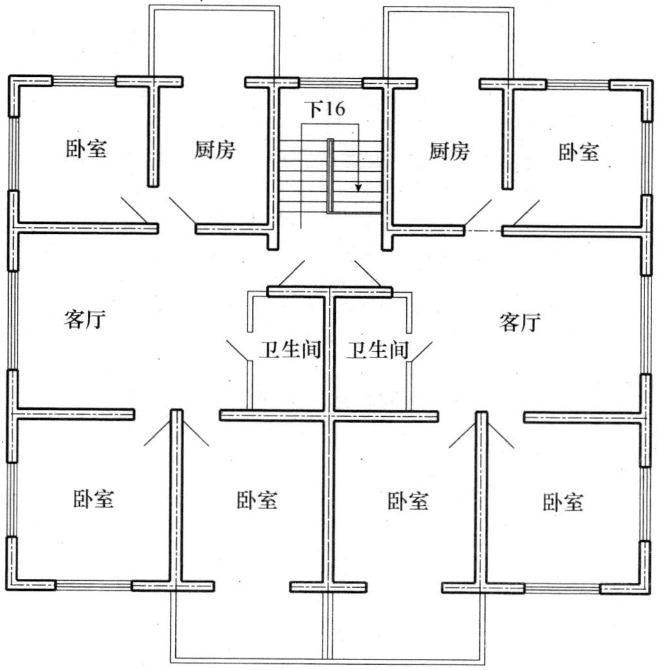

图 6-51　文字书写

（9）将所有图形用“比例”命令缩小 100 倍。创建线性“标注”样式，方法同前，需要注意的是在“新建标注样式”对话框的“主单位”栏，“比例因子”项需要输入 100。用“线性标注”标注内部尺寸，用“连续标注”标注第一道尺寸，如图 6-52 所示。

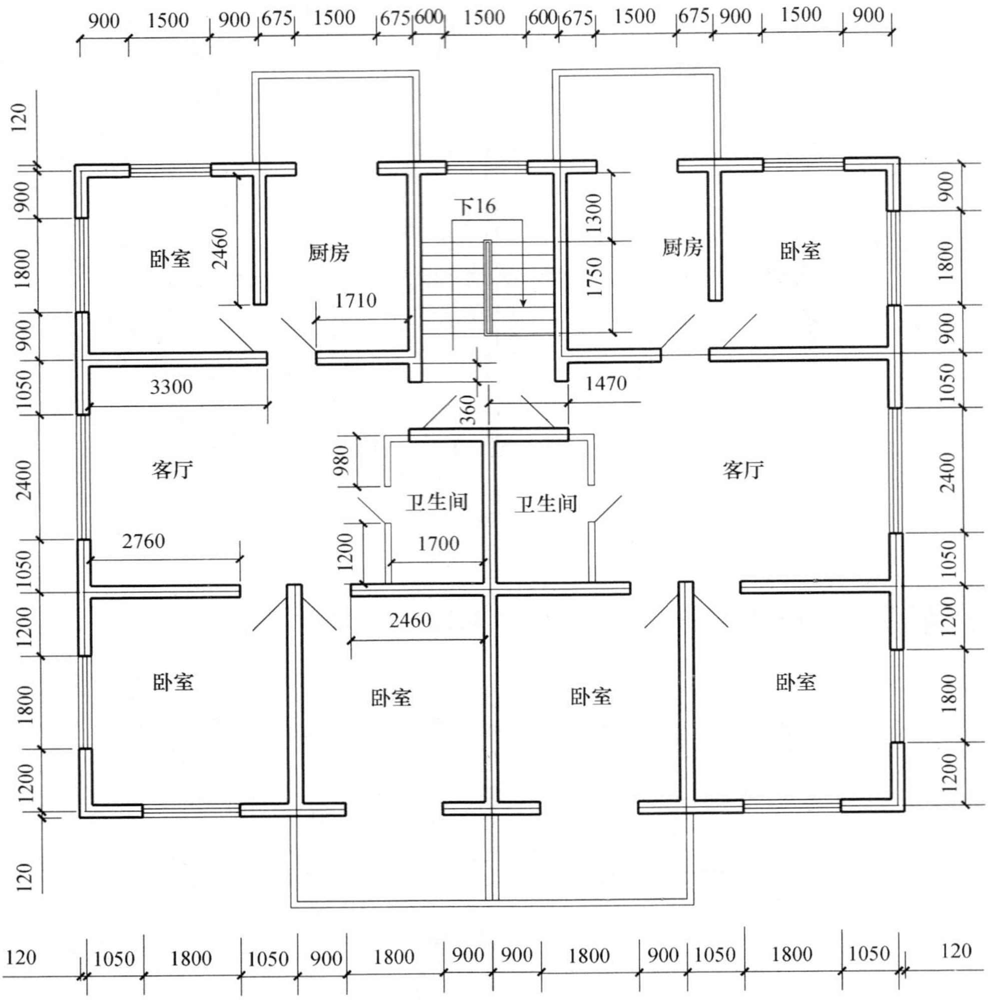

图 6-52　标注细部尺寸

（10）再用"连续标注"标注第二道尺寸，即轴间尺寸，结果如图 6-53 所示。

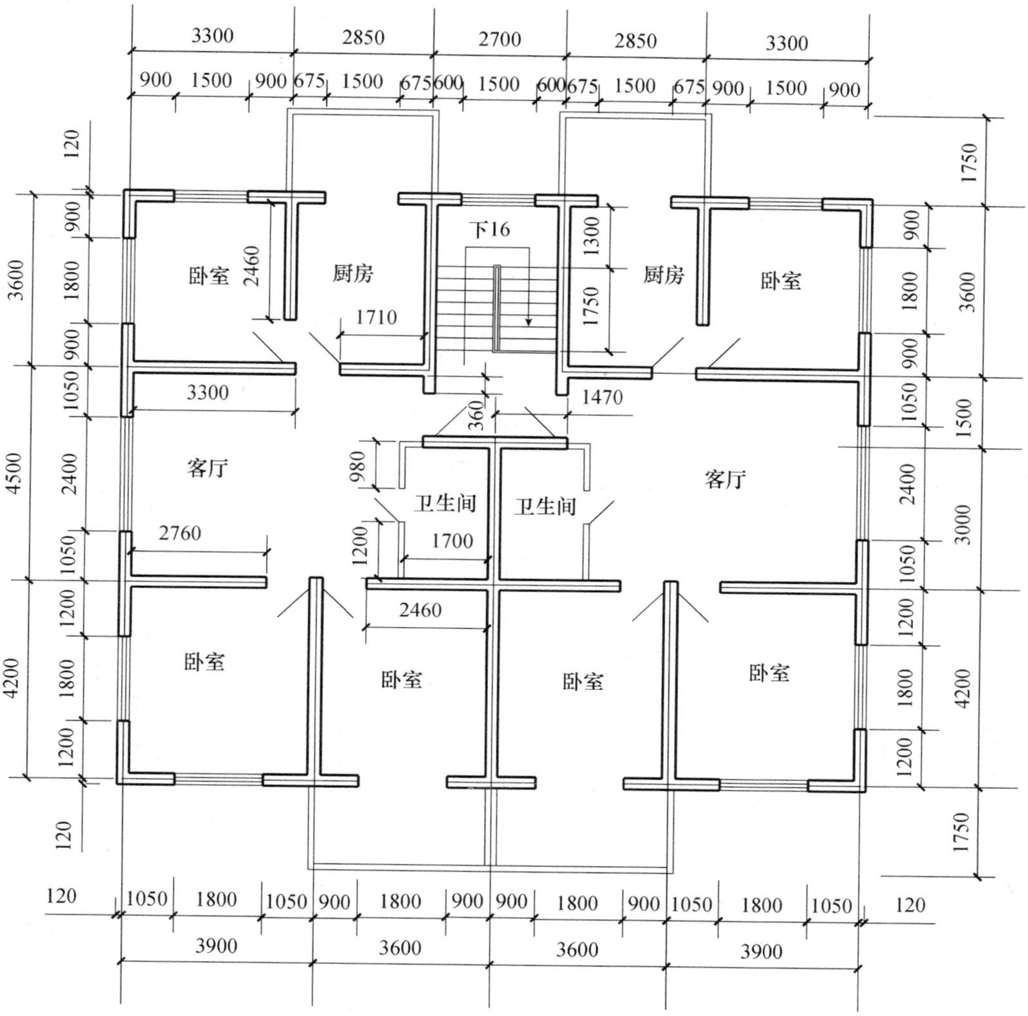

图 6-53　标注轴间尺寸

（11）用“线性标注”标注第三道尺寸，即总体尺寸，见图 6-54。绘制一个轴线编码符号，并书写上轴线编号，用“复制”命令复制全部轴线编号，并修改编号，修改的方法是在数字或字母上双击进入文字输入状态，选定文字修改，结果如图 6-54 所示。

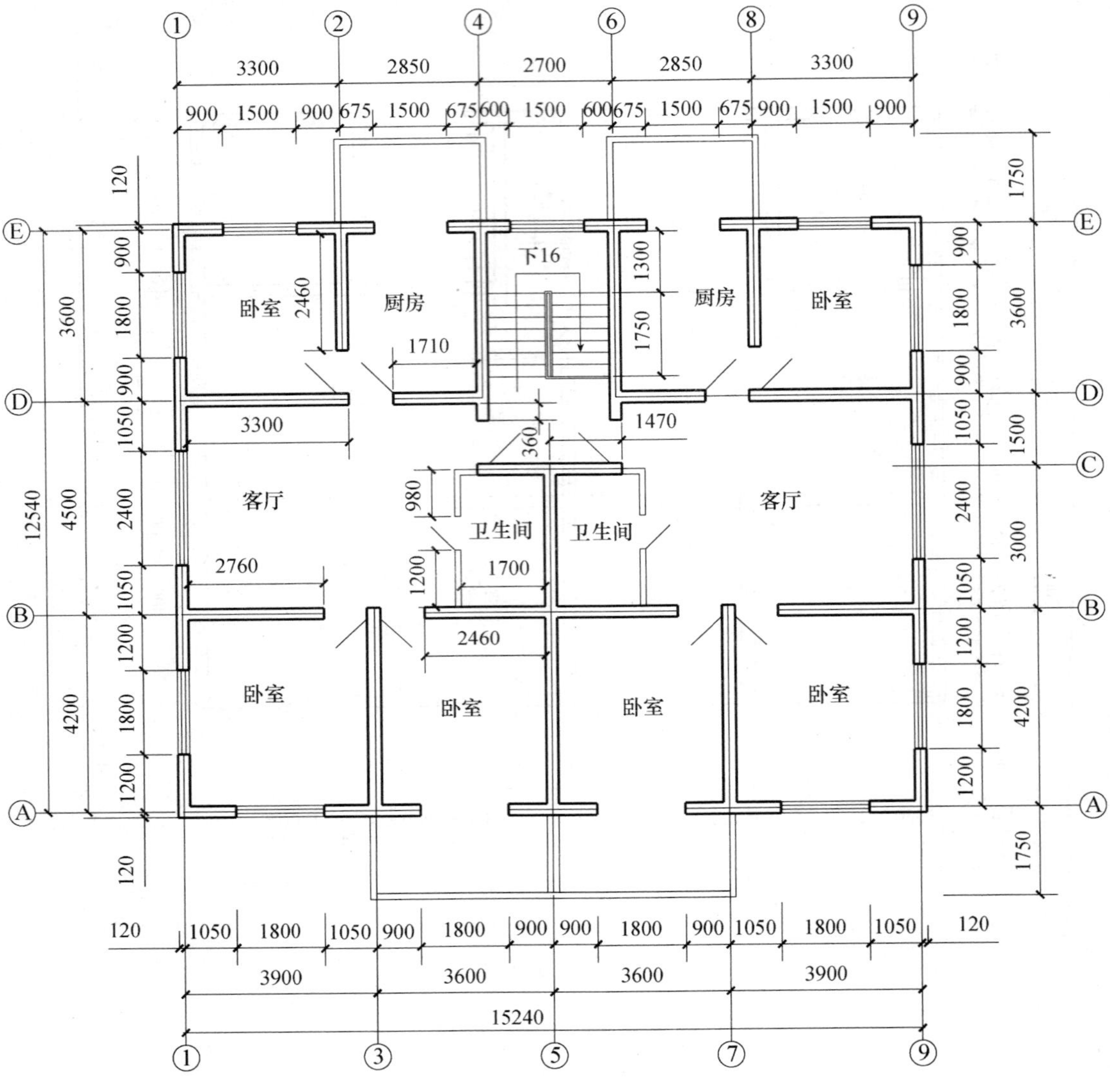

图 6-54 总体尺寸和轴线编码

（12）书写图名和比例，如图 6-55 所示。

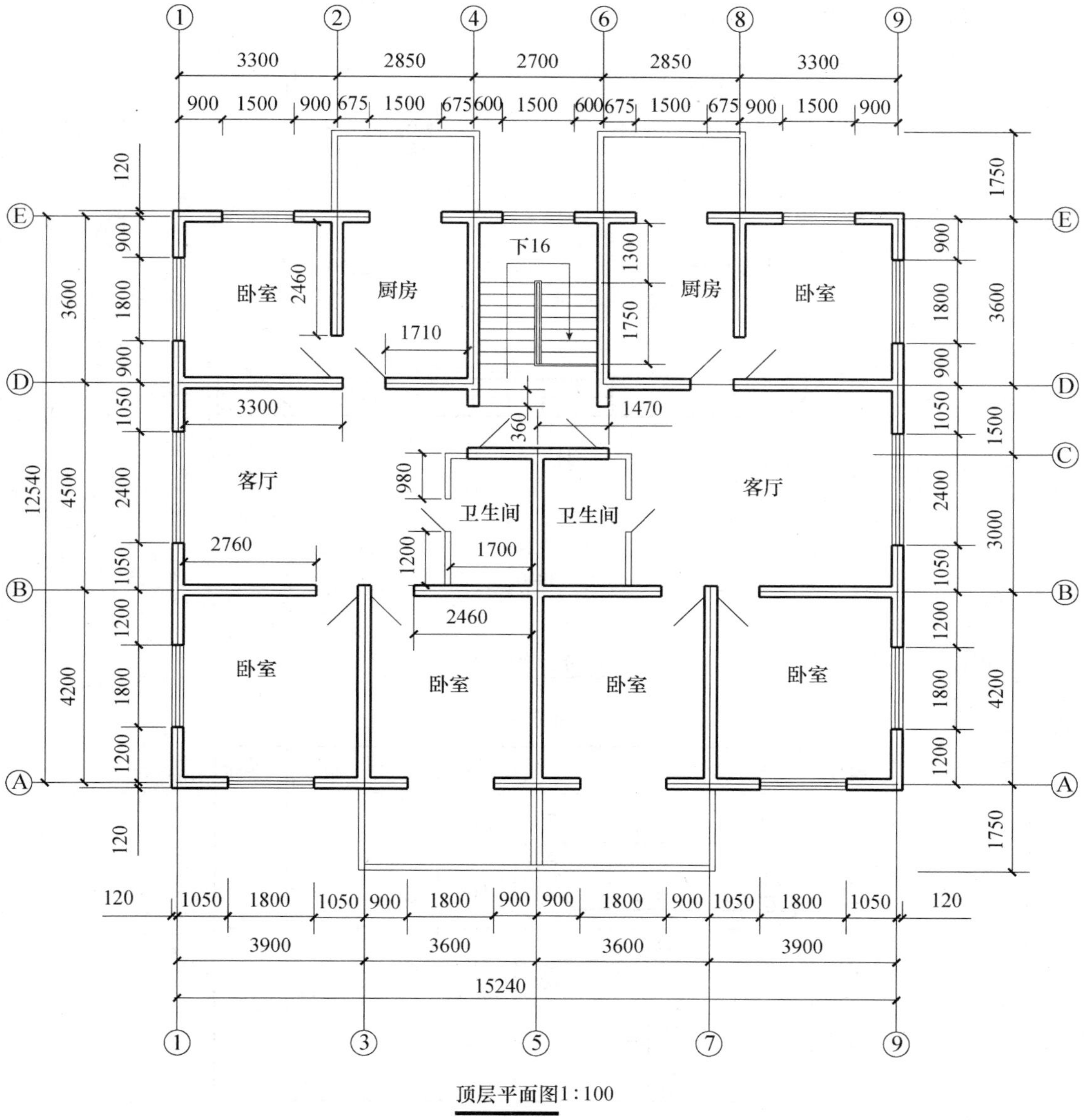

图 6-55　完成平面图的绘制

6.7　操作练习

1. 为图 4-60 ~ 图 4-62 标注尺寸。
2. 按要求绘制图 6-56 所示的结构图并标注尺寸。

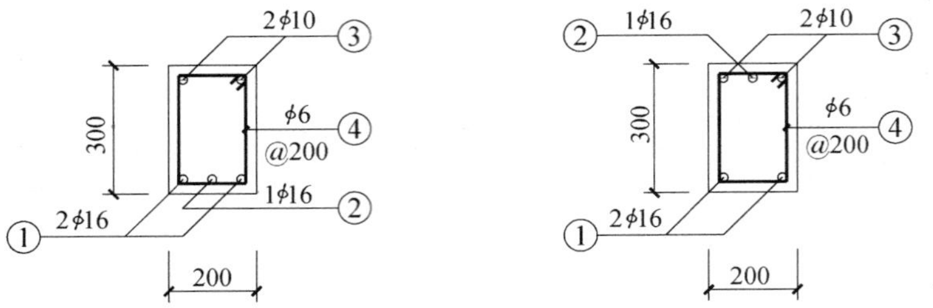

1-1 1:20　　　　2-2 1:20

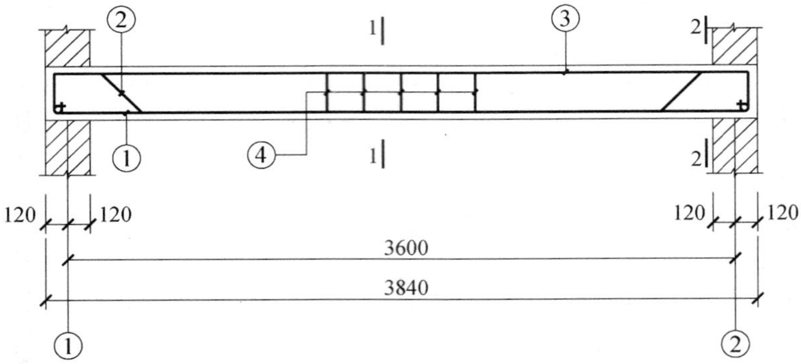

LL立面图1:40

钢筋表

编号	简　　图	直径	长度	根数	备注
①	75　3790　75	ϕ16	3940	2	
②	215　282　250　2960	ϕ16	4454	1	
③	3790　63　63　63	ϕ10	3916	2	
④	200　250　300　150	ϕ6	900	20	

图 6-56　梁结构图

3. 绘制图 6-57 建筑平面图并标注尺寸。

4. 绘制图 6-58 楼梯平面图并标注尺寸。

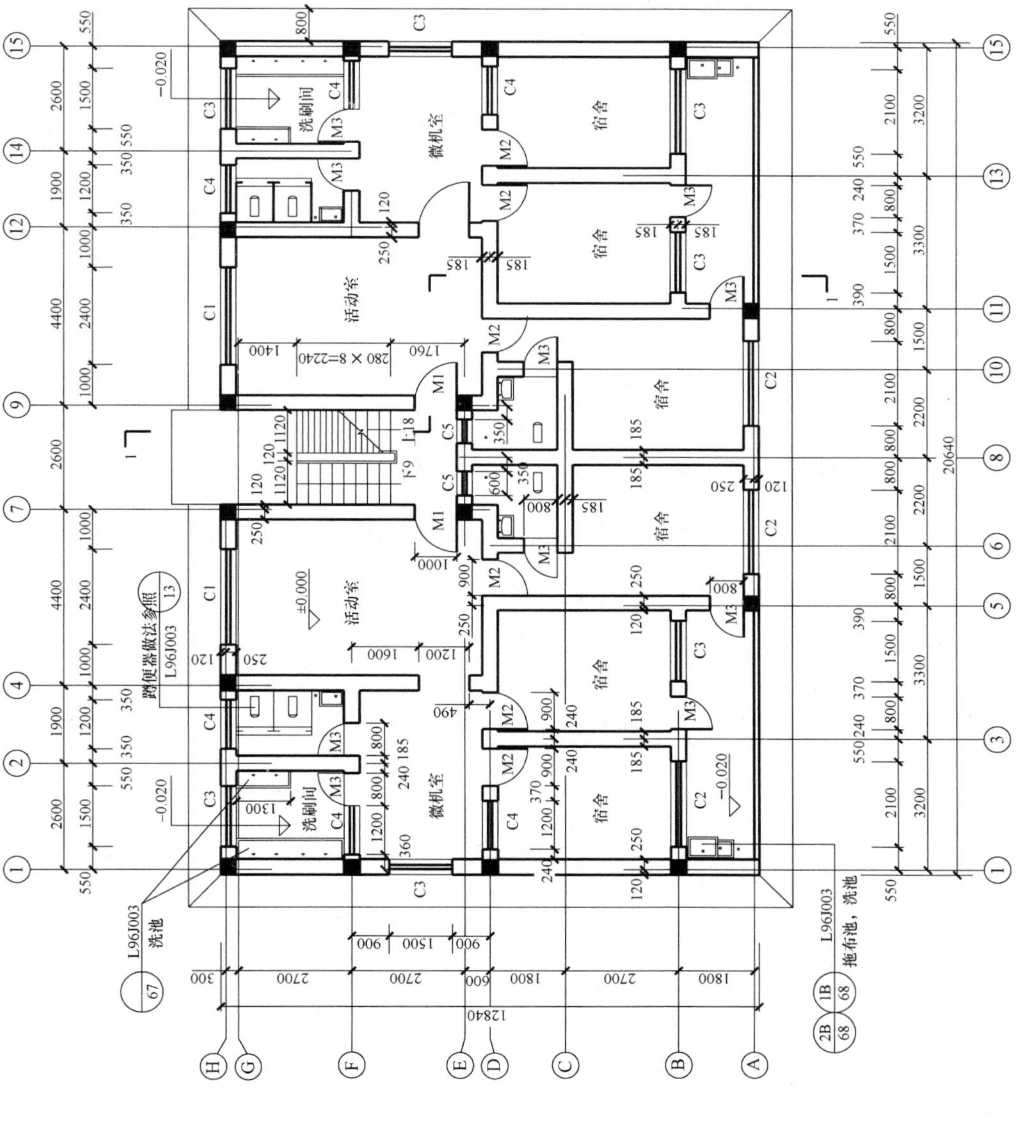

注：1.未标注之墙身厚度均为240；
2.除注明者外，墙轴线均居中。

底层平面图1:100

图6-57　建筑平面图

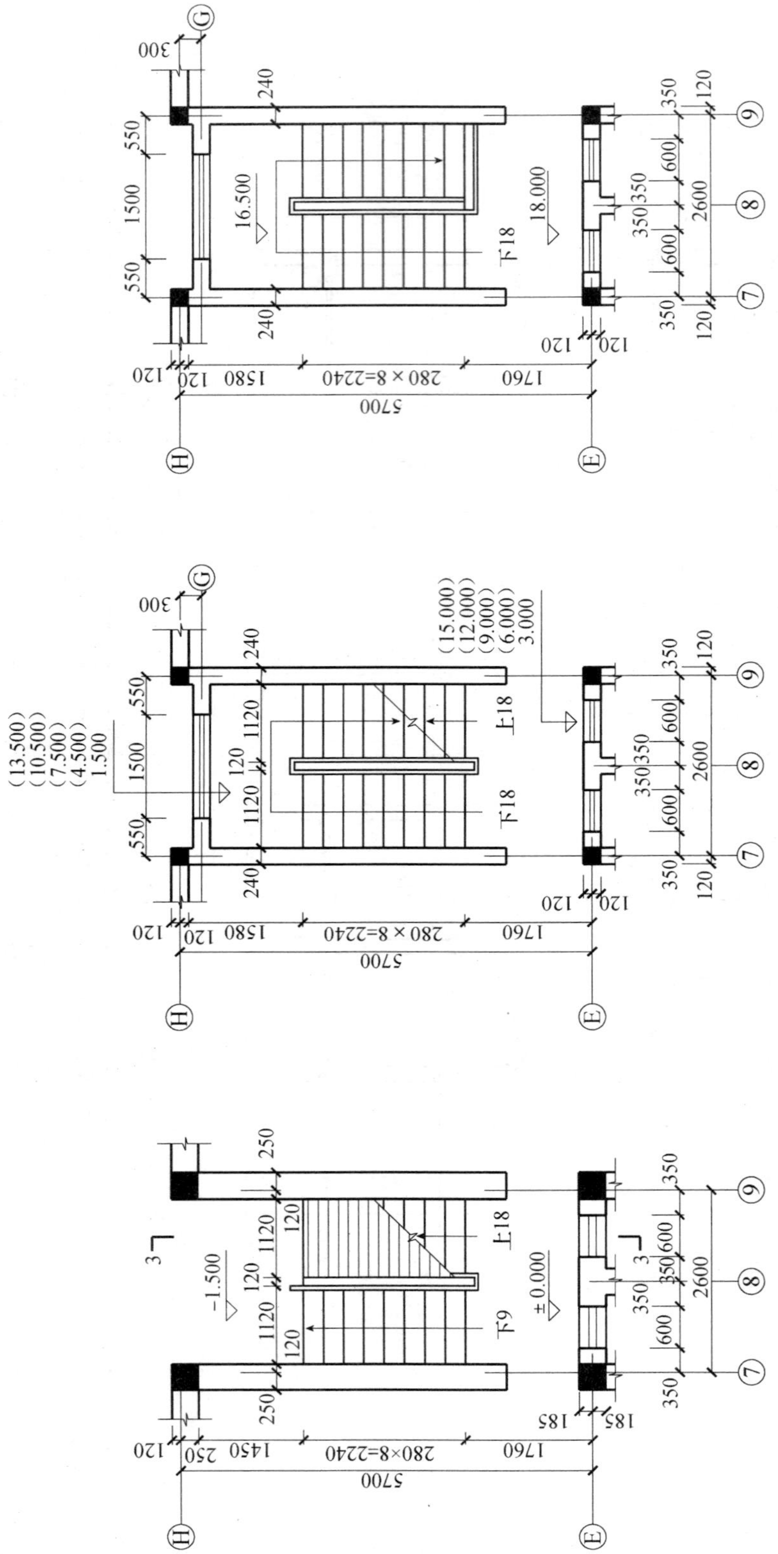

顶层平面图1:50

标准层平面图1:50

底层平面图1:50

图6-58 楼梯平面图

5. 按要求绘制图 6-59 ~ 图 6-62 所示的别墅房屋图并标注尺寸。

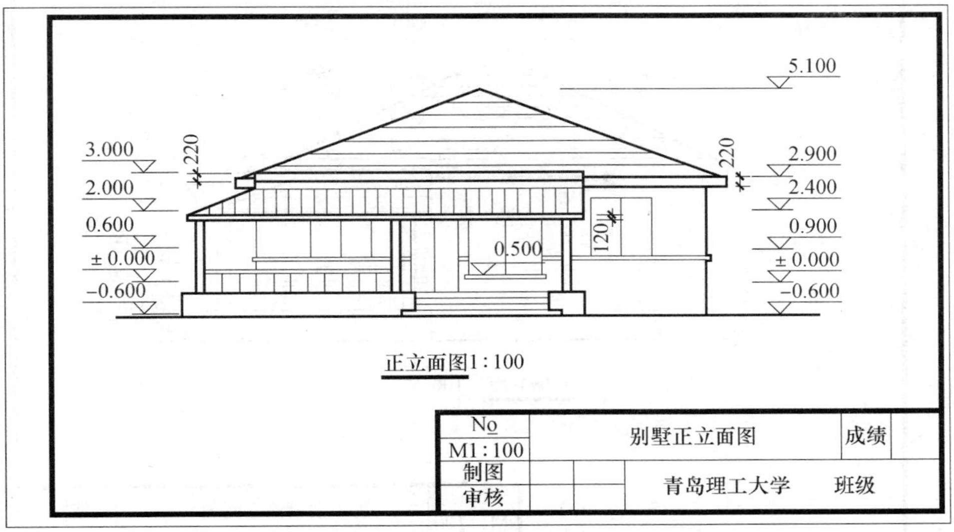

图 6-59　正立面图

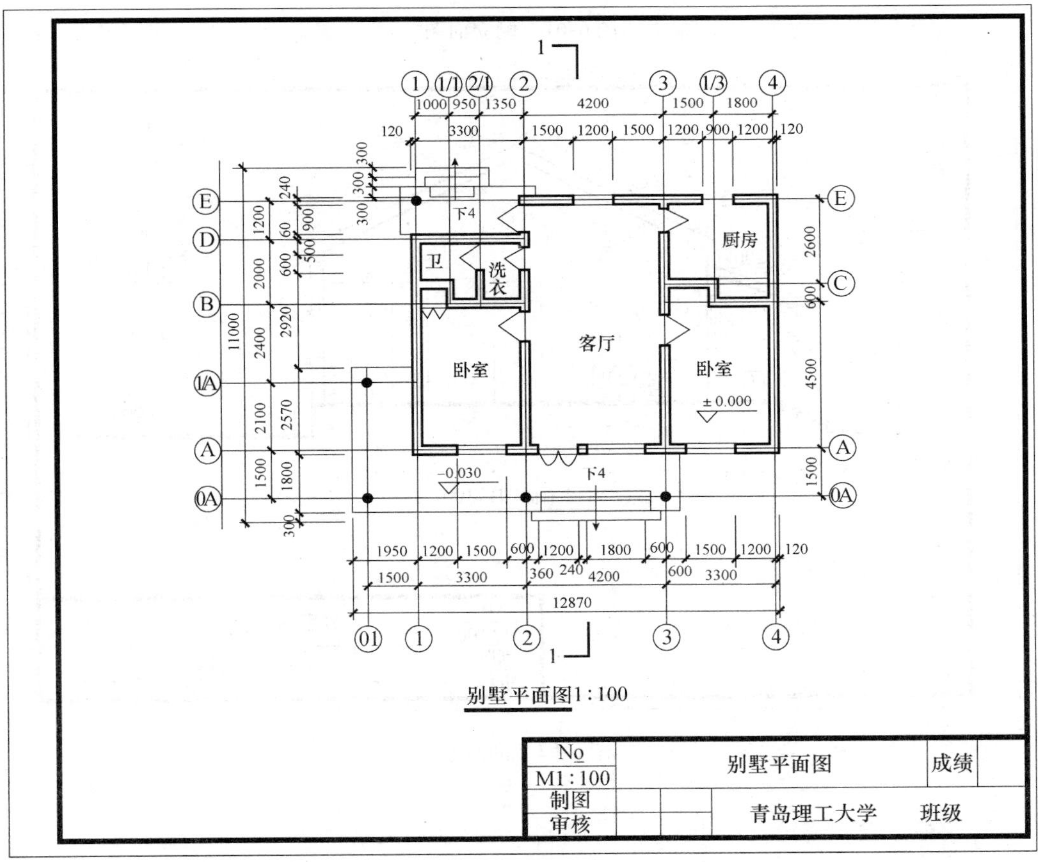

图 6-60　平面图

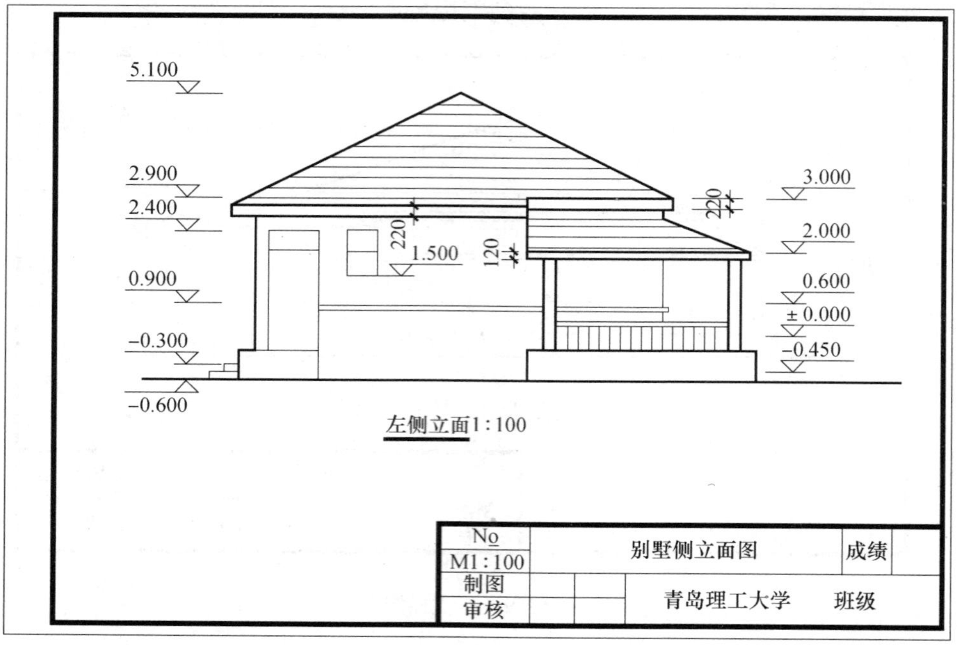

图 6-61　侧立面图

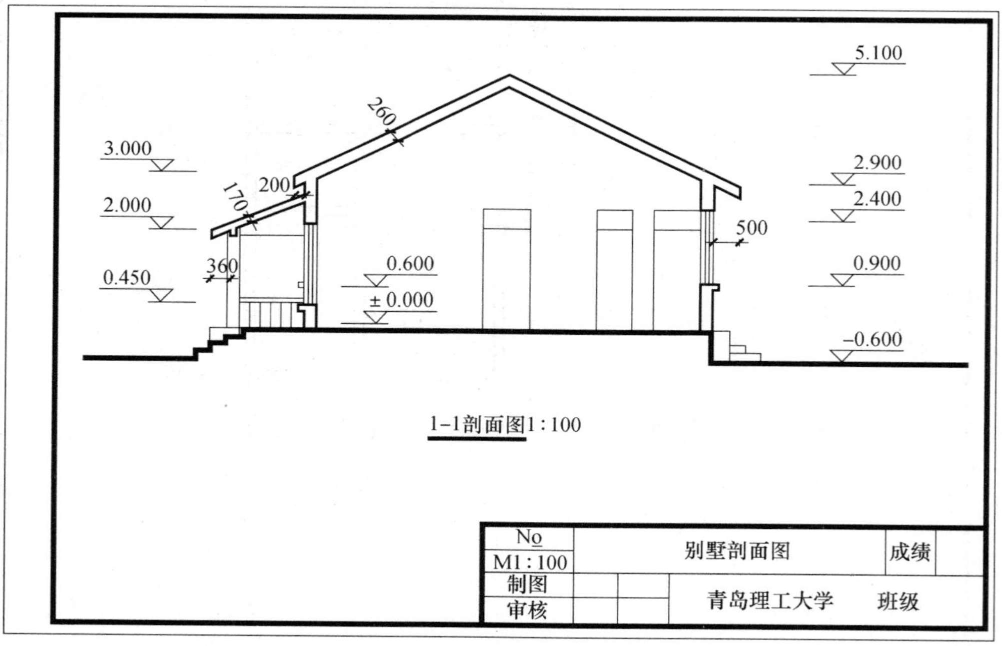

图 6-62　剖面图

第7章　图块与参照

教学目标

通过对本章的学习，读者应会创建图块及插入图块和参照的基本方法，并能够对图块添加属性。

教学重点与难点

- 创建图块
- 保存图块
- 插入图块
- 在图块中添加属性
- 插入外部参照

图块（简称块）是 AutoCAD 为用户提供的在图形中管理对象的重要功能之一，属性是块的文本信息。本单元主要介绍有关块和属性的性质、概念、设置及具体的操作等内容。

7.1　图块的用途和性质

7.1.1　图块的用途

块是把一组图形或文本作为一个实体的总称。图块功能把设计绘图人员从某些重复性绘图中解脱出来，可大大提高绘图效率。块的具体功用如下：

（1）便于图形的修改

绘制好的工程图纸有时要进行修改，如果逐个修改就要花较多时间。利用图块的一致性，所插入的相同图块可一起修改，这样便节省了逐个修改的时间。

（2）节省磁盘空间

当一组图形在图中重复出现时，会占据较多的磁盘空间，若把这组图形定义成块并存入磁盘，则对块的每次插入，AutoCAD 仅需记住块的插入点坐标、块名、比例和转角，从而起到节省内存空间的作用。

（3）建立图形库

把经常使用的图形定义成块，并建立一个图库。当绘图时，可以将块从图库中调出使用，避免重复性的工作。

（4）定义属性

若要在图块中加入一些文本信息，这些文本信息可以在每次插入块时改变，并且可以像普通文本那样显示出来或隐藏起来。这样的文本信息被称为属性。用户还可以从图中提取属性值并为其他数据库提供资源。

7.1.2　图块的性质

（1）图块的嵌套

图块可以嵌套，即一个块中可以包含对其他块的引用。块可以多层嵌套，系统对每个块的嵌套层数没有限制。

（2）图块与图层、线型、颜色的关系

1）可以把不同图层上颜色和线型各不相同的对象定义为图块。可以在图块中保持对象的图层、颜色和线型信息。每次插入块时，块中每个对象的图层、颜色和线型的属性将不会变化。

2）如果图块的组成对象在系统默认的 0 图层并且对象的颜色和线型设置为随层，当把此块插入到当前图层时，AutoCAD 将指定该块的颜色和线型与当前图层的特性一样。

（3）图库修改的一致性

在建筑图中，将标高符号、轴线编号及门窗等常做成块，建成图库，方便使用及交流。在工程图中插入了一系列的块，只要修改块的源文件，工程图也随之修改，这就是 AutoCAD 提供的图库修改的一致性。

7.2　创建图块和调用图块

7.2.1　创建图块（内部块）

在创建图块之前，先绘制图形，然后将绘制的图形对象定义成图块。

1. 执行途径

（1）“绘图”工具栏/“创建块”按钮。

（2）下拉菜单：“绘图”/“块”/“创建”。

（3）命令：BLOCK（快捷命令：B）。

2. 操作说明

执行创建块命令，弹出一个“块定义”对话框，如图 7-1 所示。

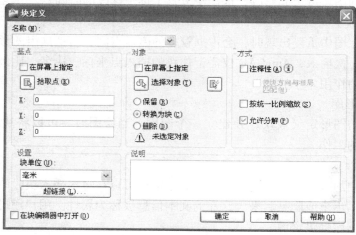

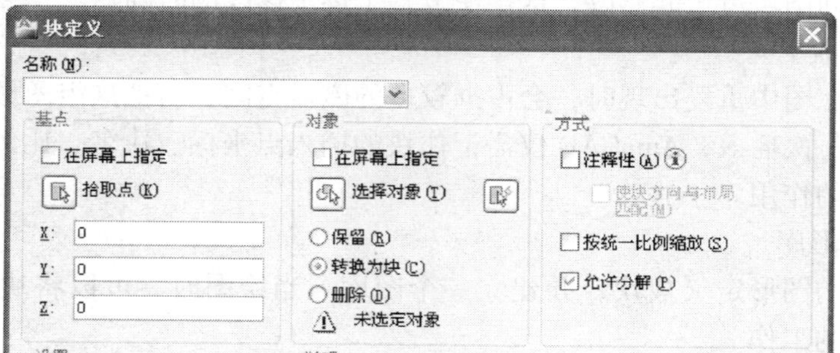

图 7-1　“块定义”对话框

(1)“块定义”对话框简介

在“块定义”对话框中，用户需要设置“名称”下拉列表框、“基点”选项组、“对象”选项组，其他选项采用默认设置即可。

1)“名称”下拉列表框用于输入当前要创建的图块名称。

2)“基点”选项组用于确定插入点的位置。此处定义的插入点是该块将来插入的基准点，也是块在插入过程中旋转或缩放的基点。用户可以通过在“X”、“Y”、“Z”文本框中直接输入坐标值，最常用的是单击“拾取点”按钮，切换到绘图区在图形中用对象捕捉直接指定。

3)“对象”选项组用于指定定义成块的对象。选中“保留”单选按钮，创建块以后，所选对象依然保留在图形中，不转换为块。选中“转换为块”单选按钮，创建块以后，所选对象转换成图块格式，同时保留在图形中。选中“删除”单选按钮，表示创建块以后，所选对象从图形中删除。用户可以通过单击“选择对象”按钮，切换到绘图区选择要创建为块的图形实体。

4)“设置”选项组包括“块单位”和“超级链接”。此“块单位”下拉列表框用于指定从 AutoCAD 设计中心拖动块时，用以缩放块的单位。例如，这里设置拖放单位为“毫米”，将被拖放到的图形单位设置为“米”，则图块将缩小 1000 倍被拖放到该图形中。通常选择“毫米”选项。“超级链接”选项，将来用户可以通过该块来浏览其他文件或者访问 Web 网站。单击“超级链接”按钮后，系统弹出“插入超级链接”对话框。

(2) 创建图块步骤

1) 在“名称”对话框中输入块名。

2) 在“基点”选项组中单击“拾取点”按钮。

3) 选择插入基点。

4) 在“选择”选项组中单击“选择对象”按钮。

5) 利用框选选择要定义成块的对象。

6) 单击“确定”按钮，即可将所选对象定义成块。

特别提示：

按上述方法定义的块只存在于当前图形中，执行新建图形操作或关机后，该块即消失。用 BLOCK 创建的块称为内部块。所以一般不用此方法创建块。若要保留定义的块，需执行 WBLOCK 命令，即创建外部块。

7.2.2　创建并保存图块（外部块）

执行 WBLOCK 命令可以直接创建并保存图块，也可保存已定义的块。执行该命令，即将当前指定的图形或用 BLOCK 命令定义过的块作为一个独立的块文件存盘，可以在不同的 CAD 文件中调用插入该块文件。

1. 执行途径

命令：WBLOCK（快捷命令：W）

2. 操作说明

执行外部块命令，弹出一个“写块”对话框，如图 7-2 所示。

该对话框的各个选项功能如下：

(1)“源”选项组

该选项组用于指定存储块的对象及块的基点。

1）选择“块”单选框，用户可以通过此下拉框选择一个块名将块进行保存。保存块的基点不变。

2）选择“整个图形”单选框，可以将整个图形作为块进行存储。

3）选择“对象”单选框，可以将用户选择的对象作为块进行存储。

另外其他选项和“块定义”相同。

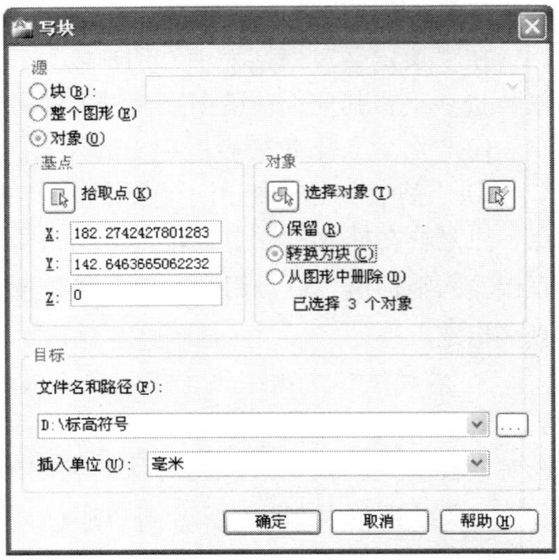

图 7-2 “写块”对话框

(2)“目标”选项组

该选项组用于设置保存块的名称、路径以及插入的单位。

1）“文件名和路径”用于指定保存块的文件名和保存路径。

2）“插入单位”用户可以通过下拉列表选择从 AutoCAD 设计中心拖动块时的缩放单击“确定”按钮，完成图块的保存。插入单位一般是毫米。

3. 应用示例

将图 7-3 所示图形定义为外部块，名称为“标高符号”。

【操作步骤】

(1) 首先根据尺寸绘制如图 7-3 所示的标高符号（不标尺寸），然后执行 WBLOCK 命令，弹出图 7-2“写块”对话框。

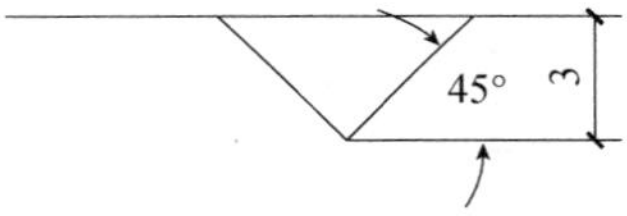

图 7-3 标高符号

(2) 对话框中，将“源”选项设为“对象”，单击按钮，用对象捕捉标高符号的三角形下尖点作为基点；单击“对象”选区的按钮，用拾取框选择标高图形的三条直线，结束后返回“写块”对话框，选中“转换为块”复选项；在“文件名和路径”中设置好要保存的路径，并给定名称“标高符号”，“插入单位”选择“毫米”选项如图 7-2 所示。

(3) 单击确定完成标高符号块的创建。

特别提示： 一定要注意基点的选取，如果不选取基点，系统默认（0，0，0）点作为基点。

7.3 插入图块

已定义过的块，可以使用 DDINSERT 或 INSERT 命令将块或整个图形插入到当前图形中。当插入块或图形时，需指定插入点、缩放比例和旋转角。当把整个图形插入到另一个图形时，AutoCAD 会将插入图形当作块引用处理。

1. 执行途径

（1）“绘图”工具栏/“插入块”按钮。

（2）命令：INSERT（快捷命令 I）。

2. 操作说明

单击“插入块”按钮，此时弹出一个图 7-4 所示的“插入”对话框。

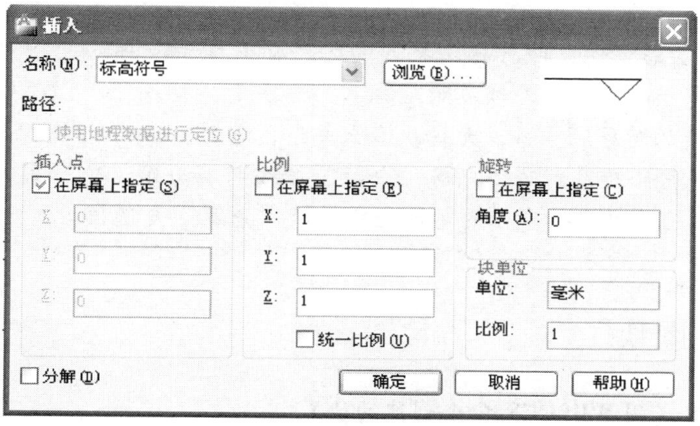

图 7-4　“插入”对话框

（1）“插入”对话框简介

在“插入”对话框，设置相应的参数就可以插入图块。包含有“名称”下拉列表框、“插入点”选项组、“缩放比例”选项和“旋转”选项组。

1）在“名称”下拉列表框中选择已定义的图块，或者单击“浏览”按钮，选择保存的块。

2）“插入点”选项组用于指定图块的插入位置，通常选中“在屏幕上指定”复选框，鼠标配合“对象捕捉”指定插入点。

3）“缩放比例”选项组用于设置图块插入后的比例。选中“在屏幕上指定”复选框，则可以在命令行中指定缩放比例，用户也可以直接在“X”文本框、“Y”文本框和“Z”文本框中输入数值，以指定各个方向上的缩放比例。“统一比例”复选框用于设定图块在 X、Y、Z 方向上缩放是否一致。应注意的是，X、Y 方向比例因子的正负将影响图块插入的效果。当 X 方向的比例因子为负时，图块以 Y 轴为镜像线进行插入；当 Y 方向的比例因子为负时，图块以 X 轴为镜像线进行插入，如图 7-5 所示。

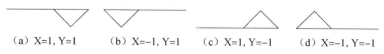

（a）X=1, Y=1　（b）X=−1, Y=1　（c）X=1, Y=−1　（d）X=−1, Y=−1

图 7-5　比例因子的正负对图块插入效果的影响

4）“旋转”选项组用于设定图块插入后的角度。选中“在屏幕上指定”复选框，则可以在命令行中指定旋转角度，用户也可以直接在“角度”文本框中输入数值，以指定旋转角度。

（2）“插入”图块的步骤

1）单击“插入块”按钮，弹出图 7-4 所示对话框。

2）从该对话框中点浏览选择要插入的块文件。

3）调整“比例”和“旋转”，点确定。

4）在屏幕上点击需要插入块的点，块插入，操作完成。

特别提示：

（1）图形文件作为块插入，方法是：在图 7-4 所示的“插入”对话框中单击“浏览”，选择一个图形文件，即可按块插入的方法插入图形。插入的图形文件是一个整体。图形文件也可以作为“外部参照”插入，方法是“插入”/“DWG 参照”。

（2）保留块的对象独立性。无论块多么复杂，它都被 AutoCAD 视为单个对象。想要对插入的块进行修改，则必须先用“分解”命令将其分解。假如用户想在插入块后使块自动分解，可在图 7-4 所示的对话框中选择“分解”复选框。

7.4　修改图块

1. 修改外部块（用 WBLOCK 命令创建的块）

要修改已保存的外部图块，可打开该图块源文件，修改后以原来的名称保存，然后再执行一次“插入”块命令，在图 7-4 插入块对话框中，重新点浏览，选择修改后的块文件，点击确定后，系统弹出图 7-6 对话框。点击“重新定义块”，则已插入的所有的块都重新定义。

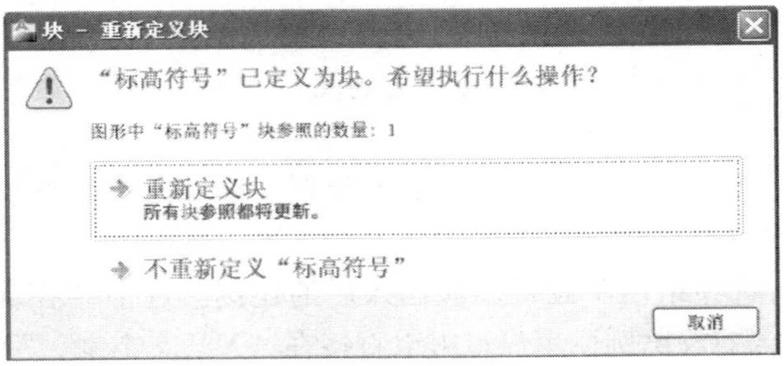

图 7-6　重新定义块

2. 修改内部块（用 BLOCK 命令创建的块）

要修改未保存的内部图块，和修改外部块一样，应先修改这种图块中的任意一个，然后以同样的图块名再重新定义一次。重新定义后，系统将立即修改所有已插入的图块。

特别提示：

当图中已插入多个相同的图块，而且只需要修改其中一个时，切记不要重新定义块，此时应用“分解”命令将这单个的块分解，然后再进行修改。

3. 应用示例

以图7-7为例，介绍图块的修改。操作步骤如下：

（1）按图7-7（a）所示图形画图并用“WBLOCK”命令创建块。

（2）用“插入块”命令将所作的图块插入到图7-7（b）所示的图形中。

（3）打开图块源文件并修改成图7-7（c）所示的图形，以原来的名称保存。

（4）再执行一次“插入块”命令，在图7-4插入块对话框中，重新点浏览，选择修改后的块文件，按提示确定“重新定义块”后，系统将会修改所有已插入的同名图块，如图7-7（d）所示。

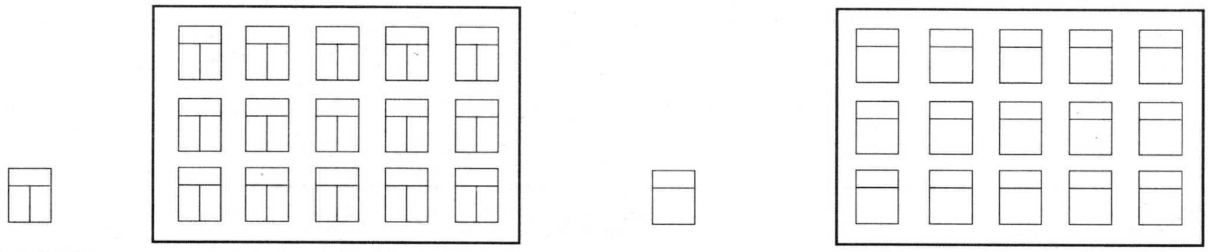
（a）原图块　（b）插入原图块的图形　（c）修改后图块　（d）插入修改后图块的图形

图7-7　图块的修改

7.5　定义带有属性的图块

7.5.1　属性的概念与特点

1. 属性的概念

在AutoCAD中，属性是从属于块的文本信息，它是块的组成部分。用户可以定义带有属性的块。当插入带有属性的块时，可以交互地输入块的属性。对块进行编辑时，包含在块中的属性也被编辑。

2. 属性的特点

图块的属性包括属性标记和属性值两方面内容。属性标记就是指一个具体的项目，属性值是指具体的项目情况。

7.5.2　定义图块的属性

在定义图块前，要先定义该块的属性。定义属性后，该属性以其标记名在图形中显示出来，并保存有关的信息。属性标记要放置在图形的合适位置。

1. 执行途径

（1）下拉菜单：“绘图”/“块”/“定义属性”。

（2）命令行：ATTDEF（快捷命令ATT）。

2. 操作说明

执行块“定义属性”命令后，弹出一个“属性定义”对话框，如图7-8所示。该对话框中的各项含义如下：

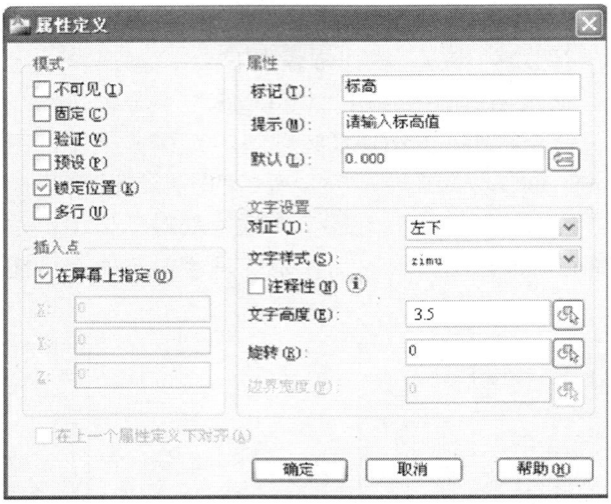

图 7-8　“属性定义”对话框

“属性定义”对话框包含有“模式”选项组、“属性”选项组、“插入点”选项组、“文字选项”选项组和“在上一个属性定义下对齐”复选框。

（1）“模式”选项组用于设置属性模式。“不可见”复选框用于控制插入图块，输入属性值后，属性值是否在图中显示；“固定”复选框表示属性值是一个常量；“验证”复选框表示会提示输入两次属性值，以便验证属性值是否正确；“预置”复选框表示插入图块时以默认的属性值插入。

（2）“属性”选项组用于设置属性的一些参数。“标记”文本框用于输入显示标记；“提示”文本框用于输入提示信息，提醒用户指定属性值；“默认”文本框用于输入默认的属性值。

（3）“插入点”选项组用于指定图块属性的显示位置。选中“在屏幕上指定”复选框，则以在绘图区指定插入点，用户也可以直接在“X”、“Y”、“Z”文本框中输入坐标值，以确定插入点。建议用户采用“在屏幕上指定”方式。

（4）“文字选项”选项组用于设定属性值的基本参数。“对正”下拉列表框用于设定属性值的对齐方式；“文字样式”下拉列表框用于设定属性值的文字样式；“高度”文本框用于设定属性值的高度；“旋转”文本框用于设定属性值的旋转角度。

通过“属性定义”对话框，用户可以定义一个属性，但是并不能指定该属性属于哪个图块，因此用户必须通过创建块将图块和定义的属性重新定义为一个新的图块。

3. 创建带属性图块的步骤

（1）画块图。

（2）定义属性，对所画图形添加块属性。

（3）用 WBLOCK 命令创建块（快捷命令 W）。

（4）插入属性块。插入块时系统会在命令行提示“属性定义”对话框中“提示”的信息“请输入标高值”。默认的就是“属性定义”对话框中“默认”中的“0.000”。此时如果输入“10.000”则插入的块显示为图 7-9。

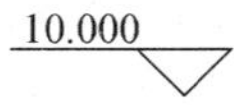

图 7-9　属性块的插入

特别提示：

（1）属性值可以修改，修改的方法是双击插入的属性快，弹出对话框如图 7-10 所示。可以对属性值、文字及特性进行修改。

（2）一个块可以创建多个不同的属性。

（3）使用分解命令将带属性的块分解后，块中的属性值还原为属性定义。

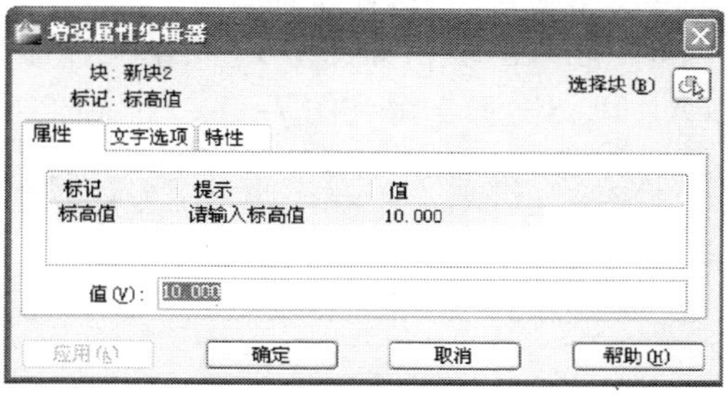

图 7-10　属性值的修改

4. 应用示例

下面以图 7-11 所示轴线编号为例，练习带属性块的创建和插入。

【操作步骤】

（1）用直线和偏移命令绘制轴线，如图 7-12 所示。

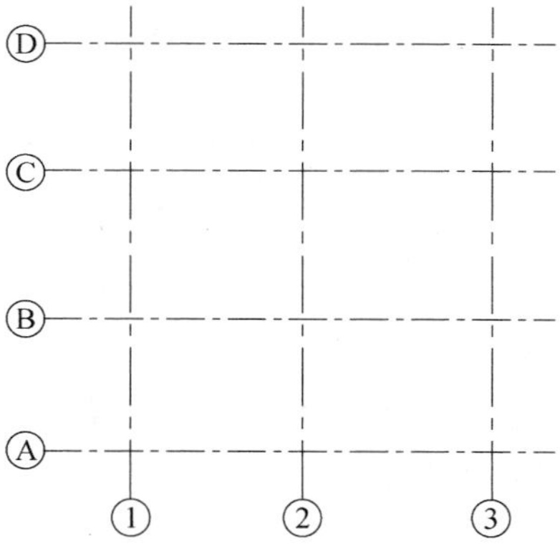

图 7-11　块属性插入与编辑实例

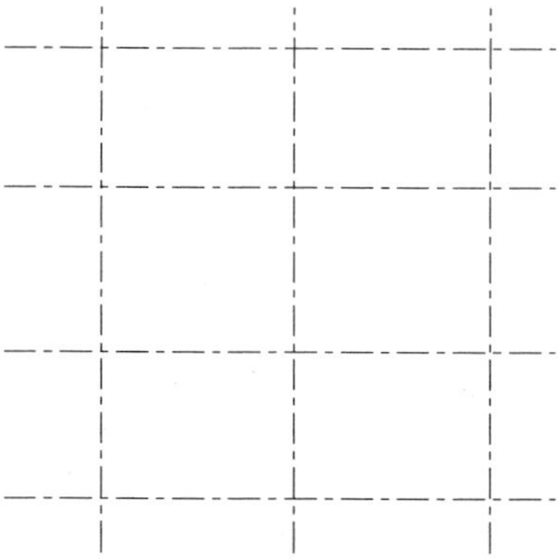

图 7-12　绘制轴线

（2）按制图标准画出轴线编号符号，如图 7-13 所示。

（3）选择下拉菜单“绘图”/“块”/“定义属性”，对所画图形添加属性，设置如图 7-14 所示。

（4）选择插入点“在屏幕上指定”，并按图示将文字放到轴线符号的正中，如图 7-15 所示。

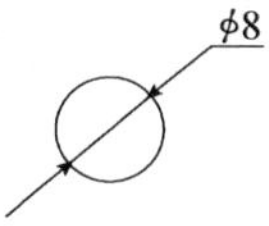

图 7-13　轴线编号符号

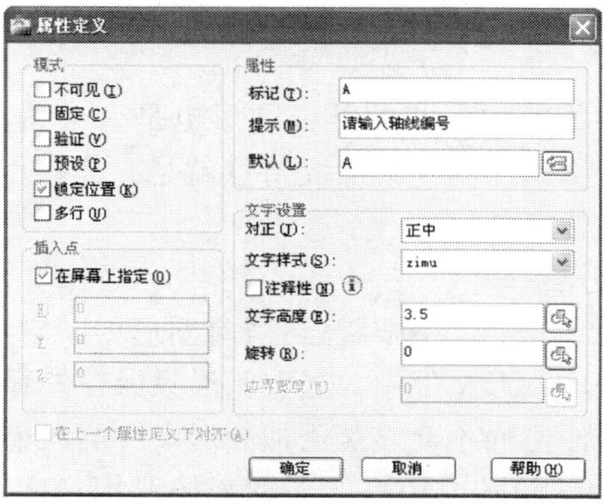

图 7-14　“属性定义”对话框

图 7-15　选择属性插入点

（5）用 WBLOCK 命令保存图块，如图 7-16 所示。

（6）插入图块，如图 7-17 所示。在命令行提示“请输入轴线编号”时分别输入 1、2、3 和 A、B、C、D，得到图 7-11。

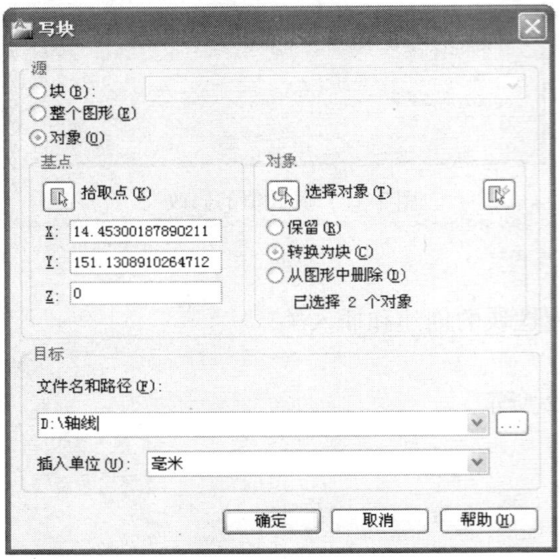

图 7-16 “写块”对话框

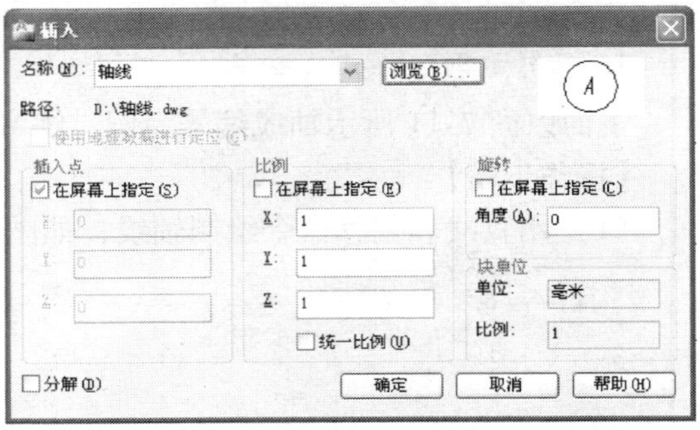

图 7-17 块插入对话框

特别提示：

在本例题中可以创建两个属性块，一个是轴线 1、2、3 用，基点选择圆的最上象限点。另一个是轴线 A、B、C、D 用，基点选择圆的最右象限点。

7.6 参照

用户可以使用插入块命令向图形中插入块形式的图形，除此之外 AutoCAD 还允许用户直接插入一个外部图形，它是 AutoCAD 图形相互调用更为有效的一种方法，这就是外部参照。

7.6.1 外部参照的概述

直接引用到当前图形中的非块形式的外部图形也是一个独立的对象，为了区别于块参照，将其称为外部参照。外部参照的一个最大特点就是，当被引用的外部图形发生变化时，当前图形中的外部参照将随之更新。

外部参照具有以下的特点：

（1）可以将整个图形作为外部参照附着到当前图形中，它并不真正插入，附着的外部参照的数据仍然保存在原来的图形文件中，当前图形只保存外部参照文件的名称和路径，因此，使用外部参照可以生成图形而不会显著增加图形文件的大小。

（2）可以通过在图形中参照其他用户的图形来协调用户之间的工作，从而与其他用户所做的修改保持同步。

（3）确保显示参照图形的最新版本。每次打开图形文件时，AutoCAD 将自动重载每个外部参照，从而反映参照图形文件的最新状态。

（4）可以控制参照文件图层的状态和特性，也可以对外部参照进行“比例缩放”、“移动”、“复制”、“阵列”和“旋转”等操作。外部参照在当前图形中以单个对象的形式存在，与块不同的是，必须先绑定外部参照才能对其进行分解。

（5）当工程完成并准备归档时，可以使用“绑定”命令将附着的外部参照和用户图形永久合并到一起。

7.6.2　插入外部参照

一个图形可以作为外部参照同时插入到多个图形中，“参照”工具栏如图 7-18 所示。反之，也可以将多个图形作为外部参照插入到单个图形上。外部参照必须是模型空间对象，可以任何比例、位置和旋转角度附着这些外部参照。

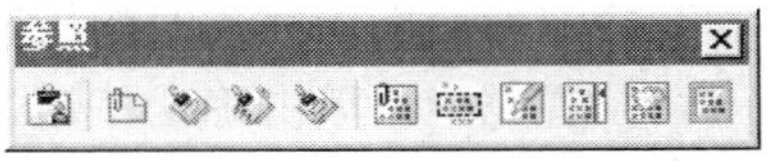

图 7-18　“参照”工具栏

1. 执行途径

执行“附着外部参照”命令的方法有：

（1）“参照”工具栏/“附着外部参照”按钮 。

（2）下拉菜单：“插入”/“dwg 参照”。

（3）命令：XATTACH（快捷命令：XA）。

2. 操作说明

执行该命令后，弹出图 7-19 所示“选择参照文件”对话框，在该对话框中选中要插入的参照文件，然后点击打开，弹出图 7-20。

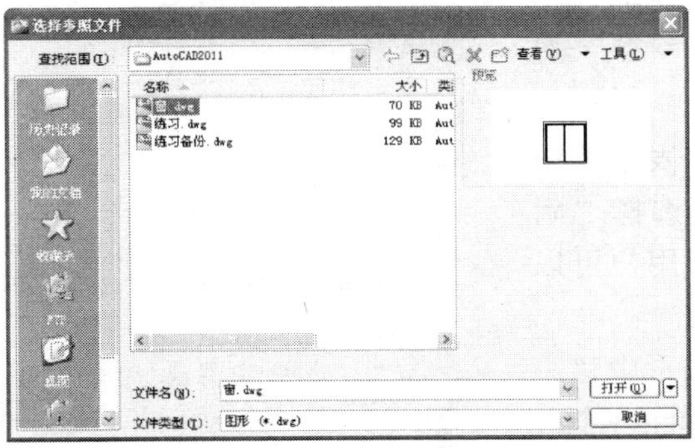

图 7-19　选择参照文件对话框

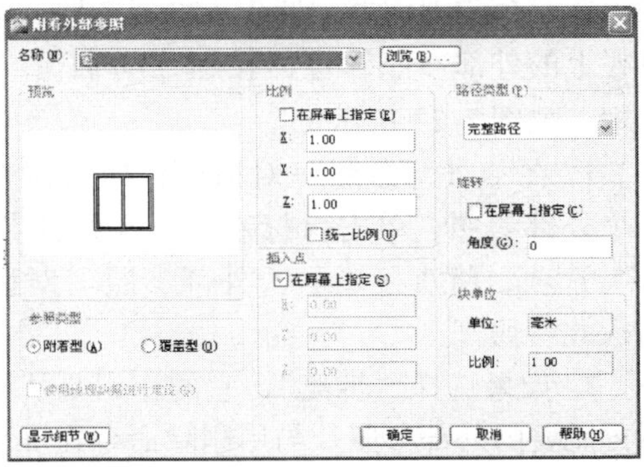

图 7-20　附着参照对话框

对话框中各主要项的功能如下：

（1）名称

需要插入的外部参照文件的名称。

（2）路径类型

指定外部参照的保存路径是完整路径、相对路径，还是无路径。将路径类型设置为“相对路径”之前，必须保存当前图形。对于嵌套的外部参照，相对路径通常是指其直接宿主的位置，而不一定是当前打开的图形的位置。

如果参照的图形位于另一个本地磁盘驱动器或网络服务器上，“相对路径”选项不可用。

（3）参照类型选项区

“附加型”单选框：附着的外部参照可以被嵌套。例如图形 A 以“附加型”引用了 B 图形，当图形 A 被图形 C 引用时，在 C 图形中同时显示图形 A 和 B。

“覆盖型”单选框：附着的外部参照不可以被嵌套。例如图形 A 以“覆盖型”引用了 B 图形，当图形 A 被图形 C 引用时，在 C 图形中不显示图形 B。

（4）插入点选项区

确定参照图形的插入点。

（5）比例选项区

确定参照图形的插入比例。

（6）旋转选项区

确定参照图形插入时的旋转角度。

设置完毕后单击确定按钮，就可以按照插入块的方法插入外部参照。

7.6.3 外部参照管理

假设一张图中使用了外部参照，用户要知道外部参照的一些信息，如参照名、状态、大小、类型、日期、保存路径等，或者要对外部参照进行一些操作，如附着、拆离、卸载、重载、绑定等，这就需要使用外部参照管理器。它的作用就是在图形文件中管理外部参照，下面来具体看一下外部参照管理器的用法。

假设在当前图形中使用了外部参照，单击“参照”工具栏上的外部参照管理器按钮，打开“外部参照”对话框，如图 7-21 所示。

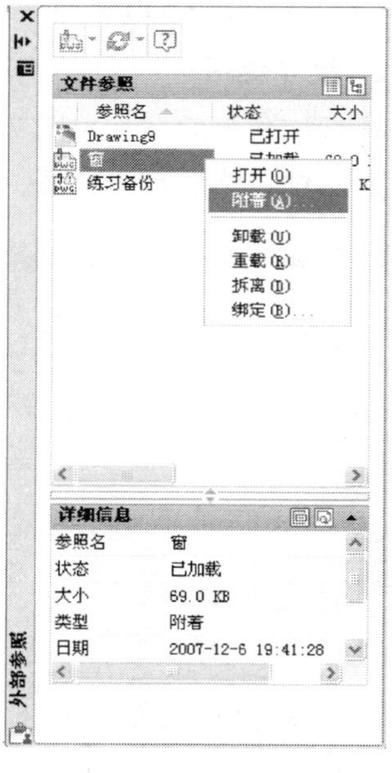

图 7-21 “外部参照”对话框

1. 在“外部参照”对话框，如果在参照列表中选中某个外部参照，单击鼠标右键，在快捷菜单上选择“附着”选项，将直接显示“外部参照”对话框，用户可以插入此参照。

2. 如果选择“拆离”，它的作用是从当前图形中移去不再需要的外部参照。与用删除命令在屏幕上删除一个参照对象不同，用删除命令在屏幕上删除的仅仅是外部参照的一个引用实例，但图形数据库中的外部参照关系并没有删除。而使用“拆离”不仅删除了屏幕上的所有外部参照实例，而且彻底删除了图形数据库中的外部引用关系。

3. “卸载”可以从当前图形中卸载不需要的外部参照，但卸载后仍保留外部参照文件的路径。

4. 选择“绑定”打开“绑定外部参照”对话框，如图 7-22 所示。选定的外部参照及其依赖符号（如块、标注样式、文字样式、图层和线型等）成为当前图形的一部分。

图 7-22 “绑定外部参照”对话框

7.7　上机指导（绘制房屋剖面和给排水图）

1. 绘制图 7-23 所示建筑剖面图。

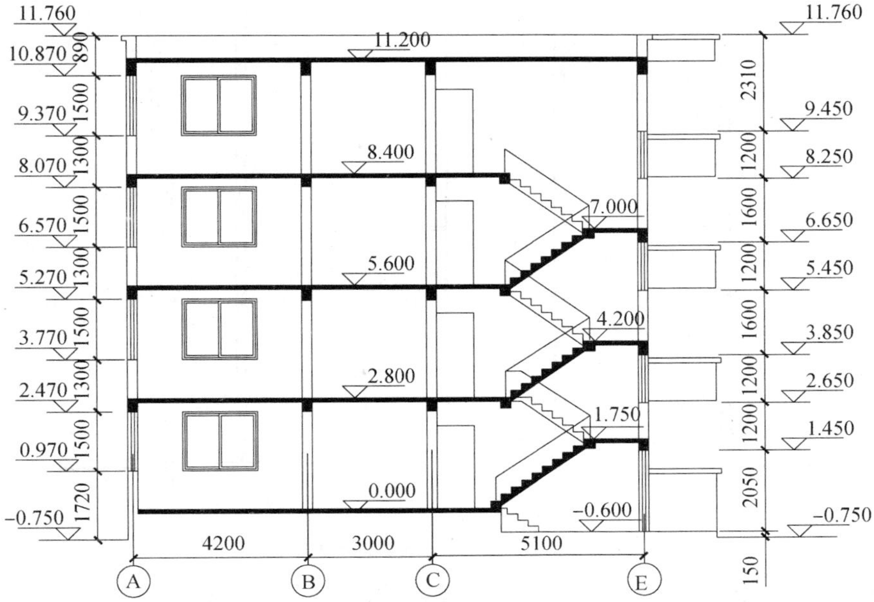

1-1剖面图1:100

图 7-23　建筑剖面图

【操作步骤】

（1）创建图层。按 1∶1 绘图，如果打印出图则按 1∶100 缩放。

（2）根据尺寸用偏移命令绘制辅助线，如图 7-24 所示。

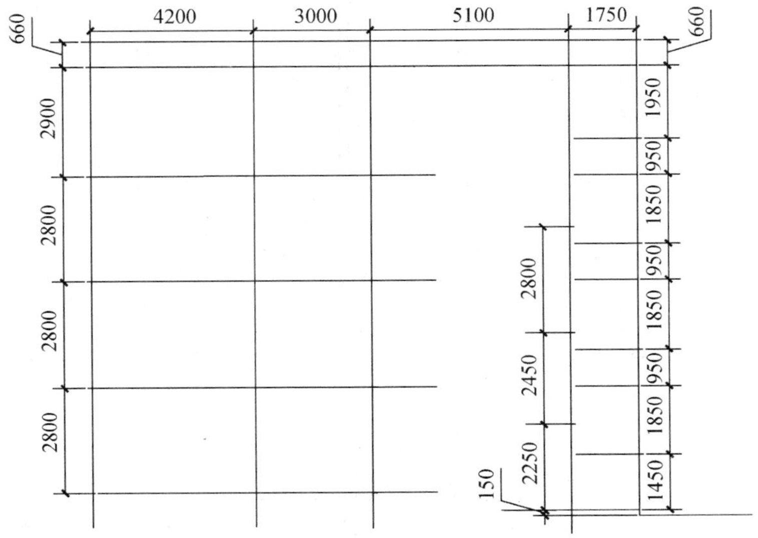

图 7-24　辅助线

（3）用偏移命令偏移楼板线，偏移距离是100。用偏移方法绘制阳台线。

（4）创建240墙体和窗线多线样式。绘制墙体，然后用修剪命令修剪出窗洞，然后绘制窗线，如图7-25所示。

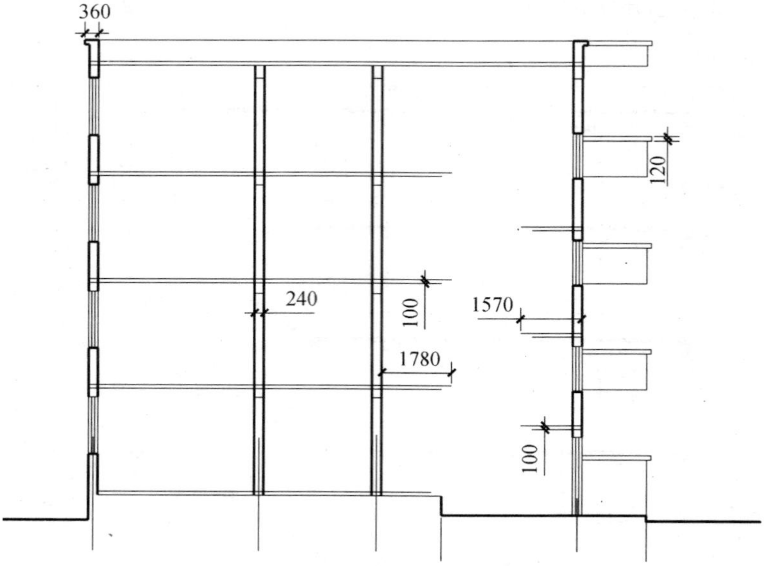

图7-25 多线绘制墙体和窗线

（5）根据尺寸绘制一个窗户和一个门，移动到图中一层，然后用矩形阵列，4行1列，行偏移距离是层高2800，如图7-26所示。

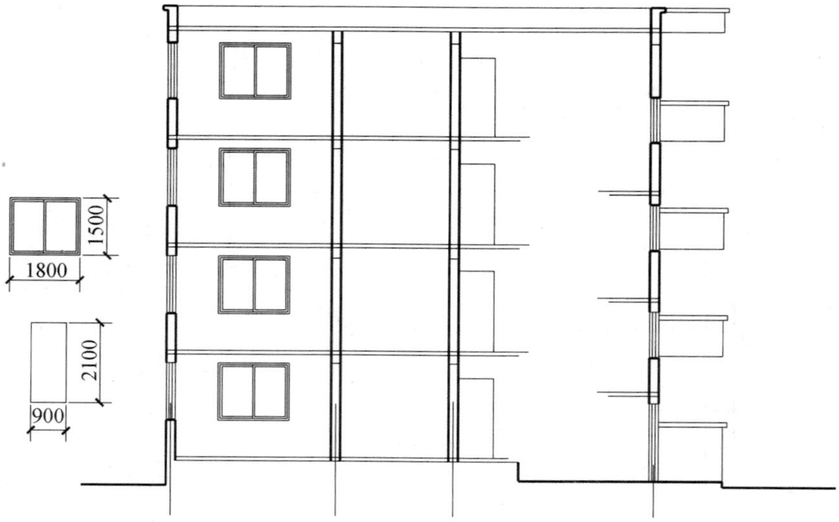

图7-26 阵列门窗

（6）根据图7-27楼梯踏面和踢面的尺寸及梯板厚度绘制楼梯。

（7）用“SOLID”图案填充钢筋混凝土板和梁及剖到的楼梯，如图7-28所示。

（8）创建线性标注样式，标注尺寸如图7-29所示。注意在“新建标注样式”中的“调整”对话框“使用全局比例因子”输入 100。

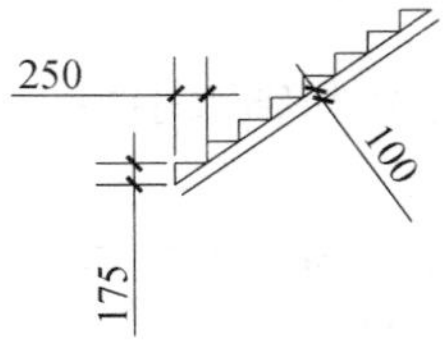

图 7-27　楼梯尺寸

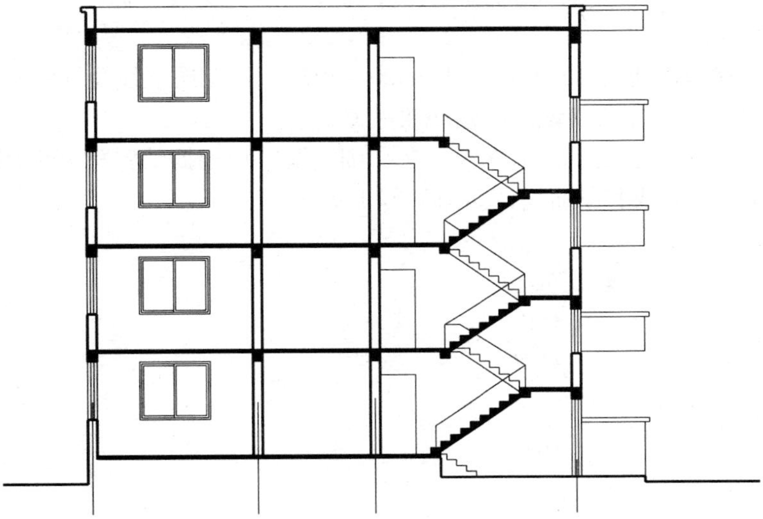

图 7-28　绘制楼梯和填充

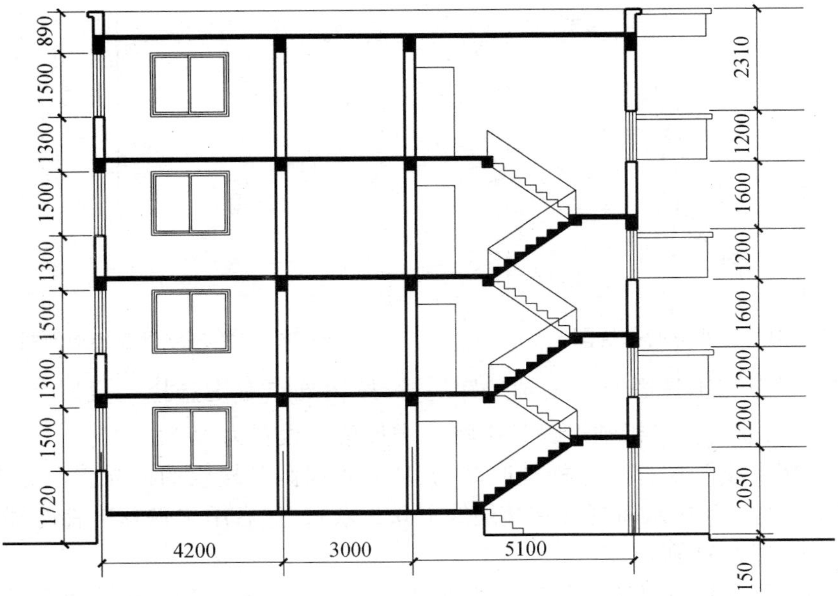

图 7-29　标注线性尺寸

（9）创建三个属性块，如图 7-30 所示。注意基点选择，标高的基点选三角形的下顶点，轴线编号符号的基点选择圆的上限点。

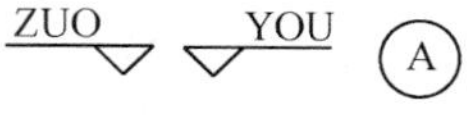

图 7-30　创建属性块

（10）用插入属性块的形式插入标高和轴线编号。在标注左右两侧的标高时，应先绘制标高标注线。

（11）用文字输入图名和比例。最后的结果如图 7-23 所示。

2. 绘制图 7-31 所示排水立管系统图。

绘制排水立管系统图步骤如下：

（1）打开图层特性管理器，先设置“粗实线”、“细实线”、“标注”三个图层，将“粗实线”设置为当前层。

（2）采用立式幅面建立 A3 幅面图纸（420×297），绘制图框线及标题栏。

（3）使用“比例”命令将该图纸幅面放大 100 倍。

（4）在“粗实线”层绘制排水立管，在“细实线”层根据给定标高值用“偏移”命令画出室内地面线、楼面线和屋面线，如图 7-32 所示。

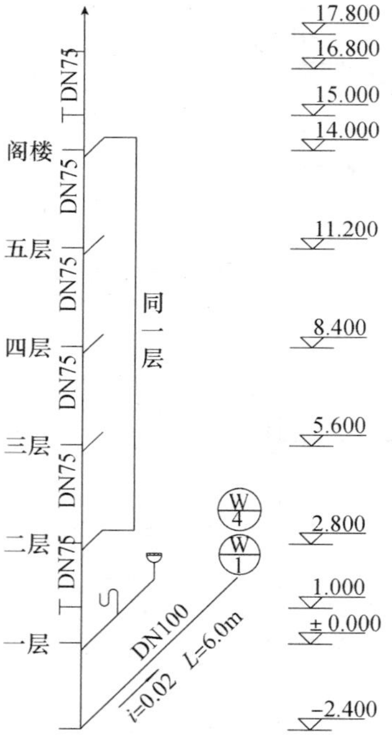

图 7-31　排水立管系统图

图 7-32　绘制立管及楼地面线、屋面线

（5）在“状态”工具栏的“极轴追踪”按钮处点右键选择“设置”，弹出图 7-33“草图设置”对话框，在“极轴追踪”中将“增量角”设置为 45°。

（6）在“粗实线”层打开“极轴追踪”，从立管引画各楼层的横向管段。先画排出管，再画与立管相连的一条排水横管（在楼层线下 0.3 米），然后用“偏移”命令做出其他楼层的排水横管，如图 7-34 所示。

（7）绘制一层的管道附件（阀门、截止阀、水表、检查口等）、配水器具的存水弯和地漏等，如图 7-35 所示。

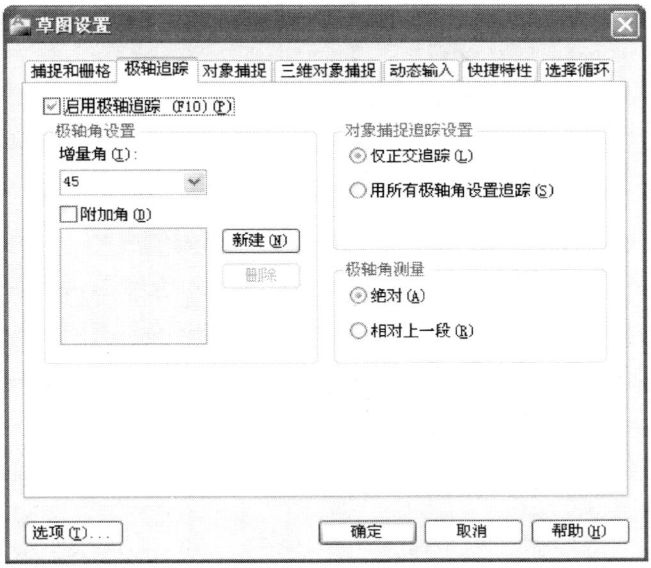

图 7-33　“草图设置”对话框图

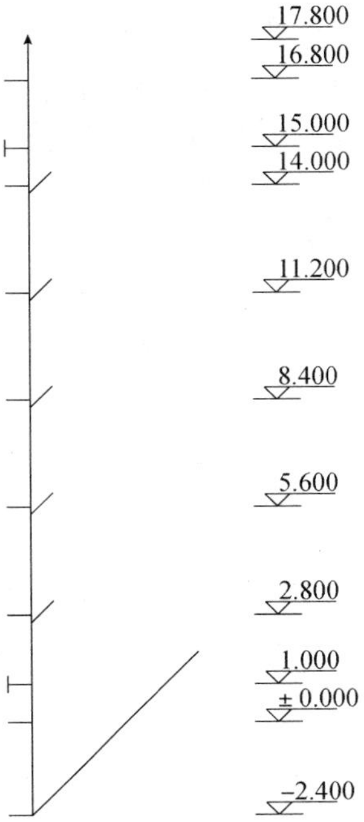

图 7-34　绘制各楼层的横向管段

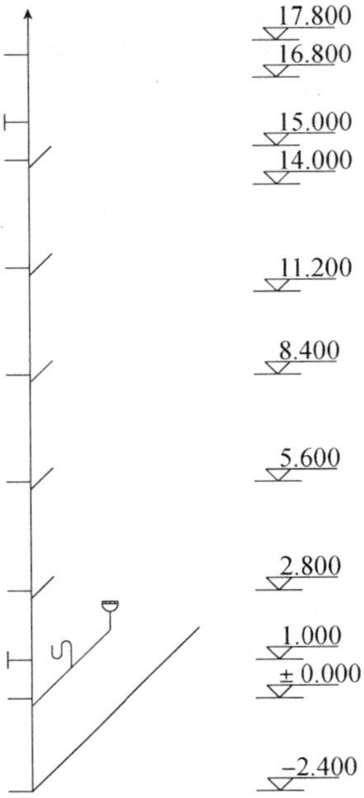

图 7-35　绘制一楼附件

（8）在“细线层”标注各楼层的名称，标注管道的直径和坡度等如图 7-36 所示。

（9）将排水系统进行编号，只做出其中一个，另一个用复制，再双击文字修改。如图 7-37 所示。

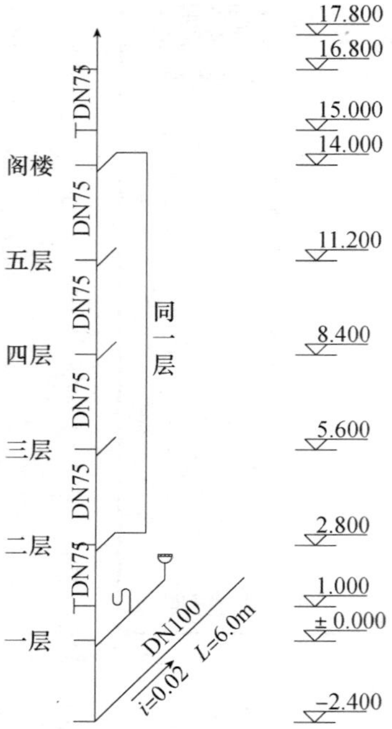

图 7-36　文字书写及坡度标注

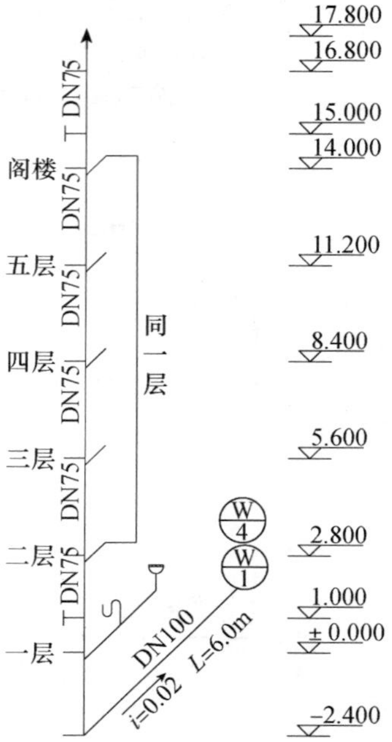

图 7-37　排水系统编号

（10）将标高符号创建为属性块，用插入属性块的方法标注标高。在标注标高前，先在图右侧作两条铅垂线作为辅助线，然后用“延伸命令”将楼层线延伸到最右侧辅助铅垂线，如图 7-38 所示。使用“修剪”命令，将左侧辅助铅垂线以左的楼层延长线修剪掉，将两条辅助铅垂线删除，然后再插入标高。完成全图，如图 7-31 所示。

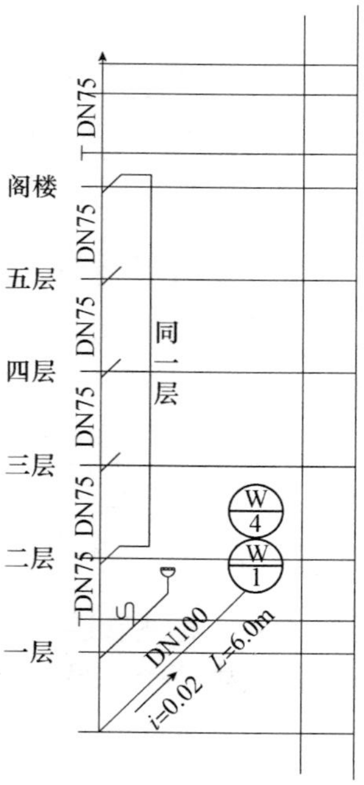

图 7-38　标注标高

7.8　操作练习

1. 按要求绘制图 7-39 给水排水平面图。

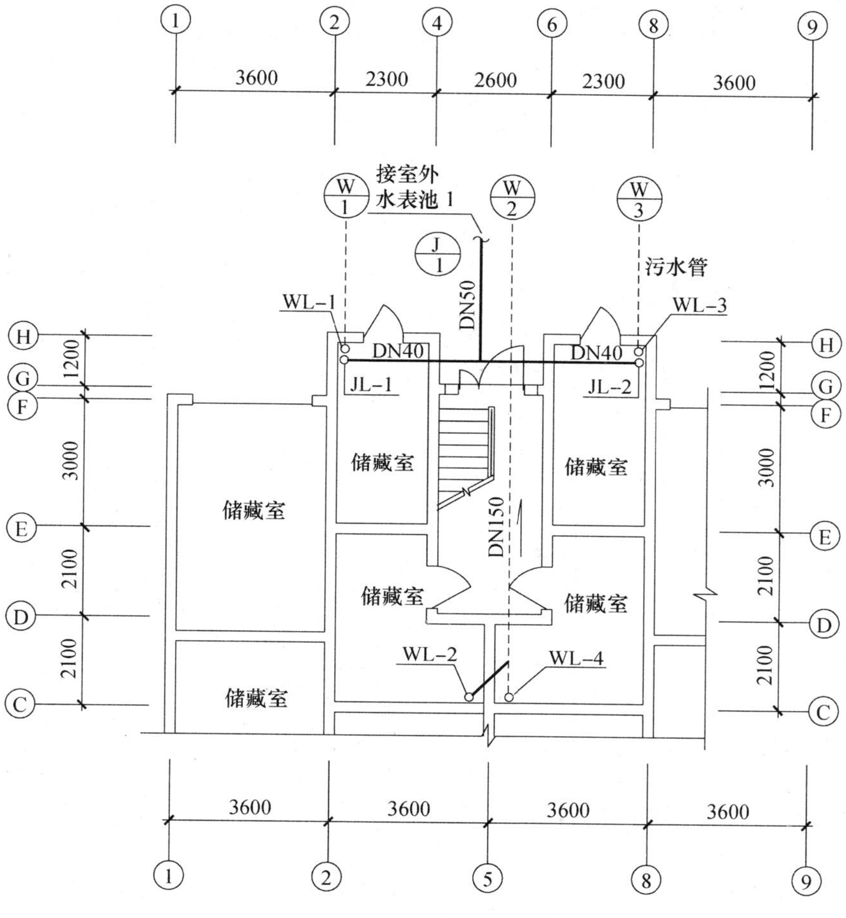

图 7-39　给水排水平面图

2. 绘制图 7-40、图 7－41 给排水轴测图。

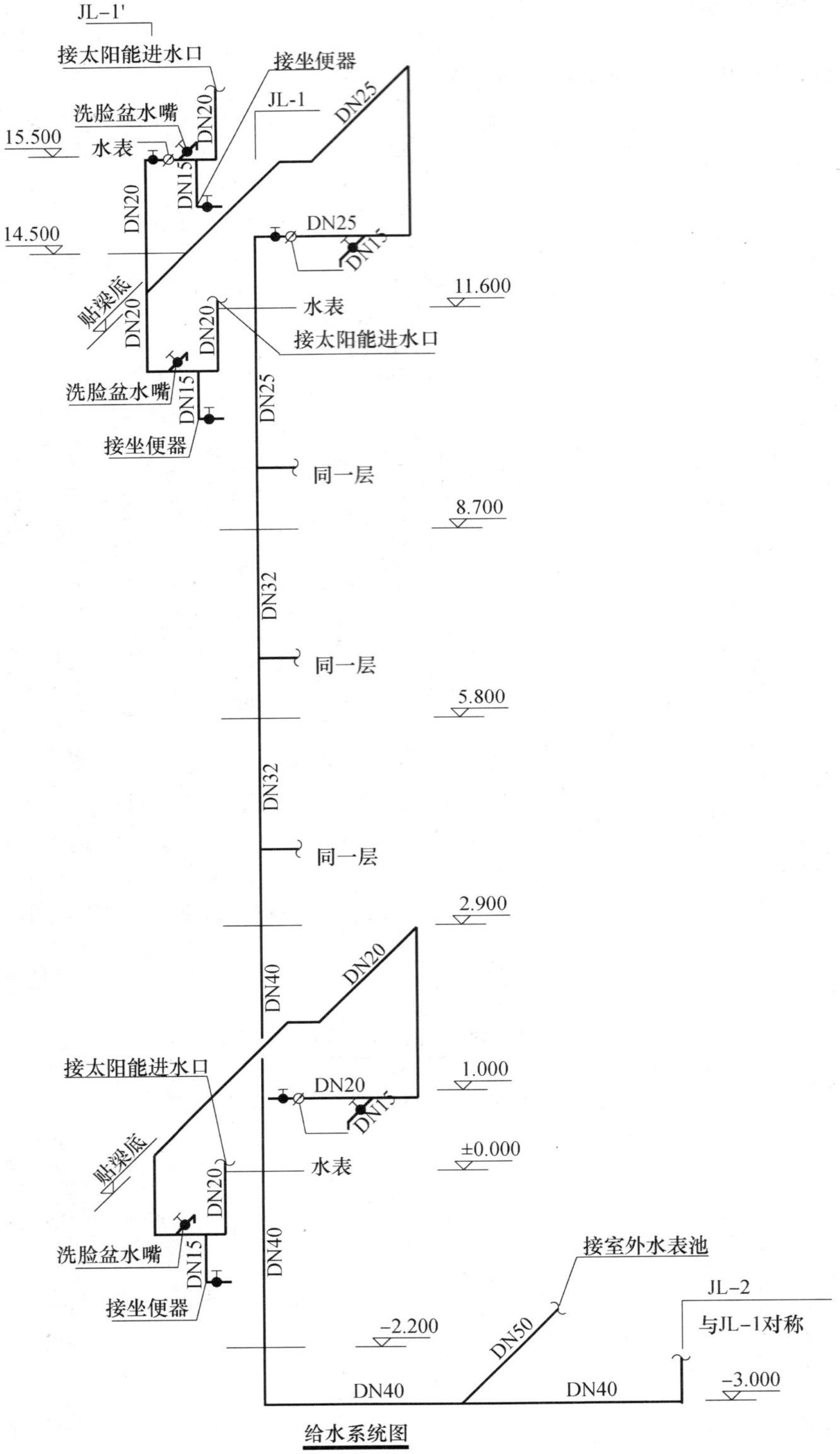

图 7-40　给水轴测图

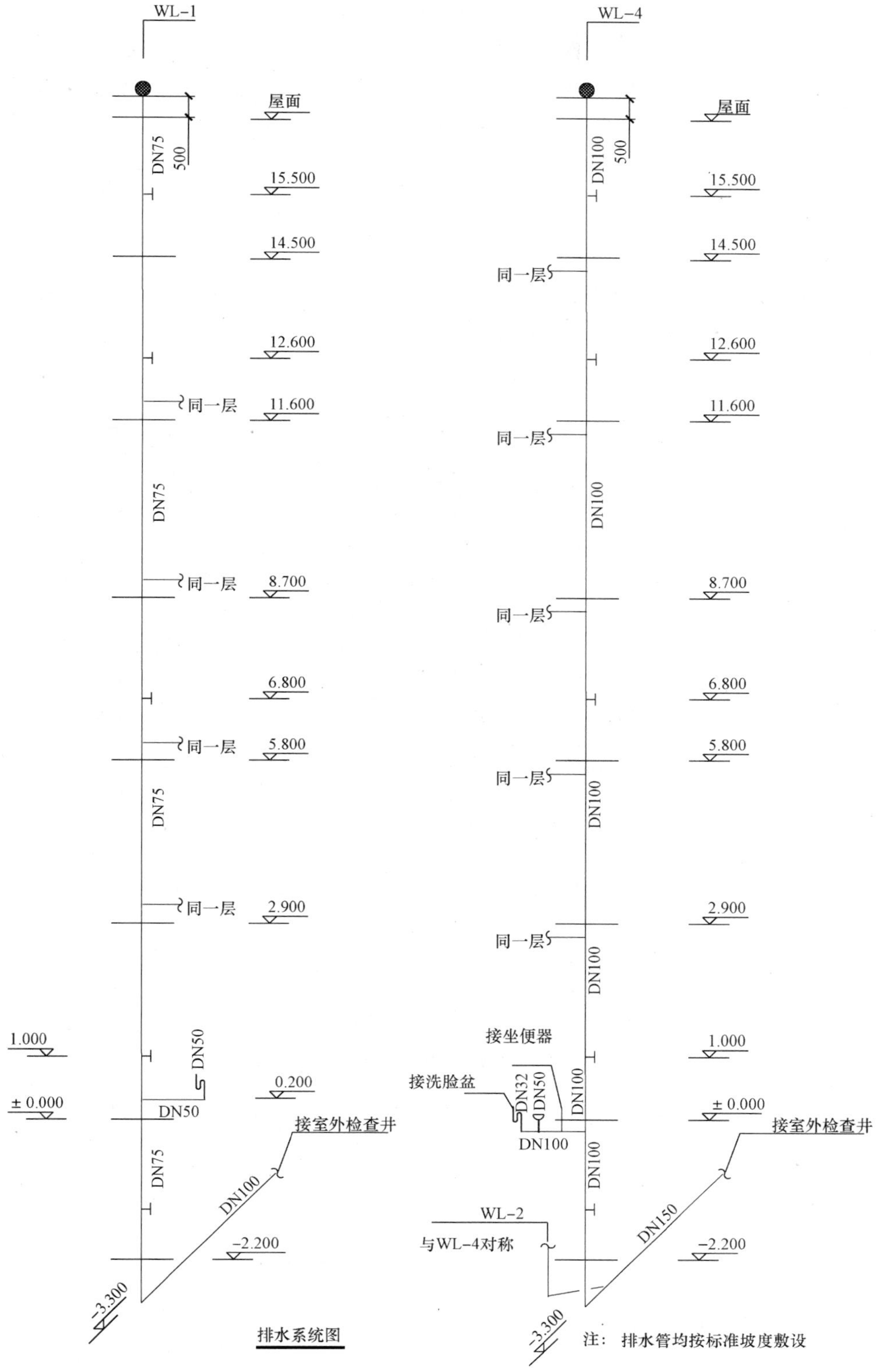
WL-1
屋面
DN75
500
15.500
14.500
12.600
同一层
11.600
DN75
同一层
8.700
6.800
同一层
5.800
DN75
同一层
2.900
1.000
DN50
0.200
±0.000
DN50
DN75
接室外检查井
DN100
-2.200
-3.300
排水系统图
WL-4
屋面
DN100
500
15.500
14.500
同一层
12.600
11.600
同一层
DN100
8.700
同一层
6.800
5.800
同一层
DN100
2.900
同一层
DN100
接坐便器
1.000
接洗脸盆
DN32
DN50
DN100
±0.000
DN100
DN100
接室外检查井
WL-2
与WL-4对称
DN150
-2.200
-3.300
注：排水管均按标准坡度敷设

图 7-41　排水轴测图

3. 绘制结构图（图 7-42），并用属性快标注钢筋编号。

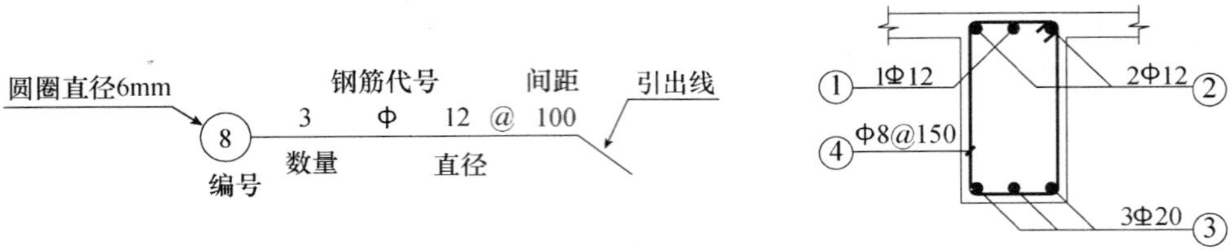

图 7-42 结构图

4. 绘制图 7-43 的建筑剖面图。

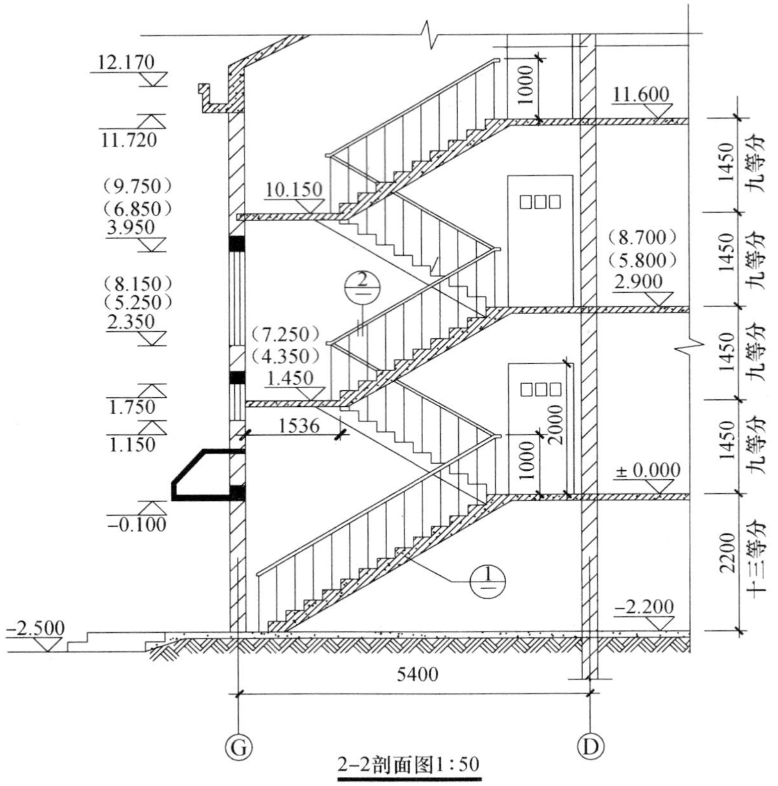

图 7-43 建筑剖面图

第 8 章　布局与打印

教学目标

通过对本章的学习，用户可以在模型空间打印出图，也可以根据需要在布局窗口创建和修改布局，并会对各种图形在图纸空间进行多比例出图。

教学重点与难点

- 模型空间与图纸空间
- 模型空间打印
- 图纸空间打印

绘制好的建筑图样需要打印出来进行报批、存档、交流、指导施工，所以绘图的最后一步是打印图形。前面的绘制工作都是在模型空间中完成的，用户可以直接在模型空间中打印草图，但是当打印正式图纸，特别是多比例打印时，利用模型空间打印会非常不方便。所以 AutoCAD 提供了图纸空间，用户可以在一张图纸上输出图形的多个视图，添加文字说明、标题栏和图纸边框等。图纸空间完全模拟了图纸页面，用于安排图形的输出布局。在这一章中主要讲述怎样在模型空间出图，怎样设置布局、利用布局进行打印等。

8.1　模型空间和图纸空间

模型空间主要用于建模，前面章节讲述的绘图、修改、标注等操作都是在模型空间完成的。模型空间是一个没有界限的三维空间，用户在这个空间中以任意尺寸绘制图形，通常按照 1∶1 的比例，以实际尺寸绘制实体。

图纸空间是为了打印出图而设置的。一般在模型空间绘制完图形后，需要输出到图纸上。为了让用户方便地为一种图纸输出方式设置打印设备、纸张、比例、图纸视图布置等，AutoCAD 提供了一个用于进行图纸设置的图纸空间。利用图纸空间还可以预览到真实的图纸输出效果。由于图纸空间是纸张的模拟，所以是二维的。同时图纸空间由于受选择幅面的限制，所以是有界限的。在图纸空间还可以设置比例，实现图形从模型空间到图纸空间的转化。

用户用于绘图的空间一般都是模型空间，在默认情况下 AutoCAD 显示的窗口是模型窗口，在绘图窗口的左下角显示“模型”和“布局”窗口的选项卡按钮

，单击“布局 1”或“布局 2”可进入图纸空间。

8.2　模型空间打印

如果要打印的图形只使用一个比例，则该比例既可以预先设置，也可以在出图时修改比例。在出图时设置比例这种方式适用于大多数建筑施工图的设计与出图，如果整张图形使用同一个比例，即单比例布图，则可以直接在模型空间出图打印。

以图 8-1 工程图样按 1∶100 出图讲解模型空间打印的步骤为：

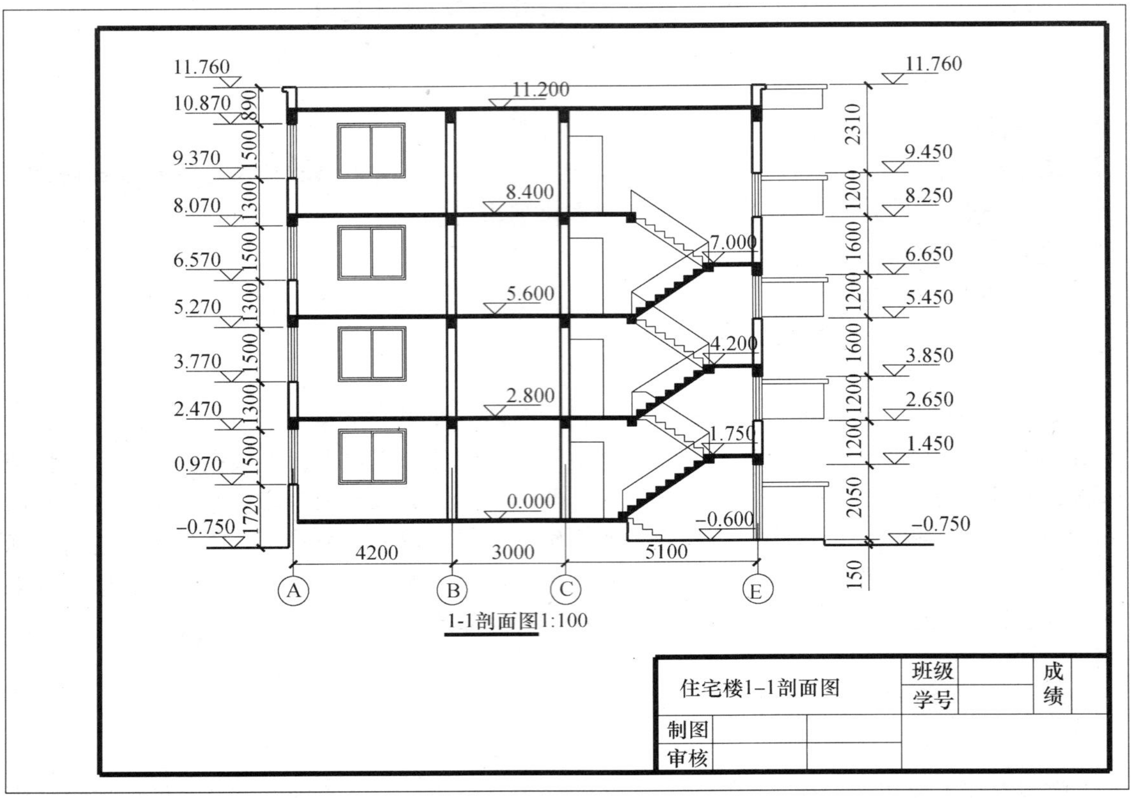

图 8-1　需要打印的图样

1. 确定图形比例

有两种方法设置绘制图形的比例，一种是绘图之前设置，另一种可以在出图之前设置。

我们在绘制该图形时一般采用 1∶1 的比例，这就需要在出图之前设置比例。经过计算，该图形如果以 1∶100 的比例出图，打印在一张 A4 图纸上比较合适。

2. 设置打印参数

执行 AutoCAD 的“文件”/“打印”命令或点击“标准”工具栏/“打印”按钮，显示图 8-2 模型打印对话框。按图中调整后就可以将图 8-1 工程图按 1∶100 的比例打印出来。

“打印”对话框简介如下：

(1)“页面设置”选项组

在“页面设置”选项组中的“名称”下拉列表框中可以选择所要应用的页面设置名称，

也可以单击“添加”按钮添加其他的页面设置，如果没有进行页面设置，可以选择“无”选项。

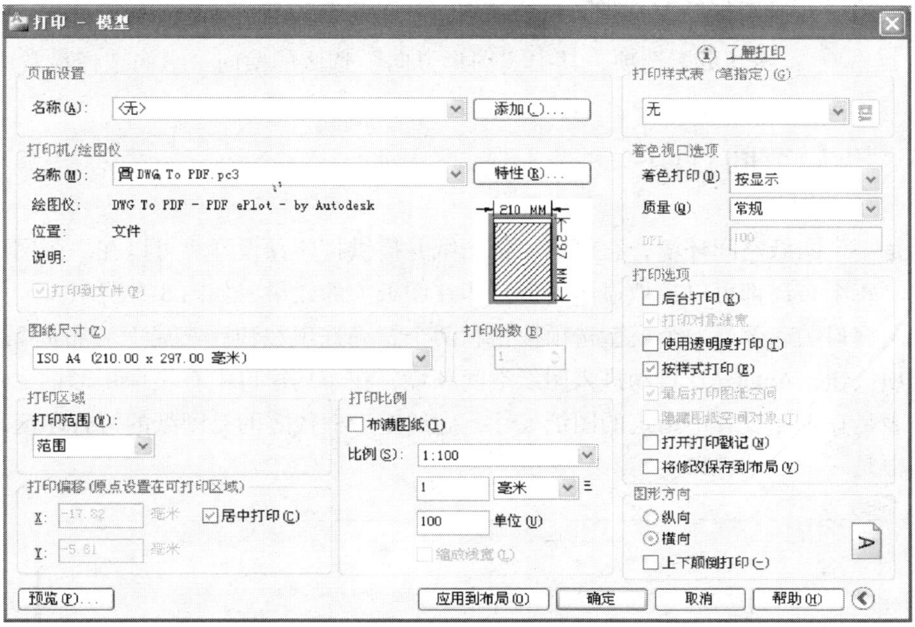

图 8-2　模型打印对话框

（2）“打印机绘图仪”选项组

在“打印机绘图仪”选项组中的“名称”下拉列表框中可以选择要使用的绘图仪。选择“打印到文件”复选框，则图形输出到文件后再打印，而不是直接从绘图仪或者打印机打印。

（3）“图纸尺寸”选项组

在“图纸尺寸”选项组的下拉列表框中可以选择合适的图纸幅面，视窗可以预览图纸幅面的大小。

（4）“打印区域”选项组

在“打印区域”选项组中，用户可以通过 4 种方法来确定打印范围。

1）“图形界限”选项表示将打印指定图纸尺寸的页边距内的所有内容，其原点从布局中的（0，0）点计算得出。从“模型”空间打印时，将打印图形界限定义的整个图形区域。

2）“显示”选项表示打印选定的是“模型”空间当前视口中的视图或布局中的当前图纸空间视图。

3）“窗口”选项表示打印指定的图形的任何部分，这是直接在模型空间打印图形时最常用的方法。选择“窗口”选项后，命令行会提示用户在绘图区指定打印区域。

4）“范围”选项用于打印图形的当前空间部分（该部分包含对象），当前空间内的所有几何图形都将被打印。

（5）“打印比例”选项组

在“打印比例”选项组中，当选中“布满图纸”复选框后，其他选项显示为灰色，不能更改。取消“布满图纸”复选框，用户可以对比例进行设置。

（6）点击，展开更多选项，其中“图形方向”选区的横向、纵向选择最常用。

8.3　布局空间打印

布局是一个图纸空间环境，它模拟一张图纸并提供打印预设置。可以在一张图形中创建多个布局，每个布局都可以模拟显示图形打印在图纸上的效果，如图 8-3 所示。

在绘图窗口的底部是一个模型选项按钮和两个布局选项按钮：布局 1 和布局 2。单击任一布局选项按钮，AutoCAD 自动进入图纸空间环境，在布局窗口中有三个矩形框，最外面的矩形框代表是在页面设置中指定的图纸尺寸，虚线矩形框代表的是图纸的可打印区域。最里面的矩形框是一个浮动视口。

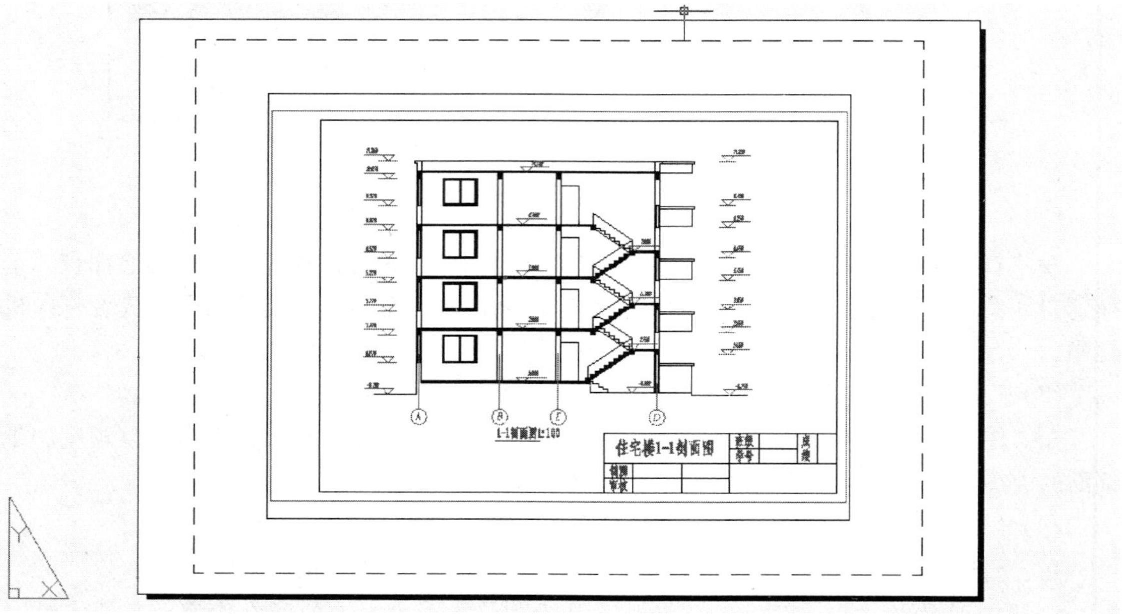

图 8-3　图纸空间

8.3.1　创建布局

当默认状态下的两个布局不能满足需要时，可创建新的布局。创建新布局常用的方法是：

下拉菜单：“插入” / “布局” / “新建布局”。

8.3.2　管理布局

在“布局”按钮上点击鼠标右键，此时弹出快捷菜单，可以新建布局、删除布局等，选择“页面设置管理器”，弹出对话框如图 8-4 所示。选中“布局”点击“修改”弹出图 8-5对话框，在对话框中可以进行修改设置。

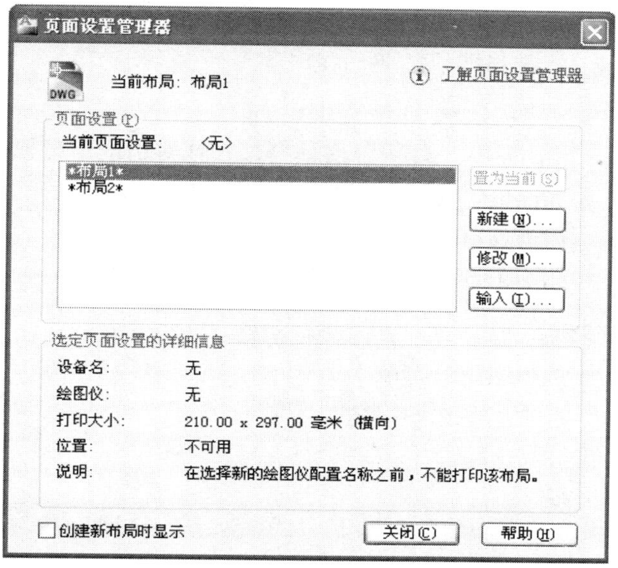

图 8-4　页面设置管理器

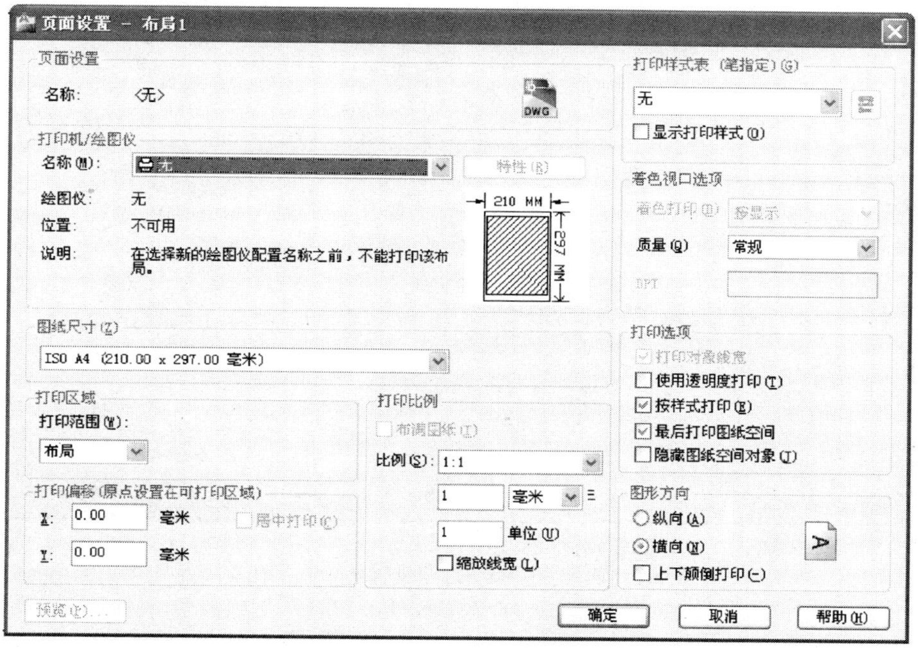

图 8-5　布局页面设置

8.4 上机指导（打印出图）

用 A4 图纸按 1:100 比例打印图 8-1 所示房屋剖面图。

【操作步骤】

（1）连接打印机

打印机连接到电脑并安装打印机的驱动程序。

（2）设置打印参数

点击“打印”按钮，弹出“打印”对话框，在该对话框中设置打印参数。

1）在“打印机”列表框里：选中已安装好的打印机。

2）在“图纸尺寸”列表框里：选中 3 图纸。

3）在“打印区域”选项组中：选中“窗口”选项，然后点击“窗口”按钮，用户可以在绘图区指定打印区域。

4）在“打印比例”选项组中：选取 1:100。

5）在“图形方向”选项组中选中横向。

其余选项默认，如图 8-6 所示。

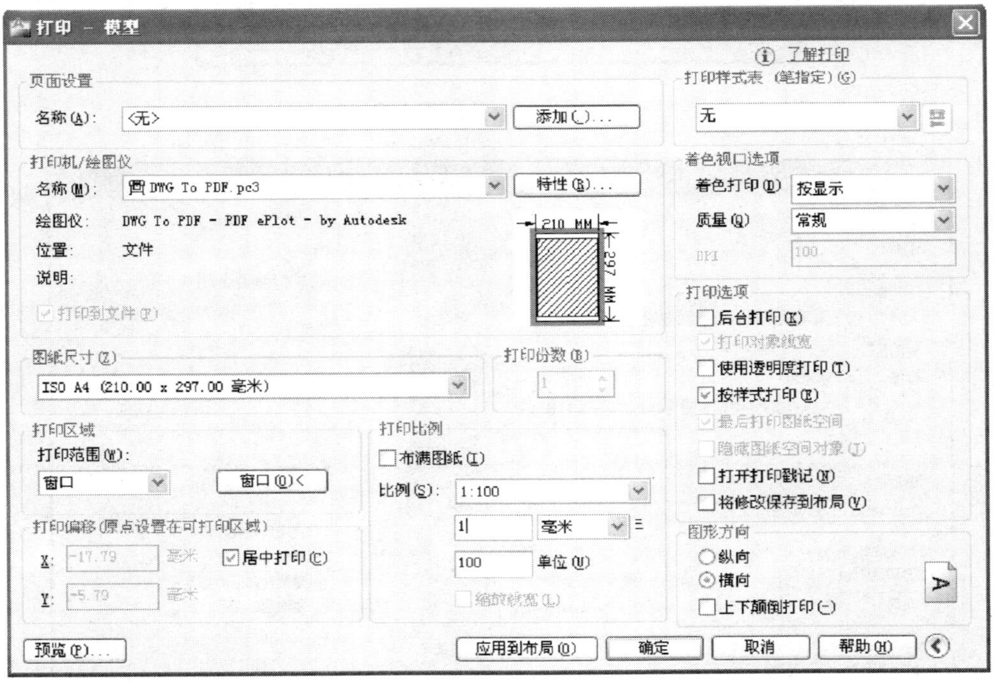

图 8-6 打印设置

（3）“预览”

点击“预览”按钮，出现的打印效果如图 8-7 所示。

（4）“打印”

点击“确定”，关闭对话框，系统开始打印。

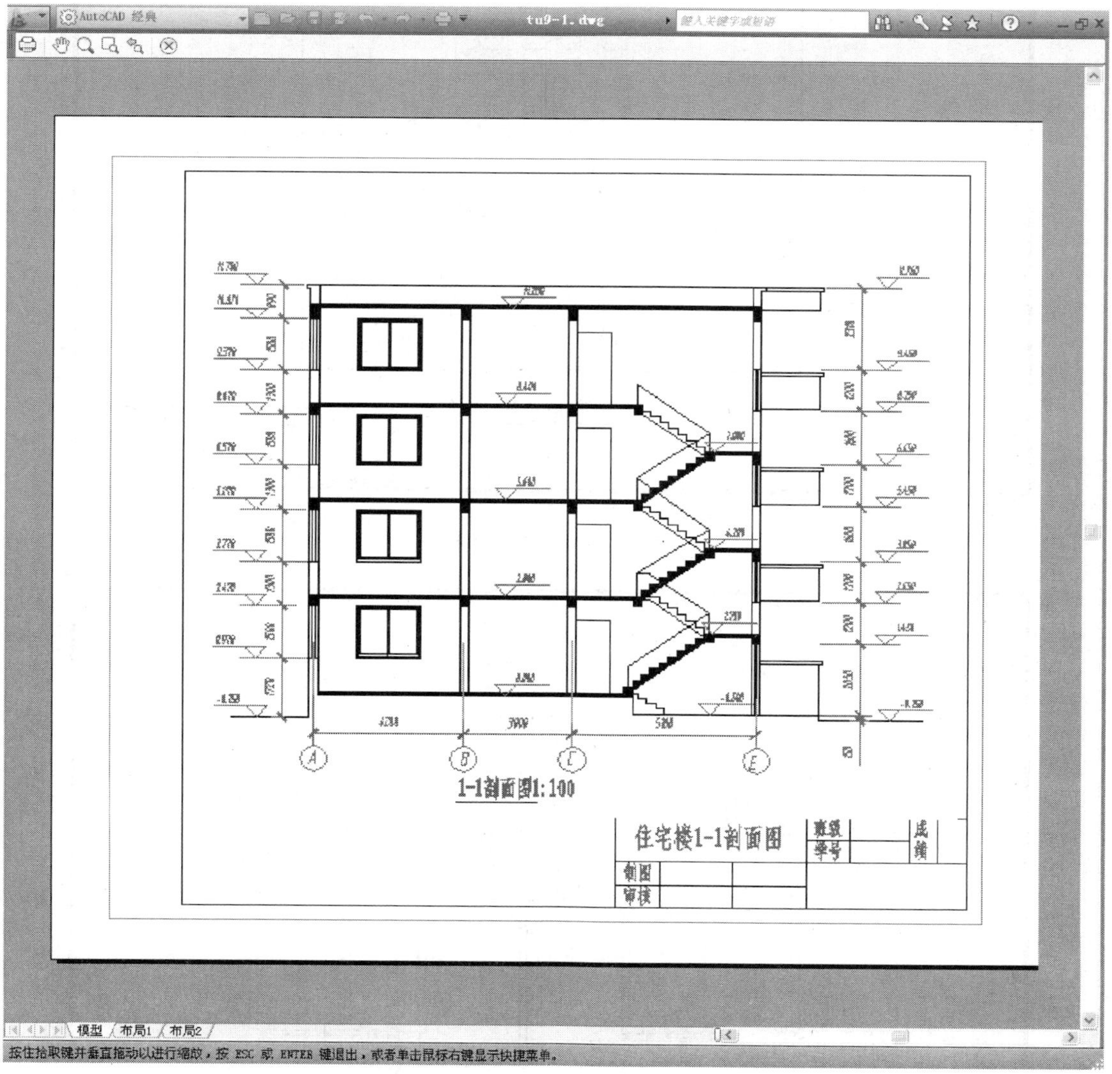

图 8-7　打印预览

8.5　操作练习

按要求绘制图 8-8 ~ 图 8-11 所示的住宅房屋图并打印出图。

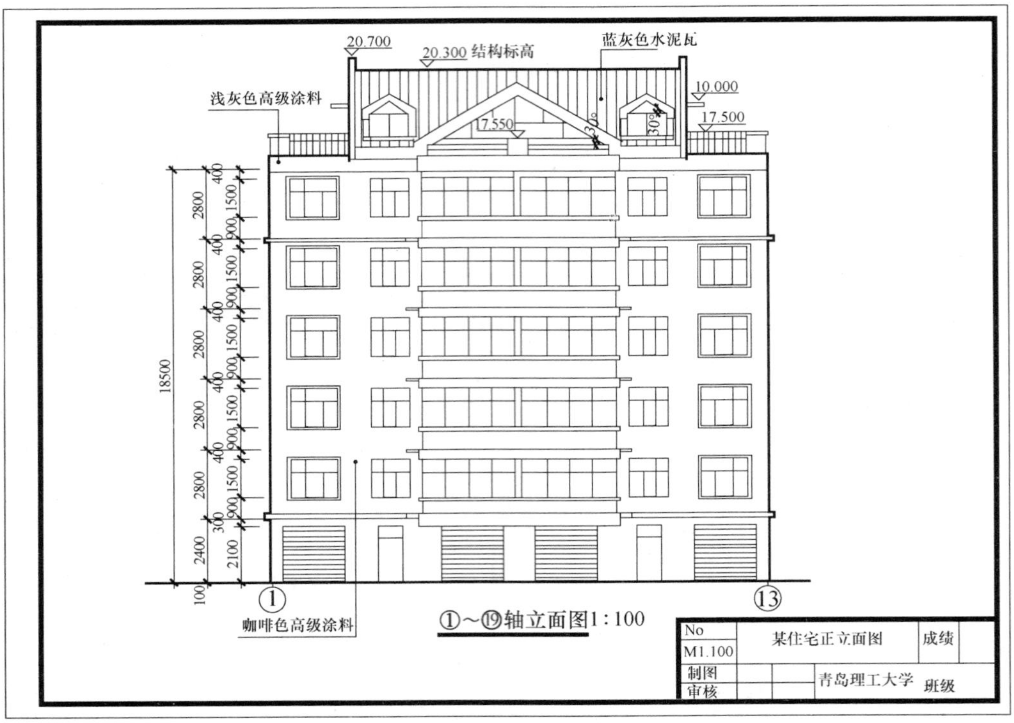

图 8-8　住宅正立面图

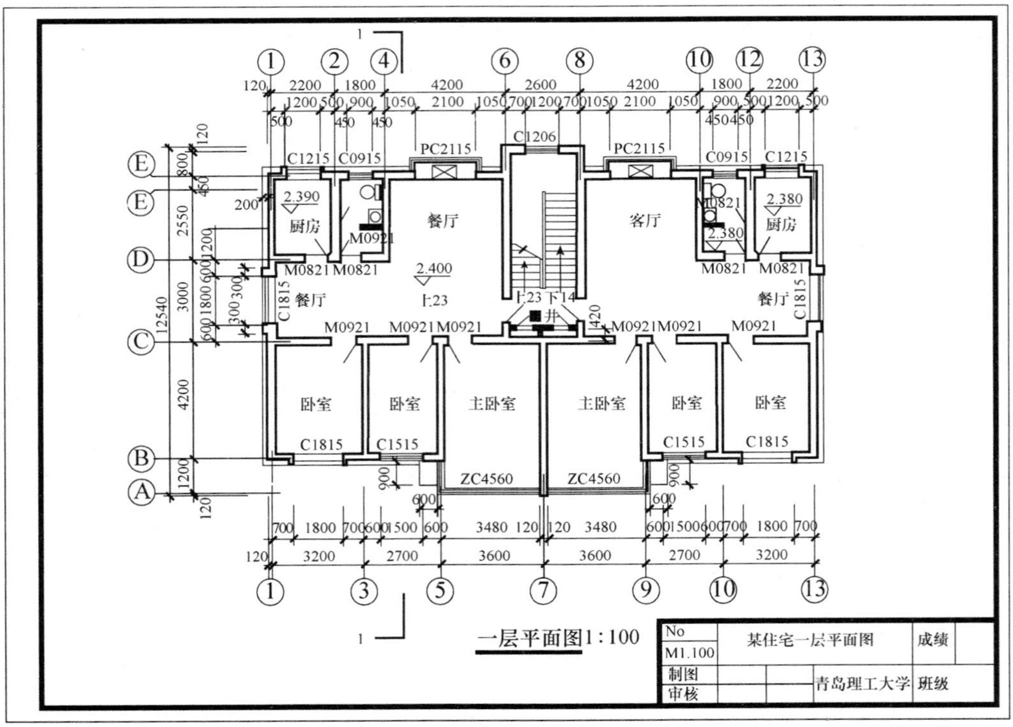

图 8-9　住宅平面图

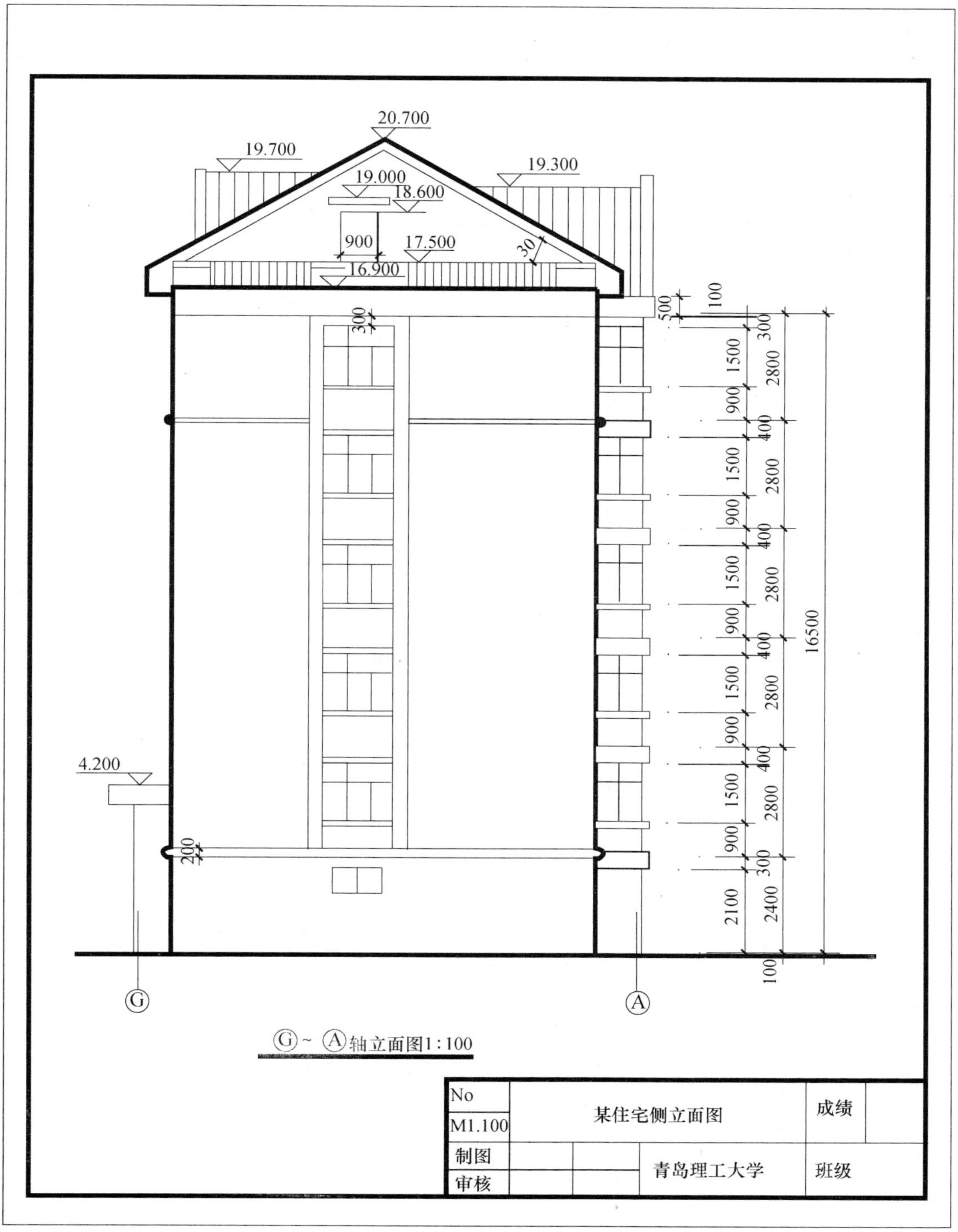
20.700
19.700
19.300
19.000
18.600
900
17.500
30
16.900
100
500
300
1500
2800
900
400
16500
4.200
200
2100
2400
G
A
G ~ A 轴立面图1:100
No
M1.100
某住宅侧立面图
成绩
制图
审核
青岛理工大学
班级

图 8-10　住宅侧立面图

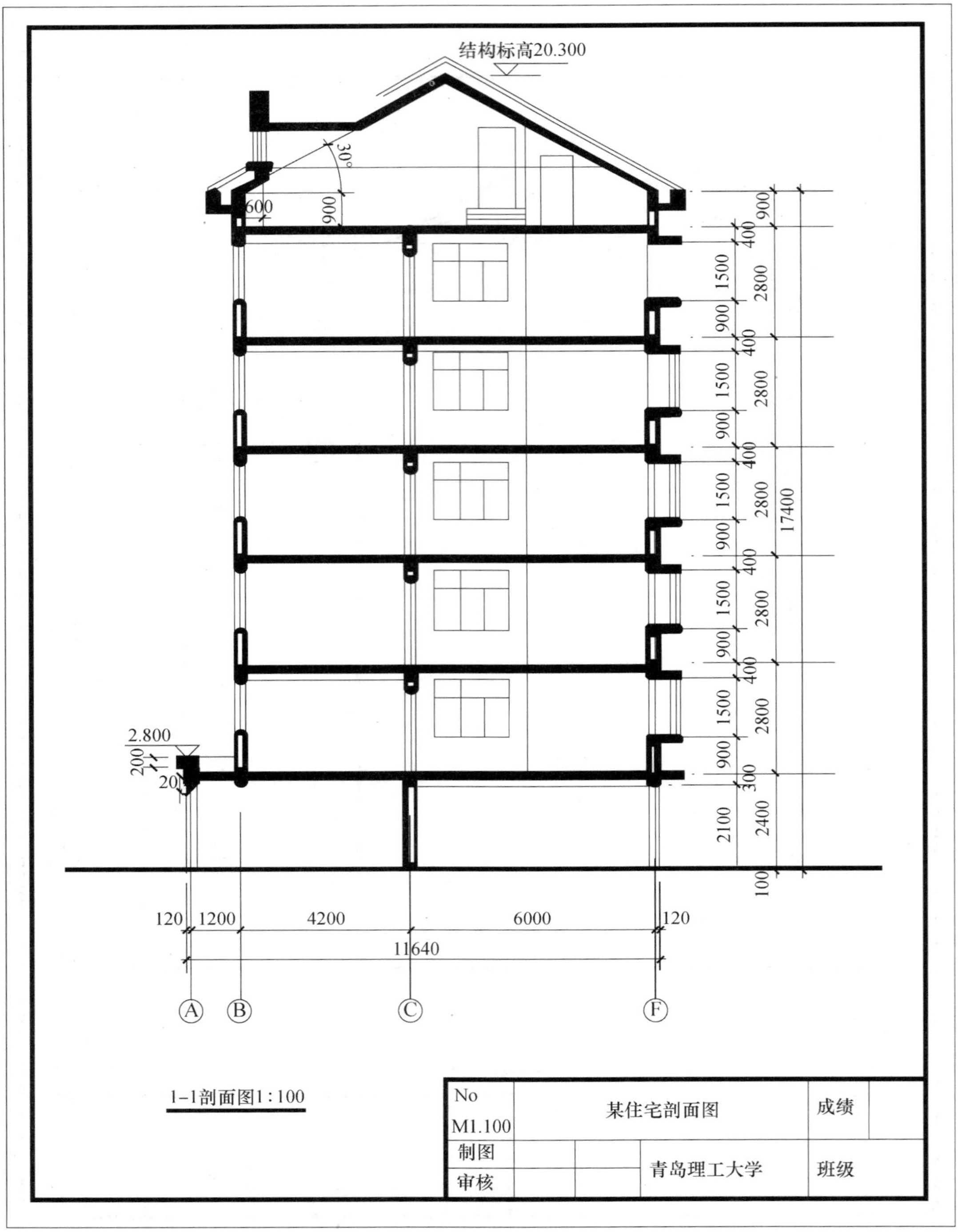
结构标高20.300
30°
600
900
2.800
200
20
120
1200
4200
6000
11640
17400
A
B
C
F
1-1剖面图1:100
No
M1.100
某住宅剖面图
成绩
制图
审核
青岛理工大学
班级

图 8-11　住宅剖面图

第9章 三维建模

教学目标

通过本章的学习，要求掌握基本的三维建模和实体编辑方法。

教学重点与难点

- 绘制三维基本实体
- 绘制复杂实体
- 实体编辑
- 绘制建筑实体

三维实体、三维曲面和三维网格是最常用的三维模型，它具有体的特征。在三维模型中，实体的信息最完整，歧义最少，并且非常容易构造和编辑。形成实体后用户还可以对其进行挖孔、切槽、倒角以及布尔运算等操作。

9.1 三维建模界面与用户坐标

9.1.1 三维建模界面

AutoCAD 2012 增强了三维建模功能，建模之前，一般先要进入三维建模窗口。点击"工作空间"的下拉按钮选中"三维基础"空间或"三维建模"空间如图 9-1 所示。一般绘制三维图都是采用"三维建模"空间。

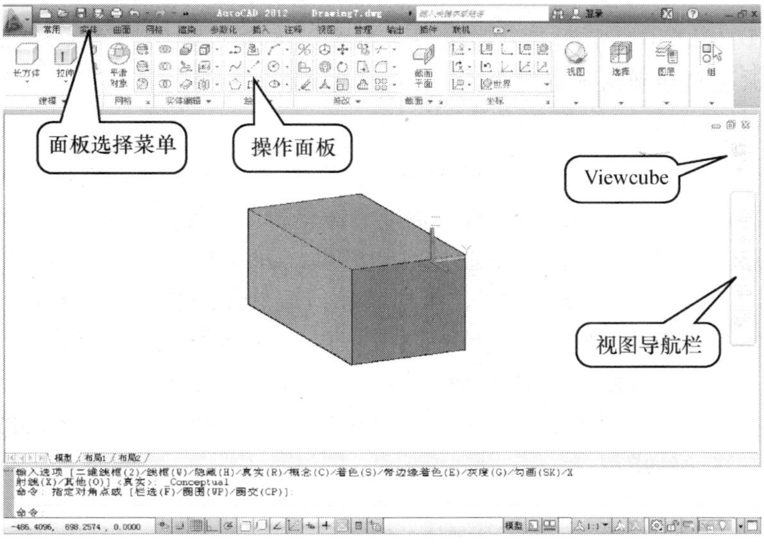

图 9-1 三维建模空间

AutoCAD 2012“三维建模”空间界面作了较大的调整和优化，可以方便快捷地建模和编辑。界面上方是面板选择菜单，选择不同的菜单，下边的操作面板可进行切换。绘图区右侧有“Viewcube”和“视图导航栏”，可以方便地浏览观察形体。

三维造型的方法有以下三种：

（1）利用 AutoCAD 提供的基本实体（例如长方体、圆锥体、圆柱体、球体、圆环体和楔体）创建简单实体，如图 9-2 所示。

（2）沿路径将二维对象拉伸或者将二维对象绕轴旋转，创建复杂三维实体，如图 9-3 所示。

（3）将利用前两种方法创建的实体进行布尔运算（交、并、差）等，生成更复杂的实体，如图 9-4 所示。

三维实体的显示形式有二维线框、隐藏、真实和概念等十种，可在图 9-5 视图面板中选择。

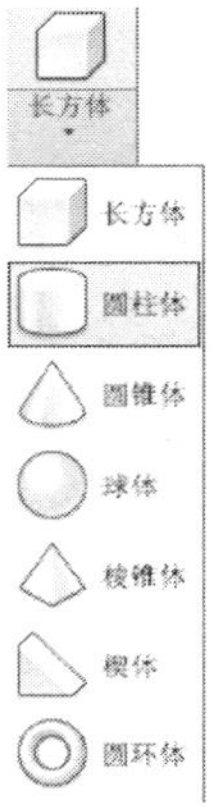

图 9-2　三维实体建模图

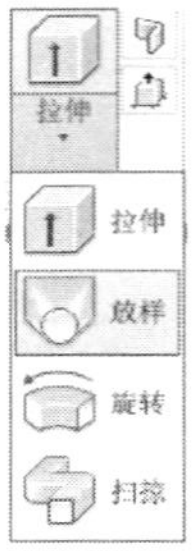

图 9-3　复杂三维建模

图 9-4　实体编辑

图 9-5　视图

9.1.2　三维坐标

在 AutoCAD 2012 中，坐标系分为世界坐标系（WCS）和用户坐标系（UCS）。这两种坐标系都可以通过坐标来精确定位点。

1. 新建和修改用户坐标

默认情况下，在开始绘制一个新的图形时，当前坐标系为世界坐标系 WCS。为了更好地辅助绘图，特别是绘制三维图形，经常需要修改坐标系的原点和方向，这就需要建立用户坐标系。在绘制三维图形时，使用动态 UCS 坐标系，可以更方便、快捷地进行三维造型。

下拉菜单“工具”/“新建 UCS”，可以移动或旋转用户坐标系。利用该菜单可以方便地设置 UCS。如利用菜单中的“原点”选项可以方便地移动 UCS 原点；利用其子命令“X”、“Y”、“Z”可以方便地使 UCS 绕 X 轴、Y 轴和 Z 轴旋转；利用其子命令“三点”可以方便地创建新的 UCS 坐标系，确定新坐标系的原点及 X 轴、Y 轴和 Z 轴的方向；“原点”可以将坐标原点移动到指定点。

2. 动态 UCS

使用动态 UCS 可以在三维实体的平整面上创建对象，而无需手动更改 UCS 方向。还可以使用动态 UCS 以及 UCS 命令在三维中指定新的 UCS，可以大大提高绘图速度。

将状态栏上的按钮按下，就打开了动态 UCS。动态 UCS 激活后，在执行命令的过程中，当将光标移动到面上方时，动态 UCS 会临时将 UCS 的 XY 平面与三维实体的平整面对齐。

3. 应用示例

使用动态 UCS 绘制图 9-6（a）所示立体。

首先利用长方体命令绘制出长方体，然后打开动态 UCS 按钮，单击面板上的圆柱体，将光标移到长方体上面的平面上，当上表面以虚线框显示时，单击鼠标左键，动态 UCS 自动切换到长方体的上表面，如图 9-6（b）所示。此时指定圆柱体的直径和高度，如图 9-6（c）所示。就可在长方体上表面绘制出图 9-6（a）所示立体。

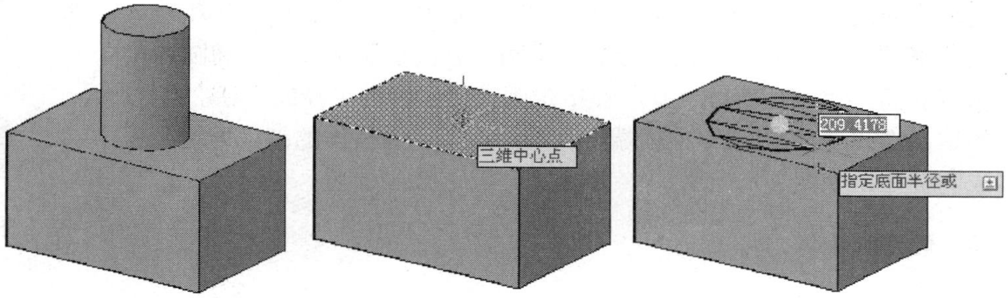

（a）三维立体　（b）动态UCS　（c）指定圆柱的半径和高度

图 9-6　利用动态 UCS 绘图

9.2　建模

利用三维建模工作空间提供的建模命令可以创建简单的三维模型。

9.2.1　创建长方体

1. 执行途径

（1）面板："建模"/"长方体"按钮。

（2）命令：BOX。

2. 操作说明

长方体由底面和高度定义。长方体的底面总与当前 UCS 坐标系的 XY 平面平行。

执行"长方体"命令，系统提示：

- 指定第一个角点或［中心（C）］：指定长方体底面矩形的一个角点。
- 指定其他角点或［立方体（C）/长度（L）］：指定长方体底面矩形的另一个角点。
- 指定高度或［两点（2P）］：输入高度，即可生成长方体，如图 9-7 所示。

图 9-7　长方体

9.2.2 创建圆柱体

1. 执行途径

（1）面板：“建模”／“圆柱体”按钮。

（2）命令：CYLINDER。

2. 操作说明

以圆或椭圆作底面创建圆柱体或椭圆柱体，柱体的底面位于当前 UCS 坐标系的 XY 平面上。创建圆柱体的步骤如下：

- 执行“圆柱体”命令，系统提示：
- 指定底面的中心点或［三点（3P）/两点（2P）/切点、切点、半径（T）/椭圆（E）］：可以按照绘制二维圆的方法绘制圆或者是椭圆。
- 指定底面半径或［直径（D）］：指定圆柱体底圆的半径或直径。
- 指定高度或［两点（2P）/轴端点（A）］：指定圆柱体的高，即可生成圆柱体，如图 9-8 所示。

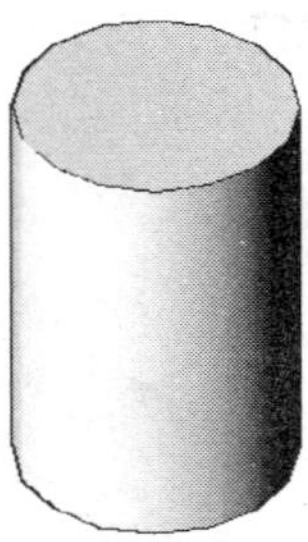

图 9-8 圆柱体

9.2.3 创建圆锥体

1. 执行途径

（1）面板：“建模”／“圆锥体”按钮。

（2）命令：CONE。

2. 操作说明

圆锥体由圆底面以及锥顶定义，如图 9-9 所示。默认情况下，圆锥体的底面位于当前 UCS 的 XY 平面上。圆锥体的高可以是正的也可以是负的。锥顶点决定了圆锥体的高和方向。还可以指定顶面半径来创建圆台。创建圆锥体的步骤与圆柱体类似，故不赘述。

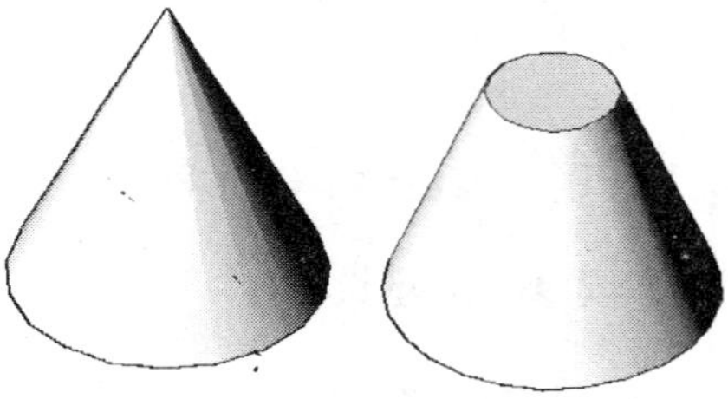

图 9-9 圆锥和圆台

9.2.4 创建球体

1. 执行途径

（1）面板：“建模”／“球体”按钮。

（2）命令：SPHERE。

2. 操作说明

球体由中心点和半径或直径定义，如图 9-10 所示。球体的纬线平行于 XY 平面，中心轴与当前 UCS 的 Z 轴方向一致。

执行该命令后提示：

- 指定球的中心点；确定球心的位置。

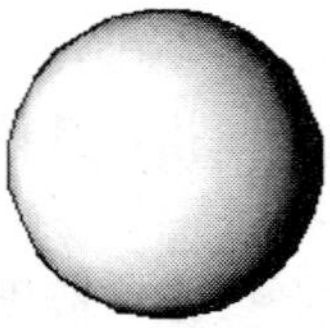

图 9-10 球体

- 指定球的半径或直径，即可生成球体。

9.2.5　创建圆环体

1. 执行途径

（1）面板："建模"／"圆环体"按钮◎。
（2）命令：TOMS。

2. 操作说明

执行"圆环体"命令，系统提示：

- 指定圆环体的中心；确定圆环体中心位置。
- 指定圆环体的半径或直径；确定圆环体半径。
- 指定圆管的半径或直径，即可生成圆环体。

圆环体由两个半径值定义，第一个是圆环的半径，第二个是圆管的半径。如果圆环体半径大于圆管半径，形成的圆环体中间是空的，如图9-11（a）所示。如果圆管半径大于圆环体半径，结果就像一个两极凹陷的球体，如图9-11（b）所示。

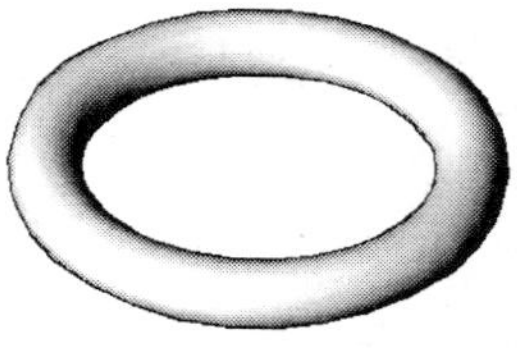

（a）圆环体半径大于圆管半径

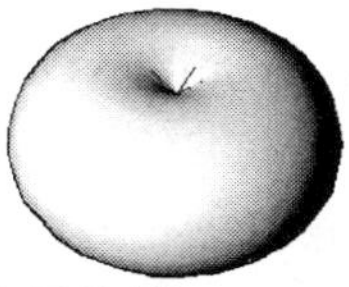

（b）圆管半径大于圆环体半径

图9-11　圆环体

9.2.6　创建棱锥体

1. 执行途径

（1）面板："建模"／"棱锥体"按钮◇。
（2）命令：PYRAMID。

2. 操作说明

可以创建正棱锥和棱台。

创建圆环体的步骤如下：

执行"棱锥体"命令系统显示：

- 指定底面的中心点或［边（E）/侧面（S）］：底面正多边形的中心点。如果选"边"则需要指定底面多边形的一条边。选择"侧面"就是选择棱锥有几个侧面，图9-12（a）就是正五棱锥，5个侧面。
- 指定底面半径或［内接（I）］：和绘制二维正多边形的方法相同。
- 指定高度或［两点（2P）/轴端点（A）/顶面半径（T）］：指定棱锥高度。如果选择"顶面半径"绘制的就是棱台，如图9-12（b）所示。

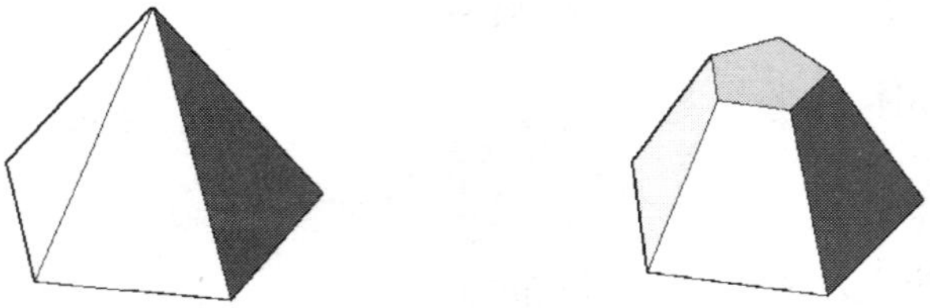

（a） （b）

图 9-12 棱锥体图

9.2.7 创建楔体

1. 执行途径

（1）面板："建模"/"楔体"按钮。

（2）命令：WEDGE。

2. 操作说明

楔体形状如图 9-13 所示，楔体的底面平行于当前 UCS 坐标系的 XY 平面，其倾斜面正对第一个角。它的高可以是正数也可以是负数，并与 Z 轴平行。

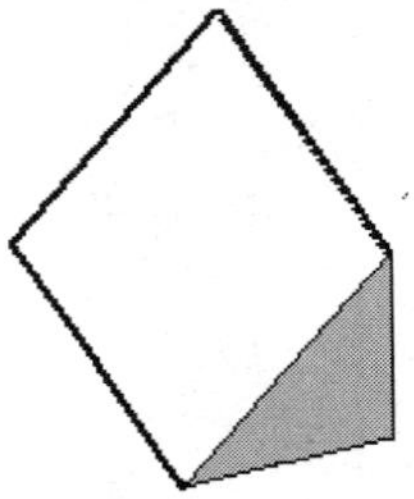

图 9-13 楔体

运行"楔体"命令，系统提示：

- 指定底面第一个角点的位置。
- 指定底面的相对角点的位置。
- 指定楔体的高度，即可生成楔体。

9.2.8 创建多段体

1. 执行途径

（1）面板："建模"/"多段体"按钮。

（2）命令：POLYSOLID。

2. 操作说明

多段体形状如图 9-14 所示，多段体的底面平行于当前 UCS 坐标系的 XY 平面，它的高可以是正数也可以是负数，并与 Z 轴平行，默认情况下，多段体始终具有矩形截面轮廓，可以用来绘制建筑墙。

图 9-14 多段体

多段体的步骤如下：运行"多段体"命令，系统提示：

- 指定起点或［对象（O）/高度（H）/宽度（W）/对正（J）］〈对象〉：调整多段体的高度和宽度及对正方式，其他操作类似绘制多段线的方法。
- 指定下一个点或［圆弧（A）/放弃（U）］：可以使直线形，也可以选择"圆弧"绘制圆弧形多段体，如图 9-14所示。

9.2.9 按住并拖动创建形体

1. 执行途径

（1）面板："建模"/"按住并拖动"按钮。

（2）命令：PRESSPULL。

2. 操作说明

先创建一个面域如图9-15（a）所示，然后执行"按住并拖动"命令，选定面域并拖动鼠标即拖出一定的高度，如图9-15（b）所示。

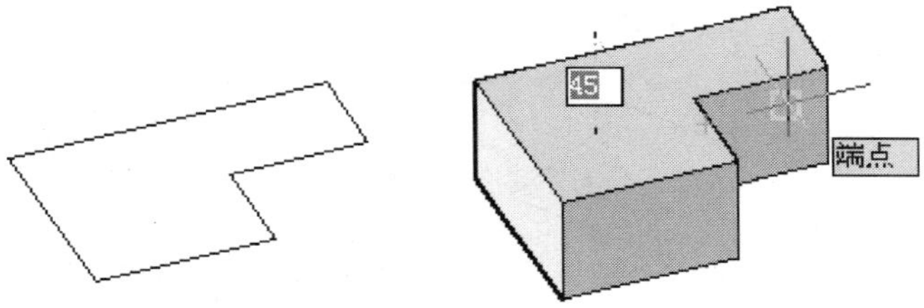

（a）　　（b）

图9-15　按住并拖动

9.2.10 创建拉伸实体

创建拉伸实体就是将二维的闭合对象（如多段线、多边形、矩形、圆、椭圆、闭合的样条曲线和圆环）或面域拉伸成三维对象。在拉伸过程中，不但可以指定拉伸的高度，还可以使实体的截面沿拉伸方向变化。另外，还可以将一些二维对象沿指定的路径拉伸。路径可以是圆、椭圆，也可以由圆弧、椭圆弧、多段线、样条曲线等组成。路径可以封闭，也可以不封闭。

如果用直线或圆弧绘制拉伸用的二维对象，则需用PEDIT"连接"将它们转换为单条多段线，或者用"面域"命令生成面域，然后再利用"拉伸"命令进行拉伸。

1. 执行途径

（1）面板："建模"/"拉伸"按钮。

（2）命令：EXTRUDE。

2. 操作说明

利用命令绘制二维对象，如图9-16（a）所示绘制的楼梯二维图，建议用"多段线"命令绘制，如果用"直线"命令绘制需要再用"面域"命令形成面域。

【操作步骤】

（1）执行"拉伸"命令。

（2）选择要拉伸的对象后系统提示如下：

指定拉伸的高度或［方向（D）/路径（P）/倾斜角（T）/表达式（E）］：直接输入高度值，图9-16（a）拉伸成楼梯三维图9-16（b）。

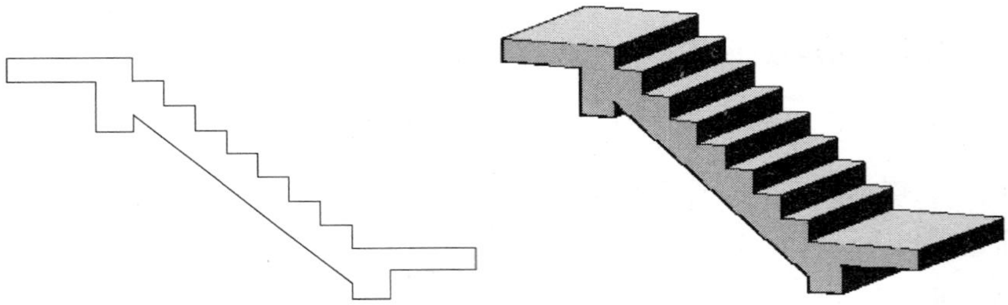

（a）　　（b）

图 9-16　拉伸楼梯

（3）如果选择“倾斜角”，则拉伸成锥体，即侧面有倾斜角度。图 9-17（b）为倾斜角30°拉伸的结果。

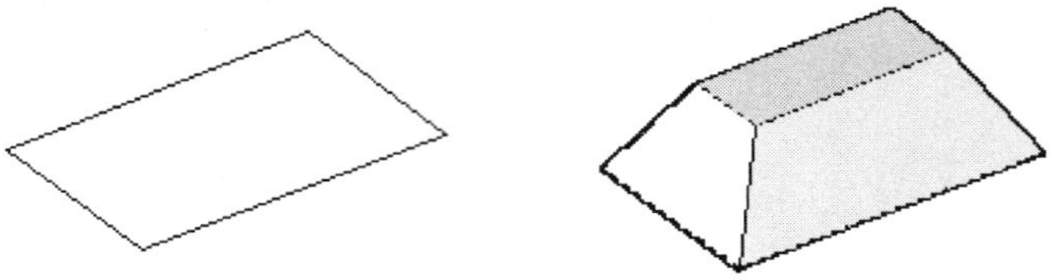

（a）　　（b）

图 9-17　拉伸棱台

（4）如果选择的是“路径”，需要先绘制一个拉伸对象，图 9-18（a）的圆，用“坐标”面板的“三点”命令，即指定新的坐标原点、X 轴上的一个点、Y 轴上的一个点，将坐标 UCS 的 XY 面沿 X 轴转动 90°，用“多段线”绘制路径如图 9-18（a）所示的曲线。执行“拉伸”命令，选择拉伸对象图 9-18（a）中的圆，选择路径图 9-18（a）中的曲线，结果如图 9-18（b）所示。

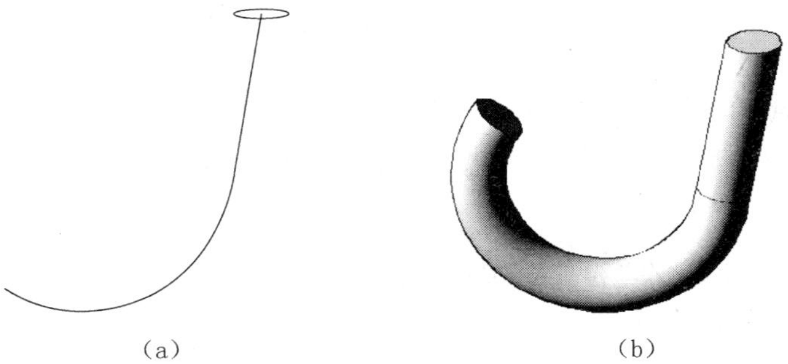

（a）　　（b）

图 9-18　路径拉伸

特别提示：

（1）拉伸锥角是指拉伸方向偏移的角度，其范围是 −90° ~ +90°。

（2）不能拉伸相交或自交的多段线。

（3）如果用直线或圆弧绘制拉伸用的二维对象，应先将他们转化成一条多段线或面域。

（4）指定拉伸的路径既不能与拉伸对象共面，也不能具有高曲率的区域。

9.2.11　创建放样实体

“放样”类似“拉伸”操作，但放样可以使拉伸体具有不同的截面形状。

1. 执行途径

(1) 面板：“建模”/“放样”按钮。

(2) 命令：LOFT。

2. 操作说明

(1) 创建截面，并把不同的截面放到导向线的不同位置上。

(2) 按放样次序选择横截面。

(3) 输入选项［导向(G)/路径(P)/仅横截面(C)/设置(S)］〈仅横截面〉：

“仅横截面”放样效果如图9-19(b)所示，从一个截面过渡到下一个截面。

“路径”放样效果如图9-19(c)所示，为放样操作指定路径，以更好地控制放样对象的形状。为获得最佳结果，路径曲线应始于第一个横截面所在的平面，止于最后一个横截面所在的平面。

“导向”指定导向曲线，以与相应横截面上的点相匹配。此方法可防止出现意外结果，例如三维对象中出现皱褶。每条导向曲线必须满足以下条件：与每个横截面相交，始于第一个横截面，止于最后一个横截面。

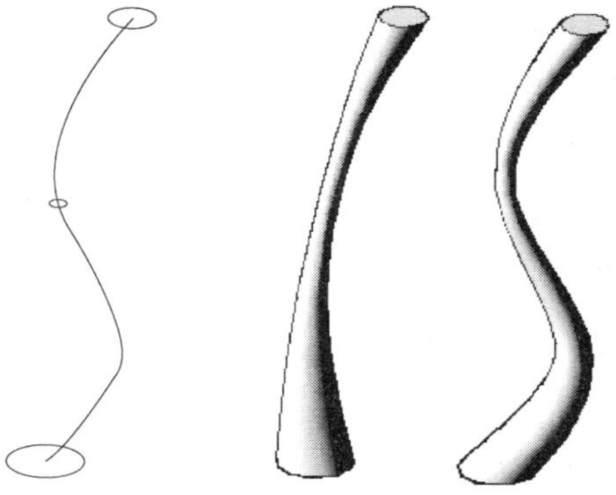

(a)　(b)　(c)

图9-19　放样

9.2.12　创建旋转实体

创建旋转实体即是将一个二维封闭对象（例如圆、椭圆、多段线、样条曲线）绕指定轴线按一定的角度旋转成实体。

1. 执行途径

(1) 面板：“建模”/“旋转”按钮。

(2) 命令：REVOLVE。

2. 操作说明

下面以实例说明旋转实体的方法。绘制二维图形，如图9-20(a)所示。

【操作步骤】

(1) 用“直线”命令绘制一条旋转轴。

(2) 执行“旋转”命令。

(3) 指定要旋转的对象。

(4) 指定旋转轴。

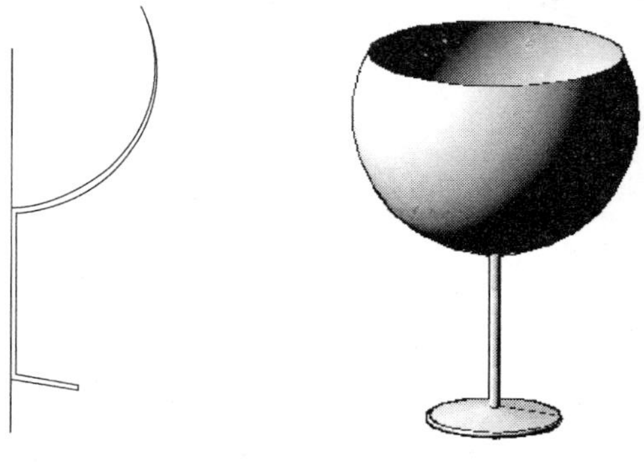

(a)　(b)

图9-20　用“旋转”法创建酒杯

（5）指定旋转角，即可生成旋转实体，如图 9-20（b）所示。

9.2.13 扫掠

可以通过沿路径扫掠轮廓来创建三维实体或曲面。

1. 执行途径

（1）面板："建模"/"扫掠"按钮。

（2）命令：SWEEP。

2. 操作说明

（1）创建扫掠对象，如图 9-21（a）所示小的正六边形。创建扫描路径如图 9-21（a）所示的螺旋线。

（2）执行"扫掠"，先选择扫掠对象，选择如图 9-21（a）所示的小的正六边形。

（3）选择扫掠路径或［对齐（A）/基点（B）/比例（S）/扭曲（T）］：

选择路径螺旋线，则扫掠效果如图 9-21（b）所示。如果选择"扭曲"则需要输入扭曲角度。图 9-21（c）是扭曲 3600°的扫掠效果。

（a）　（b）　（c）

图 9-21　用"扫掠"建模

9.3 实体编辑

在实际操作中，我们经常需要将简单的三维实体进行编辑以形成较为复杂的三维实体。

9.3.1 布尔运算

布尔运算是常用的实体编辑方法，有并集、差集和交集三种，即两个或多个实体合并、相减和公共部分。

1. 并集运算（相加实体）

将两个或多个实体进行合并，生成一个组合实体。

（1）执行途径

1）面板："实体编辑"/"并集"按钮。

2）命令：UNION。

（2）操作说明

运行“并集”命令，在提示选择对象后，用鼠标连续选择要相加的对象，然后回车即生成需要的组合实体。图9-22（a）是圆柱体和长方体是两个单体，并集运算后合成一个实体，如图9-22（b）所示。

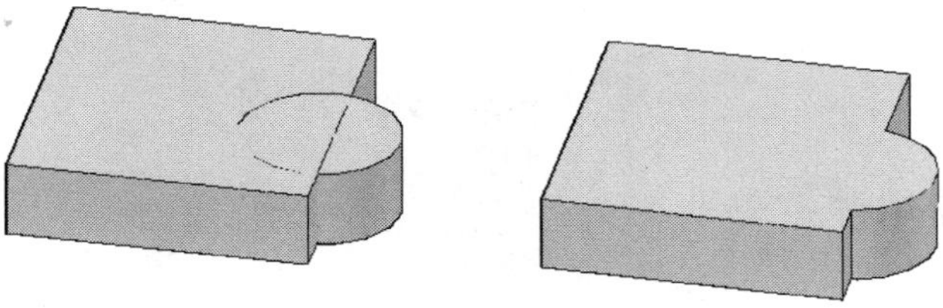

（a）　（b）

图9-22　并集

2. 差集运算（相减实体）

从一个实体中减去另一个（或多个）实体，生成一个新的实体，即差集运算。

（1）执行途径

1）面板：“实体编辑”／“差集”按钮。

2）命令：SUBTRACT。

（2）操作说明

首先选择的实体是“要从中减去的实体”，回车后接着选择“要减去的实体”。如图9-23（a）所示，先选择长方体，回车后再选择圆柱体，结果如图9-23（b）所示。选择减和被减的实体都可以选多个。

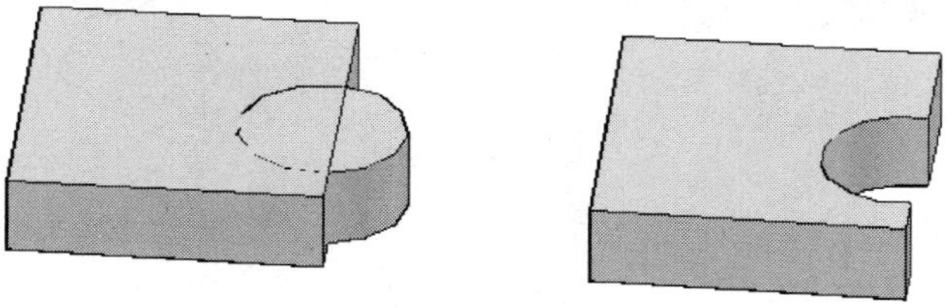

（a）　（b）

图9-23　差集长方体减去圆柱

3. 交集运算（相交实体）

将两个或多个实体的公共部分构造成一个新的实体，即交集运算。

（1）执行途径

1）面板：“实体编辑”／“交集”按钮。

2）命令：INTERSECT。

（2）操作说明

两个实体相交，才可以生成交集。否则，实体将被删除。图9-24进行交集运算后生成的实体。

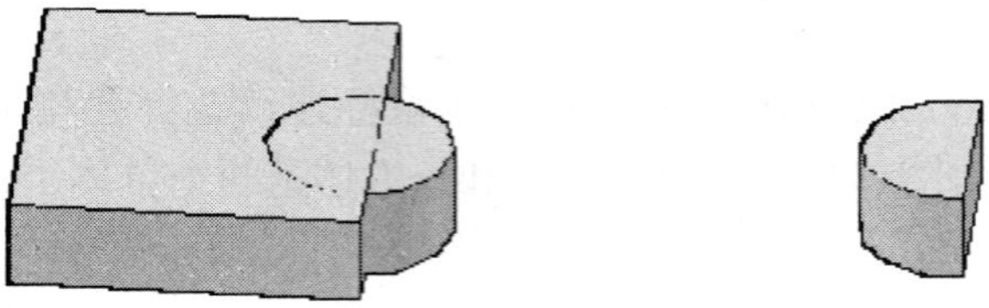

（a）　　（b）

图 9-24　交集

9.3.2　其他实体编辑

1. 干涉

检查一组三维实体或曲面模型内部的干涉区域。可以比较两组对象，也可以选定图形中的所有三维实体和曲面。干涉检查可创建临时实体或曲面对象，并亮显模型相交的部分。

（1）执行途径

1）面板："实体编辑"／"干涉"按钮。

2）命令：INTERFERE。

（2）操作说明

输入命令后，命令提示选择第一组对象和第二组对象，如图 9-25 选择长方体和圆柱，则干涉部分加亮显示。

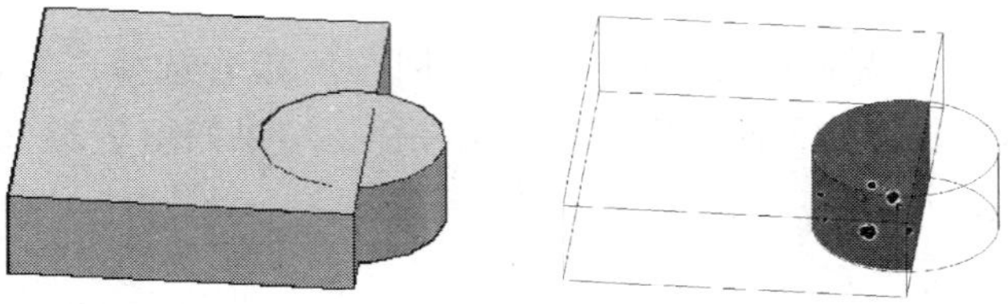

（a）　　（b）

图 9-25　干涉

2. 剖切

该命令可根据指定的剖切平面对三维实体进行剖切。

（1）执行途径

1）面板："实体编辑"／"剖切"按钮。

2）命令：SLICE。

（2）操作说明

输入命令后，命令行提示选择对象，然后要求：

指定切面的起点或［平面对象（O）/曲面（S）/Z 轴（Z）/视图（V）/XY（XY）/YZ（YZ）/ZX（ZX）/三点（3）］〈三点〉：

1）"平面对象（O）"选项，使用选定平面对象的平面作为剖切平面将实体剖开。该对象可以是圆、椭圆、圆弧、二维样条曲线或二维多段线。

2）"Z 轴"选项，通过在平面上指定一点和在平面的 Z 轴（法线）上指定另一点来定义剖切平面。

3）“XY/YZ/ZX”选项，使剖切平面与一个通过指定点的标准平面（XY、YZ或ZX）平行，以此平面进行剖切。

4）“三点”选项，通过三个点定义剖切平面，这是最常用的剖切方法。

特别提示：

（1）实体剖切后可以保留剖切实体的所有部分，或者保留指定的部分。剖切实体保留原实体的图层和颜色特性。

（2）操作时在“在所需的侧面上指定点或［保留两个侧面（B）］〈保留两个侧面〉:”提示下直接定义一点从而确定图形将保留剖切实体的哪一侧。该点不能位于剪切平面上。若输入“B”，则剖切实体的两侧均保留，如图9-26所示。

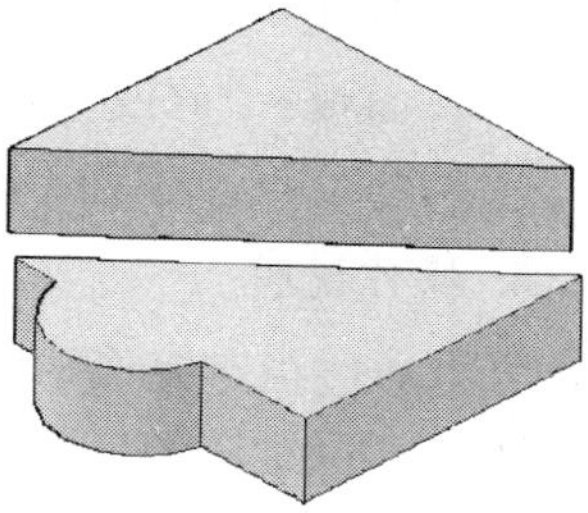

图9-26　实体剖切

9.4　三维实体的修改

9.4.1　三维实体的移动

在三维视图中显示移动工具，并沿指定方向将对象移动指定距离。

1. 执行途径

（1）面板：“修改”/“三维移动”按钮。

（2）命令行：3DMOVE。

2. 操作说明

操作方法和二维移动类似，只是“三维移动”可以在三维空间内移动。

9.4.2　三维实体的旋转

在三维视图中显示旋转工具，并绕指定轴将对象旋转指定角度。

1. 执行途径

（1）面板：“修改”/“三维旋转”。

（2）命令行：3DROTATE。

2. 操作说明

选择对象，确定基点，拾取旋转轴，指定旋转的角度。

9.4.3　三维实体的阵列

1. 执行途径

（1）面板：“修改”/“三维旋转”。

（2）命令行：3DARRAY。

2. 操作说明

和二维阵列类似，三维阵列加了“层数”及“层间距”。图 9-27 就是 4 行 3 列 3 层的阵列。

图 9-27　三维阵列

9.4.4　三维实体的镜像

1. 执行途径

（1）面板：“修改”/“三维镜像”。

（2）命令行：MIRROR3D。

2. 操作说明

可以通过指定镜像平面来镜像对象。

执行“三维镜像”命令，系统提示：

- 选择要镜像的对象。
- 指定三点以定义镜像平面。

特别提示：

镜像平面可以是以下平面：

（1）平面对象所在的平面。

（2）通过指定点且与当前 UCS 的 XY、YZ 或 XZ 平面平行的平面。

（3）由三个指定点定义的平面。

3. 应用示例

绘制三维图 9-28（a），执行“三维镜像”命令，选择镜像对象图 9-28（a），选择镜像平面，指定图 9-28（b）2、3 和 4 三个点，镜像结果如图 9-28（c）所示。

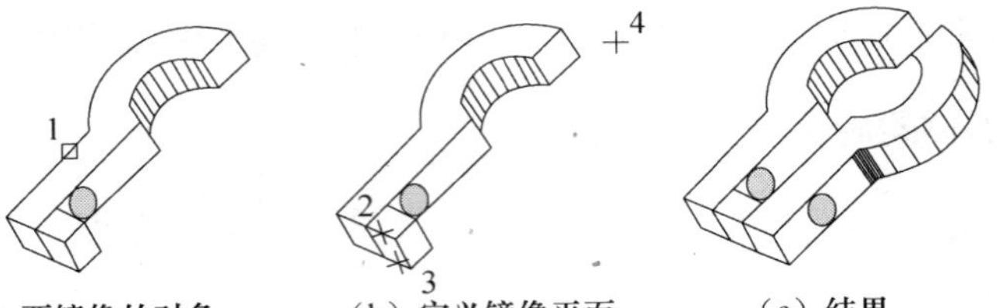

（a）要镜像的对象　（b）定义镜像平面　（c）结果

图 9-28　三维镜像

9.5　三维观察

9.5.1　ViewCube

ViewCube 工具是在二维模型空间或三维视觉样式中处理图形时的显示导航工具。使用 ViewCube 工具，可以在标准视图和等轴测视图间切换。

（1）ViewCube 工具是一种可单击、可拖动的常驻界面，用户可以用它在模型的标准视图和等轴测视图之间进行切换。ViewCube 工具显示后，将在窗口一角以不活动状态显示在模型上方。ViewCube 工具在视图发生更改时可提供有关模型当前视点的直观反映。将光标放置在 ViewCube 工具上后，ViewCube 将变为活动状态。如图 9-29 点击 ViewCube 的边、角点和面，以不同的方位显示视图。也可以拖动 ViewCube，来切换到可用预设视图之一、滚动当前视图或更改为模型的主视图等。

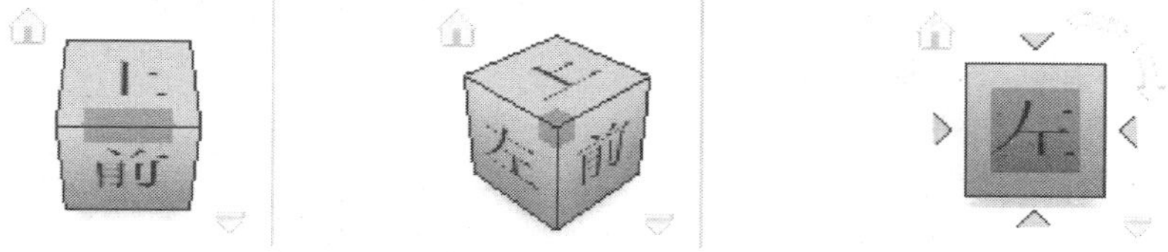

（a）边　　（b）角点　　（c）面

图 9-29　ViewCube

（2）如图 9-30，指南针显示在 ViewCube 工具的下方并指示为模型定义的北向。可以单击指南针上的基本方向字母以旋转模型，也可以单击并拖动其中一个基本方向字母或指南针圆环以绕轴心点以交互方式旋转模型。

图 9-30　ViewCube 指南针

（3）在“ViewCube”上右击，选“ViewCube 设置”，弹出图 9-31 对话框，可以对 ViewCube 进行设置。

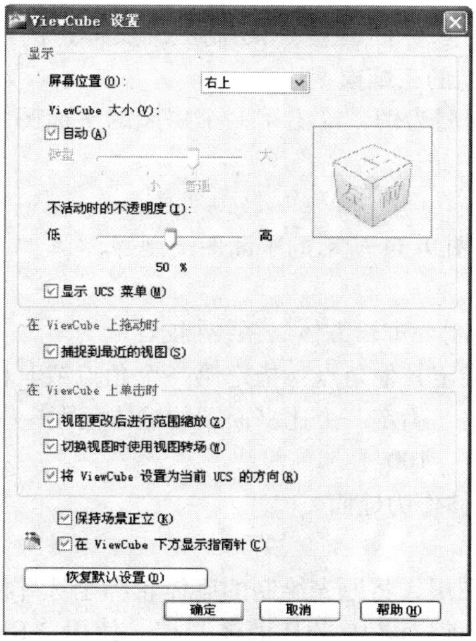

图 9-31　ViewCube 设置

9.5.2 视图导航

导航工具条分为面板导航和工具条导航，如图 9-32 所示。

（1）全导航控制盘：将在二维导航控制盘、查看对象控制盘和巡视建筑控制盘上找到的二维和三维导航工具组合到一个控制盘上，如图 9-33 所示。全导航控制盘是用于查看对象和巡视建筑的常用三维导航工具

（2）平移：类似二维的平移。

（3）范围缩放：类似二维的缩放。

（4）动态观察工具：用于旋转视口动态观察的导航工具集。

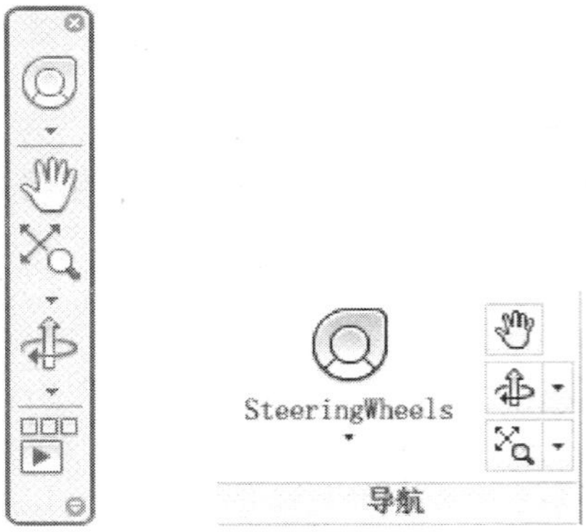

图 9-32 导航工具条和导航工具面板

图 9-33 全导航控制盘

9.6 上机指导（绘制三维房屋图）

应用前面介绍的三维命令，可以创建和绘制三维实体，例如可以根据绘制的建筑物的“平立剖”详图，建立建筑物的三维模型。

以图 9-34 所示的简单房屋为例，给出了一个房屋的平面图和立面图，图中女儿墙高度为 500，根据条件绘制建筑三维图。

【操作步骤】

（1）在 XY 平面上，将图 9-34 所示的平面图绘制好。

（2）绘制地面：

启动“BOX”命令，绘制一个长方体，系统提示：

- 指定第一个角点或指定其他角点：指定第一个角点或其他角点时，分别用鼠标在屏幕上合适的位置单击，确定一个比平面图的墙体稍大一些的矩形。
- 指定高度：指定高度 -100。

这样就得到了一个长方体作为地面。

（3）绘制墙体：

新建一个“3D 墙体”图层，将原先绘制的墙体轮廓全选并复制到新图层上。关闭二维图中的“墙体”图层，将当前层设为“3D 墙体”层，使用“REGION”命令并将墙体的轮廓设置为面域。

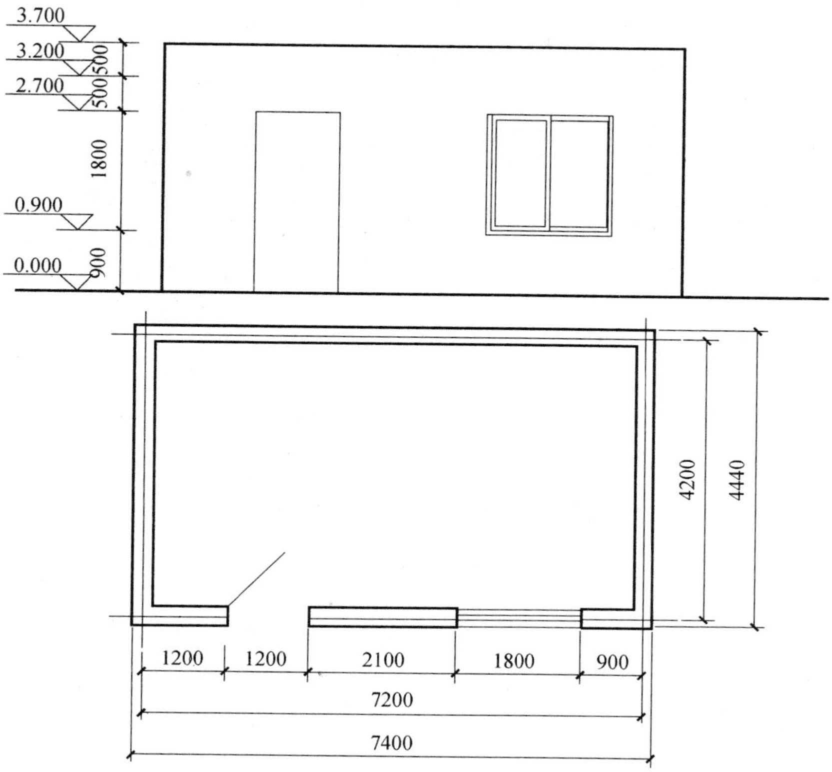

图 9-34　房屋的平面图和立面图

（4）使用“EXTRUDE”拉伸工具，将“3D 墙体”面域向上拉伸，根据立面图，向上拉伸 3700。用 ViewCube 调整为“轴测”，将视图转换为三维，如图 9-35 所示。

（5）绘制窗下墙体：

用 ViewCube 调整为“上”，启动“BOX”命令，在提示下，捕捉图 9-36 所示的 A 点和 B 点作为两个角点，给定高度 900，画出窗下面的墙体，此时效果如图 9-37 所示。

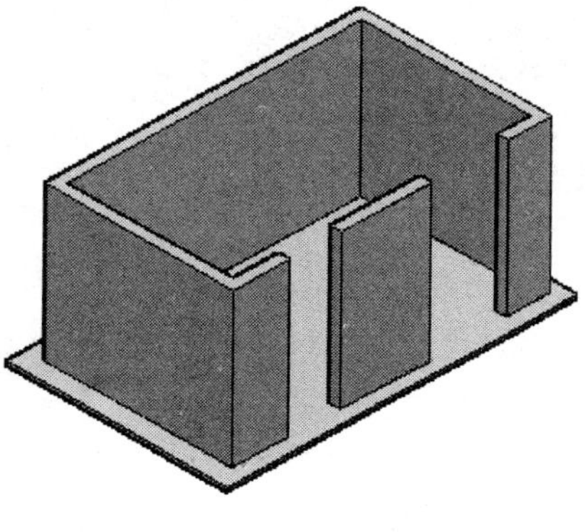

图 9-35　拉伸墙体后的立体

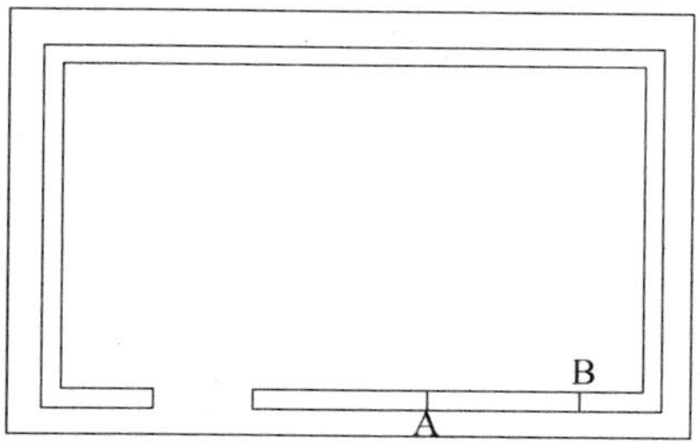

图 9-36　使用“BOX”命令建立窗下墙体的捕捉点

（6）绘制窗上和门洞上方墙体：

用“坐标”面板⊾移动 UCS 原点法，将 UCS 坐标移至上表面，如图 9-38 所示。

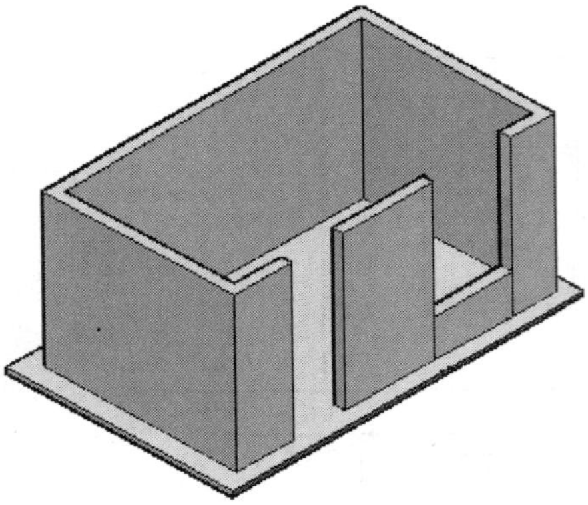

图 9-37 画出窗下墙体后的立体

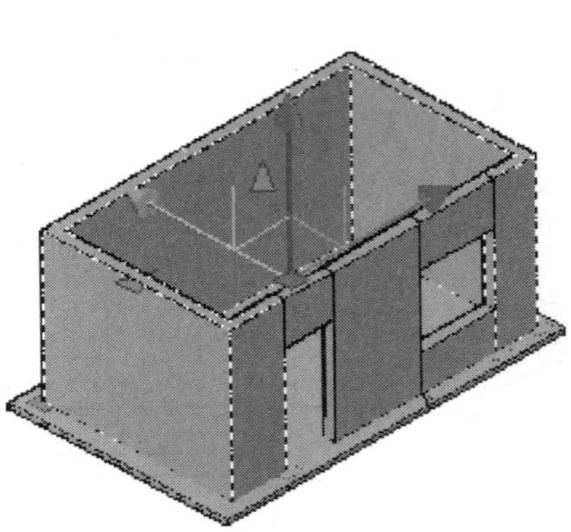

图 9-38 用户坐标系及窗上墙体的绘制

启动“BOX”命令，根据标高绘制门和窗户上方的墙，注意此时“长方体”高度用 -1000。结果如图 9-38 所示。

（7）绘制房顶楼板：

使用“BOX”命令，捕捉墙体上表面内部矩形的两个角点，然后给定厚度 -100，得到楼板。由于房顶有 500 高的女儿墙，需要把楼板向下移动 500。启动移动命令，位移为 Z 方向 -500，此时房屋立体见图 9-39。

（8）布尔运算，将房屋形成整体：

启动“并集”布尔运算，选择所有对象，回车，则整个房屋形成了一个整体，如图 9-40所示。

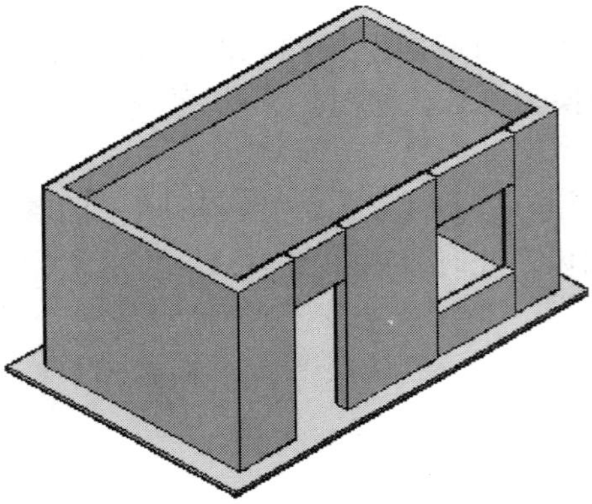

图 9-39 绘制出房顶楼板的房屋

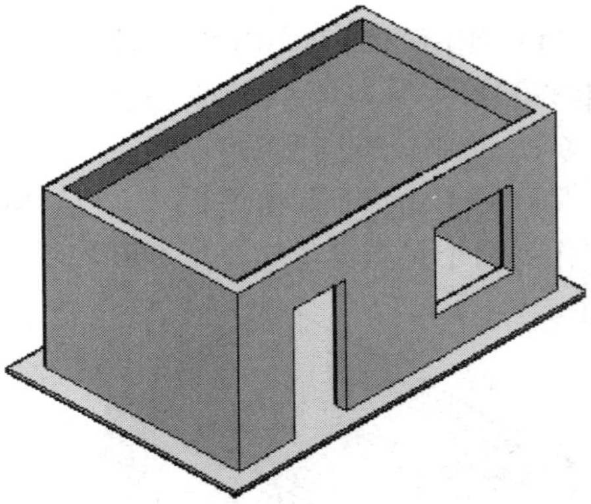

图 9-40 房屋的三维模型

9.7 操作练习

1. 由图 9-41 的阶梯三面投影，绘制其三维图。
2. 由图 9-42 的牛腿柱投影断面图，绘制其三维图。
3. 由图 9-43 的容器投影图，绘制其三维图。

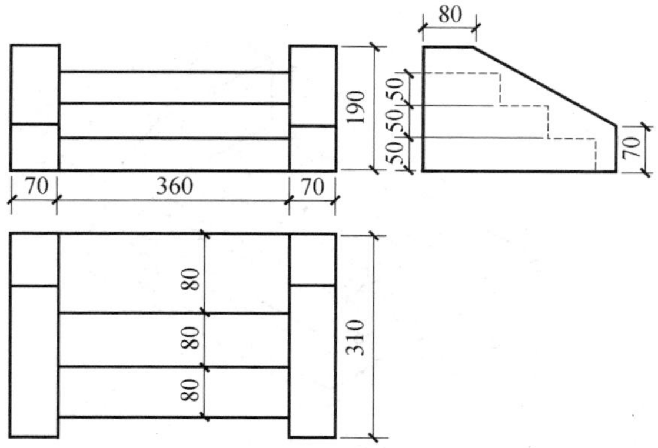

图 9-41 台阶三面投影

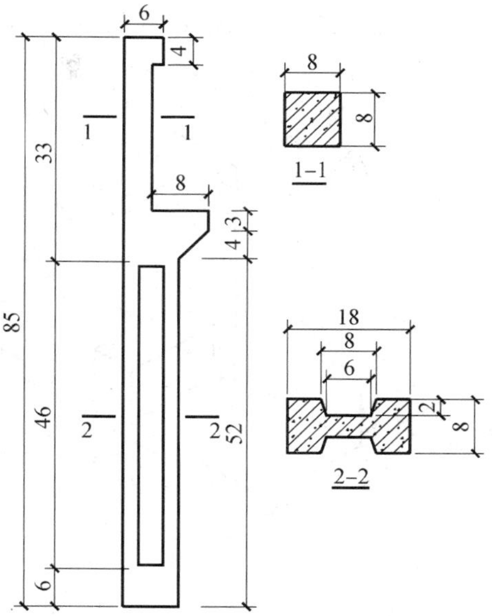

图 9-42 牛腿柱的投影及断面图

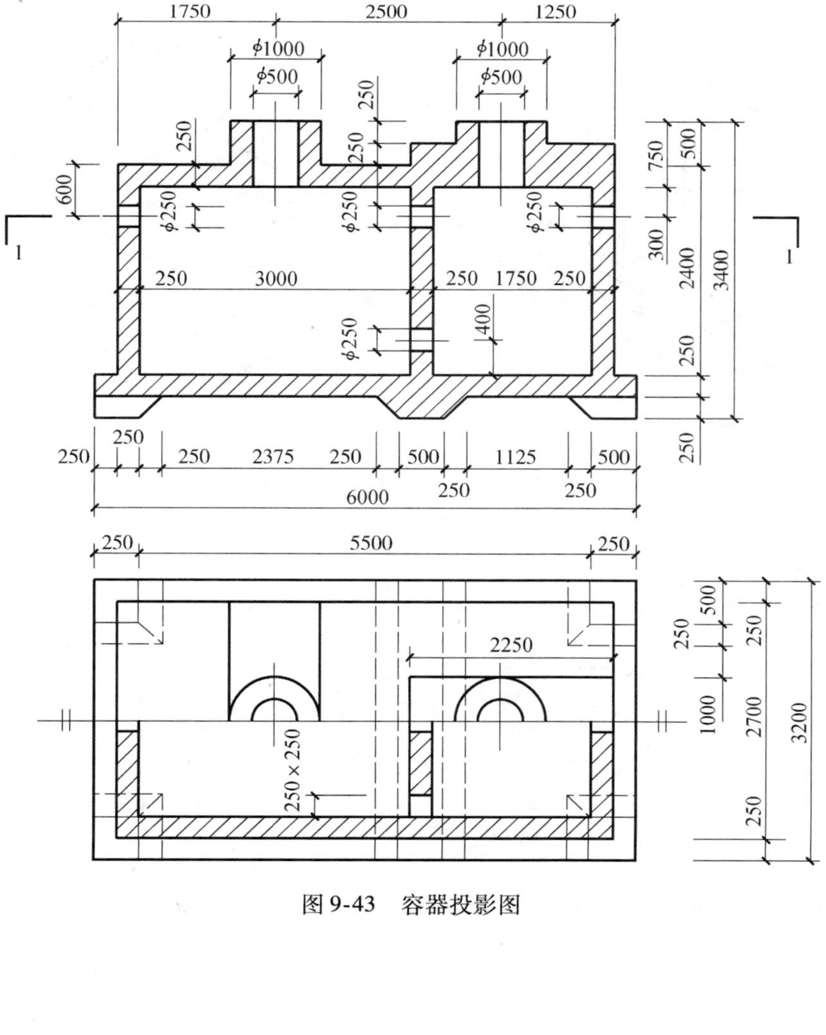

图 9-43 容器投影图

4. 绘制图 9-44 ~ 图 9-48 所示三维图。

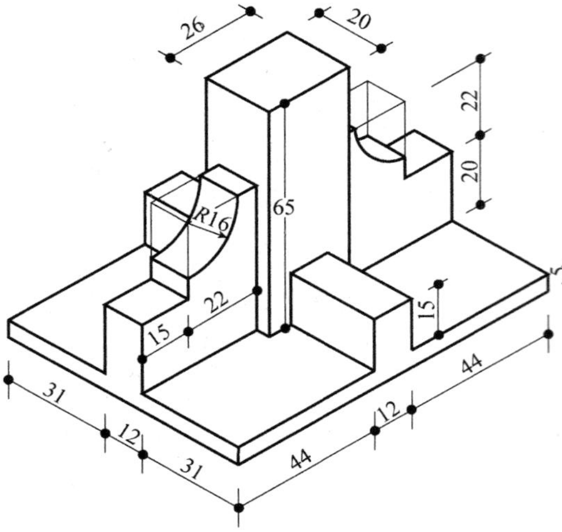

图 9-44　立体 1

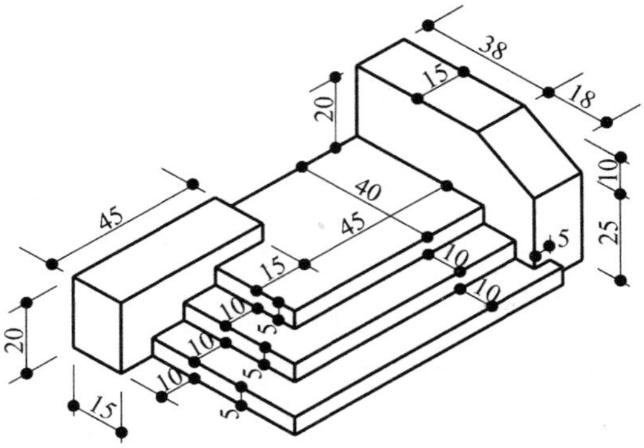

图 9-45　立体 2

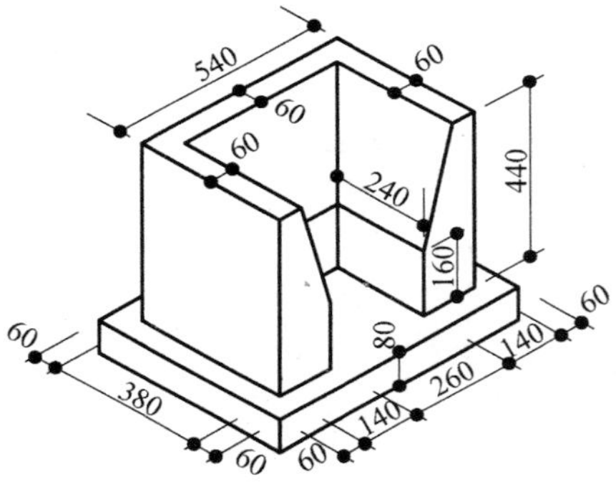

图 9-46　立体 3

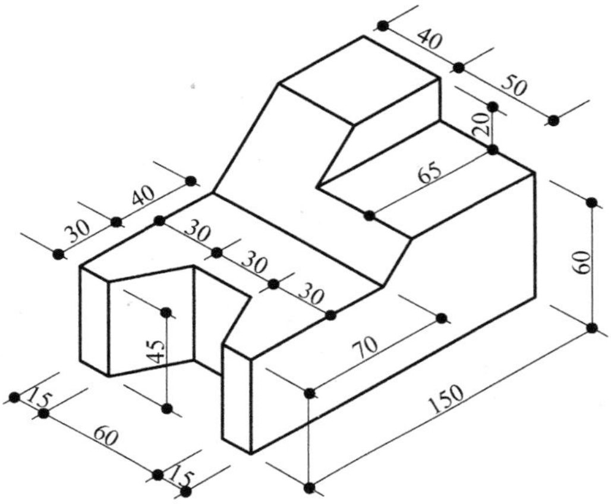

图 9-47　立体 4

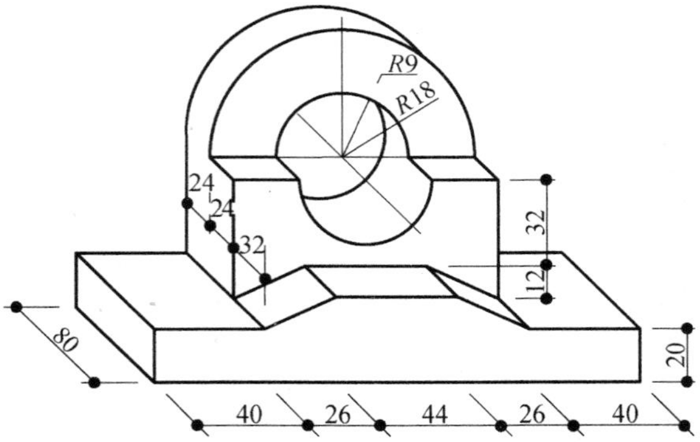

图 9-48　立体 5

5. 由图 9-49 所示建筑的平面图、立面图和剖面图绘制图 9-50 所示的建筑三维图，其中墙厚240，门、窗、阳台样式参照立面图，尺寸自定义。

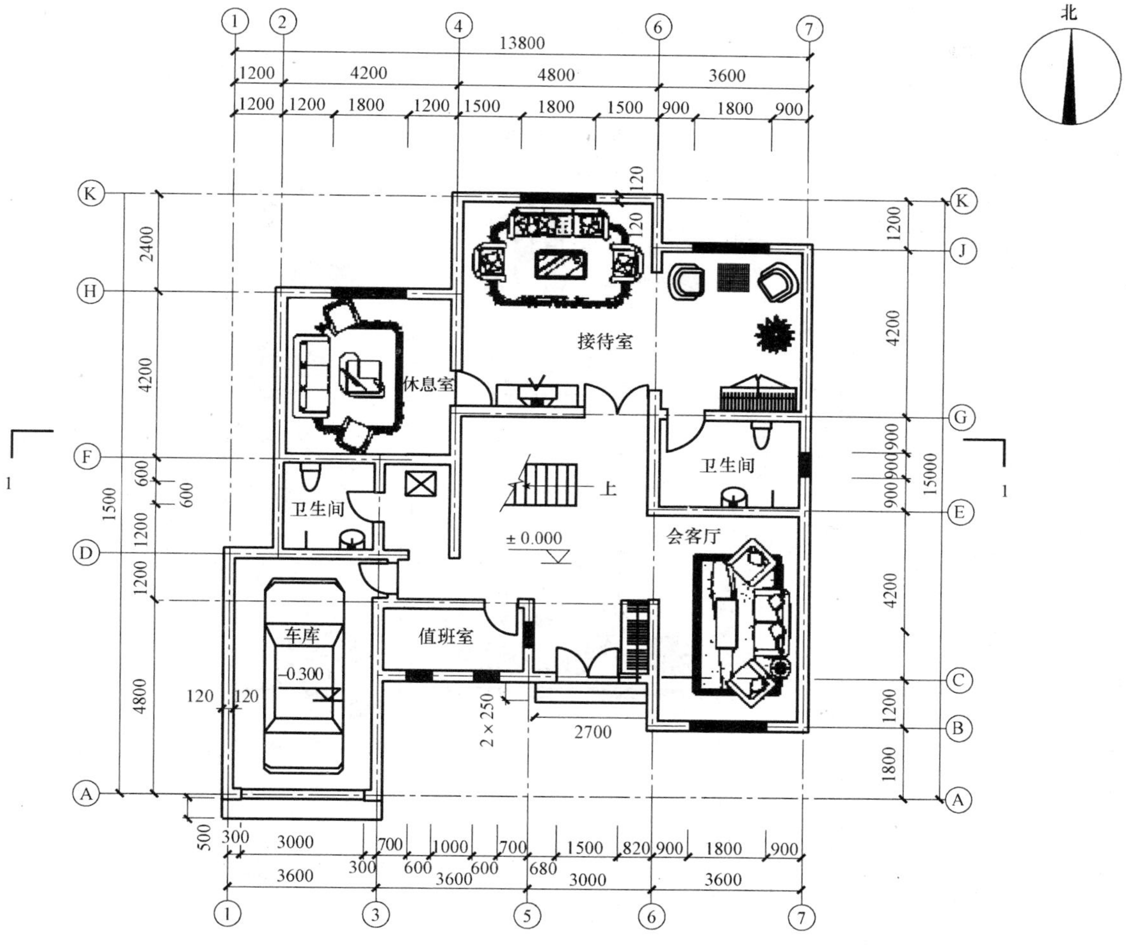

（a）一层平面图1:100

图9-49　建筑施工图

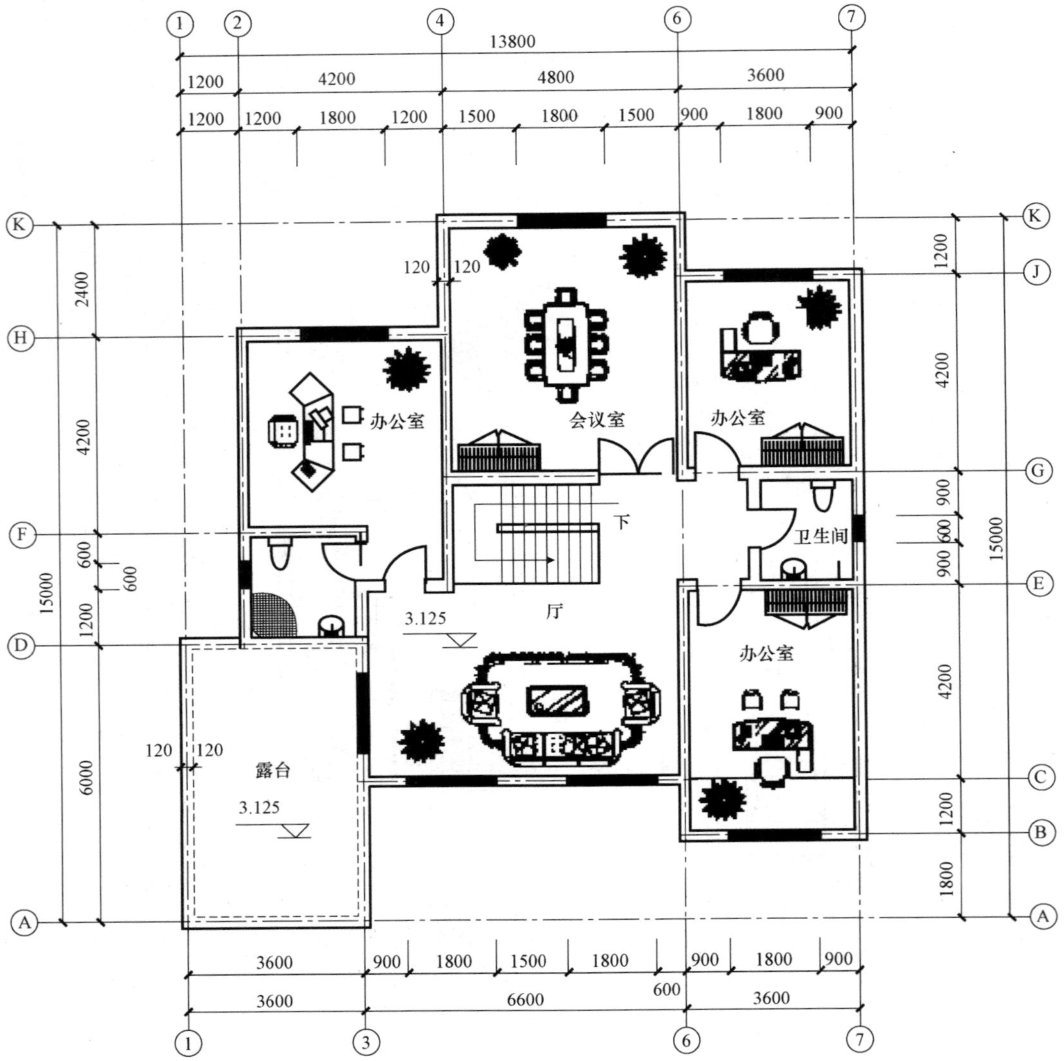

（b） 二层平面图1:100

图 9-49 建筑施工图（续）

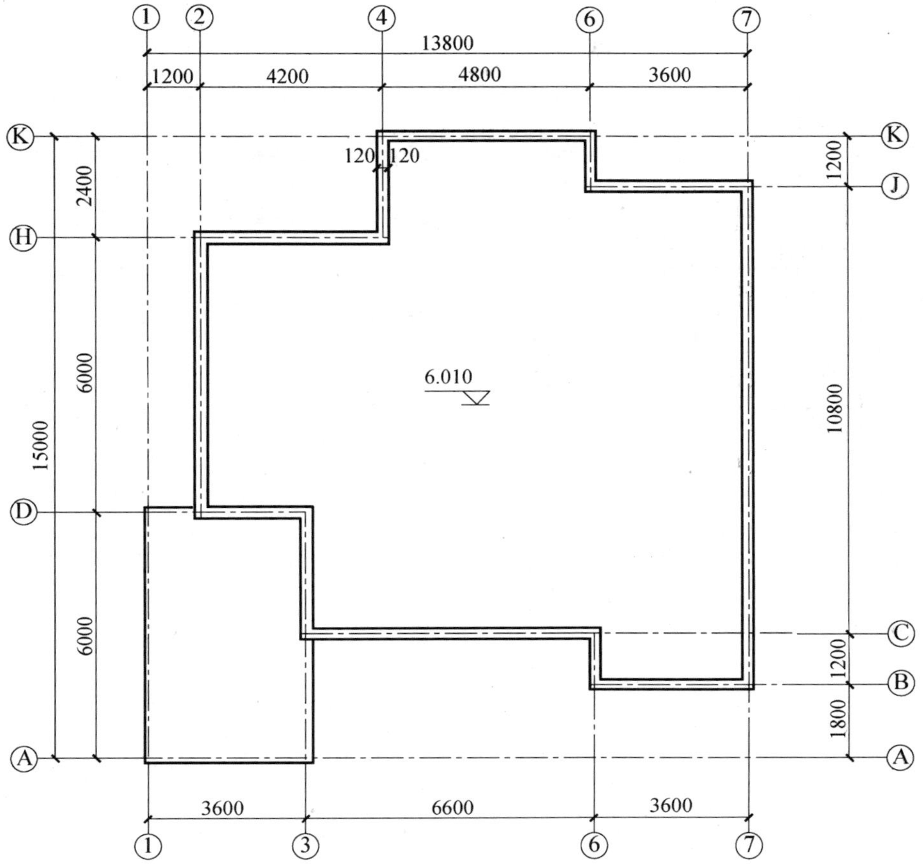

（c） 层顶平面图1∶100

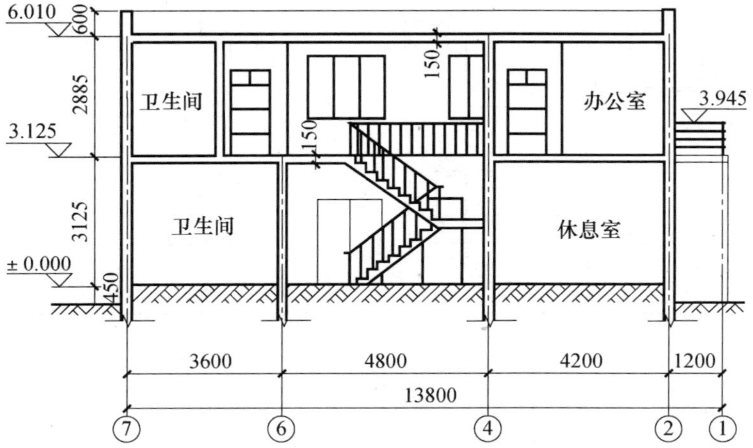

（d） 1-1剖面1∶100

图9-49 建筑施工图（续）

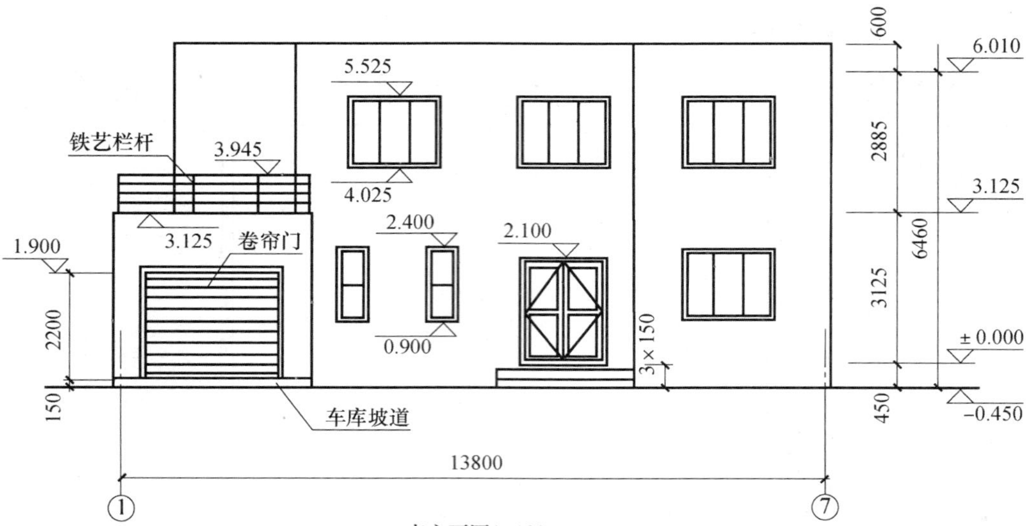

（e） 南立面图1:100

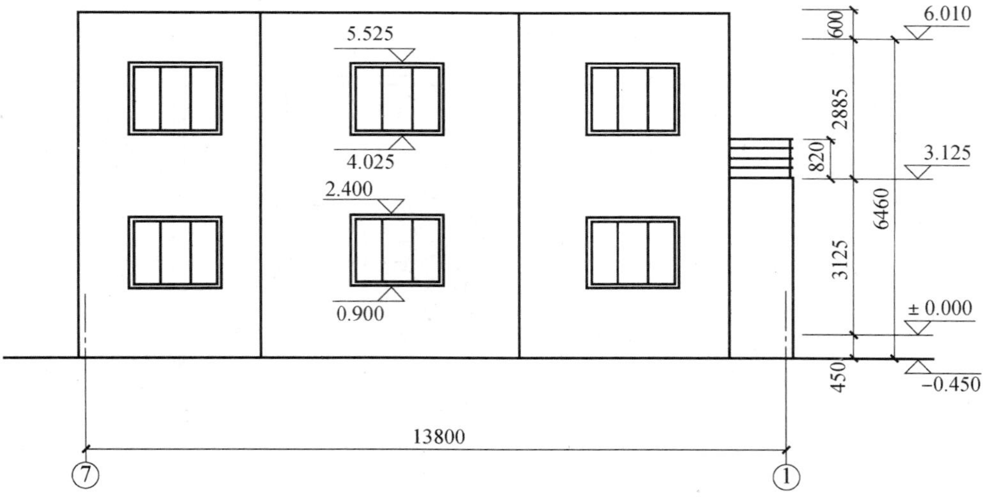

（f） 北立面图1:100

图9-49 建筑施工图（续）

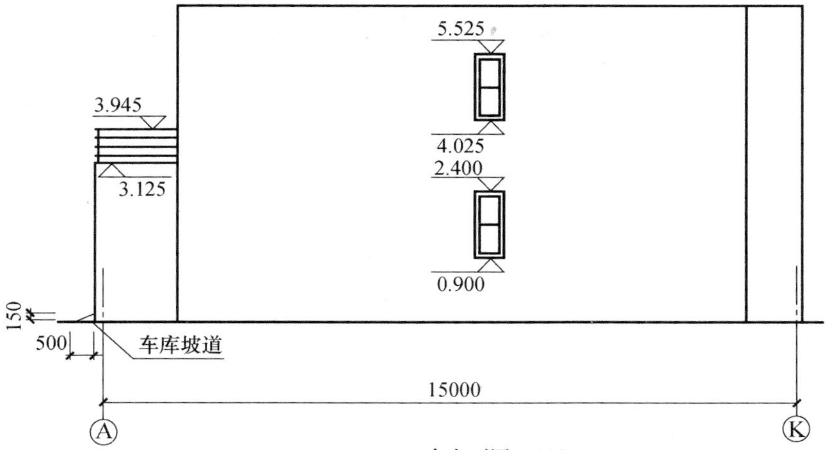

（g）　东立面图1:100

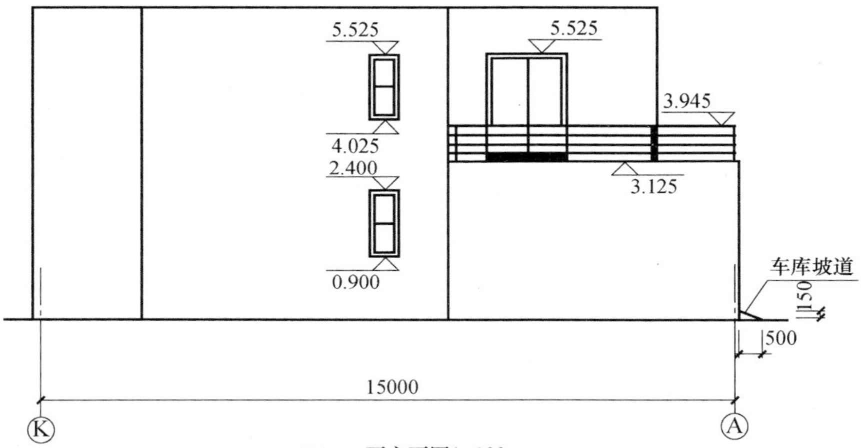

（h）　西立面图1:100

图 9-49　建筑施工图（续）

图 9-50　渲染后的建筑三维图

附录　全国CAD技能等级考试试题

第一期　全国CAD技能等级一级（计算机绘图师）考试试题——土木与建筑类

试卷说明

1.考试方式：计算机操作，闭卷；

2.考试时间为180分钟；

3.打开绘图软件后，考生在指定位置建立一个新文件，并以考生考号加考生姓名给文件命名（例如：08001王红.dwg）考生所作试题全部存在该文件中。

试题部分：

一、绘制图幅（15分）

要求：①按以下规定设置图层及线型：

图层名称	颜色（颜色号）		线型	线宽
粗实线	白	（7）	Continuous	0.6
中实线	蓝	（7）	Continuous	0.3
细实线	绿	（3）	Continuous	0.15
虚线	黄	（2）	Dashed	0.3
点画线	红	（1）	Center	0.15

②按1:1的比例绘制A2幅面（594×420，横放）在A2图纸幅面内用细实线划分出左侧一个A3幅面（420×297），右侧上下两个A4幅面（297×210）如下图所示。

左侧的A3幅面画图框及标题栏，用于绘制试题二。右上方的A4幅面画图框及标题栏，用于绘制试题三，右下方的A4幅面只画图框（不画标题栏），用于绘制试题四。

要求：绘制图框要留出装订边，标题栏格式及尺寸见所给式样。

③设置文字样式，在标题栏内填写文字（不标注标题栏尺寸）。

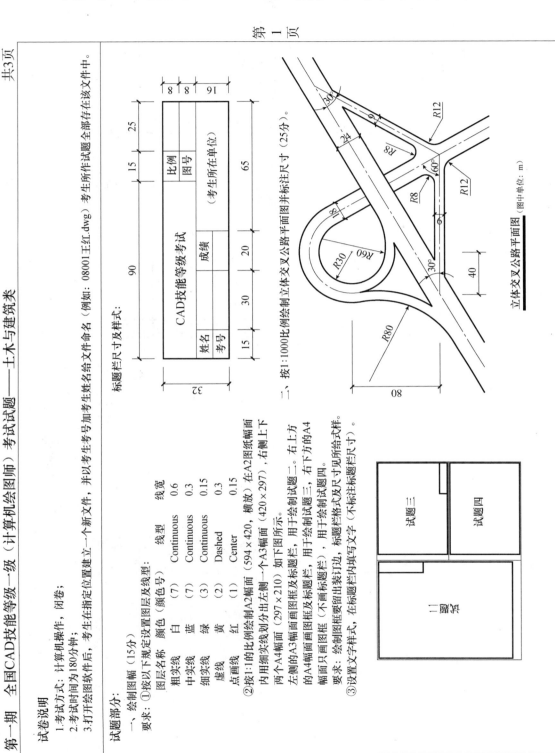

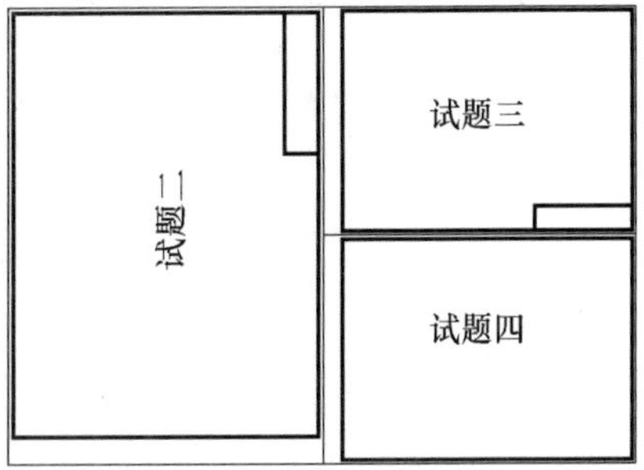

标题栏尺寸及样式：

二、按1:1000比例绘制立体交叉公路平面图并标注尺寸（25分）。

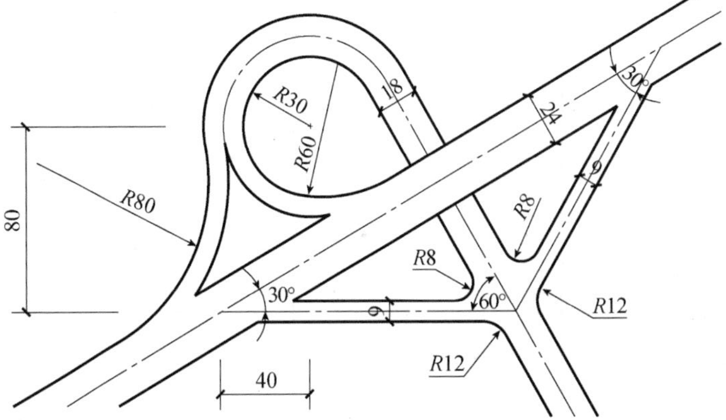

立体交叉公路平面图（图中单位：m）

三、按1：1的比例抄绘组合体的两视图（不标尺寸），在侧面投影（W面投影）的位置完成1-1剖面图（不标尺寸），断面部分填充混凝土材料符号。（20分）

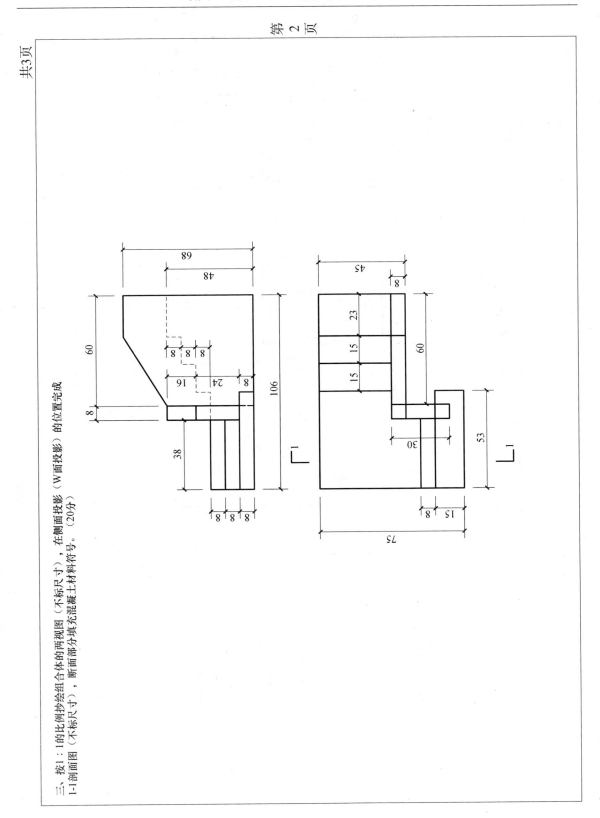

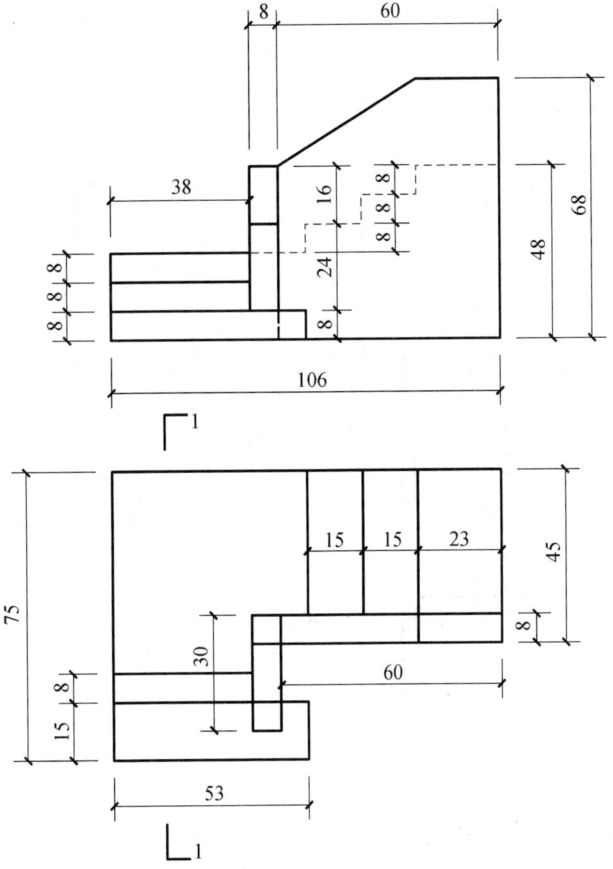

四、绘制建筑平面图（40分）。

要求：

①按试题一的要求，将“三层平面图”绘制在指定位置上，其中楼梯的详细尺寸见所给楼梯详图（不绘制楼梯详图）；

②绘图比例采用1：100；

③要求线型、字体、尺寸应符合我国现行建筑制图国家标准。不同的图线应放在不同的图层上，尺寸放在单独的图层上。

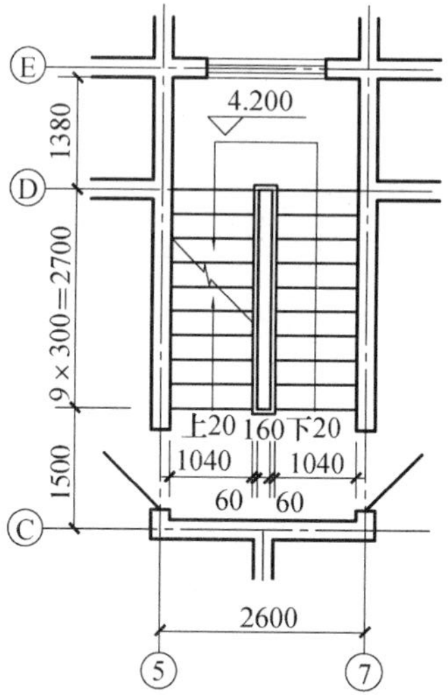

楼梯详图

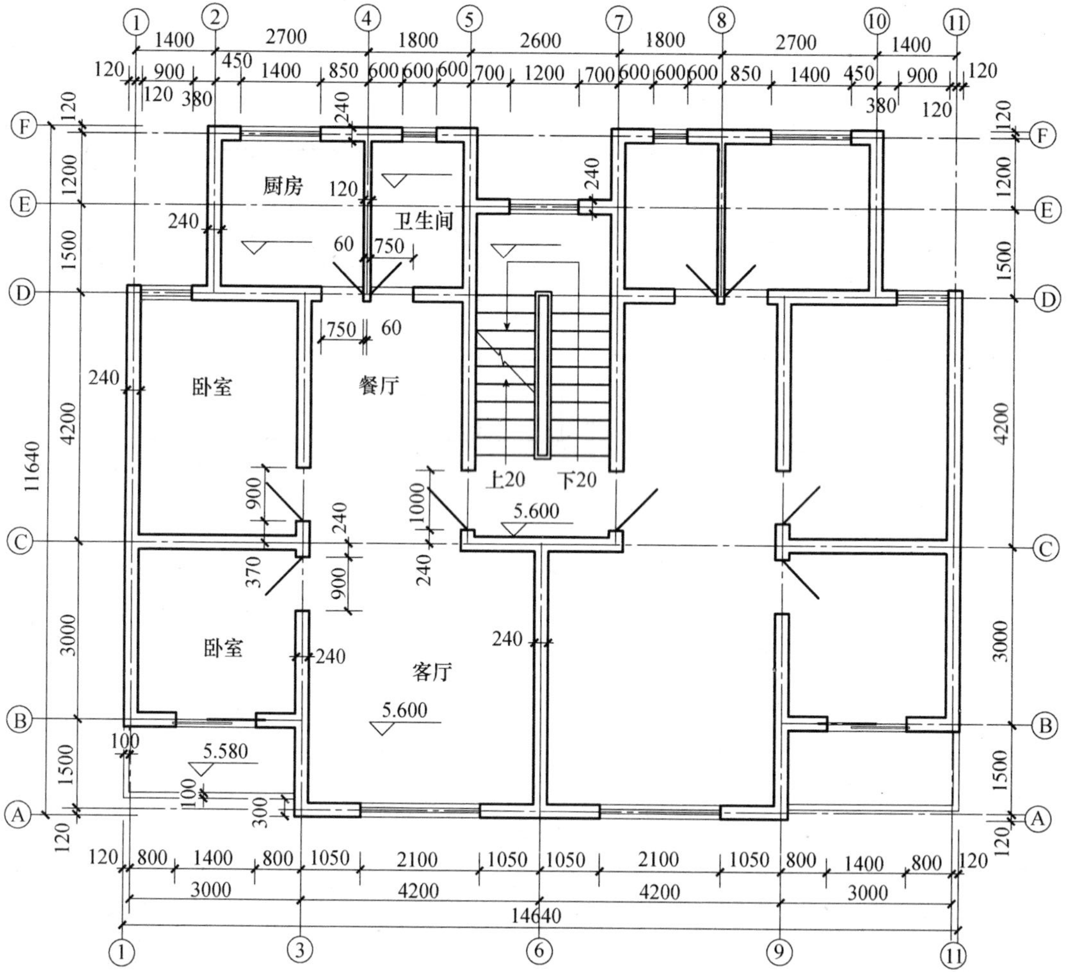

三层平面图1：100

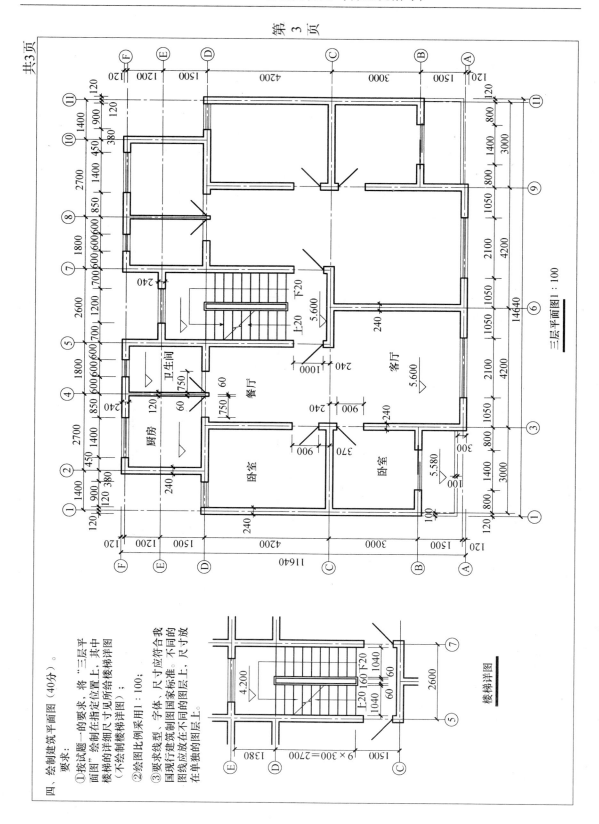

试卷说明

1.考试方式：计算机操作，闭卷；

2.考试时间为180分钟；

3.打开绘图软件后，考生在指定位置建立一个新文件，并以考生考号加考生姓名给文件命名（例如：09001王红.dwg）。考生所作试题全部存在该文件中。

试题部分：

试题一、绘制图幅（15分）

要求：①按以下规定设置图层及线型：

图层名称	颜色（颜色号）		线型	线宽
粗实线	白	（7）	Continuous	0.6
中实线	蓝	（5）	Continuous	0.3
细实线	绿	（3）	Continuous	0.15
虚线	黄	（2）	Dashed	0.3
点画线	红	（1）	Center	0.15

②按1:1的比例绘制A2幅面（594×420，竖放），在A2幅面内用细实线划分出上下两个A3幅面，分别在这两个A3幅面内绘制图框、标题栏。上面的用于绘制试题二、试题三；下面的用于绘制试题四。如图所示。

要求：应按国家标准绘制图幅、图框、标题栏，图框要留出装订边，标题栏格式及尺寸见所给式样。

③设置文字样式，在标题栏内填写文字（“图号”一栏上方图幅注写“1”，下方图幅注写“2”；不标注标题栏尺寸）

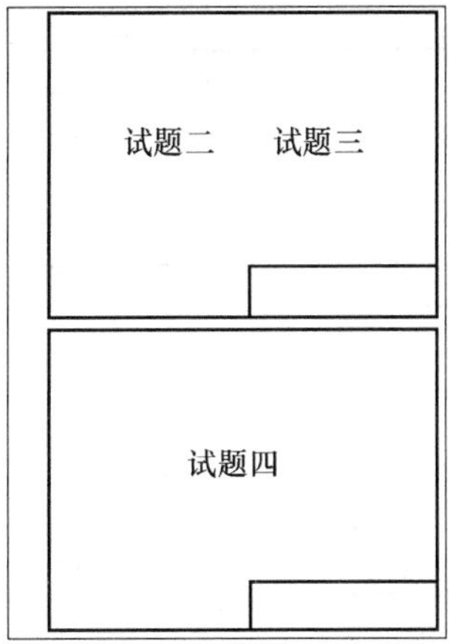

标题栏尺寸及样式：

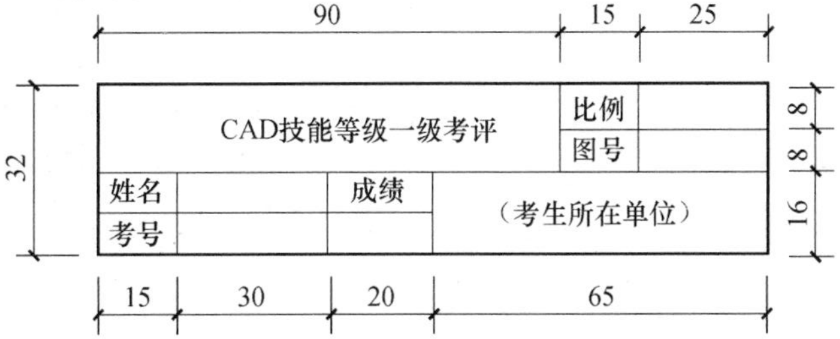

试题二、按1:1比例绘制平面图形并标注尺寸（25分）。

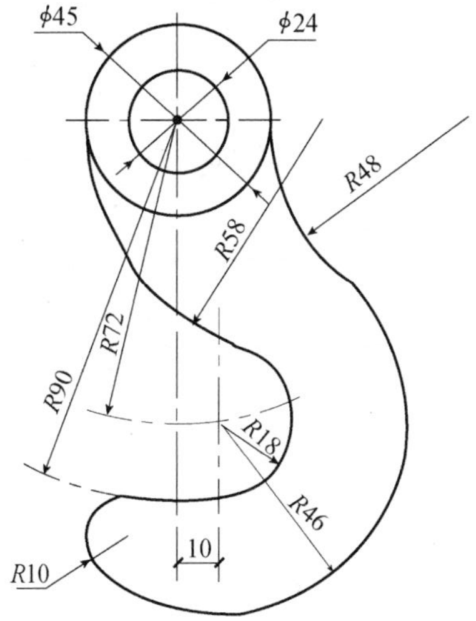

第1页

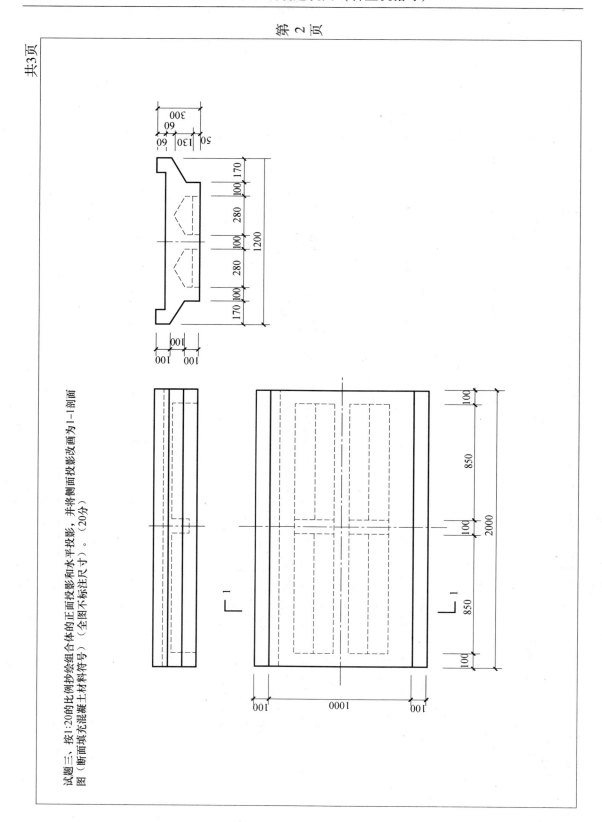

试题三、按1:20的比例抄绘组合体的正面投影和水平投影，并将侧面投影改画为1-1剖面图（断面填充混凝土材料符号）（全图不标注尺寸）。（20分）

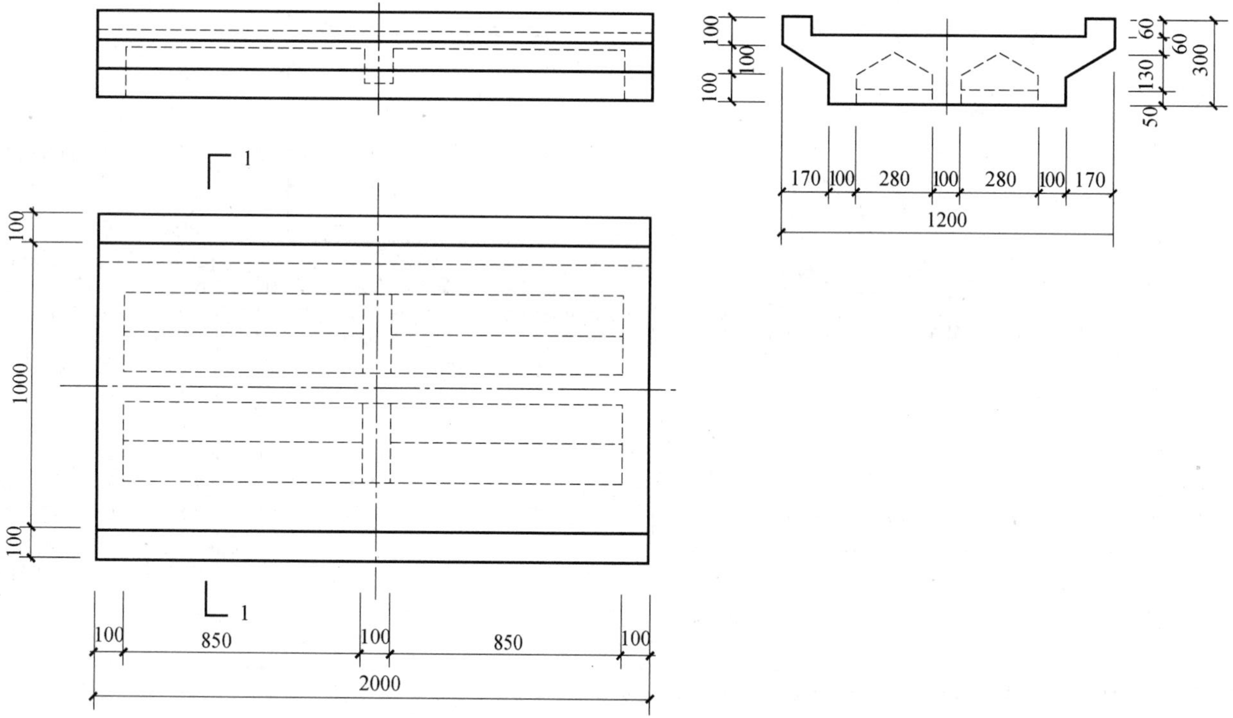

试题四、绘制建筑图（40分）。要求：

①将下列房屋平、立、剖面图绘制在第一题中的A3幅面内；

②绘图比例采用1:100；

③要求线型、字体、尺寸应符合我国现行建筑制图国家标准。不同的图线应放在不同的图层上，尺寸放在单独的图层上。

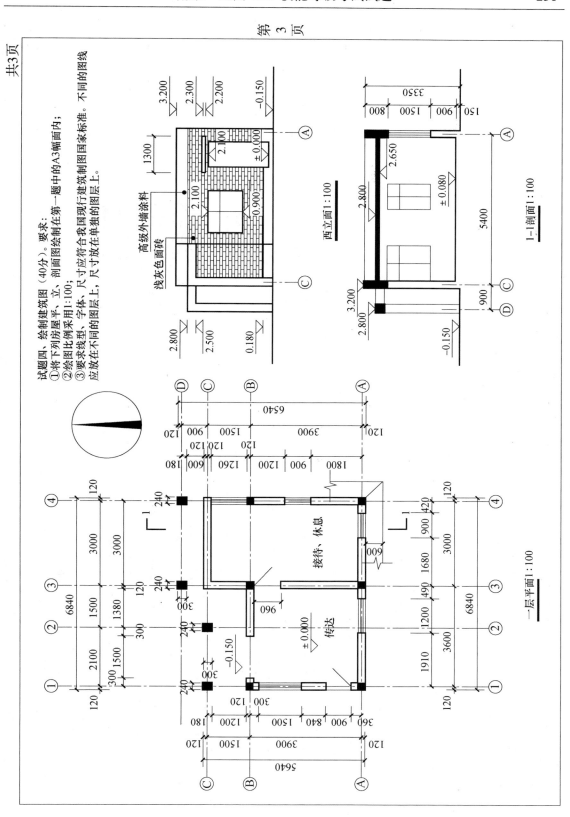

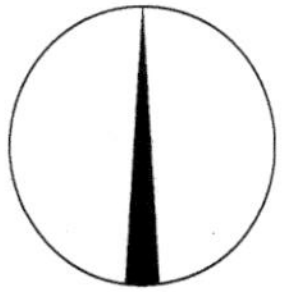

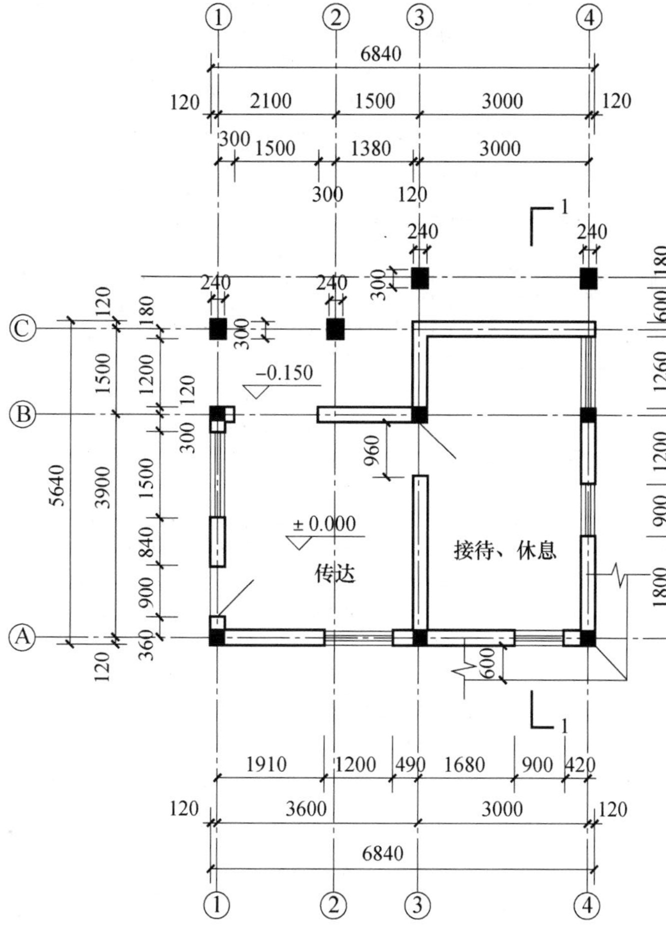

一层平面1:100

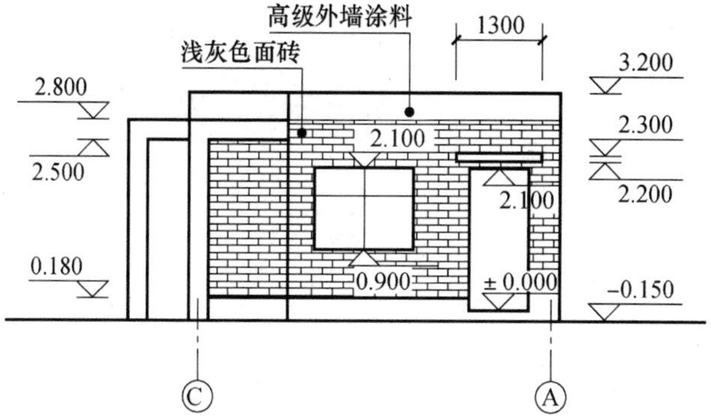

西立面1:100

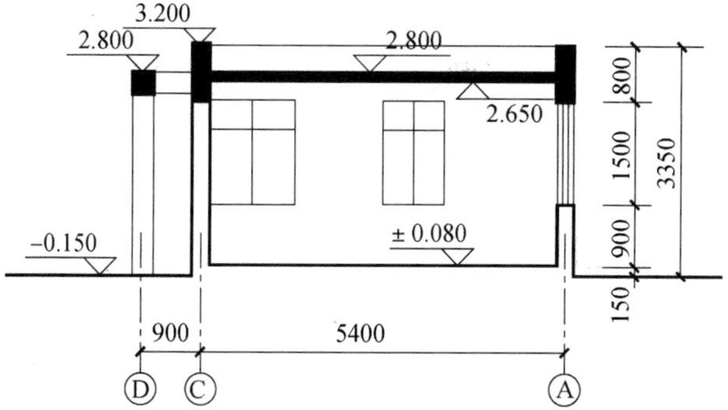

1-1剖面1:100

第三期 全国CAD技能等级一级（计算机绘图师）考试试题——土木与建筑类

试卷说明

1.考试方式：计算机操作，闭卷；

2.考试时间为180分钟;试卷总分100分；

3.打开绘图软件后，考生在指定位置建立一个新文件，并以考生考号加考生姓名给文件命名（例如：09001王红.dwg）。考生所作试题全部存在该文件中。

试卷部分：

试题一、绘制图幅（15分）

①按以下规定设置图层及线型：

图层名称	颜色（颜色号）		线型	线宽
粗实线	白	（7）	Continuous	0.6
中实线	蓝	（5）	Continuous	0.3
细实线	绿	（3）	Continuous	0.15
虚线	黄	（2）	Dashed	0.3
点画线	红	（1）	Center	0.15

②按1:1的比例绘制三个A3图幅（420×297），如图所示，将试题二、试题三、试题四分别绘制在指定的位置。

要求：应按国家标准绘制图幅、图框、标题栏，设置文字样式，在标题栏内填写文字。标题栏格式及尺寸见所给式样。左侧的图幅绘制图框时不留装订边，不画标题栏。

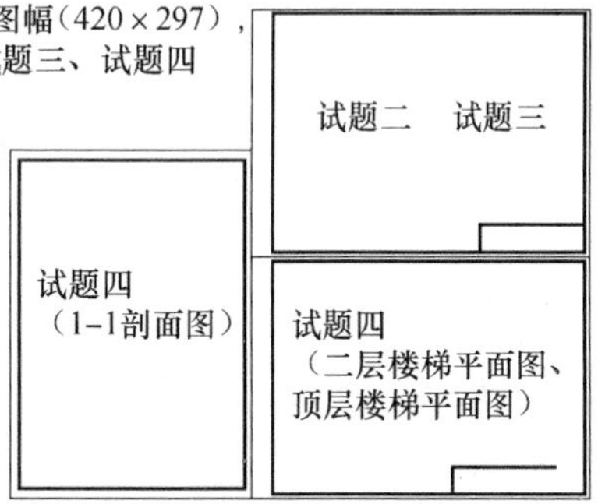

标题栏尺寸及样式：

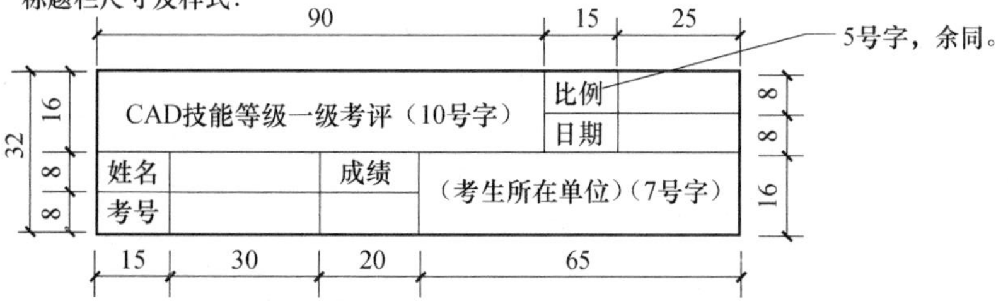

试题二、按1:1比例绘制花格图形并标注尺寸（25分）。

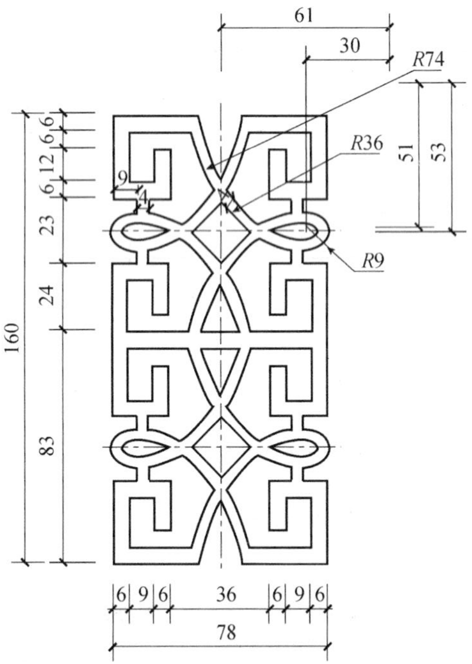

试题三、按1∶10的比例抄绘组合体的两面投影图，并求画侧面投影图（全图不标注尺寸）。（20分）

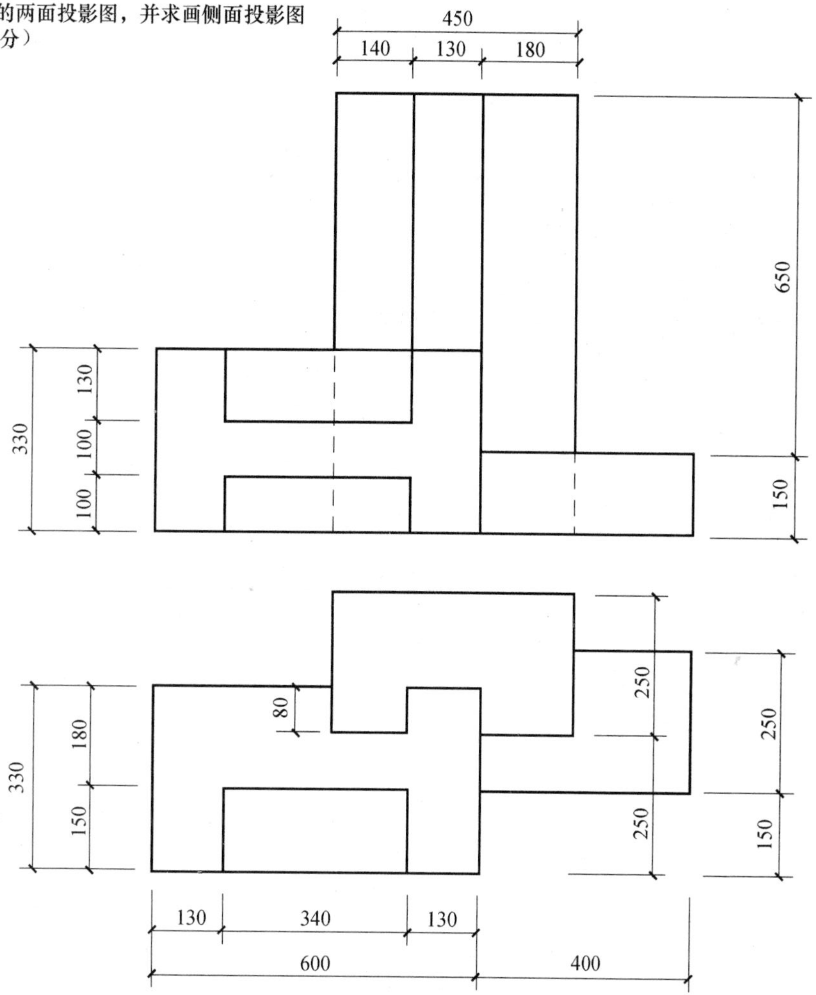

试题四、绘制楼梯详图（40分）。要求：

①抄绘1-1部面图（栏杆高1050mm，其他未标注的细部尺寸自定）；

②求画二层楼梯平面图、顶层楼梯平面图；

③绘图比例均采用1:50，线型，字体、尺寸应符合我国现行建筑制图国家标准。
不同的图线应放在不同的图层上，尺寸放在单独的图层上。

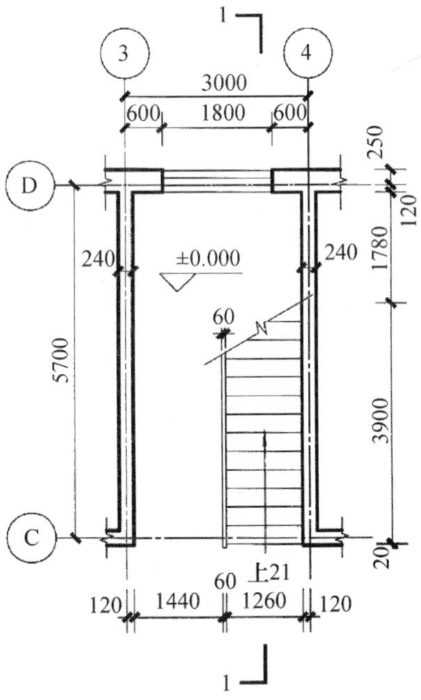

一层楼梯平面图1:50

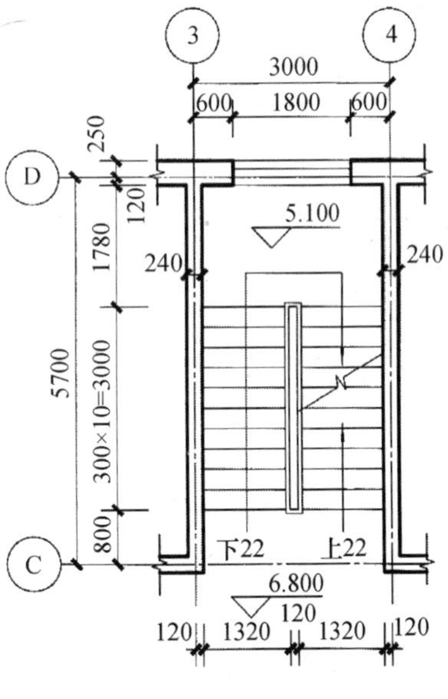

三层楼梯平面图1:50

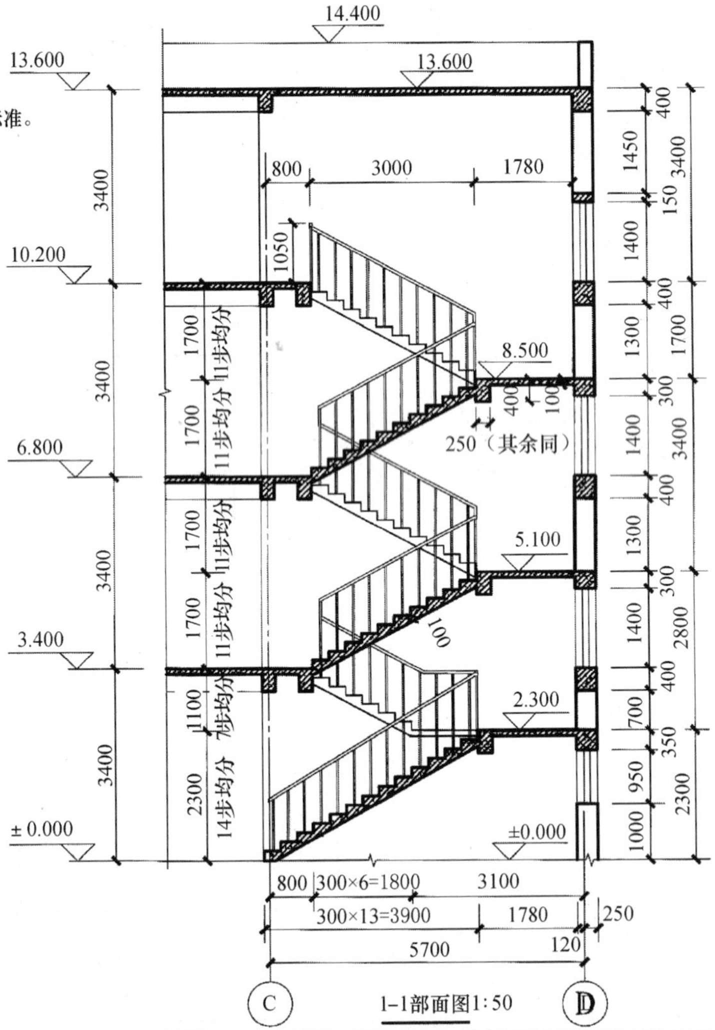

1-1部面图1:50

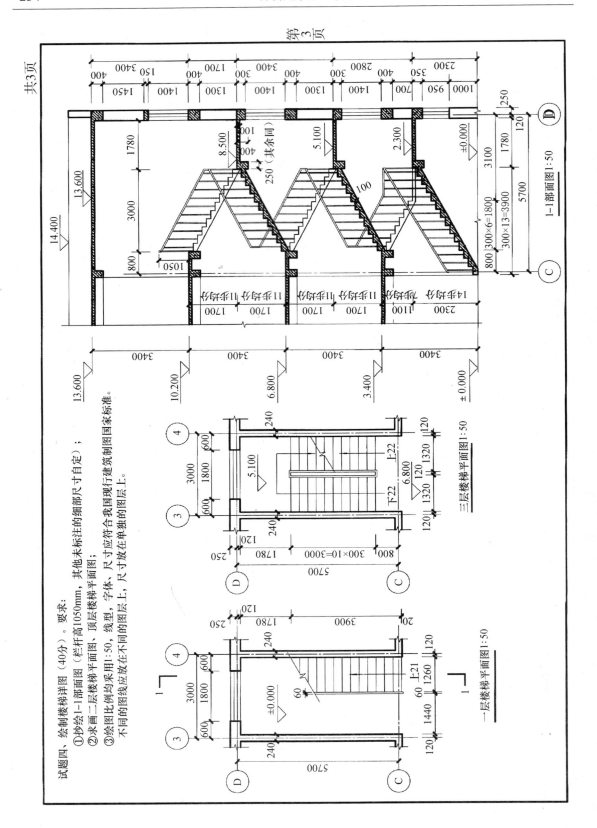

第四期　全国CAD技能等级一级（计算机绘图师）——土木与建筑类

共3页

第1页

试卷说明
1.考试方式：计算机操作，闭卷；
2.考试时间为180分钟，试卷总分100分；
3.打开绘图软件后，考生在指定位置建立一个新文件，并以考生考号加考生姓名给文件命名（例如：09001王红.dwg），考生所作试题全部存在该文件中。

试题部分：

试题一、绘制图幅（15分）

①按以下规定设置图层及线型：

图层名称	颜色（颜色号）		线型	线宽
粗实线	白	（7）	Continuous	0.6
中实线	蓝	（5）	Continuous	0.3
细实线	绿	（3）	Continuous	0.15
虚线	黄	（2）	Dashed	0.3
点画线	红	（1）	Center	0.15

②按1:1的比例绘制两个A3图幅（420×297），将左侧的A3图幅再分为两个A4图幅，如图所示。将试题二、试题三、试题四分别绘制在指定的位置。

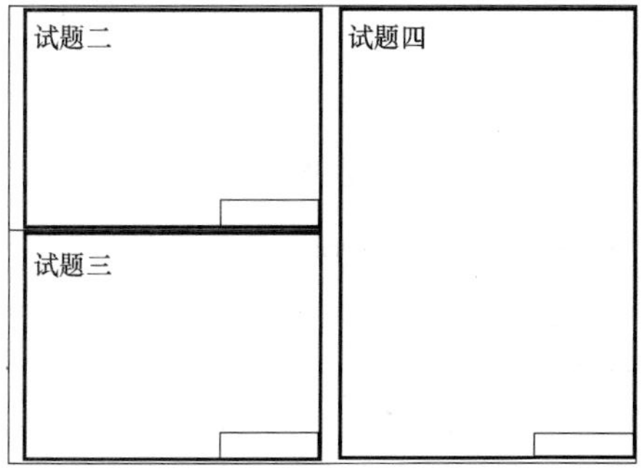

要求：应按国家标准绘制图幅、图框、标题栏，设置文字样式，在标题栏内填写文字。标题栏格式及尺寸见所给式样。

标题栏尺寸及样式：

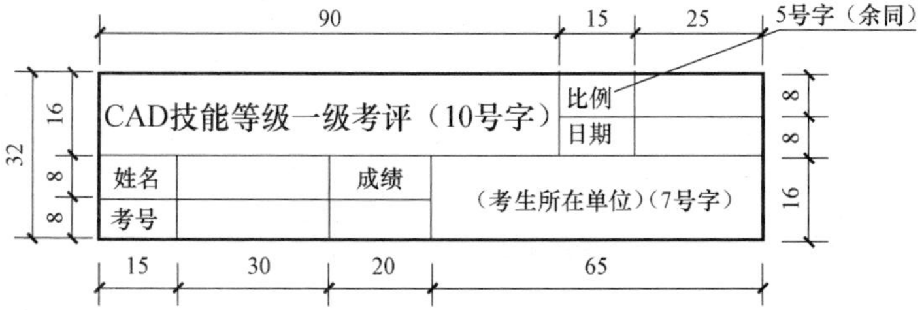

试题二、按1:1比例绘制花格图形并标注尺寸（25分）。

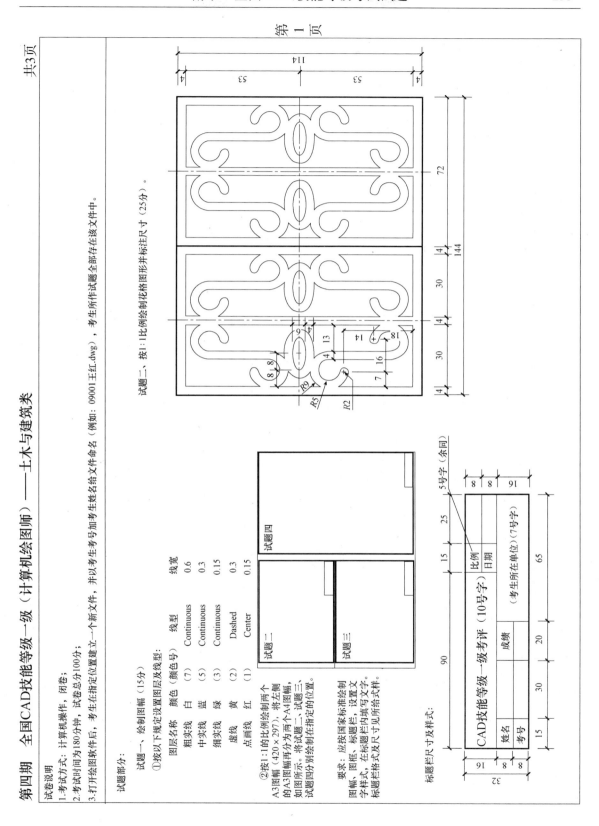

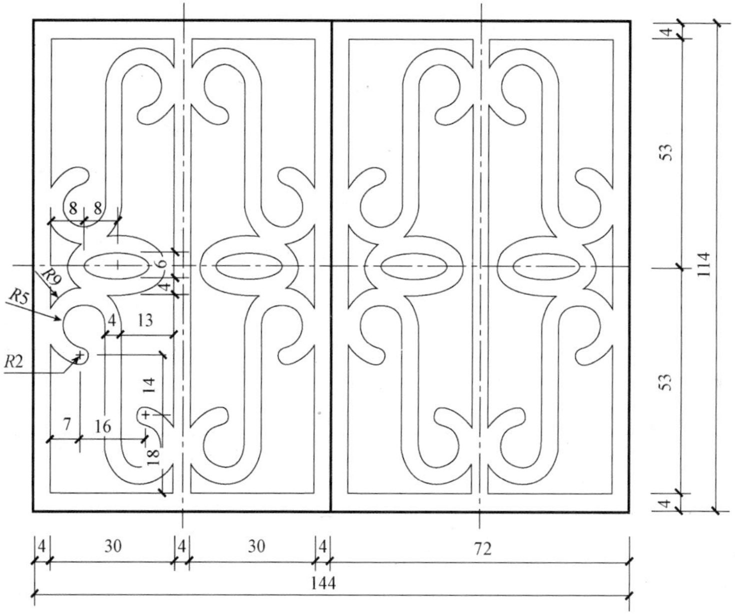

试题三、按1:10的比例绘制组合体已知的两面投影图，并求画侧面投影图。（全图不标注尺寸）。（20分）

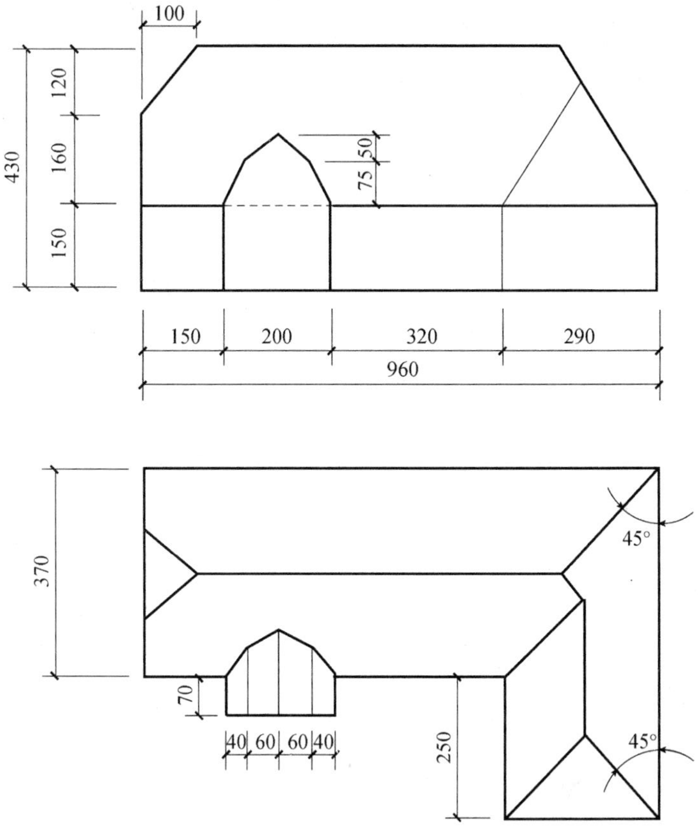

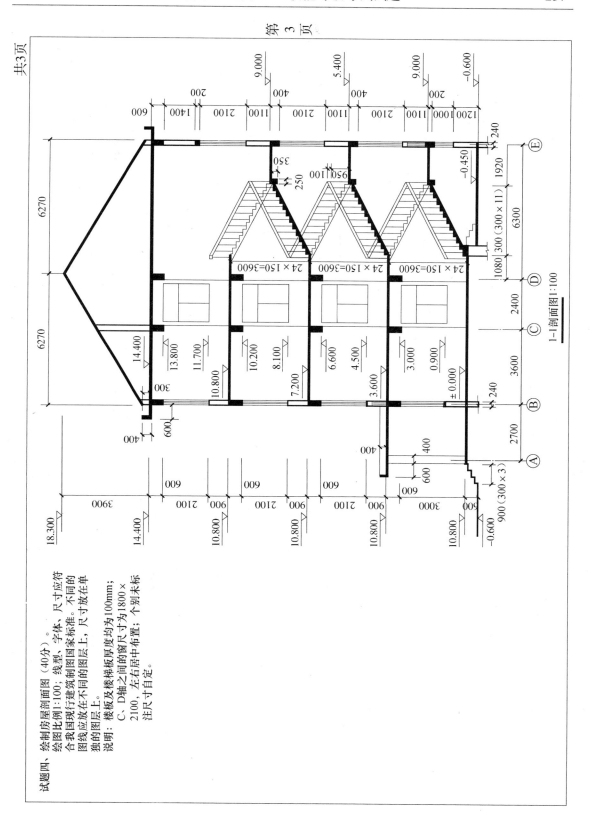

试题四、绘制房屋剖面图（40分）。
绘图比例1:100；线型、字体、尺寸应符合我国现行建筑制图国家标准。不同的图线应放在不同的图层上，尺寸放在单独的图层上。
说明：楼板及楼梯板厚度均为100mm；C、D轴之间的窗尺寸为1800×2100，左右居中布置；个别未标注尺寸自定。

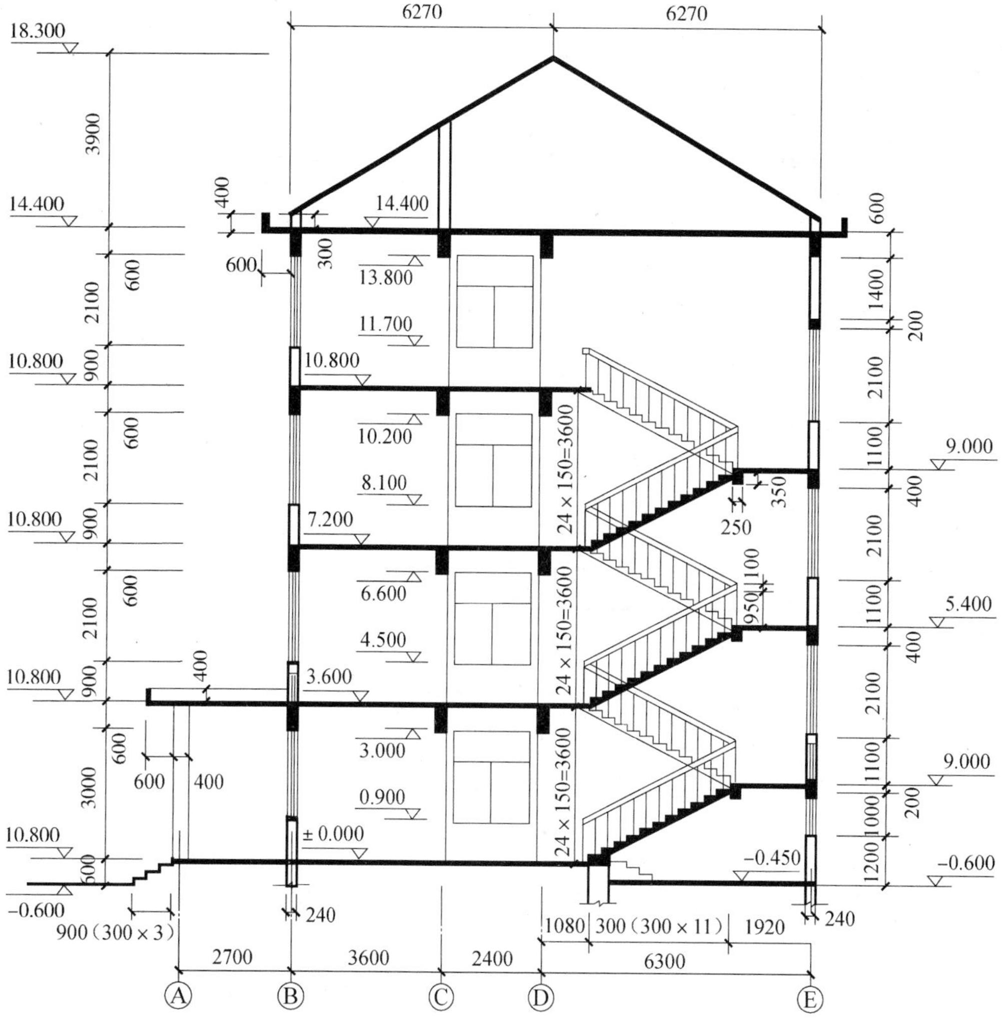

1-1剖面图1:100

第 1 页

第五期　全国CAD技能等级一级（计算机绘图师——土木与建筑类）

共3页

试卷说明

1.考试方式：计算机操作，闭卷；
2.考试时间为180分钟；试卷总分100分；
3.打开绘图软件后，考生在指定位置建立一个新文件，并以考生考号加考生姓名给文件命名（例如：09001王红dwg），考生所作试题全部存在该文件中。

试题部分：

试题一、绘制图幅（15分）

①按以下规定设置图层及线型

图层名称	颜色(颜色号)		线型	线宽
粗实线	白	（7）	Continuous	0.6
中实线	蓝	（5）	Continuous	0.3
细实线	绿	（3）	Continuous	0.15
虚线	黄	（2）	Dashed	0.3
点画线	红	（1）	Genter	0.15

②按1：1的比例绘制上下两个A3图幅，上面的用于绘制试题二、试题三；下面的用于绘制试题四。如下图所示。

要求：应按国家标准绘制图幅、图框、标题栏，设置文字样式，在标题栏内填写文字。标题栏尺寸及格式见所给式样。

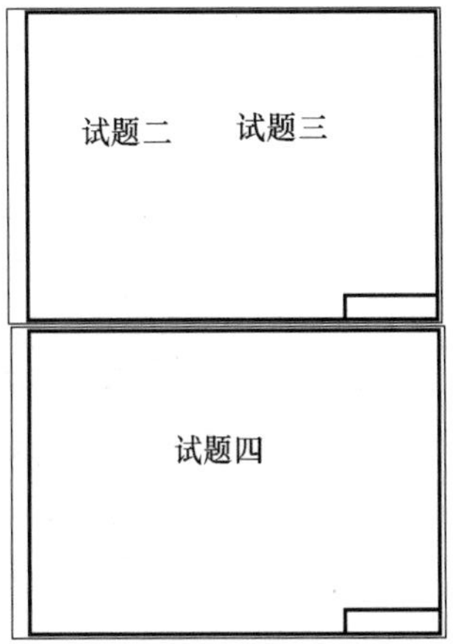

标题栏尺寸及格式：

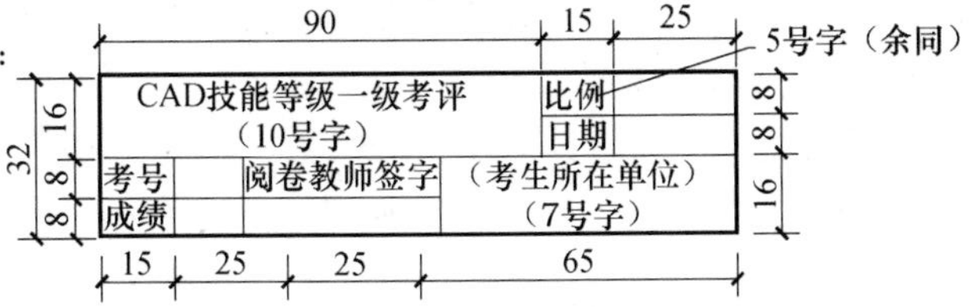

试题二、
按1：1比例绘制花格图形并标注尺寸（20分）

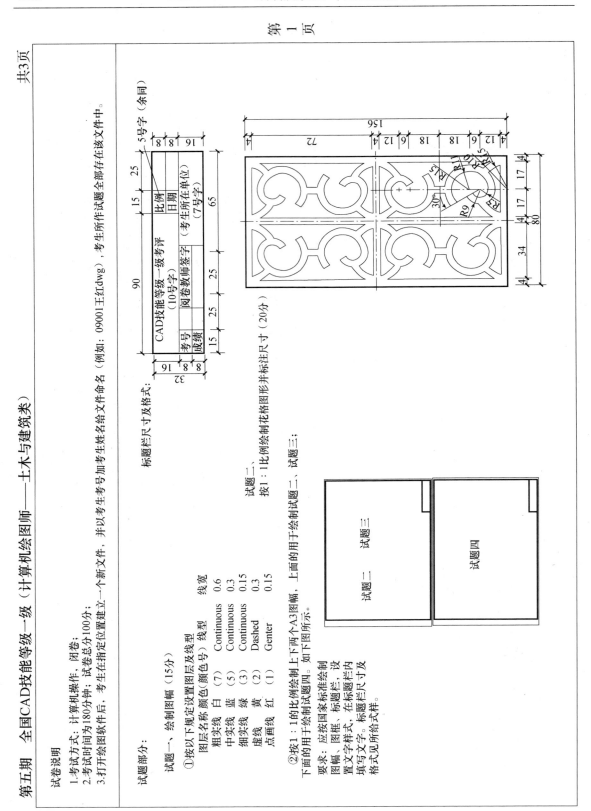

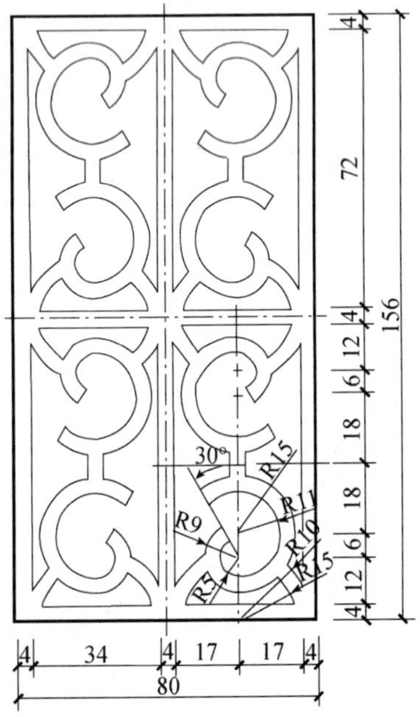

第 2 页

共3页

试题三、抄绘组合体的三面投影图，并求画1-1剖面图和2-2剖面图。（比例1:1；材料为普通砖；全图不标注尺寸）。（25分）

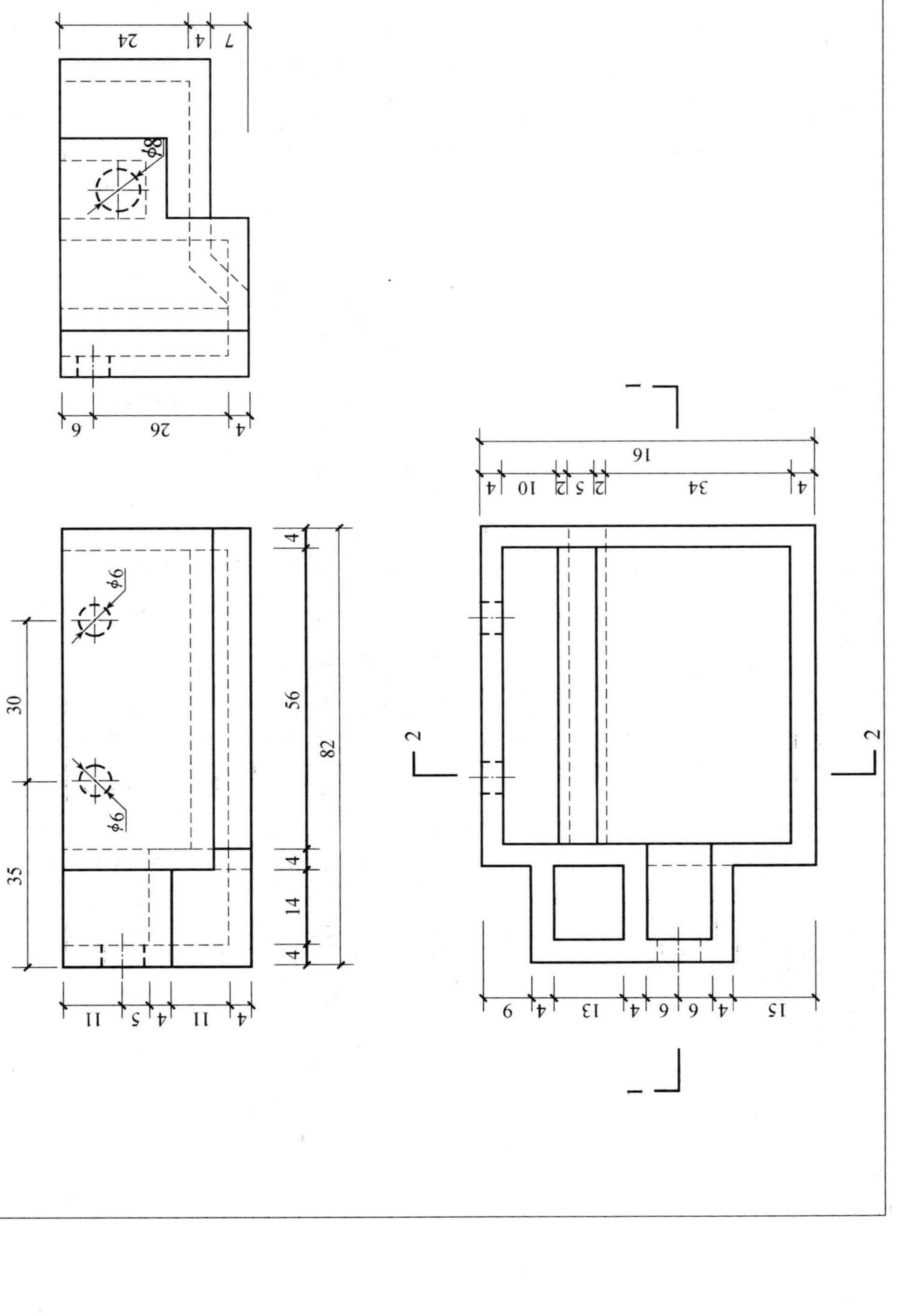

第3页

共3页

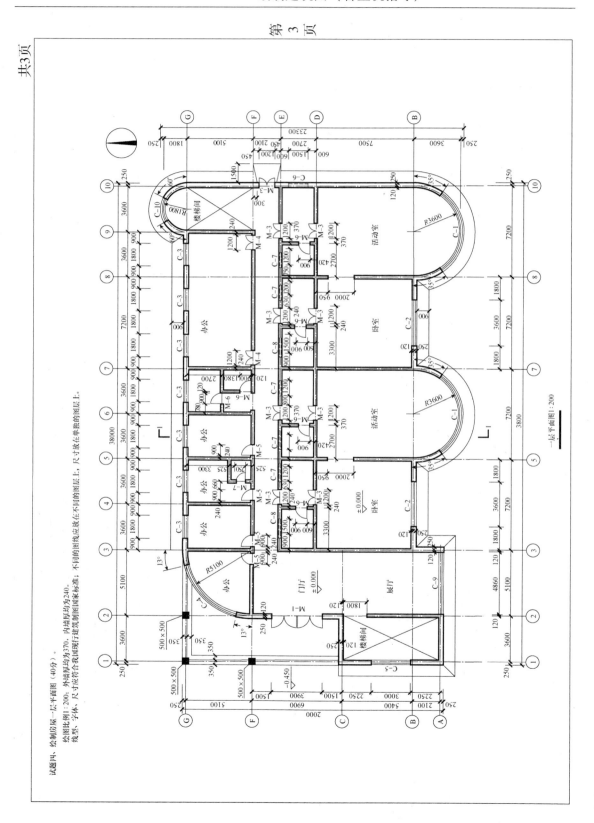

试题四、绘制房屋一层平面图（40分）。

绘图比例1:200；外墙厚均为370，内墙厚均为240。

线型、字体、尺寸应符合我国现行建筑制图国家标准；不同的图线应放在不同的图层上，尺寸放在单独的图层上。

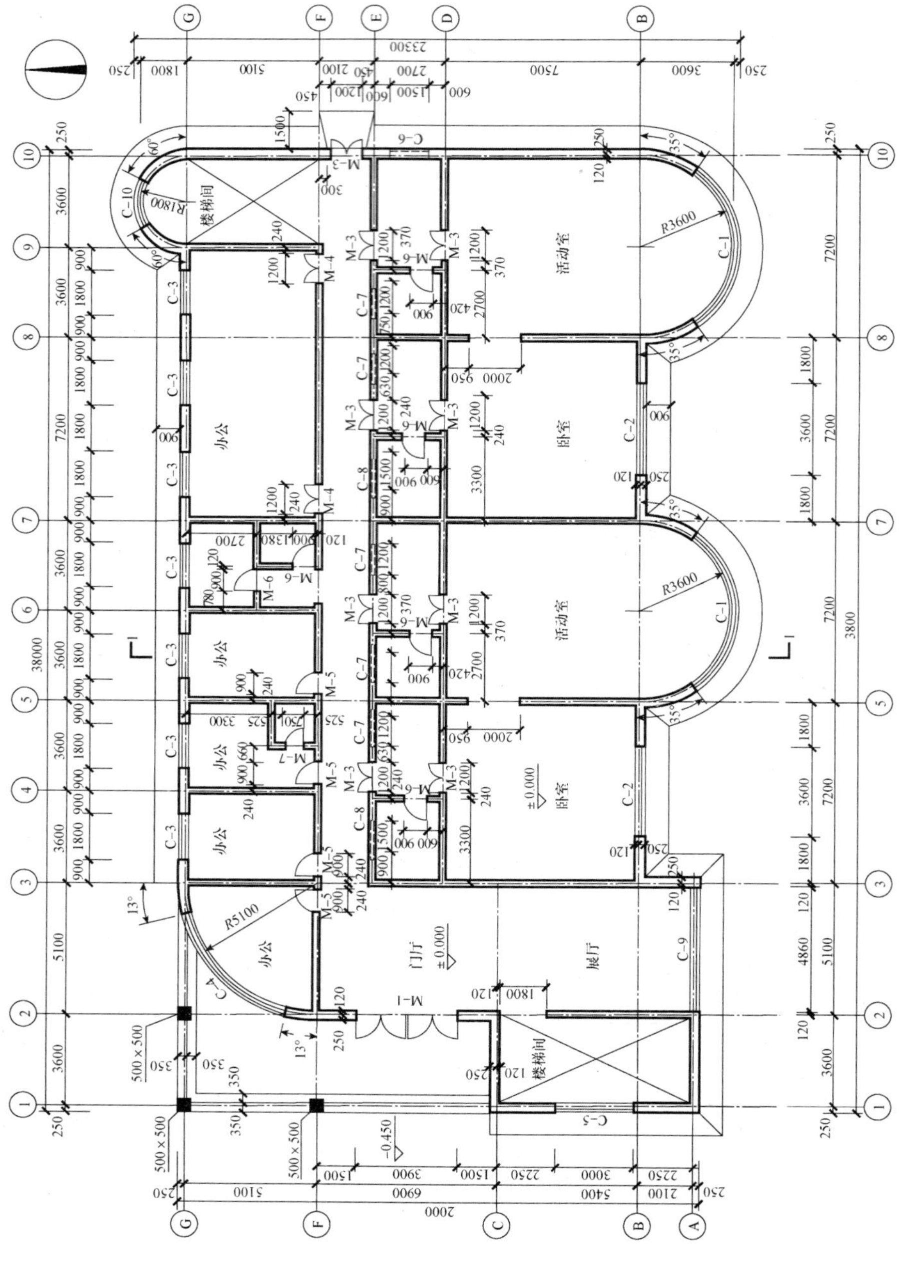

一层平面图1:200

第六期　全国CAD技能等级一级（计算机绘图师）——土木与建筑类

共3页

试卷说明

1.考试方式：计算机操作，闭卷；

2.考试时间为180分钟，试卷总分100分；

3.打开绘图软件后，考生在指定位置建立一个新文件，并以考生考号加考生姓名给文件命名（例如：09001王红.dwg），考生所作试题全部存在该文件中。

试题部分：

试题一、绘制图幅（15分）

①按以下规定设置图层及线型：

图层名称	颜色（颜色号）		线型	线宽
粗实线	白	（7）	Continuous	0.6
中实线	蓝	（5）	Continuous	0.3
细实线	绿	（3）	Continuous	0.15
虚线	黄	（2）	Dashed	0.3
点画线	红	（1）	Center	0.15

②按1:1的比例绘制如下图所示三个图幅。上面的为两个A4图幅，要求绘制图框及标题栏，分别用于绘制试题二、试题三；下面的为A2图幅，不绘制图框及标题栏，用于绘制试题四。

要求：应按国家标准绘制图幅、图框、标题栏，设置文字样式，在标题栏内填写文字。标题栏尺寸及格式见所给式样。

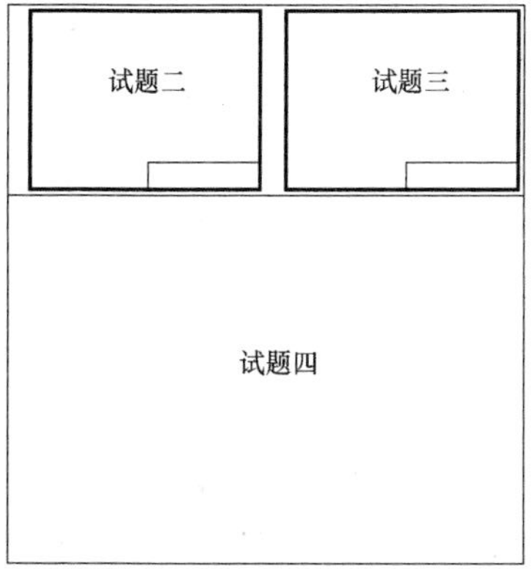

标题栏尺寸及格式：

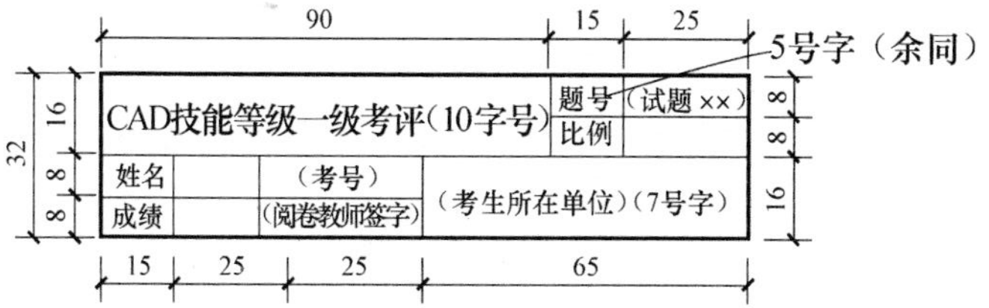

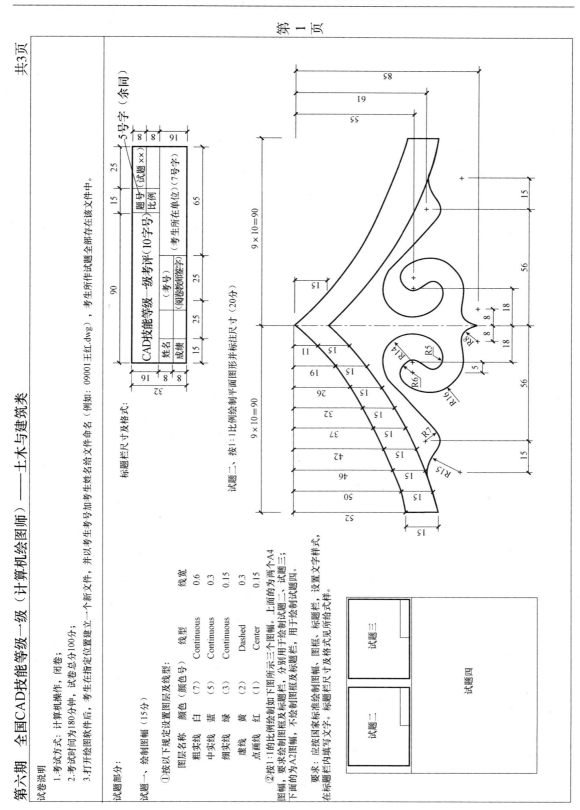

试题二、按1:1比例绘制平面图形并标注尺寸（20分）

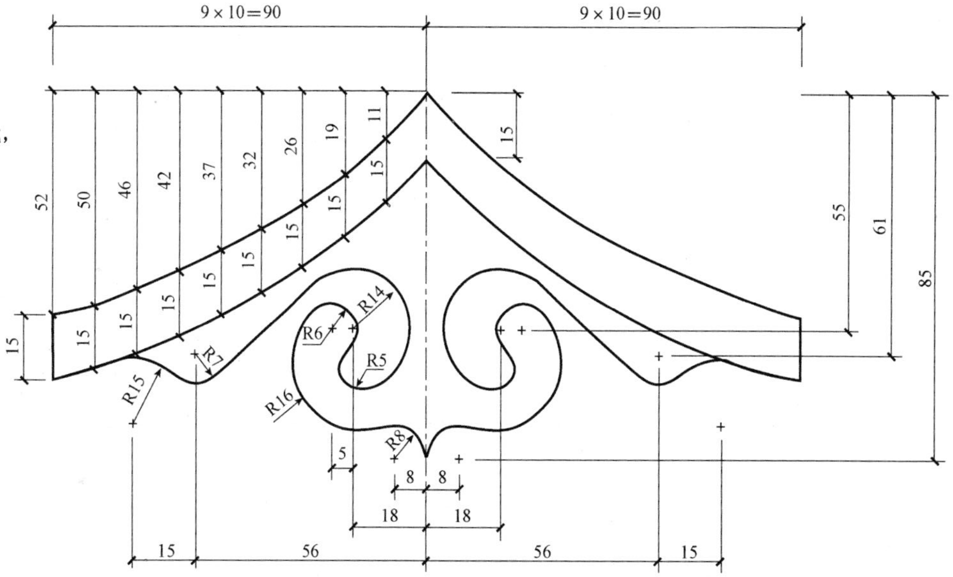

试题三、抄绘组合体的两面投影图，并在指定位置求画1-1、2-2剖面图。（比例1:1；材料为普通砖；全图不标注尺寸）。（25分）

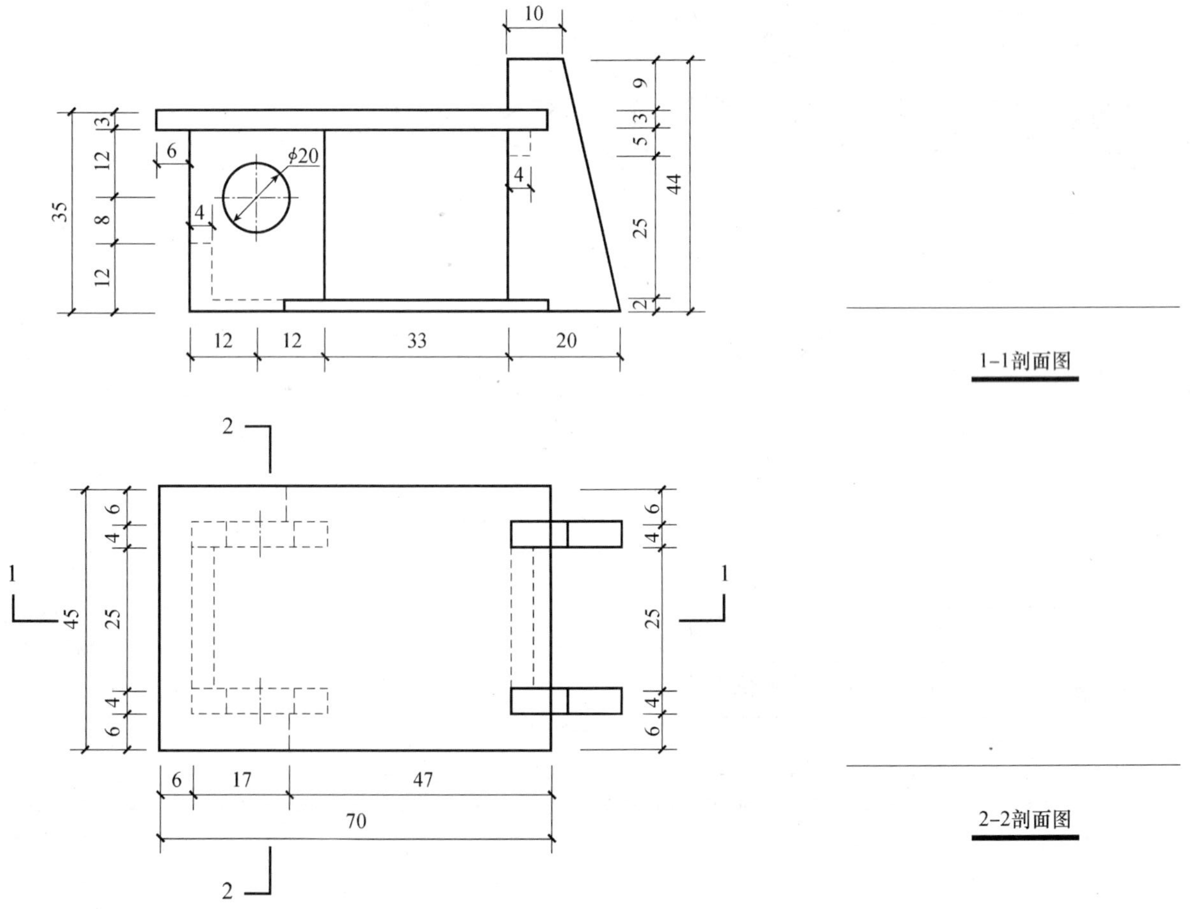

第3页

共3页

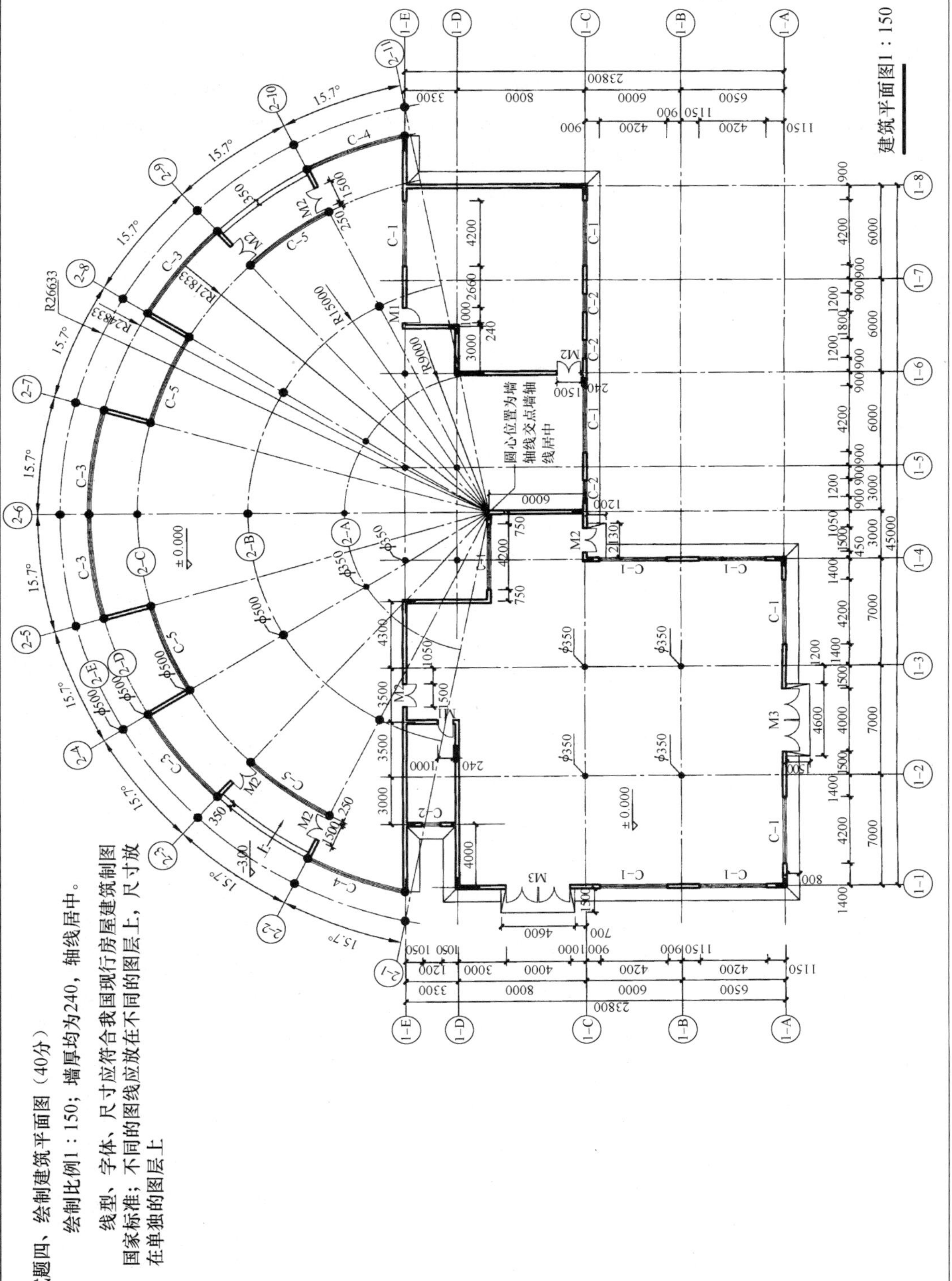

试题四、绘制建筑平面图（40分）

绘制比例1：150；墙厚均为240，轴线居中。

线型、字体、尺寸应符合我国现行房屋建筑制图国家标准；不同的图线应放在不同的图层上，尺寸放在单独的图层上

参 考 文 献

［1］杨月英，於辉．中文版 AutoCAD 2008 建筑绘图［M］．机械工业出版社，2008.

［2］莫正波，高丽燕，宋琦．AutoCAD 2008 建筑制图实例教程［M］．中国石油大学出版社，2008.

［3］张效伟，李海宁，邵景玲．建筑制图与阴影透视［M］．中国建材工业出版社，2010.